21世纪电气信息学科立体化系列教材
编审委员会

顾问：

潘　垣（中国工程院院士，华中科技大学）

主任：

吴麟章（湖北工业大学）

委员： （按姓氏笔画排列）

王　斌（三峡大学电气信息学院）

余厚全（长江大学电子信息学院）

陈铁军（郑州大学电气工程学院）

吴怀宇（武汉科技大学信息科学与工程学院）

陈少平（中南民族大学电子信息工程学院）

罗忠文（中国地质大学信息工程学院）

周清雷（郑州大学信息工程学院）

谈宏华（武汉工程大学电气信息学院）

钱同惠（江汉大学物理与信息工程学院）

普杰信（河南科技大学电子信息工程学院）

廖家平（湖北工业大学电气与电子工程学院）

21世纪电气信息学科立体化系列教材

过程控制

主　编　杨三青　王仁明　曾庆山
副主编　杨　桦　陈国平　何王勇

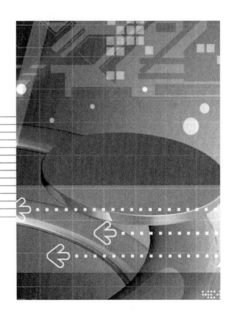

华中科技大学出版社
http://www.hustp.com
中国·武汉

内容简介

本书在全面介绍过程控制基本技术的基础上,深入探讨了过程控制的最新发展和工程应用。本书介绍了温度、压力、流量、物位、成分等常用的测量变送器的工作原理、应用场合和注意事项;讨论了调节器、执行器的应用原理和工程应用;分析了被控对象数学模型的理论和实验建模方法;在单回路控制系统设计与参数整定的基础上,详细介绍了复杂控制系统,包括串级、前馈、比值、均匀、分程、选择、大纯滞后补偿、解耦控制的分析与设计;简要介绍了自适应控制、模糊控制、预测控制、专家控制、神经网络控制等先进控制技术;对计算机在过程控制中的应用作了详细的介绍,对 DCS、现场总线技术、控制网络、嵌入式应用、组态软件等应用较多的软件作了深入的探讨。全书共 8 章,每章都有内容提要和思考题与习题。

本书可作为自动化专业的教材或参考书,也可供从事石化、电力、冶金、化肥、轻工等有关专业工程技术人员参考。

前　言

自动控制技术在工业、农业、国防和科学技术现代化中起着十分重要的作用,自动控制水平的高低也是衡量一个国家科学技术先进与否的重要标志之一。过程控制是自动控制技术的重要分支,在石化、电力、冶金、轻工等连续型生产过程中有着广泛的应用。近年来,过程控制技术发展迅速。无论是在现代复杂工业生产过程中,还是在传统生产过程的技术改造中,过程控制技术在提高劳动生产率、保证产品质量、改善劳动条件以及保护生态环境、优化技术经济指标等方面都起着非常重要的作用。

过程控制是自动化专业的主要专业课程之一。本书系统介绍了过程控制系统的基本理论、技术及工程应用,在内容选择上力求系统、全面、实用,同时反映最新技术成就。通过本书的教学,学生可以全面了解和掌握各类典型过程控制系统的组成、各个环节的工作原理以及相关理论与技术的发展状况,掌握系统设计方法,并对过程控制技术的最新技术有比较全面的了解。全书在章节安排上,力求层次清晰,各部分内容系统、完整,整体次序衔接合理,便于自学。

全书共分 8 章,参考教学时数为 64 学时。第 1 章是绪论,第 2 章介绍过程参数测量与变送器,第 3 章介绍过程控制仪表,第 4 章介绍被控对象数学模型,第 5 章介绍简单控制系统设计与参数整定,第 6 章介绍复杂控制系统(包括串级、前馈、大纯滞后、比值、均匀、分程、选择及解耦控制),第 7 章介绍先进过程控制技术,简单介绍自适应控制、模糊控制、预测控制、专家控制、神经网络控制的基本原理,第 8 章介绍计算机在过程控制系统中的应用,对 DDC 系统、DCS 和现场总线技术、工业控制网络、嵌入式应用、组态软件等进行了深入的讨论。通过应用实例,对组态软件的应用作了比较深入的分析、讨论。每章后均附有思考题与习题。本书配有相应的教学课件,可在华中科技大学出版社教学资源网上免费下载。

本书第 1、3 章由杨三青编写,第 2 章由杨桦、王淑青、常雨芳共同编写,第 4 章由曾庆山编写,第 5 章由陈国平编写,第 6 章由何王勇、杨三青共同编写,第 7 章由王仁明编写,第 8 章由梁会军、杨三青共同编写。全书由杨三青订正并统稿。在成书过程中,得到了河南科技大学马建伟老师、长江大学吴凌云老师的大力支持,他们都提供了大量翔实的第一手资料,在此表示诚挚的感谢。

在多年从事过程控制教学和科研工作中,编者曾得到许多专家、老师、朋友的帮助与支持。在本书编写过程中,广泛参考了许多专家、学者的文章、著作以及相关技术文献,编者在此一并表示衷心感谢。

由于水平有限,书中难免存在缺点、错误,恳请广大读者批评指正。

编　者
2008 年 1 月

目 录

第1章 绪论 …………………………………………………………………… (1)
    1.1 过程控制技术发展概况 ………………………………………………… (1)
    1.2 过程控制系统的特点 …………………………………………………… (6)
    1.3 过程控制系统的组成 …………………………………………………… (6)
    1.4 过程控制系统分类 ……………………………………………………… (9)
    1.5 过程控制系统性能指标 ………………………………………………… (10)
    思考题与习题 …………………………………………………………………… (13)

第2章 过程参数测量与变送器 ………………………………………………… (15)
    2.1 检测过程与变送器 ……………………………………………………… (16)
    2.2 温度变送器 ……………………………………………………………… (22)
    2.3 压力变送器 ……………………………………………………………… (34)
    2.4 流量变送器 ……………………………………………………………… (56)
    2.5 物位变送器 ……………………………………………………………… (80)
    2.6 成分自动分析仪表 ……………………………………………………… (87)
    思考题与习题 …………………………………………………………………… (95)

第3章 过程控制仪表 …………………………………………………………… (99)
    3.1 调节器的调节规律 ……………………………………………………… (99)
    3.2 DDZ-Ⅲ型调节器 ………………………………………………………… (108)
    3.3 数字调节器 ……………………………………………………………… (120)
    3.4 执行器 …………………………………………………………………… (121)
    3.5 可编程序控制器 ………………………………………………………… (132)
    思考题与习题 …………………………………………………………………… (135)

第4章 被控对象的数学模型 …………………………………………………… (137)
    4.1 被控对象的数学模型 …………………………………………………… (137)
    4.2 被控对象数学模型的建立 ……………………………………………… (139)

4.3　机理法建立被控对象的数学模型 …………………………………………（141）
　　4.4　实验法建立被控对象的数学模型 …………………………………………（146）
　　思考题与习题 ……………………………………………………………………（170）

第 5 章　简单控制系统设计与参数整定 …………………………………………（173）
　　5.1　简单控制系统的构成 ………………………………………………………（173）
　　5.2　简单控制系统设计 …………………………………………………………（179）
　　5.3　简单控制系统操作与投运 …………………………………………………（189）
　　5.4　简单控制系统设计实例 ……………………………………………………（194）
　　思考题与习题 ……………………………………………………………………（198）

第 6 章　复杂控制系统 ……………………………………………………………（201）
　　6.1　串级控制系统 ………………………………………………………………（201）
　　6.2　前馈控制 ……………………………………………………………………（216）
　　6.3　均匀控制系统 ………………………………………………………………（229）
　　6.4　比值控制 ……………………………………………………………………（234）
　　6.5　分程控制 ……………………………………………………………………（247）
　　6.6　选择性控制系统 ……………………………………………………………（251）
　　6.7　大纯滞后控制系统 …………………………………………………………（255）
　　6.8　解耦控制系统 ………………………………………………………………（259）
　　思考题与习题 ……………………………………………………………………（265）

第 7 章　先进过程控制技术 ………………………………………………………（269）
　　7.1　自适应控制 …………………………………………………………………（269）
　　7.2　模糊控制 ……………………………………………………………………（280）
　　7.3　预测控制 ……………………………………………………………………（288）
　　7.4　专家控制 ……………………………………………………………………（293）
　　7.5　神经网络控制 ………………………………………………………………（294）

第 8 章　计算机在过程控制系统中的应用 ………………………………………（299）
　　8.1　概述 …………………………………………………………………………（299）
　　8.2　计算机控制系统硬件体系结构 ……………………………………………（301）
　　8.3　过程控制的软件应用技术 …………………………………………………（314）

参考文献 ……………………………………………………………………………（325）

第1章 绪论

本章介绍过程控制的发展概况、特点和分类,通过分析实例说明过程控制系统各部分的作用和组成,阐述控制系统的基本控制要求及质量指标。通过本章学习,要求学会绘制简单系统的仪表控制流程图,掌握被控变量、操纵变量、扰动量、方框图等基本概念,重点理解自动控制系统的组成及各部分的功能,静态、动态及过渡过程概念,学会计算品质指标。

自动控制技术在工业、农业、国防和科学技术现代化中起着十分重要的作用,自动控制技术水平的高低是衡量一个国家科学技术先进与否的重要标志之一。随着我国国民经济和国防建设的发展,自动控制技术的应用日益广泛,其重要性也越来越显著。人们把自动控制分成两个主要领域,即位置控制(亦称伺服控制)和过程控制。其中,位置控制是指电机、数控机床、卫星姿态、导弹、火炮等控制;而过程控制是特指过程工业(如石化、电力、冶金、造纸、化工、医药、食品等工业)生产过程中的被控变量是温度、压力、流量、液位、成分等过程变量的控制。过程控制是自动控制技术的重要组成部分。

1.1 过程控制技术发展概况

过程控制技术是利用测量仪表、控制仪表、计算机、通信网络等技术工具,自动获取各种过程变量的信息,并对影响过程状况的变量进行自动调节和操作,以达到控制要求等目的的技术。由于被控过程的多样性,而且控制参数多属于多变量、非线性、分布参数和时变参数,因此过程控制中应用的控制方案的种类和内容十分丰富。过程控制系统的发展,随着工业生产要求的提高和技术的进步经历了一个相当长的过程。生产过程要求的不断提高、控制理论及策略算法的深入研究、控制技术工具及手段的进展三者相互影响、相互促进,推动过程控制技术不断的向前发展。过程控制技术的发展历史主要是围绕自动化仪表(包括微型计算机)技术和控制理论两方面展开的,大致经历了以下几个阶段。

1.1.1 仪表化与局部自动化阶段

20世纪40年代以前,生产过程基本上处于手工操作状态,只有少量的检测仪表用于生产过程监测,操作人员主要根据观测到的反映生产过程的关键参数,用人工来改变操作条件,凭经验去控制生产过程。

20世纪40年代末,生产过程进入仪表化与局部自动化阶段,这一阶段的主要特点是采用的控制仪表为基地式仪表和部分单元组合式仪表(气动Ⅰ型和电动Ⅰ型),而且多数是气动式仪表,其结构方案大多是单输入-单输出的单回路定值系统。

到20世纪60年代,自动化仪表发展到以单元组合仪表(气动Ⅱ型和电动Ⅱ型)为主要控制仪表,控制理论基础是以频域法和根轨迹法为主的经典控制理论。控制的主要目的是保持工业生产的连续性和稳定性,减少扰动,实现了对生产过程的集中控制。以单回路PID(比例、积分、微分)控制策略为主,针对不同的对象与要求制造专门的控制器,如物料按比值配置的比值控制器、克服大滞后的史密斯预估器、克服特定干扰的前馈控制器等。同时,简单的串级、比值、均匀和选择性等多种复杂控制系统开始得到应用。控制理论方面,出现了以状态空间法为基础,以极小值原理和动态规划等最优控制理论为基本特征的现代控制理论,传统的单输入/单输出系统发展到多输入/多输出系统。

1.1.2 计算机集中式数字控制阶段

20世纪70、80年代,微电子技术的飞速发展,大规模集成电路制造成功且集成度越来越高(80年代初一片硅片可集成十几万个晶体管,32位微处理器问世),单片机及其他微型计算机的出现和应用,都促使过程控制系统与微型计算机技术深度融合,大大推动了过程控制技术的发展。这期间,多样化自动化仪表的基本格局已经形成,虽然模拟式仪表仍然广泛存在,但已非主流;以微处理器为主要构成单元的智能仪表、可编程逻辑控制器、集散式控制系统、工业PC机等仪表架构,构成了控制装置的主流。同时受冯·诺依曼计算机的体系结构的影响,自动化仪表出现了组装仪表(受集散式控制系统影响存在时间很短)。时至今日,这些控制装置结构基本没有变化,只是硬件水平和性能逐步提高。控制理论方面,出现了最优控制、非线性分布式参数控制、解耦控制等现代控制理论。

在控制结构上,直接数字控制系统和监督计算机控制系统开始应用于过程控制领域。由于生产过程的强化、控制对象的复杂和多样,如高维、大时滞、严重非线性、耦合及严重不确定性等,简单的控制系统已无力解决这些控制问题,用计算机控制系统替代模拟控制仪表,即模拟技术由数字技术来替代,已成为解决复杂控制问题的主要手段。计算机集中式数字控制系统主要经历了直接数字控制系统和计算机集中监督控制系统两个阶段。

1. 直接数字控制系统

直接数字控制系统（direct digital control system，简称 DDC 系统）用一台计算机配以 A/D、D/A 转换器等输入/输出设备，从生产过程中获取信息，按照预先规定的控制算法算出控制量，并通过输出通道，直接作用在执行机构上，实现对生产过程的闭环控制。DDC 系统不仅可以对一个回路进行控制，通过多路采样，还可以实现对多个回路的控制。在 DDC 系统中，计算机参加闭环控制过程，它不仅能完全取代模拟调节器，实现多回路的 PID 调节，而且不需改变硬件，只需通过改变程序就能实现对多种较复杂的控制规律的控制，如串级控制、前馈控制、非线性控制、自适应控制、最优控制等。

2. 计算机集中监督控制系统

在 DDC 系统中，其给定值是预先设定并存入微机内存中的，它不能随生产负荷、操作条件和工艺信息的变化而及时修正，因此不能使生产处于最优工况。计算机集中监督控制系统（supervisor computer control system，简称 SCC 系统）是将操作指导和 DDC 结合起来的一种较高级形式的控制系统。在 SCC 系统中，计算机对生产过程中的参数进行巡检，按照所设计的控制算法进行计算，计算出最佳设定值并直接传递给 DDC 系统的计算机，进而由 DDC 系统的计算机控制生产过程，实现分级控制。SCC 系统改进了 DDC 系统在实时控制时采样周期不能太长的缺点，能完成较为复杂的计算，可实时实现最优化控制。计算机集中式数字控制系统的主要理论基础是现代控制理论。各种改进或复合的 PID 算法，大大提高了传统 PID 控制的性能与效果，对多输入/多输出的多变量控制理论，克服对象特性时变和环境干扰等不确定影响的自适应控制，消除因模型失配而产生不良影响的预测控制，保证系统稳定的鲁棒控制等具有重要意义。新理论与策略的应用为计算机集中控制奠定了坚实的理论基础。

1.1.3 集散式控制阶段

20 世纪 90 年代至今，信息技术飞速发展，管控一体化、综合自动化是当今生产过程控制的发展方向。集散式控制系统（distributed control system，简称 DCS 系统）自 1975 年问世以来已经历了三十多年的时间，其可靠性、实用性不断提高，功能日益增强。如控制器的处理能力、网络通信能力、控制算法、画面显示及综合管理能力等都有显著的改进。DCS 系统过去由于价格昂贵，只能应用于少数大型企业的控制系统。但随着 4C 技术及软件技术的迅猛发展，DCS 系统的制造成本大大降低，目前已经在电力、石油、化工、制药、冶金、建材等众多行业得到了广泛的应用。DCS 系统的发展经历了 1975—1980 年的初创阶段、1980—1985 年的成熟期和 1985 年至今的扩展期，其控制理论采用了大系统理论和智能控制理论，使模糊控制、专家系统控制、模式识别等技术得到了广泛应用。

集中式计算机控制系统在将控制集中的同时，也将危险集中，因此系统的可靠性不高，抗干扰能力较差。现代工业生产的迅速发展，不仅要求完成生产过程的在线控制任务，还要求实现现代化集中式管理。DCS 系统采用承担分散控制任务的现场控制站和具备操作、监视、记录功能的操作监视站二级组成,它的主导思想是将复杂的对象划分为几个子对象,然后用局部控制器(现场控制站)作为一级,直接作用于被控对象,即所谓水平分散。第二级是操纵各现场控制站的协调控制器(操作监视站),它使各子系统协调配合,共同完成系统的总任务。DCS系统既有计算机控制系统控制算法先进、精度高、响应速度快的优点,又有仪表控制系统安全可靠、维护方便的特点。DCS系统的数据通信网络是连接分级递阶结构的纽带,是典型的局域网,它传递的信息以引起物质、能量的运动为最终目的。因而,它强调的是可靠性、安全性、实时性和广泛的实用性。对于工艺复杂、建模困难的过程控制对象,传统控制理论难以解决,而对于知识、仿人脑推理、学习、记忆能力的智能控制系统,可不需要建立对象模型,而通过获取有关信息,模仿人的智能直接进行决策与控制。此外,还可利用智能技术的特征提取、模式分类和聚类分析,建立较精确的对象模型,再用传统的控制方法实施控制。智能控制方法有分级递阶智能控制、专家控制、人工神经网络控制、拟人智能控制等。

1.1.4 现场总线控制系统

集散系统大多采用网络通信体系结构,采用本公司专用的标准和协议,受现场仪表在数字化、智能化方面的限制,它没能将控制功能彻底地分散到现场。随着过程控制技术、自动化仪表技术和计算机网络技术的成熟和发展,控制领域又产生了一次技术变革。这次变革使传统的控制系统(如集散控制系统)体系结构、功能结构和性能产生了巨大的飞跃,这次变革的基础就是现场总线技术的产生。现场总线的思想形成于20世纪80年代,目前仍然处在研究发展过程之中。现在,发达国家正在投以巨资进行全方位技术研究和应用,现场总线技术必将成为21世纪自动化控制系统的主流。

现场总线控制系统(field control system,简称FCS系统)是计算机技术、通信技术、控制技术的综合与集成。通过现场总线,将工业现场具有通信特点的智能化仪器仪表、控制器、执行机构、无纸记录仪等现场设备和通信设备连接成网络系统,连接在总线上的设备之间可直接进行数据传输和信息交换。同时,现场设备和远程监控计算机也可实现信息传输。这样,将现场控制站的控制功能下移到网络的现场智能设备中,从而构成虚拟控制站,通过现场仪表就可构成控制回路,实现了分散控制。FCS系统较好地解决了过程控制的两大基本问题,即现场设备的实时控制和现场信号的网络通信。FCS系统实现了智能下移,数据传输从点到点发展到采用总线方式,而且用大系统的概念来看整个过程控制系统,即整个控制系统可看做一台巨大的计算机,按总线方式运行。全数字化、全分散、可互操作和开放式互连网络是FCS系统的主要特点和发展方向。基于人工神经网络、模式识别、模糊理论基础而开发的软测量技术,为FCS系统提供了强大的信息检测功能;过程优化即稳态优化和最优控制等各种先进控制理论以及多学科和技术的交叉和融合,为FCS系统提供了坚实的理论基础;而计算机网络技术的发展和成熟又为FCS系统的实现提供了技术条件。

1.1.5 计算机集成过程系统

尽管各种先进的控制系统能明显提高控制质量和经济效益,但它们仍然只是相互孤立的控制系统。从过程控制系统发展的必要性和可能性来看,过程控制系统必将朝综合化、智能化的方向发展。因此,以智能控制理论为基础,以计算机及网络为主要手段,对企业的经营计划、调度、管理和控制全面综合,实现从原料进库到产品出厂的自动化、整个生产系统信息管理的最优化。整个系统由生产管理高级控制层与优化层、基础控制层三部分组成。这种集控制、优化、调度、管理等于一体并将信号处理技术、数据库技术、通信技术以及计算机网络技术进行有机结合而发展起来的所谓综合自动化系统,即称为计算机集成过程系统(computer integrated process system,简称 CIPS 系统)。作为一种全集成自动化系统,CIPS 系统既是对设备的集成,也是对信息的集成。CIPS 系统覆盖操作层、管理层、决策层,涉及企业生产全过程的计算机优化,其最大特点是多种技术的综合与全企业信息的集成,其最显著的特征是仿人脑功能,这一点在某种程度上是回复到初级阶段的人工控制,但更多是在人工控制基础上的进步和飞跃。CIPS 系统的实现与发展依赖于计算机网络技术、数据库管理系统、各种接口技术、过程操作优化技术、先进控制技术、软测量技术等的发展,分布式控制系统、先进过程控制以及网络技术、数据库技术是实现 CIPS 系统的关键和基础。

1.1.6 过程控制策略与算法的发展

几十年来,过程控制策略与算法的发展经历了三个阶段:简单控制阶段、复杂控制阶段与先进过程控制阶段。

通常将单回路 PID 控制称为简单控制。它一直是过程控制的主要手段。PID 控制以经典控制理论为基础,主要用频域法对控制系统进行分析、设计与综合。目前,PID 控制仍然得到广泛应用。在许多 DCS 和可编程逻辑控制器(programmable logic controller,简称 PLC)系统中,均设有 PID 控制模块或控制算法软件。

从 20 世纪 60 年代开始,随着过程控制技术的发展,出现了串级控制、比值控制、前馈控制、均匀控制和史密斯预估控制等控制策略与算法,它们称为复杂控制,在很大程度上满足了复杂过程工业的高精度和一些特殊控制要求。虽然它们仍然以经典控制理论为基础,但是结构与应用上各有特色,而且目前仍在继续改进与发展。

20 世纪 70 年代中后期,出现了以 DCS 和 PLC 为代表的新型计算机控制装置,为过程控制提供了强有力的硬件和软件平台,使得过程控制算法向纵深发展成为可能。

从 20 世纪 80 年代开始,在现代控制理论和人工智能发展的基础上,针对工业过程本身的非线性、时变性、耦合性和不确定性等特性,提出了许多行之有效的解决方法,如解耦控制、推断控制、预测控制、模糊控制、自适应控制、人工神经网络控制等,常统称为先进过程控制。近十年来,以专家系统、模糊逻辑、神经网络、遗传算法为主要方法的基于知识的智能处理方法,已经成为过程控制的一种技术。先进过程控制方法可以有效地解决那些采用常规控制方式效果差、甚至无法控制的复杂工业过程的控制问题。实践证明,先进过程控制方法能取得更高的控制品质和更大的经济效益,具有广阔的发展前景。

1.2 过程控制系统的特点

1.2.1 生产过程的连续性

在过程控制系统中,大多数被控过程都是在密闭的设备中以长期的或间歇形式连续运行,被控变量不断的受到各种扰动的影响,控制的目的就是要自动克服这些扰动,满足工艺要求。

1.2.2 被控过程的复杂性

过程控制涉及范围广泛,如石化过程的精馏塔、反应器,热工过程的换热器、锅炉等,其规模大小不同,工艺要求各异,产品千差万别。由于机理不同、生产过程参数不同、控制质量要求有很大差别,有些过程的工作机理非常复杂,至今尚未被人们所认识,很难用解析方法得出精确动态数学模型;有些生产过程在大型生产设备中进行,其动态特性具有大惯性、大滞后、非线性、分布参数和时变特性,使过程控制系统明显区别于运动控制系统。

1.2.3 控制方案的多样性

被控过程对象特性各异,工艺条件及要求不同,因此过程控制系统的控制方案非常丰富,有常规的控制系统,如PID控制、改进PID控制、串级控制、前馈-反馈控制、解耦控制等;有为满足特定要求而设计的控制系统,如比值控制、均匀控制、选择性控制、推断控制等;有新型控制系统,如模糊控制、预测控制、最优控制等。

1.3 过程控制系统的组成

工业任务的过程控制千差万别,主要内容包括自动检测系统——利用各种检测仪表对工艺参数进行测量、指示或记录;自动信号系统——当工艺参数超出要求范围,自动发出声光信号;连锁保护系统——达到危险状态,打开安全阀或切断某些通路,必要时紧急停车;自动操纵系统——根据预先规定的步骤自动地对生产设备进行某种周期性操作,如合成氨造气车间煤气发生炉按吹风、上吹、下吹、吹净等步骤周期性地接通空气和水蒸气;自动开停车系统——按预先规定好的步骤将生产过程自动地投入运行或自动停止运行;自动控制系统——利用自动控制装置对生产中某些关键性参数进行自动控制,使它们在受到外界扰动的影响而偏离规定状态时,能自动回复到规定范围。

本书主要介绍自动控制系统的基本组成。

1.3.1 基本组成

利用自动控制装置构成的过程控制系统,可以在没有人工直接参与的条件下,使工艺参数自动按照预定的规律变化。首先看一个工程实例。

1. 过程控制系统实例

在锅炉正常运行中,汽包水位是一个重要的参数,它的高低直接影响着蒸汽的品质及锅炉的安全。水位过低,当负荷很大时,汽化速度很快,汽包内的液体将全部汽化,导致锅炉烧干甚至会爆炸;水位过高会影响汽包的汽水分离,产生蒸汽带液现象,降低了蒸汽的质量和产量,严重时会损坏后续设备。分析图 1-1(a) 手动控制过程,人的眼睛看着液位,大脑判断与希望的液位是否相等,并作出决策,通知人的手调节进水阀开大或关小,使液位维持在希望值上。

人们在总结手动控制的基础上,设计如图 1-1(b) 所示的控制方案来实现对汽包水位的自动控制。首先应随时掌握水位的变化情况,采用测量变送器代替人的眼睛时刻监视水位的变化;用调节器代替人的大脑,将接收到的测量信号(实际水位高度)与预先规定的水位高度进行比较。如果两个高度值不相等,表明实际水位与规定水位有偏差,此时调节器将根据偏差的大小并采用适当的算法输出控制信号;用执行器代替人的手,根据调节器输出的控制信号自动改变进水阀的开度,控制进入锅炉的水量变化,达到自动控制锅炉汽包水位的目的。

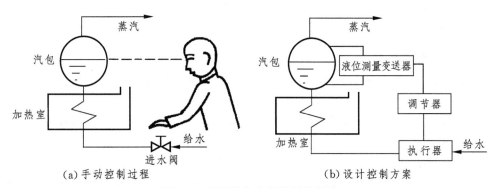

(a) 手动控制过程　　　　　　　　　(b) 设计控制方案

图 1-1　锅炉汽包水位控制示意图

2. 过程控制系统的组成

从上述分析可以看出,一个基本过程控制系统一般由控制的工艺设备或机器(被控过程)和自动控制装置两部分构成,自动控制装置又分为测量仪表(测量变送器)和控制仪表(调节器、执行器),因此基本过程控制系统是由被控对象(亦称被控过程)、测量变送器、调节器、执行器等四部分组成,其系统组成方框图如图 1-2 所示。

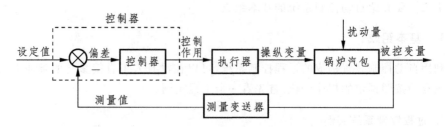

图 1-2　基本过程控制系统组成方框图

1.3.2　常用术语和方框图

1. 几个常用术语

被控过程：也称被控对象，是工艺参数需要控制的生产过程设备或机器等，如锅炉汽包、发酵罐。

被控变量，是被控对象中要求保持设定值的工艺参数，如汽包水位、发酵温度。

操纵变量，是受控制器操纵，用以克服扰动的影响使被控变量保持设定值的物料量或能量，如锅炉给水量、发酵罐冷却水量。

扰动量，是除操纵变量外，作用于被控对象并引起被控变量变化的因素，如蒸汽负荷的变化、冷却水温度的变化等。

设定值，是被控变量的预定值。

偏差(e)，是被控变量的设定值与实际测量值之差。在实际控制系统中，能够直接获取的信息是被控变量的实际测量值而不是实际值，因此，通常把设定值与实际测量值之差作为偏差。

2. 关于方框图

方框图是控制系统或系统中每个环节的功能和信号流向的图解表示，是控制系统进行理论分析、设计中常用到的一种形式。每一个方框表示系统中的一个组成部分(也称为环节)，方框内添入表示其自身特性的数学表达式或文字说明，在绘制方框图时应注意以下几点。

(1) 方框图中每一个方框表示一个具体的实物。

(2) 方框之间带箭头的线段表示它们之间的信号联系，与工艺设备间物料的流向无关。方框图中信号线上的箭头除表示信号流向外，还包含另一种方向性的含义，即所谓单向性。对于每一个方框或系统，输入对输出的因果关系是单方向的，只有输入改变了才会引起输出的改变，输出的改变不会返回去影响输入。例如冷水流量会使汽包水位改变，但反过来，汽包水位的变化不会直接使冷水流量跟着改变。

(3) 比较点不是一个独立的元件，而是控制器的一部分。为了清楚的表示控制器比较机构的作用，故将比较点单独画出。

1.4 过程控制系统分类

过程控制系统分类方法很多,按系统功能可分为温度控制系统、压力控制系统、液位控制系统、流量控制系统等,按系统性能可分为线性系统和非线性系统、连续系统和离散系统、定常系统和时变系统,按被控变量的数量可分为单变量控制系统和多变量控制系统,按采用的控制装置可分为常规仪表控制系统、计算机控制系统,按控制系统基本结构形式可分为闭环控制系统和开环控制系统,按控制算法可分为简单控制系统、复杂控制系统、先进或高级控制系统,按控制器形式可分为常规仪表过程控制系统、计算机过程控制系统。计算机控制系统还可分为 DDC 系统、DCS 系统和 FCS 系统等。这些分类方法只反映了不同控制系统某一方面的特点,人们可以视具体情况采用不同的分类方法,其中并无原则的规定。但是,实际生产中常常采用的过程控制分类方法主要有两种:按系统的结构特点分类和按给定信号的特点分类。

1.4.1 按过程控制系统的结构特点分类

1. 反馈控制系统

在过程控制系统中,反馈控制系统是一种最基本的控制结构形式。反馈控制系统是根据系统被控量的偏差进行工作的,偏差值是控制的依据,最后达到消除或减小偏差的目的。反馈信号也可能有多个,从而可以构成多个闭合回路,称之为多回路控制系统。

2. 前馈控制系统

前馈控制系统在原理上完全不同于反馈控制系统,它是以不变性原理为理论基础的。前馈控制系统直接根据扰动量的大小进行工作,扰动是控制的依据。由于它没有被控量的反馈,所以也称为开环控制系统。前馈控制系统方框图如图 1-3 所示。

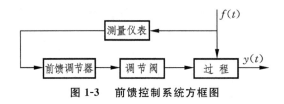

图 1-3 前馈控制系统方框图

3. 前馈-反馈控制系统(复合控制系统)

在工业生产过程中,引起被控参数变化的扰动是多种多样的。前馈控制的最主要的优点是能及时迅速地克服主要扰动对被控参数的影响;反馈控制则主要克服其余次要扰动,使控制系统在稳态时能准确地使被控量控制在给定值上。在实际生产过程中,将两者结合起来使用,充分利用前馈控制与反馈控制两者的优点,在反馈控制系统中引入前馈控制从而构成如图 1-4 所示的前馈-反馈控制系统,可以大大提高控制质量。

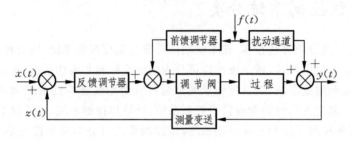

图 1-4　前馈-反馈控制系统方框图

1.4.2　按给定信号的特点分类

1. 定值控制系统

所谓定值控制系统,就是系统被控量的给定值保持为规定值,或在规定值附近小范围变化。定值控制系统是过程控制中应用最多的一种控制系统,这是因为在工业生产过程中大多要求系统被控量的给定值保持在某一定值,或在很小范围内变化,如过热蒸汽温度控制系统、转炉供氧量控制系统均为定值控制系统。对于定值控制系统来说,由于 $\Delta X = 0$,引起被控量给定值变化的是扰动信号,所以定值系统的输入信号是扰动信号。

2. 程序控制系统

程序控制系统是被控量的给定值按预定的时间程序变化工作的过程控制系统。控制的目的就是使系统被控量按工艺要求规定的程序自动变化,如同期作业的加热设备(机械、冶金工业中的热处理炉)。一般工艺要求加热升温、保温和逐次降温等程序,给定值就按此程序自动地变化,控制系统按此给定程序自动工作,达到程序控制的目的。

3. 随动控制系统

随动控制系统是一种被控量的给定值随时间任意变化的控制系统,其主要作用是克服一切扰动,使被控量快速跟随给定值变化而变化,例如,在加热炉燃烧过程的自动控制中,生产工艺要求空气量跟随燃料量的变化而成比例地变化,而燃料量是随生产负荷的变化而变化的,其变化规律是任意的。随动控制系统就要使空气量跟随燃料量的变化自动控制空气量的大小,达到加热炉的最佳燃烧状态。

1.5　过程控制系统性能指标

一个控制性能良好的控制系统在受到外来干扰作用或给定值发生变化后,应该能够平稳、迅速、准确地回复到(或趋近)给定值。在衡量和比较不同的控制方案时,必须有各种能反映其控制效果的性能指标。

过程控制在运行时有两种状态：一种为稳态，即设定值保持不变，也没有受到外来干扰，被控量保持不变或在很小范围内波动，整个控制系统处于平衡稳定状态；另一种为动态，即系统由于设定值变化或受到外来干扰作用，系统的平衡被打破，系统各部分作出相应的调整，使被控量重新回到设定值而到达新的稳定状态。这种从前一个稳定状态到另一个稳定状态的过程称为过渡过程。稳态是控制系统最终的控制目标，但在实际生产过程中，干扰是经常出现的，也就是系统经常进入过渡过程，控制的目的就是要自动抑制这些扰动，因此过渡过程的性能指标更受人们关注。通常将性能指标分为单项性能指标和综合性能指标两大类。

1.5.1 单项性能指标

常用的单项静态性能指标有静态偏差；单项动态性能指标有衰减比、最大动态偏差和超调量、调节时间等，如图 1-5 所示。

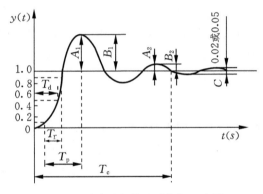

图 1-5　过渡过程的品质指标示意图

1. 静态偏差

静态偏差也称余差，用符号 C 表示，是指系统过渡过程结束时给定值与被控稳定值之差。它是一个准确性的重要指标，是一个静态指标。一般要求余差不要超过预定值或为零。

余差的大小是根据生产工艺过程的实际需要确定的。对于控制质量来说，余差越小越好，但是余差越小对系统的要求越高；如果定低了，控制系统不能满足工艺要求，就失去了自动控制的意义。因此，本指标的确定应根据对象的特性与被控变量允许的波动范围综合考虑决定，不能一概而论。

2. 衰减比 n 或衰减率 φ

衰减比 n 是指振荡过程的第一个波的振幅与第二个波的振幅之比，即 $n = B_1/B_2$，它是衡量系统过渡过程稳定性的一个动态指标，反映振荡衰减程度。衰减比也可以是面积

A_1 与 A_2 之比,即 $n = A_1/A_2$。

$n < 1$ 表示系统是不稳定的,振幅越来越大,系统不稳定;$n = 1$ 表示等幅振荡,临界稳定;$n = 4$ 为控制系统常用的衰减比,此时控制系统的稳定性良好。

有时也用衰减率 φ 来表示系统的稳定程度,$\varphi = [(B_1 - B_2)/B_1] \times 100\%$。在工程上,应根据生产过程的特点来确定合适的 φ 值。为了保持系统具有足够的稳定程度,一般取 φ 在 $0.75 \sim 0.90$ 之间。

3. 最大动态偏差

扰动发生后,被控量偏离稳定值或设定值的最大偏差称为最大动态偏差,如图 1-5 中第一波峰 B_1,过渡过程到达此峰值的时间为 T_p,最大动态偏差占设定值的百分数称为超调量,即

$$\sigma = \frac{B_1}{y(\infty)} \times 100\% \tag{1-1}$$

式中:σ 表示超调量;$y(\infty)$ 表示设定值。

动态偏差大且持续时间长是不允许的。如化学反应器,其反应温度有严格的规定范围,超出此温度就会发生事故。对于有的生产过程,即使是短暂超过也不允许,如生产炸药的温度限位很严,控制系统的最大偏差不得超过温度限值,才能保证生产安全。

4. 调整时间

在平衡状态下的控制系统,受到扰动作用后平衡状态被破坏,经过系统的控制作用,达到新的平衡状态时,即被控量重新回到稳态值的 $\pm 2\%$ 或 $\pm 5\%$ 时所经历的时间,称为调整时间 T_c,也称为过渡过程时间。T_c 越小表示过渡过程进行得越快,它是反映系统过渡过程快慢的指标。

上述质量指标之间是相互联系、相互制约的关系。当一个系统的稳态精度要求很高时,可能会引起动态不稳定;解决了稳定问题之后,又可能因反应迟钝而失去快速性。所以对于不同的控制系统,这些性能指标各有其侧重点,要高标准地同时满足这些指标的要求是很困难的。应根据工艺生产的具体要求,分清主次,统筹兼顾,保证优先满足主要的质量指标要求。

1.5.2 综合性能指标

单项性能指标虽然清晰明了,但如何统筹考虑却比较困难,它只能反应控制系统偏差和调整时间两方面中某一方面的控制质量,而一个控制系统综合性能的优劣与这两个指标都有关。因此,可采用偏差与时间的某种积分关系作为衡量系统质量的准则,这就是误差积分准则。它是从偏差的幅度和偏差存在的时间综合评价系统性能。采用不同的误差积分指标,意味着评价过渡过程优良程度时的侧重点不同,也导致调节器参数设置不同。常用的有偏差积分指标(IE)、平方误差积分指标(ISE)、时间乘误差的平方积分指

标(ITSE)、误差绝对值积分指标(IAE)、时间乘误差绝对值的积分指标(ITAE)等,这些值都达到最小的系统就是最优系统。

1) 偏差积分指标(IE)

$$J = \int_0^\infty e(t)\mathrm{d}t \tag{1-2}$$

式中,$e(t)$ 为给定值与测量值之差。

偏差积分指标的采用有其缺点,不能保证控制系统有合适的衰减率。例如一个等幅振荡过程,IE 等于零,这显然不合理。

2) 平方误差积分指标(ISE)

$$J = \int_0^\infty e^2(t)\mathrm{d}t \tag{1-3}$$

加大对大偏差的关注程度,侧重抑制过程中的大偏差。

3) 时间乘误差的平方积分指标(ITSE)

$$J = \int_0^\infty te^2(t)\mathrm{d}t \tag{1-4}$$

这项指标适合于对大偏差和大偏差存在的时间都要求很高的系统。

4) 误差绝对值积分指标(IAE)

$$J = \int_0^\infty |e(t)|\mathrm{d}t \tag{1-5}$$

这是一般公认的误差准则,用来衡量响应曲线在零误差线两侧的总面积的大小。由于负荷变化引起的误差最终总要消失的,故任何一个稳定回路的误差绝对值积分指标必将趋于一个有限值,此指标对小误差比较灵敏。

5) 时间乘误差绝对值的积分指标(ITAE)

对于误差长时间存在的系统,常采用时间乘误差绝对值的积分指标积分准则,即

$$J = \int_0^\infty t|e(t)|\mathrm{d}t \tag{1-6}$$

思考题与习题

1-1 简述过程控制的发展概况及各个阶段的主要特点。
1-2 过程控制有哪些主要特点?
1-3 什么是过程控制系统?典型过程控制系统由哪几部分组成?
1-4 简述被控对象、被控变量、操纵变量、扰动(干扰)量、设定(给定)值和偏差的含义。
1-5 自动控制系统按其基本结构形式可分为几类?其中闭环系统中按设定值的不同形式又可分为几种?简述每种形式的基本含义。
1-6 什么是自动控制系统的过渡过程?在阶跃扰动作用下,其过渡过程有哪些基本形式?哪些过渡

过程能基本满足控制要求?

1-7 什么是被控对象的静态特性?什么是被控对象的动态特性?二者之间有什么关系?为什么在分析过程控制系统的性能时更关注其动态特性?

1-8 什么是自动控制系统的方框图?它与工艺控制流程图有什么区别?

1-9 评价控制系统动态性能的常用单项指标有哪些?各自的定义是什么?

1-10 试说明误差积分指标的特点及其局限性。

1-11 某被控过程工艺设定温度为 900℃,要求控制过程中温度偏离设定值最大不得超过 80℃。现设计的温度定值控制系统,在最大阶跃干扰作用下的过渡过程曲线如图 1-6 所示。试求该系统过渡过程的单项性能指标:最大动态偏差、衰减率、振荡周期,该系统能否满足工艺要求?

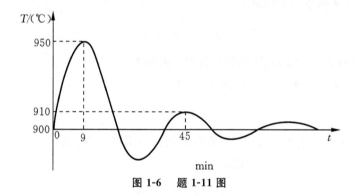

图 1-6 题 1-11 图

第 2 章 过程参数测量与变送器

本章介绍检测仪表与变送器的基本概念,信号标准,电动变送器输出信号与电源的连接方式,变送器的零点迁移、零点调整和量程调整。对工业上常用的温度、压力、物位、流量、密度、成分等变送器作了深入的分析,要求掌握它们的结构、工作原理、使用场合和注意事项。

工业控制系统中的检测技术与变送器是实现自动控制的基础。采用自动检测系统对生产过程参数的变化进行实时测量及实时分析,实时监控和管理,是生产企业用以提高产品产量和质量的现代化方法。

过程参数(或称过程变量)的测量主要是指对连续生产过程中的温度、压力、流量、液位和成分等参数的测量。过程参数测量与变送则是将被测参数转换成统一的标准信号,如气动仪表的标准传输信号 0.02～0.1 MPa,电动仪表的标准传输信号 0～10 mA 或 4～20 mA 等。此环节是实现过程参数显示和过程控制的前提,是过程控制工程的主要组成部分,一个基本的过程控制系统如图 2-1 所示。

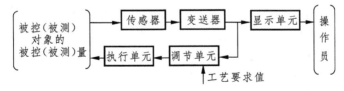

图 2-1 过程控制系统的组成原理

从图 2-1 中可以看到,传感器和变送器是完成对各种过程参数的测量,并实现必要的数据处理的功能单元;执行单元和调节单元则是实现各种控制作用的手段和条件,它将检测得到的数据进行运算处理,并通过相应的功能单元实现对被控变量的调节。自动检测和自动控制系统中都有"传感器"环节,可见与自动检测技术相关的传感器技术是实现自动化的重要支柱。

通过对过程参数的准确测量与变送,可以及时了解工艺设备的运行工况,为操作人员提供操作依据,为自动化装置提供测量信号。这对于确保生产安全、提高产品的产量与质量,对于节约能源、保护环境卫生、提高经济效益等都是十分重要的,是实现工业生产过程自动化的必要条件。

2.1 检测过程与变送器

2.1.1 检测过程

检测就是人们借助专门的技术和设备,通过实验方法取得某一客观事物数量信息的过程。专门用于检测的仪表或系统称为检测仪表或检测系统,其基本任务就是从测量对象获取被测量,并向测量的操作者展示测量的结果。

因此,检测仪表或检测系统至少包括四个基本组成部分:反映过程参数的被测对象、感受被测量的传感器或敏感元件、展示测量结果的显示器和连接二者的测量电路等中间环节,如图 2-2 所示。对某一个具体的检测系统而言,被测对象、检测元件和显示装置部分一般是必需的,而其他部分则视具体系统的结构而异。

图 2-2 参数检测的基本过程

传感器又称为检测元件或敏感元件,它直接响应被测变量,经能量转换并转化成一个与被测变量成对应关系的、便于传送的输出信号,如电压、电流、电阻、频率、位移、力等物理量。有时,传感器的输出可以不经过变送环节,直接通过显示装置把被测量显示出来。

从自动控制的角度来看,由于传感器的输出信号种类很多,而且信号往往很微弱,一般都需要经过变送环节的进一步处理,把传感器的输出转换成如 0～10 mA 或 4～20 mA 等标准统一的模拟量信号或者满足特定标准的数字量信号,这种检测仪表称为变送器。变送器的输出信号送到显示装置,以指针、数字、曲线等形式把被测量显示出来,或者同时送到控制器对被控对象实现控制作用。

有时,传感器、变送器和显示装置可统称为检测仪表;或者将传感器称为一次仪表,将变送器和显示装置称为二次仪表。一般来说,检测、变送和显示可以是三个独立的部分,当然检测和其他部分也可以有机地结合成为一体。需要说明的是,在目前的检测或控制系统中,除了如弹簧管压力表等就地指示仪表之外,传统的显示仪表更多地被数码显示仪表、光柱显示仪表、无纸记录仪、计算机监控系统所替代。

由图 2-2 可知,传感器是将非电量转换为与之有确定对应关系电量输出的器件或装置,它本质上是非电系统与电系统之间的接口。在非电量的测量中,它是必不可少的转换元件。由于传感器大多存在着一定的非线性,为了保证检测仪表或检测系统的显示值与测量值之间的线性关系,经常需要在检测仪表或检测系统中加入非线性校正电路,或采取非线性校正的软件等措施。

2.1.2 检测系统

由图 2-2 可知,过程参数测量的过程是个自动检测系统,它是个开环系统。当选用的仪表不同时,其系统的构成也不尽相同。

(1) 当采用模拟仪表进行测量时,其检测仪表或检测系统的组成如图 2-3 所示。

图 2-3　模拟仪表及检测系统的构成原理图

(2) 当采用数字仪表进行测量时,其检测仪表或检测系统的组成如图 2-4 所示。

图 2-4　数字仪表及检测系统的构成原理图

(3) 当采用计算机进行测量时,其典型的微机化检测系统的组成如图 2-5 所示。

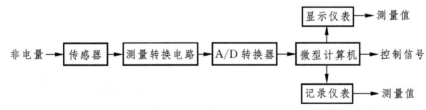

图 2-5　微机化仪表及检测系统的构成原理图

从以上组成结构可以看出,如果测量的参数为电量,则可去掉传感器部分,直接将电量送入测量电路中,构成电量测量系统。也就是说,非电量测量系统与电量测量系统除传感器外,其余部分是相同或相似的。

另外,测量信号是逐级传递到显示器的,每一级信号传递和信号处理的准确性都非常重要,否则将会使得测量值在最终显示时不准确。为此我们要求特别是传感器一定要具有高的准确性、高的稳定性、好的灵敏度。

总之,测量仪表或测量系统的基本功能是向操作者显示测量结果。测量结果的显示方法有模拟方式和数字方式两种。模拟方式通常是用指针式仪表或示波器显示被测量的大小或变化波形。数字方式就是用数字显示器(如 LED 数码显示器、LCD 液晶显示器等)显示被测量的数值大小的。

当采用常规检测和控制仪表时,控制系统的结构与图 2-5 所示的系统相同,其中检测元件和变送单元可以是分立元件也可以是组合功能仪表,各环节之间采用的是点对点连接的方法。

当采用计算机或数字控制器作为调节单元时,系统的结构就可能是多样的,但其基本控制原理差别不大,如直接数字控制系统 DDC、分布式控制系统 DCS、现场总线控制系统 FCS。在网络化的控制回路系统中,多数检测和仪表单元均是通过网络相互连接和传送信息的。

2.1.3 变送器

变送器在自动检测和调节系统中的作用,是将各种工艺参数,如温度、压力、流量、液位、成分和物理量变换成相应的统一标准信号 0~10 mA(DDZ-Ⅱ型仪表) 或 4~20 mA(DDZ-Ⅲ型仪表),再传送到指示记录仪、运算器和调节器,供指示、记录和调节。变送器本质上也是测量仪表,但它更加强调将被测量转化为统一的标准信号。

按照被测参数分类,变送器主要有温度变送器、压力变送器、液位变送器和流量变送器等。

变送器的理想输入/输出特性如图 2-6 所示。y_{max} 和 y_{min} 分别为变送器输出信号的上限值和下限值;x_{max} 和 x_{min} 分别为变送器测量范围的上限值和下限值。图中,$x_{min}=0$。

1. 变送器的构成

1) 构成原理

通常,变送器由输入转换部分、放大器和反馈部分组成,如图 2-7 所示。

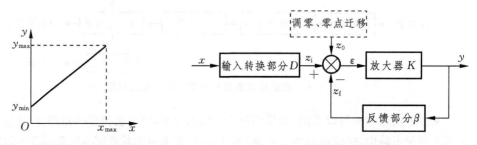

图 2-6 变送器的理想输入/输出特性　　图 2-7 变送器的构成原理图

输入转换部分包括敏感元件,它的作用是感测被测参数 x,并把被测参数 x 转换成某一中间模拟量 z_i。中间模拟量 z_i 可以是电压、电流、位移和作用力等物理量。反馈部分把变送器的输出信号 y 转换成反馈信号 z_f,z_f 与 z_i 是同一类型的物理量。放大器把 z_i 和 z_f 的差值 $\varepsilon(\varepsilon = z_i - z_f)$ 放大,并转换成标准输出信号 y。

由图 2-7 可以求得整个变送器输出与输入关系为

$$\frac{y}{x} = \frac{DK}{1+K\beta} \tag{2-1}$$

式中:D 为输入转换部分的转换系数;K 为放大器的放大系数;β 为反馈部分的反馈系数。

当满足 $K\beta \gg 1$ 的条件时,有

$$\frac{y}{x} = \frac{D}{\beta} \tag{2-2}$$

式(2-2)表明,在 $K\beta \gg 1$ 时,变送器的输出与输入关系仅取决于输入转换部分的特性和反馈部分的特性。由于

$$z_i = Dx, \quad z_f = \beta y$$

因此,由式(2-2)可得

$$z_i = z_f \tag{2-3}$$

式(2-3)表明,在满足 $K\beta \gg 1$ 的条件时,变送器输入转换部分的输出信号 z_i,与整机输出信号 y 经反馈部分反馈到放大器输入端的反馈信号 z_f 基本相等,即放大器的净输入 ε 趋于零($\varepsilon \to 0$)。

式(2-1)、式(2-2)和式(2-3)是对变送器特性进行分析的主要依据。式(2-1)可用于对变送器特性进行详细研究,如用于研究放大器的放大系数 K 对系统特性的影响;式(2-2)和式(2-3)用于研究变送器输出与输入之间的静态关系,则很简单方便。

2) 量程(满度)调整

量程(满度)调整的目的,是使送变器的输出信号上限值 $y_{\max}$ 与测量范围的上限值 $x_{\max}$ 相对应。图 2-8 所示为变送器量程调整前后的输入/输出特性。由该图可见,量程调整相当于改变变送器的输入/输出特性的斜率,也就是改变变送器输出信号 y 与输入信号 x 之间的比例系数。

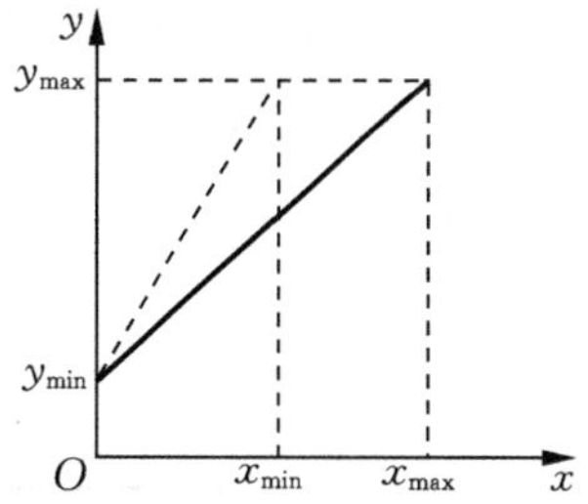

实现量程调整的方法,通常是改变反馈部分的特性,即改变反馈系数 β。β 愈大,量程就愈大;β 愈小,量程就愈小。有些变送器还可以通过改变输入转换部分的特性,即改变转换系数 D 来调整量程。

图 2-8 变送器量程调整前后的输入/输出特性

3) 零点调整和零点迁移

零点调整和零点迁移的目的,都是使变送器的输出信号的下限值 $y_{\min}$ 与测量范围的下限值 $x_{\min}$ 相对应。在 $x_{\min} = 0$ 时,为零点调整;在 $x_{\min} \neq 0$ 时,为零点迁移。也就是说,零点调整使变送器的测量起始点为零,而零点迁移是把测量的起始点由零迁移到某一数值(正值或负值)。当测量的起始点由零变为某一正值,称为正迁移;反之,当测量的起始点由零变为某一负值,称为负迁移。图 2-9 所示为变送器零点迁移前后的输入/输出特性。

由图 2-9 可以看出,零点迁移以后,变送器的输入/输出特性沿 x 坐标向右或向左平移了一段距离,其斜率并没有改变,即变送器的量程不变。

采取零点迁移,再辅以量程调整,可以提高仪表的测量精度。

零点调整的调整量通常比较小,而零点迁移的调整量比较大,可达量程的一倍或数

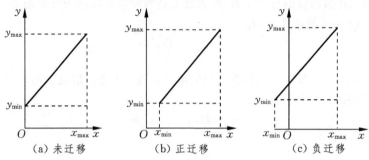

图 2-9　变送器零点迁移前后的输入/输出特性

倍,各种变送器的零点迁移的范围都有明确规定。

实现零点调整和零点迁移的方法,是在负反馈放大器的输入端加上一个调零信号 z_0,z 与中间模拟量 z_i 是同一类型的物理量,见图 2-7。z_i 与 z_0 代数和加到负反馈放大器,结果变送器的输出就不再简单地与 z_i 成正比,而是与中间模拟量 z_0 的代数和成正比关系。

4）线性化

在某些敏感元件的输出信号与输入被测参数 x 之间存在比较显著的非线性关系,如镍铬-镍铝热电偶,在测量范围为 0~1 000 ℃ 时的最大非线性误差约为 1%。因此,为了使变送器的输出信号 y 与被测参数 x 之间成线性关系,必须采取线性化措施。常见的一种线性化措施就是使反馈部分与敏感元件具有相同的非线性特性,其线性化原理如图 2-10 所示。

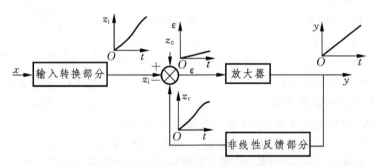

图 2-10　变送器线性化原理方框图

输入转换部分具有与敏感元件相对应的非线性特性,即 z_i 与 x 之间存在与敏感元件相同的非线性关系。调零信号 z_0 为常数。且由于负反馈放大器的特性是反馈部分特性相反的特性,而反馈部分具有与敏感元件相同的非线性特性,因此负反馈放大器的特性刚好与 z_i-x 的非线性关系相反,结果使得变送器输出信号 y 输入信号 x 之间成线性关系。

2. 变送器输出信号与电源的连接方式

电动变送器输出信号与电源的连接方式有两种:四线制和两线制。图 2-11(a) 所示为四线制变送器与电源、负载的接线方式。供电电源(220 VAC 或 24 VDC)通过下面两根导线接入,上面两根导线与负载电阻 R_L 相连,输出 0～10 mA 或 4～20 mA 信号。这种接线方式中,同变送器连接的导线有四根,称为四线制。而在图 2-11(b) 中,24 VDC 电源电压和负载电阻 R_L 串联后接到变送器。这种接线方式中,同变送器连接的导线只有两根,这两根导线同时传送变送器所需的电源电压和 4～20 mA 输出电流,称为两线制。

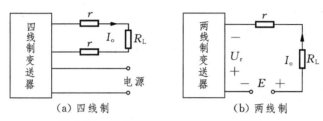

图 2-11　四线制和两线制变送器的接线

图 2-11 中: R_L 为负载电阻; r 为传输导线电阻; U_T 为变送器输出端电压; I_o 为变送器输出电流。

1) 两线制变送器的优点

两线制变送器同四线制变送器相比,具有如下优点。

(1) 采用两线制变送器可以节省电缆。变送器大部分都安装在现场,而调节器或显示仪表都装在控制室,当两者的距离较远时,这一优点更为明显。

(2) 在安装四线制变送器时,要把电源线与信号线用不同的管道分开铺设,以防干扰;而两线制变送器可共用一根穿线管道。

(3) 两线制变送器如装于易燃易爆环境中,需另配用一只安全栅,以限制输入现场的最大能量。对于四线制变送器,如在上述同样的条件下使用,所需要的安全栅就要增加。

总之,两线制变送器不但可减少设备、降低成本、提高安全性能,还可以节省人力,加快安装速度。

2) 两线制变送器的工作条件

两线制变送器,必须满足如下三个条件。

(1) 变送器的正常工作电流 I 必须小于或等于变送器输出电流的最小值 I_{omin},即

$$I \leqslant I_{omin} \tag{2-4}$$

通常,两线制变送器输出电流下限值为 4 mA,在此条件下,变送器须能够正常工作。但对于输出电流为 0～10 mA 的 Ⅱ 型变送器,若也采用两线制,则在输出电流为零时,电源电压就必须为零。显然,凡输出电流采用 0～10 mA 的仪表是不能采用两线制连接方式的。

(2) 在下列电压条件下,变送器能保持正常工作

$$U_\text{T} \leqslant E_\text{min} - I_\text{omax}(R_\text{Lmax} + r) \tag{2-5}$$

式中:U_T 为变送器输出端电压;E_min 为电源电压的最小值;I_omax 为输出电流的上限值,$I_\text{omax} = 20$ mA;R_Lmax 为变送器的最大负载电阻值;r 为连接导线的电阻值。

由图 2-11(b) 可以看出,变送器的输出端电压值 U_T 等于电源电压值和输出电流在负载电阻 R_L 及传输导线电阻 r 上的压降之差。为保证变送器的正常工作,输出端电压值只允许在限定范围之内变化。如果负载电阻要增加,电源电压就需增大;反之,如果负载电阻减小,电源电压也可减小。

(3) 变送器的最小有效功率 P 为

$$P < I_\text{omin}(E_\text{min} - I_\text{omin}R_\text{Lmax}) \tag{2-6}$$

2.2 温度变送器

2.2.1 温度检测方法

1. 温度测量的方法

温度是表征物体冷热程度的物理量。自然界中几乎所有的物理化学变化过程都与温度紧密相关,因此温度是工农业生产、科学实验以及日常生活中普遍需要测量和控制的一个重要物理量。很多重要的生产过程只有在一定的温度范围内才能有效地进行,因此对温度进行准确的测量和可靠的控制是过程控制工程的重要任务之一。

温度的测量方法很多,这是因为被测对象的多样性、被测参数的多样性,使得我们在测量温度时需采用不同的测量方法。从测量体与被测介质接触与否来分,测量方法有接触式测温和非接触式测温两类,如表 2-1 所示。

接触式测温法只能通过物体随温度变化的某些特性来间接测量,其温度测量原理是选择合适的物体作为温度敏感元件,该物体的某一物理性质必须是随温度变化而变化的,且其特性是已知的。温度敏感元件与被测对象接触,并经过一定时间的热交换后,测量温度敏感元件的相关物理量,就可以知道被测对象的温度。此方法中温度敏感元件必须与被测对象充分接触,依靠传导和对流进行充分的热交换,以保证获得较高的测量精度。此方法常用于 $-100 \sim 1\,800$℃ 温度的测量,其特点是方法简单、可靠,测量精度高;缺点是由于需充分的热接触,测量时需有一定的响应时间,而且使用时往往会破坏被测对象的热平衡,产生附加误差。由于工作环境的特殊要求,使得对温度敏感元件的结构和性能要求较高。此外,温度敏感元件体可能与被测对象介质产生化学反应;温度敏感元件体还受到耐高温材料的限制,不能应用于很高温度的测量。为此,需正确选用和安装温度敏感元件。

非接触式测温法中,温度敏感元件不与被测对象接触,而是通过热辐射进行热交换,

或是通过温度敏感元件来接收被测对象的部分热辐射能,再由热辐射能的大小计算出被测对象的温度。此方法常用于环境条件恶劣、温度极高的测量场所(最高可达6 000 ℃)。此方法测温响应快、对被测对象干扰小,可测量高温、运动的被测对象,还可用于有强电磁干扰、强腐蚀的场合;其缺点是容易受到物体的发射率、测量距离、烟尘和水气等外界因素的影响,测量误差较大。为此,要求正确地选择测量方法及敏感元件的安装位置。

2. 温度测量的分类

表 2-1 中列出了目前工业生产过程中常用的温度计及其测温原理、应用范围等分类,分别满足不同的测量要求。如机械式大多用于就地指示;辐射式的精度较差;只有电的测温仪表精度较高,信号又便于传送。所以,热电偶和热敏电阻温度计在工业生产和科学研究领域得到了广泛的应用。

表 2-1 温度检测方法的分类

测温方式	类别	原理	典型仪表	测温范围/℃
接触式测温	膨胀类	利用液体气体的热膨胀及物质的蒸气压变化	玻璃液体温度计	-100~600
			压力式温度计	-100~500
		利用两种金属的热膨胀差	双金属温度计	-80~600
	热电类	利用热电效应	热电偶	-200~1 800
	电阻类	固体材料的电阻随温度而变化	铂热电阻	-260~850
			铜热电阻	-50~150
			热敏电阻	-50~300
	其他电学类	半导体器件的温度效应	集成温度传感器	-50~150
		晶体的固有频率随温度而变化	石英晶体温度计	-50~120
非接触式测温	光纤类	利用光纤的温度特性或作为传光介质	光纤温度传感器	-50~400
			光纤辐射温度计	200~4 000
	辐射类	利用普朗克定律	光电高温计	800~3 200
			辐射传感器	400~2 000
			比色温度计	500~3 200

2.2.2 温度变送器

热电偶、热电阻是用于温度信号检测的一次元件,它需要和显示单元、控制单元配合,来实现对温度或温差的显示、控制。目前,大多数计算机控制装置可以直接输入热电偶和热电阻信号,即把测量信号直接接入计算机控制设备,实现被测温度的显示和控制。但是,在实际工业现场中,也不乏利用信号转换仪表先将传感器输出的电阻或者毫伏信号转换为标准信号输出,再把标准信号接入其他显示单元、控制单元,这种信号转换仪表即为温度变送器。温度变送器可与各种分度号的热电偶或热电阻配合使用,将被测温度转换成统一的标准电流(或电压)信号,作为显示仪表或调节器的输入,以实现对被测温度的显示、记录或自动控制。

目前温度变送器的种类、规格比较多,有常规的 DDZ-Ⅲ 型温度变送器、一体化温度变送器、智能温度变送器等,以满足不同温度测量控制系统的设计及应用需求。

1. DDZ-Ⅲ 型温度变送器

DDZ-Ⅲ 型温度变送器是工业过程中广泛使用的一类模拟式温度变送器。它与各种类型的热电阻、热电偶配套使用,将温度或温差信号转换成 4~20 mA、1~5 V 的统一标准信号输出。

常规的 DDZ-Ⅲ 型温度变送器有三个品种:直流毫伏变送器、热电偶温度变送器、热电阻温度变送器。前一种是将直流毫伏信号转换成 4~20 mA 和 1~5 V 的统一输出信号;后两种分别与热电偶、热电阻配合使用,将温度信号转换成与之成正比的 4~20 mA 和 1~5 V 的统一信号输出。

1) 主要特点

在过程控制领域,实现对温度的测量与控制,使用最多的是热电偶温度变送器和热电阻温度变送器,因为它结构简单,使用方便可靠,并具有如下主要特点。

(1) 采用低漂移、高增益的线性集成电路作为主放大器,提高了仪表的可靠性、稳定性及各项技术性能。

(2) 在热电偶及热电阻温度变送器中均采用了线性化处理电路,使变送器的输出与被测温度之间成线性关系,便于指示和记录。

(3) 在线路中采用了安全火花防爆措施,故可用于危险场所中的温度测量,从而扩大了应用领域。

2) 工作原理

DDZ-Ⅲ 型温度变送器在线路结构上都分为量程单元和放大单元两个部分,如图 2-12 所示。二者分别设置在两块印刷线路板上,用接插件相连接。其中,放大单元是通用的,量程单元则随测量范围、测量元件的不同(即分度号不同)而不同。下面分别介绍两个部分的工作原理。

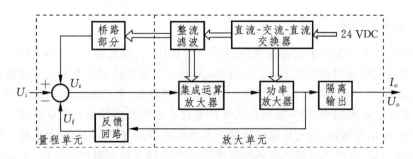

图 2-12 DDZ-Ⅲ 型温度变送器结构方框图

(1) 放大单元的工作原理。

放大单元的作用是将量程单元输出的直流毫伏信号进行电压及功率放大,然后整流输出统一的 4～20 mA 标准电流信号和 1～5 V 标准电压信号。

温度变送器的放大单元是通用部件,它是由集成运算放大器、功率放大器、输出回路、直流-交流-直流变送器等部分组成,其原理线路如图 2-13 所示。

① 集成运算放大器。放大单元的运算电路与量程单元相连,直流毫伏转换器和热电偶温度变送器中采用同相输入电路,在电阻温度变送器中则采用反相输入电路。

由被测温度转换来的输入信号一般较小,为防止温漂引起过大的误差,温度变送器采用的是特制的低漂移型运算放大器。

② 功率放大器。它的作用是将运算放大器输出的电压信号转换成具有一定负载能力的电流信号,并通过输出变压器 T_o,实现输入回路与输出回路间的电隔离。

③ 输出及反馈回路。输出回路是将输出变压器 T_o 的副边电压经桥式整流及阻容滤波得到 4～20 mA 的直流输出电流,供接指示仪表,该输出电流在 250 Ω 的电阻上取得 1～5 V 的直流电压,作为记录仪表或调节器的输入信号。

反馈回路与输出回路间也是通过反馈变压器 T_f 的耦合来实现其间的电隔离。反馈回路的输入信号取自输出变压器 T_o 的副边,主要是为了将输出变压器完全包含在负反馈的闭合回路中,以克服它可能存在的非线性。

④ 直流-交流-直流变换器(简称 DC/AC/DC 变换器)。在 DDZ-Ⅲ 型仪表中,DC/AC/DC 是一种通用部件。DC/AC 的作用是把电源供给的 24 V 直流电压转换成一定频率(8 kHz 左右)的交流方波电压,为功率放大器提供方波电源;同时,AC/DC 将此交流方波信号经整流、滤波和稳压再转换成直流电压,为集成运算放大器和量程单元提供直流电源。

(2) 量程单元的工作原理。

在温度变送器中,量程单元是直接与测量元件相连的部分,由于不同的测温范围和条件需要选择不同分度号的测温元件,因此量程单元也具有相应的分度号以适应各种测温元件。所以,量程单元不是通用的,其作用是根据输入信号的不同而实现热电偶冷端温度补偿、测量信号线性化、整机调零和调量程等。

直流毫伏变送器、热电偶温度变送器、热电阻温度变送器等,因其作用不同、输入信号不同、测量范围不同,它们的量程单元也不同。

① 直流毫伏变送器量程单元。直流毫伏变送器的输入电路由信号输入回路、调零回路及反馈回路三部分组成,分别完成输入信号的接收、变送器零点的调整和反馈信号与输入信号的合成,如图 2-14 所示。为便于说明工作原理,将放大电路中的运算放大器包含在图 2-14 中。

图 2-14 中,输入回路较为简单,由电阻 R_{i1}、R_{i2} 及稳压管 VD_1、VD_2 组成,主要起限流、限压作用,使进入变送器的信号能量限制在安全额定值范围内。调零回路与电桥结合,在桥路输出端用电位器形成。同时,桥路由恒流电源供电,在稳压管 VD_3 上产生稳定

26 过程控制

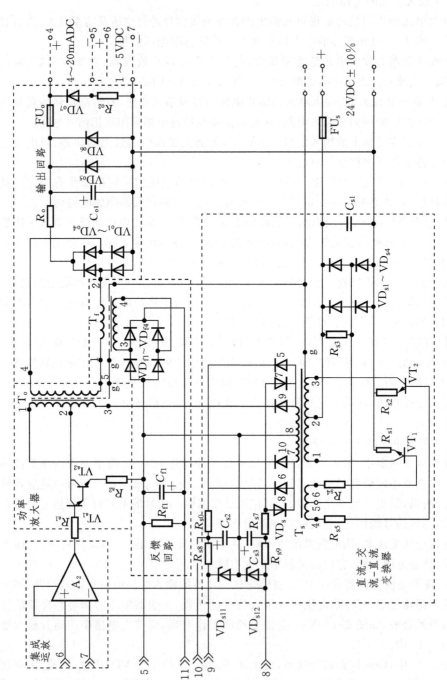

图 2-13 DDZ-Ⅲ型温度变送器放大单元原理线路图

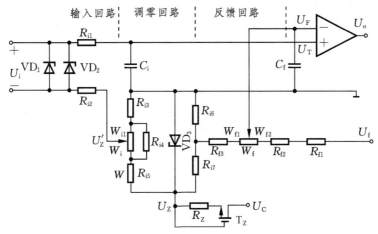

图 2-14　直流毫伏变送器输入电路图

电压 U_z 以保证电桥工作的稳定性。反馈回路则与运算放大器一起工作,它通过 R_{f1}、R_{f2}、R_{f3} 以及电位器 W_f 将反馈信号的一部分引入放大器的反相输入端,以达到负反馈的作用。

线路中采用桥式调零回路的目的是便于实现两个方向的零点调整;更换电阻 R_{i3} 可以在较大范围内改变调零信号,而调整 W_i 只可获得满量程的 ±5% 的零点调整范围。因此,对于不同测量下限和不同量程范围的直流毫伏变送器,其 R_{i3} 的数值是不相同的;由于统一输出的电压信号是 1~5 V,即其输出信号不是从零开始,因此,在调整 W_i 时会影响满度输出值,而在调整 W_f 时又会影响到零位值。因此,在仪表调校时要反复进行,直到两者都满足要求为止。

② 热电偶温度变送器量程单元。热电偶温度变送器量程单元由信号输入回路、调零回路及冷端补偿回路、非线性反馈回路及集成稳压电源组成,如图 2-15 所示。

因为热电偶输出的信号也为直流毫伏信号,因此直流毫伏信号与温度相关。所以,热电偶温度变送器量程单元与直流毫伏变送器量程单元相比,多了个线性化负反馈通道,以修正热电势与温度间的非线性误差;为适应热电偶进行冷端温度补偿的需要,在电阻 R_{i3} 的桥臂上增加了铜电阻 R_{Cu},因而将调零环节移到了桥路的另一侧。

由于热电偶的特性是非线性的,所以线性化负反馈通道的设计就是用于补偿非线性环节的,以保证热电偶温度变送器具有线性化的输入/输出特性。热电偶温度变送器的工作过程如图 2-16 所示。

从图 2-16 中可见,输入回路的作用是实现热电偶冷端温度补偿和零点调整,其量程调整功能是通过调整反馈回路中的量程调整电位器实现的。由于热电偶输出的毫伏信号与被测温度之间存在一定的非线性,因此输入电路的输出信号 U'_i 与被测温度之间也是非线性的。为了使变送器的输出信号 I_o 与被测温度 T 成线性关系,变送器必须具有线性

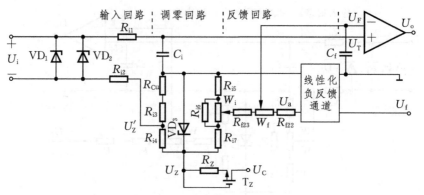

图 2-15　热电偶温度变送器输入电路图

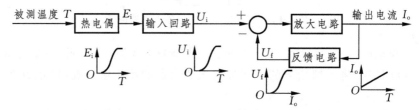

图 2-16　热电偶温度变送器工作过程框图

化处理功能，DDZ-Ⅲ型热电偶温度变送器在反馈电路中采用折线处理方法修正热电偶的非线性特性。

如图 2-17 所示，通过反馈回路的非线性来补偿热电偶的非线性，使 I_o 与 T 成线性关系。在反馈回路上，补偿非线性环节是采用各段斜率不等的线段连成折线来构成的。由实验可知，当折线的段数为 4～6 时，残余误差可小至 0.2%。

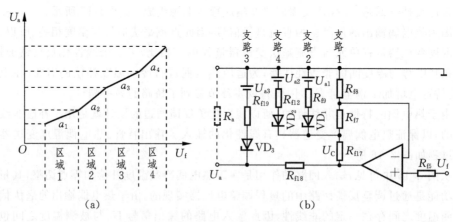

图 2-17　多段折线线性化过程解析示意图

以图 2-17(a) 所示的四段折线为例，讨论如何实现变送器特性的近似线性化。假设各段折线的斜率分别为 a_1、a_2、a_3 和 a_4，则其在反馈回路中实现的原理如图 2-17(b) 所示，并分别对应支路 1、支路 2、支路 3 和支路 4。当反馈信号 U_f 较小处在区域 1 内时，只有支路 1 导通，折线正的反馈斜率由支路 1 上的电阻决定；反馈信号 U_f 的增大使其进入区域 2，此时除支路 1 导通外，支路 2 也开始导通，致使折线 2 的反馈斜率由支路 1 和支路 2 上的电阻并联决定；当反馈信号 U_f 进入区域 3 时，导通支路又增加支路 3，折线 3 的反馈斜率由已导通的 3 条支路上的电阻并联决定；依此类推，当反馈信号 U_f 进入区域 4 时，4 个支路均导通，折线 4 的反馈斜率由所有支路上的电阻并联决定。

总之，用多段折线法来实现线性化的电路主要是利用并联电阻来改变特性曲线的斜率的，而各段间的拐点则靠基准电压的数值决定。由于这些计算均基于毫伏信号输入电路中分析的内容，故具体过程在此不作详细分析。

③ 热电阻温度变送器量程单元。热电阻温度变送器量程单元仍由输入回路、调零回路和反馈回路三部分组成，但在热电偶温度变送器输入电路的基础上进行了一些调整。这些调整包括采用三线制将热电阻连接到电桥，用电流正反馈方法取代多段折线方法进行特性的线性化处理。其电路如图 2-18 所示。

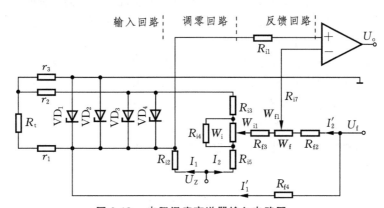

图 2-18　电阻温度变送器输入电路图

在热电阻温度变送器中，热电阻 R_t 采用三线制连接方式将现场测温信号输入到量程单元，且三根引线分别为 r_1、r_2 和 r_3。为减少引线对测量的误差，特规定三根引线要采用相同材质、相同线径，且长度也几乎相同，因此每根导线的引线电阻可以近似相等。实际应用中，每根引线都需进行阻抗补偿以达到仪表要求，即要求将三根引线 r_1、r_2 和 r_3 的阻值均补偿到 1 Ω。

由于测温元件热电阻 R_t 和被测温度之间也存在着非线性关系，它表示热电阻的特性曲线常呈现凸形函数关系，即阻值的增加量随温度的升高而逐渐减小。为保持整机特性的线性关系，需要在反馈回路中引入适当的补偿方法。本输入电路采用了直接将反馈电压 U_f 转换成电流 I_1' 送入输入回路的方法，以提供正反馈效应，实现凹形函数关系。采用热电阻两端电压信号 U_t 正反馈的方法,保证整机的线性特性。其具体过程在此不作详细分析。

2. 一体化温度变送器

所谓一体化温度变送器,是指将变送器模块安装在测温元件接线盒或专用接线盒内的一种温度变送器。其变送器模块和测温元件形成一个整体,可以直接安装在被测工艺设备上,输出为统一标准信号。这种变送器具有体积小、质量小、现场安装方便等优点,因而在工业生产中得到广泛应用。

一体化温度变送器由测温元件和变送器模块两部分构成,其结构框图如图 2-19 所示。变送器模块把测温元件的输出信号 E_t 或 R_t 转换成为统一标准信号,主要是 4～20 mA 的直流电流信号。

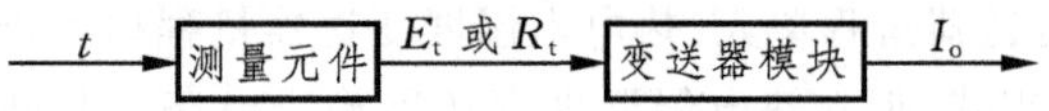

$$t \longrightarrow \boxed{测量元件} \xrightarrow{E_t \text{ 或 } R_t} \boxed{变送器模块} \xrightarrow{I_o}$$

图 2-19　一体化温度变送器结构方框图

由于一体化温度变送器直接安装在现场,在一般情况下变送器模块内部集成电路的正常工作温度为 $-20 \sim 80\,℃$,超过这一范围,电子元件的性能会发生变化,变送器将不能正常工作,因此在使用中应特别注意变送器模块所处的环境温度。

一体化温度变送器品种较多,其变送器模块大多数以一片专用变送器芯片为主,外接少量元器件构成,常用的变送器芯片有 AD693、XTR101、XTR103、IXR100 等型号。下面以用 AD693 构成的一体化温度变送器为例进行介绍。

1) AD693 构成的一体化热电偶温度变送器

AD693 构成的一体化热电偶温度变送器的电路原理如图 2-20 所示,它由热电偶、输入电路和 AD693 等组成。

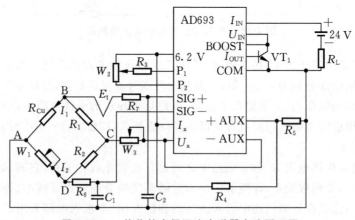

图 2-20　一体化热电偶温度变送器电路原理图

图 2-20 中，输入电路是一个冷端温度补偿电桥，B、D 是电桥的输出端与 AD693 的输入端相连。R_{Cu} 为铜补偿电阻，通过改变电位器 W_1 的阻值则可以调整变送器的零点。W_2 和 R_3 起调整放大器转换系数的作用，即起到了量程调整的作用。

AD693 的输入信号 U_i 为热电偶所产生的热电势 E_t 与电桥的输出信号 U_{BD} 的代数和，如果设 AD693 的转换系数为 K，可得变送器输出与输入之间的关系为

$$I_o = KU_i = KE_t + KI_1(R_{Cu} - R_{W1}) \tag{2-7}$$

从式（2-7）可以看出：变送器的输出电流 I_o 与热电偶的热电势 E_t 成正比关系；R_{Cu} 的值随温度变化而变化，合理选择 R_{Cu} 的数值可使 R_{Cu} 随温度变化而引起的 $I_1 R_{Cu}$ 变化量近似等于热电偶因冷端温度变化所引起的热电势 E 的变化值，两者互相抵消。

2）AD693 构成的热电阻温度变送器

AD693 构成的热电阻温度变送器采用三线制接法，其电路原理如图 2-21 所示，它与热电偶温度变送器的电路大致相仿，只是原来热电偶冷端温度补偿电阻 R_{Cu} 现用热电阻 R_t 代替。这时，AD693 的输入信号 U_i 为电桥的输出信号 U_{BD}，即

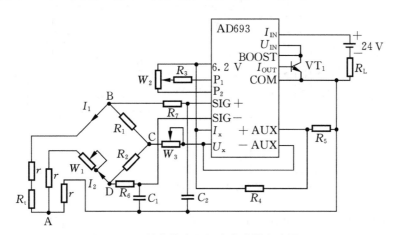

图 2-21　一体化热电阻温度变送器电路原理

$$U_i = U_{BD} = I_1 R_t - I_2 R_{W1} = I_1 \Delta R_t + I_1 (R_{t0} - R_{W1}) \tag{2-8}$$

式中：I_1、I_2 为桥臂电流，$I_1 = I_2$；ΔR_t 为热电阻随温度的变化量（从被测温度范围的下限值 t_0 开始）；R_{t0} 为温度 t_0 时热电阻的阻值；R_{W1} 为调零电位器的电阻值。

同样，可求得热电阻温度变送器的输出与输入之间的关系为

$$I_o = KI_1 \Delta R_t + KI_1(R_{t0} - R_{W1}) \tag{2-9}$$

式（2-9）表明，变送器输出电流 I_o 与热电阻阻值随温度的变化量 ΔR_t 成比例关系。热电阻温度变送器的零点调整、零点迁移以及量程调整，与前述的热电偶温度变送器的大致相同。

3. 智能式温度变送器

智能式温度变送器有采用 HART 协议通信方式的，也有采用现场总线通信方式的。前者技术比较成熟，产品的种类也比较多；后者的产品近两年才问世，国内尚处于研究开发阶段。下面以 SMART 公司的 TT302 温度变送器为例进行介绍。

TT302 温度变送器是一种符合 FF 通信协议的现场总线智能仪表，它可以与各种热电阻或热电偶配合使用来测量温度，具有量程范围宽、精度高、环境温度和振动影响小、抗干扰能力强、质量小以及安装维护方便等优点。

TT302 温度变送器还具有控制功能，其软件中提供了多种与控制功能有关的功能模块，用户通过组态，可以实现所要求的控制策略。

1) TT302 温度变送器的硬件构成

TT302 温度变送器的硬件构成原理框图如图 2-22 所示，在结构上它由输入板、主电路板和液晶显示器组成。

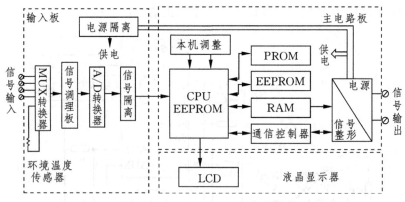

图 2-22　TT302 温度变送器硬件构成原理框图

① 输入板。输入板包括多路转换器、信号调理板、A/D 转换器和信号隔离部分，其作用是将输入信号转换为二进制的数字信号，传送给 CPU，并实现输入板与主电路板的隔离。输入板上的环境温度传感器用于热电偶的冷端温度补偿。

② 主电路板。主电路板包括微处理器系统、通信控制器、信号整形电路、本机调整部分和电源部分，它是变送器的核心部件。

③ 液晶显示器。液晶显示器是一个微功耗的显示器，可以显示四位半数字和五位字母，用于接收 CPU 的数据并加以显示。

2) TT302 温度变送器的软件构成

TT302 温度变送器的软件分为系统程序和功能模块两大部分。系统程序使变送器各硬件电路能正常工作并实现所规定的功能，同时完成各组成部分之间的管理。功能模块提供了各种功能，用户可以选择所需要的功能模块以实现所要求的功能。

TT302等智能式温度变送器还有很多功能,用户可以通过上位管理计算机或挂接在现场总线通信电缆上的手持式组态器,对变送器进行远程组态,可调用或删除功能模块;对于带液晶显示的变送器,也可以使用磁性编程工具对变送器进行本地调整。

2.2.3 温度变送器的选用原则

1. 温度检测仪表的选择原则

温度检测仪表的种类很多,在选用时应注意每种仪表的特性和适用范围,这是确保测量精度的第一个关键环节。仪表的选择应遵循如下原则。

(1) 必须满足生产工艺要求。正确选择仪表的量程和精度,正常使用温度范围一般为量程的30%～90%。热电阻适用于测量500℃以下的中、低温度;热电偶适用于测量500～1 800℃的中、高温度;辐射式温度计一般适用于2 000℃以上的高温测量。

(2) 必须满足使用要求。对于一些重要的测温点,可选用自动记录型仪表;对于一般场合只要选择指示型仪表即可;如果要实现温度自动控制,则需要配用温度变送器。对于就地指示要求的,可选择双金属温度计;对于需要远传测量信号的,则可选热电偶或热电阻变送器等。

(3) 必须注意工作环境。为了确保仪表工作的可靠性和提高仪表的使用寿命,必须注意生产现场的使用环境,如工艺现场的气体性质(氧化性、还原性、腐蚀性等)、环境温度等,并需采取相应的技术措施。

另外,在选用温度检测仪表时,除了要综合考虑以上要求外,还要考虑介质的性质、信号制的要求、稳定性等技术要求,选择适当的保护套管、连接导线等附件。

2. 温度检测仪表的安装原则

温度检测仪表的正确安装是保证仪表正常使用的另一个关键的环节。一般来说,温度检测仪表的安装要遵循如下原则。

(1) 检测元件的安装应确保测量的准确性,合理选择具有代表性的测温位置。

(2) 对于接触式测温元件而言,检测元件应有足够的插入深度,以保证测温仪表与被测介质充分接触。测量管道中介质温度时,检测元件工作端应处于管道中心流速最大之处,要求检测元件与介质呈逆流状态,至少是正交;切勿与介质成顺流安装;特别不要将检测元件插入介质的死角区。检测元件安装如图2-23所示。当测温点处于管道中流速最大处,其保护管的末端超过流速中心线的长度通常要求:热电偶为5～10 mm;铂电阻为50～70 mm;铜电阻为25～30 mm。测量炉温一定要避免仪表(热电偶或热电阻)与火焰直接接触;测量负压管道(如烟道)中的温度时,应保证安装孔处必须密封,以防冷空气渗入影响测量示值等。

(3) 防止干扰信号引入。在工程上安装热电偶或热电阻温度检测仪表时,其接线盒的出线孔应朝下,以免积水及灰尘等造成接触不良;在有强烈电磁场干扰源的场合,仪表应从绝缘孔中插入被测介质。

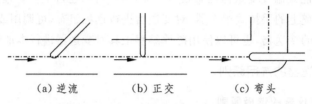

(a) 逆流　　　　(b) 正交　　　　(c) 弯头

图 2-23　温度检测元件的安装示意图

(4) 保证仪表正常工作。仪表在安装和使用中要避免机械损伤、化学腐蚀及高温变形。在有强烈振动的环境中工作时，必须有防振措施等，以保证仪表能正常工作。

(5) 检测元件的安装位置应综合考虑仪表的维修、检验的方便。

3. 温度检测仪表的使用原则

当选用热电偶温度检测仪表测温时，必须注意正确使用补偿导线的类型，及其与热电偶的配套连接和极性。同时，一定要进行冷端温度补偿。若选用热电阻温度检测仪表测温时，则必须注意三线制接法，同时要保证三引线的阻值符合后续仪表设备的要求。图 2-24 所示为一般工业用温度测量仪表的选型原则。

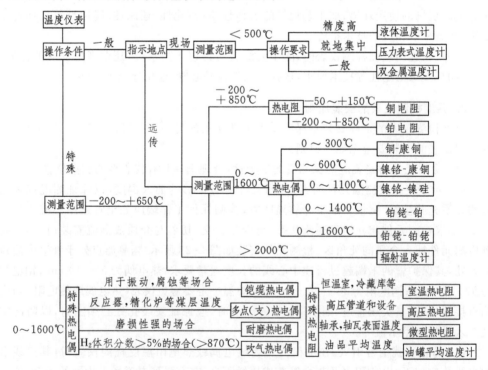

图 2-24　一般工业用温度测量仪表的选型原则

2.3 压力变送器

压力是过程控制系统的重要工艺参数之一。压力的检测与控制是保证生产过程安全正常运行的必要条件。如果压力不符合要求,不仅影响生产效率、降低产品质量,有时还会造成严重的生产事故。另外,其他一些过程参数,如温度、流量、液位等,往往也可以通过压力来间接测量,所以压力检测在生产过程自动化中具有特殊的地位。

2.3.1 压力检测的方法

1. 压力的基本概念及单位

工程上定义的压力,是指均匀、垂直地作用在单位面积上的力。即物理学上的压强,用符号 p 表示。

压力的单位是帕斯卡(简称帕,用符号 Pa 表示,$1\text{Pa} = 1\text{ N/m}^2$),它是法定计量单位。但在工程上,其他一些压力单位还在普遍使用中,如工程大气压、巴、毫米汞柱、毫米水柱等。这些压力单位与国际单位制中的压力单位之间的转换关系如表 2-2 所示。

表 2-2 压力单位换算表

单位名称	帕斯卡 (Pa)	标准大气压 (atm)	工程大气压 (kgf/cm²)	毫米水柱 (mmH₂O)	毫米汞柱 (mmHg)
1 帕(Pa)	1	9.86924×10^{-6}	1.01972×10^{-5}	1.01972×10^{-1}	7.50064×10^{-3}
1 标准大气压(atm)	1.01325×10^5	1	1.03323	10332.2	760
1 工程大气压(kgf/cm²)	9.80665×10^4	0.967841	1	10000	735.562
1 毫米水柱(mmH₂O)	9.80665	9.67841×10^{-5}	1×10^{-4}	1	0.735562×10^{-1}
1 毫米汞柱(mmHg)	133.322	1.31579×10^{-3}	1.35951×10^{-3}	13.5951	1

压力的表示方式有三种,即绝对压力、表压力、负压力(也称真空度)。它们之间的关系如图 2-25 所示。

① 绝对压力是指物体所承受的实际压力,以绝对压力零线作起点计算的压力。

② 表压力是指一般压力仪表所测得的压力,它是高于本地大气压力的绝对压力与本地大气压力之差,即 $p_{表} = p_{绝} - p_{大}$。

③ 负压力是指大气压与低于大气压的绝对压力之差,即 $p_{负} = p_{大} - p_{绝}$。

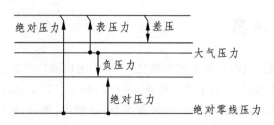

图 2-25　各种压力表示法间的关系

由于各种工艺设备和检测仪表通常是处于大气压之中，本身就承受着大气压力，因此，工程上通常采用表压力或者负压力来表示压力的大小，一般的压力检测仪表所指示的压力也是表压力或者负压力。除特殊说明之外，本文以后所提及的压力均指表压力。

2. 压力检测仪表的测量方法和分类

现代工业生产过程中测量压力的范围很宽，测量的条件和精度要求各异，所以压力检测仪表的种类很多，根据敏感元件和转换原理的不同，一般分为以下四类。

（1）液柱式压力检测仪表。它是根据流体静力学原理，把被测压力转换成液柱高度，采用充有水或水银等液体的玻璃 U 形管或单管进行测量的仪表。基于此原理工作的仪表有单管压力计，U 形管压力计及斜管压力计等。

（2）弹性式压力检测仪表。它是根据弹性元件受力变形的原理，将被测压力转换成位移进行测量的仪表。常用的弹性元件有弹簧管、膜片和波纹管等。基于此原理工作的仪表有弹簧管式压力表、膜片（或膜盒式）压力表、波纹管式压力表等。此类仪表多用于现场指示压力。

（3）电气式压力检测仪表。它是利用敏感元件将被测压力直接转换成如电阻、电压、电容、电荷量等各种电量进行测量的仪表。基于此原理工作的仪表有应变片式压力计、霍尔片式压力计、电容式压力计等。此类仪表多用于将压力信号远传至控制室进行压力集中指示。

（4）活塞式压力检测仪表。它是根据液压机液体传送压力的原理，将被测压力转换成活塞面积上所加平衡砝码的质量来进行测量的仪表。活塞式压力计的测量精度较高，允许误差可以小到 $0.05\% \sim 0.02\%$，它通常被当作标准仪器来校验与刻度压力检测仪表。

上述四类压力表的性能及应用场合如表 2-3 所示。

从表中可见，弹性式压力表和电气式压力表测量范围广、应用范围宽，是常用的压力测量仪表。

表 2-3　各类压力表的性能及应用场合

特点及应用	弹性式压力表	液柱式压力表	电气式压力表	活塞式压力表
主要特点	(1) 测压范围宽,可测高压、中压、低压、微压、真空度; (2) 使用范围广,若添加记录机构、控制元件或电气转换装置,则可制成压力记录仪、电接点压力表、压力控制报警器和远传压力表等,供记录、指示、报警、远传之用; (3) 结构简单,使用方便,价格低廉,但有弹性滞后现象	(1) 结构简单,使用方便; (2) 测量精度要受工作液毛细管作用、密度及视差等影响; (3) 测压范围较窄,只能测量低压与微压; (4) 若用水银为工作液,则易造成环境污染	(1) 按作用原理不同,除前述种类外,还有振频式、压电式、压阻式、电容式等压力表; (2) 根据不同形式,输出信号可以是电阻、电流、电压或频率等; (3) 适用范围宽	(1) 测量精度高,可达 0.05%~0.02%; (2) 结构复杂,价格较高; (3) 测量精度受温度、浮力与重力加速度的影响,故使用时应修正
应用场合	用于测压力或负压力,可现场指示、远传、记录、报警和控制,还可测易结晶与腐蚀性介质的压力与负压力	用于测低压与负压力,用于作为标准计量仪器	用于远传、发信与自动控制,与其他仪表联用可构成自动控制系统,广泛应用于生产过程自动化,可测压力变化快、脉动压力、高真空与超高压场合	作为标准计量仪器用于检定低一级活塞式压力表或检验精密压力表

2.3.2　弹性式压力表

由于弹性式压力表具有结构牢固可靠、价格便宜、使用方便、测压范围宽(可从高真空到 1 000 MPa 的超高压)、测量精度较高(可达 0.05 级以上)等特点,在工业生产过程中获得了最广泛的应用。

1. 弹性元件

弹性式压力表是利用各种弹性元件,在被测介质压力作用下产生弹性变形(服从虎克定律)的原理来测量压力的。弹性元件在弹性限度内受压后会产生变形,变形的大小与被测压力成正比关系。随着测压范围不同,工业上常用的弹性元件有图 2-26 所示的几种。

图 2-26(a) 为单圈弹簧管,是一种弯成弧形的空心金属管子(中心角 θ 通常为 270°),其截面为扁圆形或椭圆形。弹簧管一端是开口的,另一端是封闭的,开口端作为固定端。

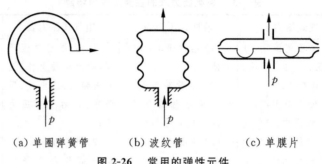

(a) 单圈弹簧管　　(b) 波纹管　　(c) 单膜片

图 2-26　常用的弹性元件

当在弹簧管的固定端施加压力时,由于弹簧管的非圆截面有变成圆形并伴有伸直的趋势,所以自由端产生位移。由于输入压力 p 与弹簧管自由端的位移成正比,所以只要测得自由端的位移量就能够反映压力 p 的大小,这就是弹簧管的测压原理。单圈弹簧管自由端位移较小,可以测量较高的压力。若要增加自由端的位移,可采用多圈弹簧管。

图 2-26(b) 所示的波纹管是一种具有同轴环状波纹,能沿轴向伸缩的测压弹性元件。当它受到轴向力作用时,其自由端能产生较大的伸长或收缩位移变形,通常在其顶端安装传动机构,带动指针直接读数。波纹管的特点是灵敏度较高(特别是在低压区),适合检测低压信号($\leqslant 10^5$ Pa),它比弹簧管有更大的直线位移。但波纹管时滞较大,压力-位移特性的线性度不如弹簧管好,测量精度一般只能达到 1.5 级。

图 2-26(c) 所示的单膜片主要用来制作测量低压的测压元件,用于测量微压与粘滞性介质的压力。按剖面形状单膜片可分为平薄膜片和波纹膜片。膜片可用金属薄片或橡胶膜制成。有时也可以将两块膜片沿周边对焊起来,中间充液体(如硅油)构成膜盒。当膜片两边压力不等时,膜片就会发生形变,产生位移,当膜片位移很小时,它们之间具有良好的线性关系,这就是利用膜片进行压力检测的基本原理。膜片受压力作用产生的位移,可直接带动传动机构指示压力变化。但是,由于膜片的位移较小、灵敏度低、指示精度也不高(一般为 2.5 级),在更多的情况下,都是把膜片和其他转换环节结合起来使用,通过膜片和转换环节把压力转换成电信号,如膜盒式差压变送器、电容式压力变送器等。

2. 弹簧管压力表

弹簧管压力表是一种指示型仪表,如图 2-27 所示。被测压力由接头输入,使弹簧管的自由端产生位移,通过拉杆使扇形齿轮作逆时针偏转,于是指针通过同轴的中心齿轮的带动而作顺时针偏转,在面板的刻度标尺上显示出被测压力的数值。游丝用来克服因扇形齿轮和中心齿轮的间隙所产生的仪表变差。改变调节螺钉的位置即改变机械传动的放大系数,可以实现压力表的量程调节。

弹簧管可以通过传动机构直接指示被测压力,也可以用适当的转换元件把弹簧管自

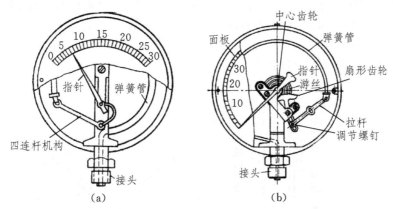

图 2-27　弹簧管压力表

由端的位移变换成电信号输出。

弹簧管有单圈和多圈之分,二者的测压原理是相同的。弹簧管常用的材料有锡青铜、磷青铜、合金钢、不锈钢等,适用于不同的压力测量范围和测量介质。

弹簧管压力表结构简单、使用方便、价格低廉、测量范围宽,因此应用十分广泛。一般的工业用弹簧管压力表的精度等级为 1.5 级或 2.5 级。

2.3.3　电气式压力表

电气式压力表是利用压力传感器将被测压力的变化转换为电阻、电容、电势等各种电量进行远程传送(简称远传),从而实现压力的间接测量。这种压力表反应较快,测量范围较广,精度可达 ±0.2%,便于远距离传送。所以在生产过程中可以实现压力自动检测、自动控制和报警,适用于测量压力变化快、脉动压力、高真空和超高压的场合。

由于被测压力的测量范围不同,测量要求不同,现场安装条件不同,电气式压力表的结构原理和应用方法也不尽相同。

1. 应变式压力仪表

应变式压力表的敏感元件为应变片,是由金属导体或者半导体材料制成的电阻体。应变片基于应变效应工作,当它受到外力作用产生机械形变(伸长或者收缩)时,应变片的阻值也将发生相应的变化。其电阻值的相对变化与应变有以下关系

$$\frac{\Delta R}{R} = K\varepsilon \tag{2-10}$$

式中:ε 为材料的应变;K 为材料的电阻应变系数,金属材料的 K 值为 2~6,半导体材料的 K 值为 60~180。

在应变片的测压范围内,其阻值的相对变化量与应变系数成正比,即与被测压力之间具有良好的线性关系。通常应变片要和弹性元件结合使用,将应变片粘贴在弹性元件

上,构成应变片压力传感器。应变片压力传感器所用弹性元件可根据被测介质和测量范围的不同而采用各种形式,常见的有圆膜片式、弹性梁式、应变筒式等。

当弹性元件受压形变时带动应变片也发生形变,其阻值发生变化,通过电桥输出测量信号。例如应变筒式压力仪表的压力传感器如图 2-28 所示。

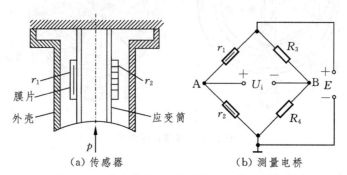

图 2-28 应变筒式压力仪表的压力传感器示意

如图 2-28(a)所示,应变片 r_1、r_2 的静态性能完全相同,分别以轴向和径向用特殊粘合剂固定在应变筒上,而应变筒的上端与外壳固定在一起,其下端与膜片紧密连接,应变片与筒体保持绝缘。r_1 轴向粘贴,r_2 径向粘贴。当被测压力 p 作用于膜片时,应变筒受压变形,使应变片 r_1 产生轴向应变,阻值变小;而应变片 r_2 受到轴向压缩,引起径向拉伸,阻值变大。实际上,r_2 的变化量比 r_1 的变化量要小,r_2 的主要作用是温度补偿。

如图 2-28(b)所示,r_1、r_2 与固定精密电阻 R_3、R_4 组成测量桥路,且 $R_3 = R_4$。当测量桥路平衡时,其输出为零;当应变筒受压变形,使 r_1、r_2 阻值一增一减发生变化时,则测量桥路输出较大的不平衡电压信号;当环境温度发生变化时,r_1、r_2 同时增减变化,不影响桥路平衡。

应变片式压力检测仪表就是根据该输出电压信号随压力变化实现压力的间接测量的仪表。如果将电桥输出电压 U_i 进一步转换为标准信号输出,如 4~20 mA,则构成应变式压力变送器,实现压力信号远传测量与控制。

应变片式压力检测仪表具有较大的测量范围,被测压力可达几百兆帕,并具有良好的动态性能,适用于快速变化的压力测量。但是,尽管测量电桥具有一定的温度补偿的作用,应变片式压力检测仪表仍有比较明显的温漂和时漂。因此,这种压力检测仪表较多地用于一般要求的动态压力检测,测量精度一般在 $\pm(0.5~1.0)\%$。

2. 电容式压力仪表

1)电容式压力传感器

电容式压力仪表的核心部件是电容压力传感器,其测量原理是将弹性元件的位移转换为电容量的变化,以测压膜片作为电容器的可动极板,它与固定极板组成可变电容器。

由平板电容原理可知,二极板间电容公式为

$$C_0 = K_c \frac{\varepsilon S}{d_0} \tag{2-11}$$

式中:C_0 为平板间电容;K_c 为电容系数;ε 为平板间介质的介电常数;S 为平板间的重叠面积;d_0 为平板间的垂直距离。

当被测压力变化时,测压膜片产生位移 Δd,且位移与压力 p 成正比,从而改变两极板间的距离 $d_0 - \Delta d$,使得极板间电容量发生变化,测量此电容量变化值 ΔC,则可知被测压力值。

对于差动平板电容器而言,其电容变化与极板间距离变化的关系可表示为

$$\Delta C = 2C_0 \frac{\Delta d}{d_0} \tag{2-12}$$

式中:C_0 为初始电容值;d_0 为极板间初始距离;Δd 为距离变化量。

电容压力传感器结构坚实、灵敏度高、过载能力大、精度高,其精确度可达 $\pm (0.25 \sim 0.05)\%$;可以测量压力和差压,仪表测量范围为 $0 \sim 0.00001$ MPa 至 $0 \sim 70$ MPa。

如果把电容量的变化经过适当的转换电路输出标准电信号,如 $4 \sim 20$ mA 时,则构成了电容式压力变送器。

2) 电容式差压变送器

电容式差压变送器是一种无杠杆机构的变送器,它采用差动电容作为检测元件,具有结构简单、性能稳定、精度较高等特点,其构成框图如图 2-29 所示。

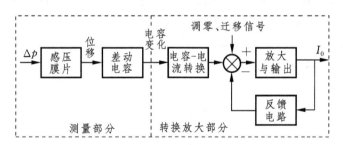

图 2-29 电容式差压变送器构成框图

由图 2-29 可知,电容式差压变送器由测量部分和转换放大部分组成。压差 Δp 作用于感压膜片(可动电极)使其产生位移,从而使可动电极与两固定电极组成的差动电容器的电容量产生变化,其变化量由电容-电流转换电路转换成直流电流,并与调零信号相加,再同反馈信号进行比较,其差值送至放大电路,经放大转换输出电流 I_0,为 $4 \sim 20$ mA。

(1) 测量部分。

当需要测量二点的压力差时,可采用差动电容检测元件。图 2-30 所示的为电容式差压测量室结构示意图,其感压元件是一个全焊接的差动电容膜盒。玻璃绝缘层内侧的凹球面形金属镀膜作为固定电极,中间被夹紧的弹性平膜片作为可动电极,从而组成两个电容器。

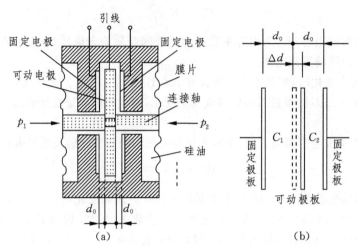

图 2-30　电容式差压测量室结构图及其原理分析

整个膜盒用隔离膜片密封,在其内部充满硅油。由隔离膜片感受两侧压力 p_1、p_2 的作用,通过硅油传压使弹性膜片产生位移 Δd,且可动极板将向低压侧靠近,电容极板间距离的变化,引起两侧电容器电容值的改变。

假设 $p_1 > p_2$,则高压侧电极间距离为 $d_0 + \Delta d$,低压侧电极间距离为 $d_0 - \Delta d$。

输入压差 Δp 与可动中心感压膜片位移 Δd 的关系为

$$\Delta d = K_1(p_1 - p_2) \tag{2-13}$$

式中,K_1 为弹性系数。假设正负压室的结构相同,当 $p_1 = p_2$ 时,$C_1 = C_2$。根据理想电容公式,两电容值为

$$\left. \begin{array}{l} C_1 = K_c \dfrac{\varepsilon S}{d_0 + \Delta d} \\ C_2 = K_c \dfrac{\varepsilon S}{d_0 - \Delta d} \end{array} \right\} \tag{2-14}$$

式中:C_1 为高压侧电容;C_2 为低压侧电容。两电容之差为

$$\Delta C = C_2 - C_1 = K_c \varepsilon S \left(\frac{1}{d_0 - \Delta d} - \frac{1}{d_0 + \Delta d} \right) \tag{2-15}$$

为减小非线性,常取两电容之差与两电容之和的比值

$$\frac{C_2 - C_1}{C_2 + C_1} = \frac{K_c \varepsilon S \left(\dfrac{1}{d_0 - \Delta d} - \dfrac{1}{d_0 + \Delta d} \right)}{K_c \varepsilon S \left(\dfrac{1}{d_0 - \Delta d} + \dfrac{1}{d_0 + \Delta d} \right)} = \frac{\Delta d}{d_0} = K_2 \cdot \Delta d \tag{2-16}$$

式中,$K_2 = 1/d_0$ 为常数。将式(2-13)代入式(2-16),可得

$$\frac{C_2 - C_1}{C_2 + C_1} = K_1 K_2 (p_1 - p_2) \tag{2-17}$$

可见,变送器的检测部分可把输入压差线性地转换成两电容之差与两电容之和的比。

(2) 转换放大部分。

转换放大部分的电路原理如图 2-31 所示。它需将检测部分的差动电容的相对变化量转换成 4～20 mA 电流,同时还需实现零点调节和零点迁移、量程调整等功能。它由振荡器、解调器、振荡控制放大器、前置放大器、调零和零点迁移、量程调整(负反馈电路)、功放和输出等电路组成。

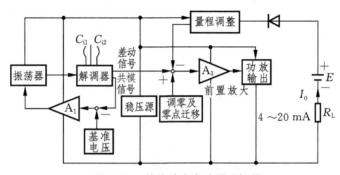

图 2-31　转换放大电路原理框图

差动电容器 C_{i1}、C_{i2} 由振荡器供电,经解调后输出差动信号与共模信号。共模信号与基准电压比较后,再经振荡控制放大器去控制振荡器的供电,以保持共模信号不变。

从图中可见,解调器、振荡器、振荡控制放大器的作用是将电容比 $\dfrac{C_2 - C_1}{C_2 + C_1}$ 的变化按比例转换成测量电流 I_i,再送入到电流放大器,经调零和零点迁移、量程、限流输出等处理后,最终输出 4～20 mA 电流信号 I_0。于是,此线性关系可表示为

$$I_0 = K_3 \frac{C_2 - C_1}{C_2 + C_1} \tag{2-18}$$

式中,K_3 为电容转换系统,故有

$$I_0 = K_1 K_2 K_3 \Delta p = K \Delta p \tag{2-19}$$

可见,差动电容检测元件自动补偿了电容效应的非线性特性,使得系统输出电流 I_0 与输入压差 Δp 之间保持了良好的线性关系。

3. DDZ-Ⅲ 型差压(压力)变送器

DDZ-Ⅲ 型差压(压力)变送器是一种基于力平衡原理工作的常用压力、压差仪表,它将被测压力、压差、流量、液位等过程参数变换成 4～20 mA 输出信号,以便实现集中检测或自动控制。下面以 DDZ-Ⅲ 型差压变送器为例,其压力变送器结构原理和差压变送器类似,只是测量信号是一点的压力。

DDZ-Ⅲ 型差压变送器的原理如图 2-32 所示,其结构由测量和转换两部分组成。

44 过程控制

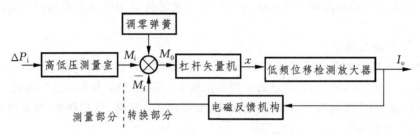

图 2-32 DDZ-Ⅲ型差压变送器原理方框图

由图 2-32 可知,系统是以力矩平衡为基本工作机理的负反馈闭环系统,其结构如图 2-33 所示。

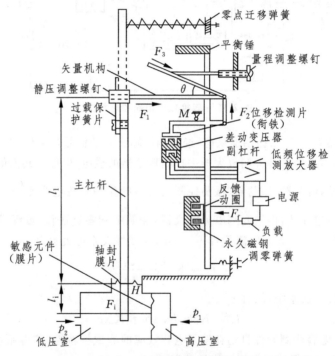

图 2-33 DDZ-Ⅲ型差压变送器原理结构图

从图 2-33 可见,当被测压力通过高压室和低压室的比较生成压差 $\Delta p = p_1 - p_2$ 后,作用在具有一定有效面积的敏感元件上,形成作用力 F_i。该作用力作用在主杠杆的下端,以密封膜片为支点 H 推动主杠杆按顺时针方向偏转,在主杠杆的上端产生相应的作用力 F_1,且 F_1 推动矢量机构沿水平方向移动。矢量机构将 F_1 分解为力 F_2 和 F_3(F_3 顺着矢量板方向,不起任何作用);F_2 垂直向上作用于副杠杆上,并使其以支点 M 为中心逆时针偏转,带动副杠杆上的衔铁(位移检测片)靠近差动变压器,使衔铁与差动变压器间气隙减小,差动变压器的输出电压增大,则位移检测放大器输出的电流 I_0 增大,且 I_0 的变化范围为 4～20 mA 的标准电流。同时输出电流流过反馈线圈,在永久磁钢的作用下产生反馈力 F_f,该反馈力作用在副杠杆上使其按顺时针方向偏转。当反馈力 F_f 与作用力 F_2 在副杠杆上形成的力矩达到平衡时,整个仪表系统保持稳定状态,此时,仪表输出的标准电流信号 I_0 与被测差压 Δp 成正比,并具有线性特性。

在以上分析的机械力矩平衡系统的基础上,振荡放大电路可将差动变压器上检测片的微小位移转换为电压信号,并放大转换为 4～20 mA 的电流信号。它相当于位移检测和功率放大电路,因而主要由差动变压器、低频振荡器、检波电路和功率放大器四部分组成,其工作原理在此省略。

DDZ-Ⅲ 型差压变送器的整机特性,主要由如下几个方面来分析得出。

(1) 主杠杆系统的特性。根据以上分析并简化,可得杠杆及矢量机构的受力分析结果,以 H 为支点的杠杆存在如下力矩关系:

$$F_1 \cdot l_1 = F_i \cdot l_i = A \cdot l_i \cdot \Delta p \tag{2-20}$$

式中,A 为敏感元件的有效面积。

(2) 矢量机构的特性。如图 2-34 所示,由矢量机构力的分解可得

$$F_2 = F_1 \cdot \tan\theta \tag{2-21}$$

式中,θ 为矢量机构的倾斜角。

(3) 电磁反馈机构的特性。当差压变送器的输出电流 I_0 流经反馈线圈时,产生的电磁反馈力 F_f 与 I_0 之间的关系为

$$F_f = \pi D \omega B \cdot I_0 \tag{2-22}$$

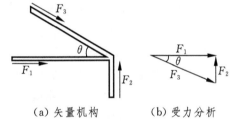

图 2-34 矢量机构及其受力分析

式中:D 为线圈平均直径;ω 为线圈匝数;B 为磁场磁感应强度。

(4) 副杠杆系统的特性。当 F_2 垂直向上作用于副杠杆,以 M 为支点形成力矩平衡时,其力矩平衡关系式为

$$F_2 \cdot l_2 + F_0 \cdot l_0 \approx F_f \cdot l_f \tag{2-23}$$

式中,F_0 表示由调零弹簧 20 产生的零点调整作用力。

(5) 差压变送器的整机系统的特性。综合以上四个环节的特性,可得整机系统的输入/输出关系式为

$$I_0 = \frac{l_1 l_2 A \cdot \tan\theta}{l_i l_f \pi D \omega B} \cdot \Delta p + \frac{l_0}{l_f \pi D \omega B} F_0 \tag{2-24}$$

设输入系数 $K_i = \frac{l_1 l_2}{l_i l_f} A$,输出系数 $K_0 = \frac{l_0}{l_f}$,反馈线圈系数 $K_f = \pi D \omega B$,代入式(2-24)中可见,变送器的输出电流 I_0 与被测差压 Δp 成正比,具有线性特性,即

$$I_0 = \frac{K_i \cdot \tan\theta}{K_f} \cdot \Delta p + \frac{K_0}{K_f} F_0 \tag{2-25}$$

当调整矢量机构的倾斜角 θ 和反馈线圈中的线圈匝数 ω 时,可使变送器的量程改变。一般地,矢量机构的倾斜角 θ 可在 $4°\sim 15°$ 间调整;反馈线圈匝数由两组构成,通过改变连接方式,最大可变换 3 倍,于是变送器的最大量程与最小量程的比值可为

$$\frac{\tan 15°}{\tan 4°}\times 3 = 3.8\times 3 = 11.4$$

当需要量程调整时,除以上方法外,有时还用零点迁移的方法来改变量程范围,即调整图 2-33 中的零点迁移弹簧,以此来改变测量范围。仪表的零点调整是使仪表的测量起始点为零点,而仪表的零点迁移则是把仪表的起始点由零点迁移到某一数值(正值或负值)上。零点迁移的调整量一般都比较大,可达量程的一倍或整数倍,各种变送器对其零点迁移的范围都有明确规定。仪表的零点调整、量程调整和零点迁移扩大了仪表的使用范围,增加了仪表的通用性和灵活性。但是,在何种条件下可以进行迁移,有多大的迁移量,这需要结合具体仪表的结构和性能而定。

为了扩大变送器的应用场所,提高其工作的可靠性、稳定性和安全性,通常要求现场使用的变送器具有一定的防爆特性。为此,DDZ-Ⅲ 型差压(压力)变送器采用低压直流 24 V 集中供电,并设置了安全栅;同时还在仪表中采用了其他相应的措施,包括尽可能少用储能元件。如确实需要采用储能元件,储能元件的能量需限制在安全额定值以内;同时储能元件应具有放电回路,以避免产生非安全火花。

由于采用直流 24 V 集中供电方式,使得此类变送器可以将直流 24 V 电源、差压(压力)变送器、250 Ω 电阻三者串联起来,从而可以根据压差的大小决定所通过的电流大小,并将 250 Ω 电阻两端的电压传递给下一级仪表,作为下一级仪表的输入,实现变送器两线制连接,如图 2-35 所示。

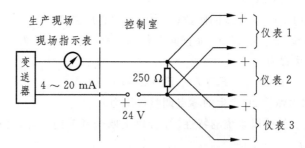

图 2-35 DDZ-Ⅲ 型变送器两线制结构示意图

采用两线制连接方式,可提高测量或控制系统的防爆等级。当 DDZ-Ⅲ 型差压(压力)变送器采用了辅助仪表安全栅后,其组成的控制系统即为安全火花防爆控制系统。

通常,变送器安装在现场,其工作电源从控制室送来,而输出信号传送到控制室。电动模拟式变送器采用四线制或者二线制方式传输电源和输出信号。

2.3.4 智能式差压变送器

智能式变送器由以微处理器(CPU)为核心构成的硬件电路和由系统程序、功能模块构成的软件系统两大部分组成。模拟式变送器的输出信号一般为统一标准的模拟量信号,如 DDZ-Ⅱ 型变送器输出 0～10 mA 信号、DDZ-Ⅲ 型变送器输出 4～20 mA、1～5 V 信号等,在一条电缆上只能传输一个模拟量信号。智能式变送器采用双向全数字量传输信号,即现场总线通信方式。智能式变送器的输出信号则为数字信号,数字通信可以实现多个信号在同一条通信电缆(总线)上传输,但它们必须遵循共同的通信规范和标准。介于二者之间,还存在一种称为 HART 协议的通信方式,是目前广泛采用的一种过渡方式。

1. HART 协议的通信方式

所谓 HART(highway addressable remote transducer,简称 HART)协议通信方式,是数字式仪表实现数字通信的一种协议,具有 HART 通信协议的变送器可以在一条电缆上同时传输 4～20 mA 的模拟信号和数字信号。HART 信号传输是基于 Bell 202 通信标准,采用键控频移(FSK)方法,在 4～20 mA 基础上叠加幅度为 ±0.5 mA 的正弦调制波作为数字信号,如图 2-36 所示,1 200 Hz 频率代表逻辑"1",2 200 Hz 频率代表逻辑"0"。这种类型的信号称为键控频移信号 FSK。

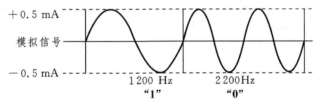

图 2-36　HART 数字通信信号

由于数字 FSK 信号相位连续,其平均值为零,故不会影响 4～20 mA 的模拟信号。数字通信信号 HART 通信的传输介质为电缆线,通常单芯带屏蔽双绞电缆距离可达 3 000 m,多芯带屏蔽双绞电缆可达 1 500 m,短距离可使用非屏蔽电缆。HART 协议一般有点对点模式、多点模式和阵发模式三种不同的通信模式。

HART 协议通信方式属于模拟信号传输向数字信号传输转变过程中的过渡性产品。

2. 智能式变送器的结构特点

所谓智能变送器,是一种带有微处理器、兼有检测和信息处理功能的变送器,其构成形式如图 2-37 所示。

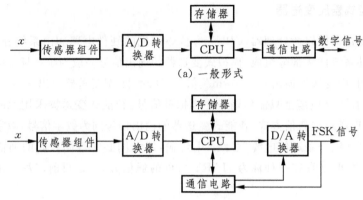

图 2-37 智能式变送器的构成框图

1) 智能式变送器的硬件构成

智能式变送器主要包括传感器组件、A/D 转换器、微处理器、存储器和通信电路等部分；采用 HART 协议通信方式的智能式变送器还包括 D/A 转换器，使其能广泛应用于目前常规仪表构成的各种检测及控制系统。智能式变送器的核心是微处理器，可以实现对检测信号的量程调整、零点调整、线性化处理、数据转换、仪表自检以及数据通信，同时还控制 A/D 和 D/A 转换器的运行，实现模拟信号和数字信号的转换。

被测参数 x 经传感器组件，由 A/D 转换器转换成数字信号送入微处理器，进行数据处理。存储器中除存放系统程序和数据外，还存有传感器特性、变送器的输入／输出特性以及变送器的识别数据，以用于变送器在信号转换时的各种补偿，以及零点调整和量程调整。

智能式变送器通过通信电路挂接在控制系统网络通信电缆上，与网络中其他各种智能化的现场控制设备或计算机进行通信，向它们传送测量结果信号或变送器本身的各种参数，网络中其他各种智能化的现场控制设备或计算机也可对变送器进行远程调整和参数设定，这往往是一个双向的信号传输过程。

通常，智能式变送器还配置手持终端（外部数据设定器或组态器），用户可以通过挂接在现场总线通信电缆上的手持式组态器或者监控计算机系统，对变送器进行远程组态，调用或删除功能模块，如设定变送器的型号、量程调整、零点调整、输入信号选择、输出信号选择、工程单位选择和阻尼时间常数设定以及自诊断等，也可以使用专用的编程工具对变送器进行本地调整。因此，智能式变送器一般通过组态来完成参数的设定和调整。

2) 智能式变送器的软件构成

智能式变送器的软件分为系统程序和功能模块两大部分。系统程序对变送器的硬件进行管理，并使变送器完成最基本的功能，如模拟信号和数字信号的转换、数据通信、变送器自检等;功能模块提供了各种功能,供用户组态时调用以实现用户所要求的功能。不同的变送器,其具体用途和硬件结构不同,因而它们所包含的功能在内容和数量上是有差异的。

目前,实际应用的智能式差压变送器种类较多,结构各有差异,但从总体结构上看是相似的。下面简单介绍有代表性的1151系列智能式差压变送器和ST3000差压变送器的工作原理和特点,这些变送器都是采用HART通信方式进行信息传输的。

3. 1151系列智能式差压(压力)变送器

1151系列智能差压(压力)变送器是利用引进国外技术而生产的一种新型变送器。它是在模拟的电容式差压变送器基础上,结合HART通信技术开发的一种智能式变送器,具有数字微调、数字阻尼、通信报警、工程单位转换和有关变送器信息的存储等功能,同时可传输4~20 mA电流信号,特别适用于工业企业对模拟式1151系列差压变送器的数字化改造,其原理如图2-38所示。

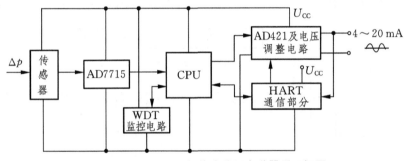

图2-38 1151系列智能式差压变送器原理框图

(1) 传感器部分。1151系列智能式差压变送器检测元件采用电容式压力传感器,传感器部分的工作原理与模拟式电容差压变送器的相同,此处不再赘述。传感器部分的作用是将输入差压转换成A/D转换器所要求的0~2.5 V电压信号。

(2) AD7715。AD7715是一个带有模拟前置放大器的A/D转换芯片,它可以直接接收传感器的直流低电平输入信号并输出串行数字信号至微处理器。该芯片还具有自校准和系统校准功能,可以消除零点误差、满量程误差及温度漂移的影响,因此特别适用于智能式变送器。

(3) 微处理器、AD421及电压调整电路。CPU是所有智能化仪表的核心,主要完成对输入信号的线性化、温度补偿、数字通信、自诊断等处理后,通过AD421及电压调整电路输出一个与被测差压对应的4~20 mA直流电流信号和数字信号,作为变送器的输出。

(4) HART通信部分。HART通信部分是实现HART协议物理层的硬件电路,它主要由HT2012、带通滤波器和输出波形整形电路等组成。

(5) WDT监控电路。WDT(watchdog timer)俗称"看门狗定时器",当系统正常工作时,微处理器周期性地向WDT发送脉冲信号,此时WDT的输出信号对微处理器的工作没有影响。而系统受到外界干扰导致微处理器不能正常工作时,WDT 在指定时间内未接收到脉冲,则输出使微处理器不可屏蔽地中断,将正在处理的数据进行保护;同时经过一段等待时间之后,输出复位信号对微处理器进行复位,使微处理器重新进入正常工作。

(6)1151 系列智能式差压变送器的软件。1151 系列智能式差压变送器的软件分为两部分:测控程序和通信程序。测控程序包括 A/D 采样程序、非线性补偿程序、量程转换程序、线性或开方输出程序、阻尼程序以及 D/A 输出程序等。采样采取定时中断采样,以保证数据采集、处理的实时性。

4. ST3000 系列智能式差压(压力)变送器

ST3000 系列智能式差压(压力)变送器是引进国外技术生产的一种新型变送器,有多种类别。它具有稳定性好、可靠性高、遥控设定、调速和自诊断等功能,可用来测量流体的差压(压力)、容器内的液位、分界面和密度等,其原理如图 2-39 所示。

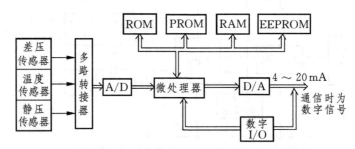

图 2-39　ST3000 系列智能式差压变送器的原理框图

ST3000 系列智能式差压变送器的主要技术指标如下。

(1)测量范围。

差压:250～100 000 Pa;0.35×10^5～14×10^5 Pa;7×10^5～140×10^5 Pa;2 500～100 000 Pa;0.5×10^5～14×10^5 Pa。压力:0.35×10^5～35×10^5 Pa;7×10^5～140×10^5 Pa;7×10^5～420×10^5 Pa。

(2)输出:4～20 mA。

(3)精度等级:0.1 级,0.15 级,0.2 级。

(4)电源电压:10.8～45 V。

(5)阻尼时间:0.2～32 s,分 10 挡设定。

从图 2-39 可见,ST3000 系列智能式差压变送器的检测元件采用的是复合型扩散硅压阻传感器,该传感器在单个芯片上包含差压测量、温度测量和静压测量三种感测元件。

被测流体的差压(压力)通过密封液传递至复合传感器上,使传感器的扩散电阻阻值产生相应变化,导致惠斯顿电桥的输出电压发生变化,传感器的这一变化输出经 A/D 转换送至微处理器。另外,复合传感器上的两种辅助传感器(温度传感器和静压传感器)检测到的环境温度与静压参数也同时送至微处理器。微处理器根据各种补偿数据(如差压、温度、静压特性参数和输入/输出特性等)对这三种数字信号进行运算处理,然后得到与被测差压(压力)相对应的 4～20 mA 直流电流信号和数字信号,作为变送器的输出。

ST3000 系列智能式差压变送器采用复合传感器和综合误差自动补偿技术,有效克服了扩散硅压阻传感器对温度和静压变化敏感以及存在非线性的缺点,提高了变送器的测量精度,同时拓宽了量程范围。

总之,基于微处理器的现场智能仪表是顺应现场总线而产生的。但现阶段的现场智能仪表由于通信协议不兼容,以及兼顾常规仪表 4～20 mA 模拟信号传输的特点,是一种不得已的过渡产品。它还不能真正达到现场总线的真智能现场仪表的要求,因为它既不能降低控制系统的初期安装费用,也不能充分发挥其本身所具有的优越功能,更不能实现现场智能仪表之间的相互信息交换与运作。

然而,智能变送器毕竟代表着新一代变送器的崛起,它采用了当今不少高新技术,如传感技术、微电子数字处理技术等,与常规变送器相比,具有精度高、稳定性好、可靠性高、测量范围宽、量程比大等特定。更具优势的是,它实现了数字通信功能。通过具有相同通信协议的 DCS 系统或现场通信控制器可对智能变送器的各种参数进行变更、设定,实现远程调试、人机对话、在线监测各种数据。和所有智能仪表一样,智能变送器也拥有完善的自诊断功能。可以说,智能变送器是替代过去,代表将来现场仪表发展方向的新型变送器。

2.3.5 压力检测仪表的选用与安装

1. 压力检测仪表的选择原则

1) 仪表类型的选择

压力检测仪表的选用是一项重要工作,类型的选择必须从生产工艺要求、被测介质的性质、使用环境条件等方面综合考虑,要考虑生产工艺是否要求压力信号现场指示、远传、报警、自动记录;被测介质有无腐蚀性、黏度大小、温度与压力高低、易燃易爆情况、是否易结晶等;现场环境条件如振动、电磁场、腐蚀性、高低温等问题。正确选用仪表类型是保证仪表正常工作及生产安全进行的主要前提,如果选用不当,不仅不能正确、及时地反映被测对象压力的变化,还可能引起事故。所以选用时应根据具体情况,全面考虑,并本着节约的原则合理地考虑仪表的量程、精度、类型等。选用时主要应考虑以下几个方面。

(1) 仪表的材料。压力检测的特点是压力敏感元件往往要与被测介质直接接触,因此在选择仪表材料的时候要综合考虑仪表的工作条件。例如,对腐蚀性较强的介质应使用像不锈钢之类的弹性元件或敏感元件;氨用压力仪表则要求仪表的材料不允许采用铜或铜合金,因为氨气对铜的腐蚀性极强;氧用压力仪表在结构和材质上可以与普通压力仪表完全相同,但要禁油,因为油进入氧气系统极易引起爆炸。

(2) 仪表的输出信号。对于只需要观察压力变化的情况,应选用如弹簧管压力表甚至液柱式压力计那样的直接指示型的仪表;如需将压力信号远传到控制室或其他电动仪表,则可选用电气式压力检测仪表或其他具有电信号输出的仪表;如果控制系统要求能进行数字量通信,则可选用智能式压力检测仪表。

(3) 仪表的使用环境。对爆炸性较强的环境,应选择防爆型压力仪表;对于温度特别高或特别低的环境,应选择温度系数小的敏感元件以及其他变换元件。

事实上,上述压力表选型的原则也适用于差压、流量、液位等其他检测仪表的选型。

2) 仪表量程的选择

仪表的量程是指该仪表可按规定的精确度对被测对象进行测量的范围,它根据操作中需要测量的参数的大小来确定。为了保证敏感元件能在其安全的范围内可靠地工作,也考虑到被测对象可能发生的异常超压情况,对仪表的量程选择必须留有足够的余地。

以弹性式压力仪表为例,为了保证弹性元件在弹性变形的范围内可靠工作,在确定量程时应留有余地。在被测压力较稳定的情况下,最大工作压力不应超过仪表满量程的 3/4;在被测压力波动较大或测脉动压力时,最大工作压力不应超过仪表满量程的 2/3;在测量高压压力时,最大工作压力不应超过仪表满量程的 3/5。为了保证测量准确度,最小工作压力不应低于满量程的 1/3。当被测压力变化范围大,最大和最小工作压力可能不能同时满足上述要求时,选择仪表量程应首先要满足最大工作压力条件。

应该指出,计算所得的仪表上下限值一般不能作为仪表的量程,而应根据计算值查阅国家标准系列产品手册最后确定。目前国内厂家生产的压力(包括差压)检测仪表有统一的量程系列,它们是 1 kPa、1.6 kPa、2.5 kPa、4.0 kPa、6.0 kPa 以及它们的 $10n$ 倍数(n 为整数)。因此,在选仪表量程时,应采用相应规程或者标准中的数值。

3) 仪表精度的选择

压力检测仪表的精度主要根据生产允许的最大误差来确定,即要求实际被测压力允许的最大绝对误差应小于仪表的基本误差。另外,在选择时应坚持节约的原则,只要测量精度能满足生产的要求,就不必追求过高精度的仪表。

仪表量程确定后,仪表精度等级应根据生产工艺对压力测量所允许的最大误差来决定。精度等级愈高、价格愈贵,维护要求也愈高。所以,工程上应在满足工艺要求的前提下,选用精度较低的仪表。工业用压力仪表一般选 1~4 级,精密测量或校验用的压力仪表应在 0.4 级以上。

2. 压力检测仪表的安装原则

压力检测仪表的安装将影响被测结果的准确性和仪表的使用寿命,因此必须严格按其使用说明书规定进行。下面就工程应用上的有关问题作一说明。

(1) 压力检测仪表必须经检验合格后才能安装。

(2) 压力检测仪表的连接处,应根据被测压力的高低和被测介质性质,选择适当的材料作为密封垫圈,以防泄漏。

(3) 压力检测仪表尽可能安装在室温、相对湿度小于80%、振动小、灰尘少、没有腐蚀性物质的地方,如果是电气式压力检测仪表应尽可能安装在避免受到电磁干扰的地方。

(4) 测压点位置的选择和安装必须保证仪表所测得的是介质的静压力。取压点位置应避免处于管路弯曲、分叉、死角或流动形成涡流的区域,不要靠近有局部阻力或其他有干扰的地点。当管路中有突出物体时(如测温元件),取压点应在其前方。需要在阀门前后取压时,应与阀门有必要的距离。为此,测压点要选在前后有足够长的直管段上。在安装时,应使插入生产设备的取压管的端面与生产设备连接处的内壁保持平齐,不应有凸出物或毛刺。

(5) 压力仪表应垂直安装。一般情况下,安装高度应与人的视线齐平。对于高压压力仪表,其安装高度应高于一般人的头部,避免危险情况发生,同时要便于观察和维修。

(6) 取压点应能如实反映被测压力的真实情况。例如取压点应在直线流动的管段、应与流向垂直;测量液体压力的取压点应在管道下部,导压管内应无气体;测量气体压力的取压点应在管道的上部,导压管内应无液体等。也就是说,测量不同介质时,导压管的敷设是不同的,如图2-40所示。

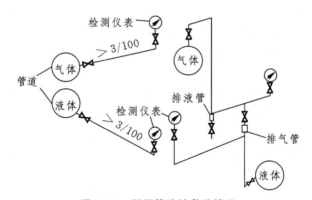

图2-40 引压管路的敷设情况

(7) 测量液体或蒸汽介质压力时,应避免液柱产生的误差,压力仪表应安装在与取压口同一水平的位置上,否则必须对压力仪表的示值进行修正。

(8) 当测量不同性质的介质压力时,其安装方式不同,如图2-41所示。

① 测量高温(60℃以上)流体介质的压力时,为防止热介质与弹性元件直接接触,压力仪表之前应加装U形管或盘旋管等形式的冷凝器,如图2-41(a)、(b)所示,避免因温度变化对测量精度和弹性元件产生的影响。

② 测量腐蚀性介质的压力时,除选择具有防腐能力的压力仪表之外,还可加装隔离装置,利用隔离罐中的隔离液将被测介质和弹性元件隔离开来,如图2-41(c)、(d)所示。

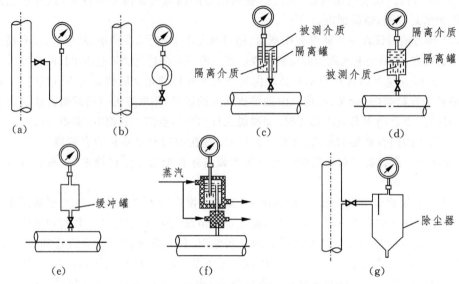

图 2-41　测量特殊介质时的压力仪表安装

③ 测量振动剧烈(如泵、压缩机的出口压力)的压力时,应在压力仪表之前加装针形阀和缓冲器,必要时还应加装阻尼器,如图 2-41(e)所示。

④ 测量腐蚀性大或易结晶的介质压力时,应在取压装置上安装隔离罐,使罐内和导压管内充满隔离液,必要时可采取保温措施,如图 2-41(f)所示。

⑤ 测量含尘介质压力时,最好在取压装置后安装一个除尘器,如图 2-41(g)所示。

⑥ 测量高压流体介质的压力时,安装压力仪表时应将表壳朝向墙壁或者无人通过之处,以防发生意外。

(9) 导压管的直径尺寸合适,一般为 6～10 mm,长度尽可能短,否则会引起压力测量的迟缓。

(10) 压力仪表与取压口之间应安装切断阀,以便维修。

总之,针对被测介质的不同性质,安装仪表时要采取相应的防热、防腐、防冻、防振和防尘等措施。

3. 差压变送器的安装原则

差压变送器也属于压力测量仪表,因此差压变送器的安装要遵循一般压力测量仪表的安装原则。然而,差压变送器与取压口之间必须通过引压导管连接,才能把被测压力正确地传递到变送器的正负压室。如果取压口选择不当,引压导管安装不正确,或者引压导管有堵塞、渗漏现象,或者差压变送器的安装和操作不正确,都会引起较大的测量误差。

(1) 取压口的选择。取压口的选择与被测介质的特性有很大关系,不同的介质,取压口的位置应符合图 2-42 所示的规定。

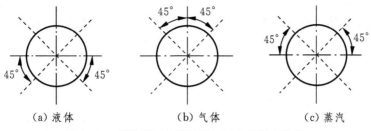

图 2-42　测量不同介质时取压口方位规定示意

① 被测介质为液体时,取压口应位于管道下半部与管道水平线成 0°～45°范围内,如图 2-42(a)所示。取压口位于管道下半部的目的是保证引压导管内没有气泡,这样由两根引压导管内液柱所附加在差压变送器正、负压室的压力可以相互抵消;取压口不宜从底部引出,是为了防止液体介质中可能夹带的固体杂质会沉积在引压导管中引起堵塞。

② 被测介质为气体时,取压口应位于管道上半部与管道垂直中心线成 0°～45°范围内,如图 2-42(b)所示,其目的是为了保证引压导管中不积聚和滞留液体。

③ 被测介质为蒸汽时,取压口应位于管道上半部与管道水平线成 0°～45°范围内,如图 2-42(c)所示,最常见的接法是从管道水平位置接出,并分别安装凝液罐,这样两根引压导管内部都充满冷凝液,而且液位高度相同。

(2) 引压导管的安装。引压导管应按最短距离敷设,引压导管内径的选择与引压导管长度有关。引压导管的管路应保持垂直,或者与水平线之间不小于 1:10 的倾斜度,必要时要加装气体、凝液、微粒收集器等设备,并定期排除收集物,如图 2-43 所示。

① 在测量液体介质时,在引压导管的管路中应有排气装置,如果差压变送器只能安装在取样口之上时,应加装如图 2-43(a)所示的储气罐和放空阀,这样,即使有少量气

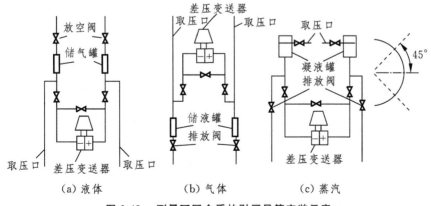

图 2-43　测量不同介质的引压导管安装示意

泡,也不会对测量精度造成影响。

② 在测量气体介质时,如果差压变送器只能安装在取样口之下,必须加装如图 2-43(b) 所示的储液罐和排放阀,克服因滞留液对测量精度产生影响。

③ 在测量蒸汽时,引压导管的管路安装则如图 2-43(c) 所示。

(3) 差压变送器的安装。由引压导管接至差压计或变送器前,必须安装切断阀和平衡阀,构成三阀组,如图 2-44 所示。

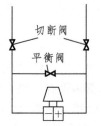

图 2-44 三阀组件示意

差压变送器是用来测量差压的,但如果正、负引压导管上的两个切断阀不能同时打开或者关闭,就会造成差压变送器单向受很大的静压力,有时会使仪表产生附加误差,严重时会使仪表损坏。为了防止差压表单向受很大的静压力,必须正确使用平衡阀。在启用差压变送器时,应先打开平衡阀,使正、负压室连通,受压相同,然后打开切断阀,最后关闭平衡阀,变送器即可投入运行。差压变送器需要停用时,应先打开平衡阀,然后关闭切断阀。当切断阀关闭、平衡阀打开时,即可以对仪表进行零点校验。

2.4 流量变送器

2.4.1 流量的基本概念

在现代工业生产过程自动化中,流量是重要的过程参数之一。流量是衡量设备的效率和经济性的重要指标,是生产操作和控制的依据。例如,在大多数工业生产中,常用测量和控制流量来确定物料的配比与耗量,从而实现生产过程自动化和最优控制。同时,为了进行经济核算,也必须知道生产过程中通过管道中的介质总量。所以,流量的测量与控制是实现工业生产过程自动化的一项重要任务。

1) 流量的基本概念及单位

工业上对流量的定义是指单位时间内流过管道某一横截面的流体量,也称为瞬时流量。当流体的量以体积表示时,称为体积流量,记作 q_v;当流体的量以质量表示时,称为质量流量,记作 q_m。在某一段时间内流过管道横截面的流体总和称为总(流)量或累积流量,记作 Q。常用的流量计量单位有如下三种。

(1) 体积流量 q_v,即单位时间内通过管道某一截面的物料的体积。用 m^3/h、L/h 等单位表示。

若流体通过管道截面各处的流速相等,则体积流量与流速的关系为

$$q_v = vA \tag{2-26}$$

式中:A 为管道的横截面积;v 为管道中某一截面上流体的平均流速。

(2) 重量流量 q_g,即单位时间内通过管道某一截面的物料的重量。一般用 N/h 表示。

若流体的重度为 γ，则重量流量为

$$q_g = \gamma q_v \tag{2-27}$$

(3) 质量流量 q_m，即单位时间内通过管道某一截面的物料的质量。可用 kg/h 表示。若流体的密度为 ρ，则质量流量为

$$q_m = \rho q_v \tag{2-28}$$

三种流量之间的关系为

$$q_g = \gamma q_v = \rho g q_v = g q_m \tag{2-29}$$

式中，g 为重力加速度。

以上三种流量，反映的流量值均为瞬时流量，它是流量测量和控制的主要依据。如果希望得到流体总量作为流量计量的依据，则需要测量总流量。

(4) 总流量，在某一时间间隔内流过管道截面流体的总和为总流量。该总量可以通过在某段时间间隔内的瞬时流量对时间的积分得到，所以又称为积分流量。显然，总流量又有体积总流量(Q_v)、质量总流量(Q_m)之分，即

$$Q_v = \int_0^t q_v \, dt \tag{2-30}$$

$$Q_m = \rho Q_v \tag{2-31}$$

2) 流量仪表的种类

在工业生产过程中，应用着大量的空气、煤气、氧气等气体和燃料油、水以及酸、碱、盐等液体，这些流体介质使用量的测量是有效地进行生产、节约能源及企业经营管理所必须的重要内容之一。在生产过程中，物料的输送通常都是在管道中进行的，因此，我们主要介绍用于管道中流体流量的检测方法。

通常把用来测量瞬时流量的仪表称为流量计，而把用来测量流体总量的仪表称为计量表。然而，两者并不是截然划分的，在流量计上配以累积机构，使其达到对时间的积分，就可以读出流体总量。

由于介质的多样性，生产过程对流量的测量要求也各有不同，因此流量测量的方法及常用仪表很多。其检测方法分为体积流量的检测和质量流量的检测两大类。体积流量的测量方法分为容积法（又称为直接法）和速度法（又称为间接法）。质量流量的测量方法也分为直接法和间接法两类。由此测量原理构成的流量仪表有三大类，即容积式流量计、速度式流量计、质量流量计。

(1) 容积式流量计是利用测量的容积方法来工作的，即是在单位时间内以标准固定体积对流动介质连续不断地进行度量，以排出流体的固定容积数来计算流量。

这种测量方法受流体流动状态的影响较小，适用于高黏度、低雷诺数的流体。基于容积法的流量测量仪表主要有椭圆齿轮流量计、刮板式流量计、腰轮流量计、旋转活塞式流量计等。容积式流量计的特点是测量精度较高。

(2) 速度式流量计是利用速度法的测量方法来工作的，即是应用流体力学测量流体在管道内的流速来计算流量的。

这种测量方法有很宽的使用条件,但速度法通常是利用管道内的平均流速来计算流量的,流动产生的涡流、截面上流速分布不均匀等都会给测量带来误差,所以在使用的时候应该充分注意各种流量检测仪表的安装使用条件。目前,工业上常用的基于速度法的流量检测仪表主要有节流式流量计、转子流量计、电磁流量计、涡轮流量计、涡街流量计、靶式流量计、超声波流量计等。在工业生产过程中差压流量计和转子流量计应用最广。

(3) 质量流量的测量方法分为直接法和间接法两类。

直接法是利用检测元件直接测量与质量流量成比例的参数来实现质量流量的测量,相应有直接型质量流量计,如悬浮陀螺质量流量计、热式质量流量计、科里奥利力式质量流量计等;还有通过体积流量计与密度计的组合来实现质量流量测量的间接型质量流量计。我国这类流量计正在发展之中。

间接法是用两个检测元件分别检测出两个相应的参数,通过运算间接获取质量流量,例如 ρq_v^2 与 ρ 的组合、q_v 与 ρ 的组合、ρq_v^2 与 q_v 的组合都可以计算出流体的质量流量。

流量计种类繁多,其分类如表 2-4 所示。各类仪表的性能各有其特点,以满足不同的测量要求,如表 2-5 所示。下面主要介绍几种工业上常用的流量检测仪表的基本原理和使用方法。

表 2-4 流量计的分类

类别		仪表名称
体积流量计	容积式流量计	椭圆齿轮流量计、腰轮流量计、皮膜式流量计等
	差压式流量计	节流式流量计、均速管流量计、弯管流量计、浮子流量计等
	速度式流量计	涡轮流量计、涡街流量计、电磁流量计、超声波流量计、靶式流量计等
质量流量计	推导式质量流量计	体积流量经密度补偿或温度、压力补偿求得质量流量等
	直接式质量流量计	科里奥利流量计、热式流量计、冲量式流量计等

表 2-5 几种主要流量计的性能比较

性能	容积式(椭圆齿轮流量计)	涡轮流量计	转子流量计	差压流量计	电磁流量计
测量原理	测出输出轴转数	由被测流体推动叶轮旋转	定压降环形面积可变原理	伯努利方程	法拉第电磁感应定律
被测介质	气体、液体	液体、气体	液体、气体	液体、气体、蒸汽	导电性液体
测量精度	±(0.2~0.5)%	±(0.5~1)%	±(1~2)%	±2%	±(0.5~1.5)%
安装直管段要求	不要	要直管段	不要	要直管段	上游有要求 下游无要求

续表

性　能	容积式(椭圆齿轮流量计)	涡轮流量计	转子流量计	差压流量计	电磁流量计
压力损失	有	有	有	较大	几乎没有
更换量程方法	难	难	改变浮子的重量(麻烦)	改变差压变速器刻度(难)	调量程电位器(容易)
口径系列(ϕ/mm)	10～300	2～500	2～150	50～1000	2～2400
制造成本	较高	中等	低	中等	高

2.4.2　容积式流量计

容积式流量计与日常生活中用容器计量流体体积的方法类似，所不同的只是为适应工业生产的情况，要在密闭管道中连续地测量流体的体积，它利用运动元件的往复次数或转速与流体的连续排出量成比例的原理对被测流体进行连续的检测。这种测量方法实际上是用容积积分的方法，直接测量流体的总量。

容积式流量计可以计量各种液体和气体的累积流量，由于这种流量计可以精密测量体积量，所以其类型包括从小型的家用煤气表到大容积的石油和天然气计量仪表，广泛地用作管理和贸易的手段。

容积式流量计由测量室、运动部件、传动和显示部件组成。它的测量主体为具有固定标准容积的测量室，测量室由流量计内部的运动部件与壳体构成。在流体进、出口压力差的作用下，运动部件不断地将充满在测量室中的流体从入口排向出口。假定测量室的固定容积为 V，某一时间间隔内经过流量计排出流体的固定容积数为 n，则被测流体的体积总量 Q_v 即可测知。容积流量计的流量方程可以表示为

$$Q_v = nV \tag{2-32}$$

容积式流量计的运动部件有往复运动式和旋转运动式两种形式。例如往复运动式有家用煤气表、活塞式油量表等。旋转运动式有旋转活塞式流量计、椭圆齿轮流量计、罗茨流量计等。各种形式的流量计适用于不同的场合和条件。但要注意的是，用此方法测量较小流量时，要考虑泄漏量的影响，通常仪表有最小流量的测量限度。

常用的容积式流量计有椭圆齿轮流量计和腰轮流量计。

1. 椭圆齿轮流量计

椭圆齿轮流量计原理结构如图 2-45 所示。在固定的壳体内有一对互相啮合的椭圆齿轮 A、B，它们在进出口流体压力差的作用下，交替地相互驱动，推动椭圆齿轮旋转。在齿轮转动过程中连续不断地将充满在齿轮与壳体之间的固定容积内的流体一份份地排出。齿轮的转数可以通过各种方式测出，从而可以计算出流体的总量。

从图 2-45 中可见，两个齿轮每转动一圈，流量计将排出 4 个已知半月形容积的流体。通过椭圆齿轮流量计的流体总量可表示为

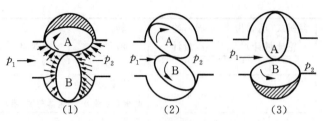

图 2-45　椭圆齿轮流量计工作原理

$$Q_v = 4nV_0 \tag{2-33}$$

式中：n 为椭圆齿轮的转数；V_0 为半月形容积，两个半月形容积恒定相等。

齿轮的转数通过变速机构直接驱动机械计数器显示总流量，也可以通过电磁转换装置转换成相应的脉动信号，由对脉动信号的计数就可以反映出总流量的大小。

椭圆齿轮流量计的主要特点是精度高，一般可达为 0.2～0.5 级；量程比一般为 10:1，只适用于 10～150 mm 的中小口径的管道测量；在使用时要注意防止齿轮的磨损与腐蚀，工作温度要低于 120℃，以延长仪表寿命。

椭圆齿轮流量计适用于高黏度液体的测量，当被测液体的黏度不大于 30×10^{-3} Pa·s 时，其压力损失不大于 0.04 MPa。为防止齿轮卡死损坏，要求介质洁净不含固体颗粒，因此通常在流量计前加装过滤器。

2. 腰轮流量计

腰轮流量计（也称为罗茨流量计）原理结构如图 2-46 所示，其工作原理与椭圆齿轮流量计的相同。它们的结构也相似，只是一对测量转子是两个不带齿的腰形轮（罗茨）。腰形轮形状保证在转动过程中两轮外缘保持良好的面接触，以依次排出定量流体；而两个腰轮的驱动由套在壳体外的与腰轮同轴上的啮合齿轮来完成。转子由流体入口及出口间的压差（$\Delta p = p_1 - p_2$）推动，转子每转一周，就有四个已知容积计量室的流体被依次推出，如图 2-46(a)、(b)、(c)、(d) 所示。

从图 2-46 中可见，由于腰轮没有齿，不易被流体中夹杂的灰尘卡死，同时腰轮转子

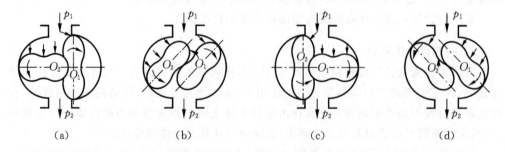

图 2-46　罗茨流量计测量原理

的磨损也较椭圆齿轮轻一些,因此它较椭圆齿轮流量计的明显优点是能保持长期稳定性,它的使用寿命长,准确度高,可作标准表使用。

腰轮流量计可以测量液体和气体,也可以测量高黏度流体。其基本误差为±(0.2～0.5)%,量程比为10∶1,工作温度120℃以下,压力损失小于0.02 MPa。

3. 容积式流量计的安装与使用

容积式流量计适用于油、酸、碱等液体流量的测量,并适用于气体流量(大流量)的测量。其精度一般为0.5级或更高;工作温度范围在−10～80℃;工作压力可达1.6 MPa,压力损失较小;适用的液体动力黏度范围为0.6～500 MPa·s。

如何正确地选择容积式流量计的型号和规格,需考虑被测介质的特性参数和工作状态,如黏度、密度、压力、温度、流量范围等因素。流量计的安装地点应满足技术性能规定的条件,仪表在安装前必须进行检定。多数容积式流量计可以水平安装,也可以垂直安装。在流量计上游要加装过滤器,调节流量的阀门应位于流量计下游。为维护方便需设置旁通管路。安装时要注意流量计外壳上的流向标志应与被测流体的流动方向一致。

仪表在使用过程中被测流体应充满管道,并工作在仪表规定的流量范围内;当黏度、温度等参数超过规定范围时应对流量值进行修正;仪表要定期清洗和检定。

2.4.3 速度式流量计

速度式流量计的测量原理均基于与流体流速有关的各种物理现象,仪表的输出与流速有确定的关系,即可知流体的体积流量。工业生产中使用的速度式流量计种类很多,新的品种也不断开发,它们各有特点和适用范围。本节介绍几种应用较普遍的、有代表性的流量计。

1. 差压式流量计

差压式流量计可用于测量液体、气体或蒸汽的流量。这种流量计是应用历史最长、最成熟、最常用的一种流量计,至今在生产过程所用的流量仪表中仍占有重要地位。

差压式流量计是根据节流原理利用流体流经节流装置时产生的压力差来测量流量的。节流装置即是在流通管道上设置的阻力元件,流体通过阻力件时将产生压力差,此压力差与流体流量之间有确定的数值关系,通过测量差压值即可以求得流体流量。最常用的差压式流量计是由节流装置、引压导管、差压变送器或差压计组成,如图2-47所示。

流体流过节流装置形成静压差,此差压值可由差压计转换为流量信号输出;或由差压变送器转换为统一的4～20 mA标准信号输出。

产生差压的装置有多种形式,包括节流装置,如孔板、喷嘴、文丘里管等,以及动压管、均速管、弯管等。其他形式的差压式流量计还有靶式流量计、浮子流量计等。

1) 节流原理

在管道中流动着的流体由于有压力而具有静压能,又由于有流动速度而具有动能,

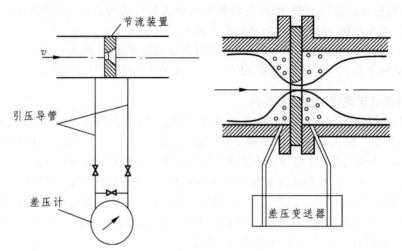

图 2-47　差压式流量计示意图

这两种形式的能量在总能量不变的前提下是可以相互转化的。

节流装置主体是一个局部收缩阻力件,也称为节流件,它是差压式流量计的主要部件。稳定流动的流体沿水平管流经节流件,由于管道中流通面积的突然缩小,流速产生局部收缩,流速加快,这将导致流体通过节流件后静压能的降低,因而在节流件前后便产生明显的静压差,由此在节流件前后将产生压力和速度的变化,如图 2-48 所示。

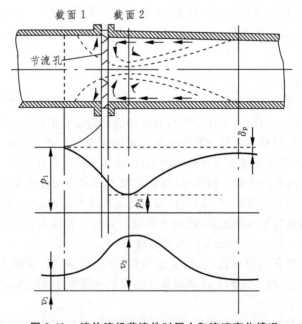

图 2-48　流体流经节流件时压力和流速变化情况

在截面 1 处流体未受节流件影响,流束充满管道,流体的平均流速为 v_1,静压力为 p_1;流体接近节流装置时遇到节流装置的阻挡,使一部分动能转化为静压能,出现节流装置入口端面靠近管壁处流体的静压力升高至最大 p_{max};流体流经节流件时,导致流束截面的收缩,流体流速增大,由于惯性作用,流束截面经过节流孔以后继续收缩,到截面 2 处达到最小,此时流速最大为 v_2,静压力 p_2 最小;随后,流体的流束逐渐扩大,直至完全复原,流速恢复到原来的数值 v_1,静压力逐渐增大。但由于流体流动产生的涡流和流体流经节流孔时需要克服摩擦力,导致流体能力的损失,不能回复到原来的数值 p_1 而产生永久的压力损失。

2) 流量方程

设流体在流经节流件时,不对外做功,没有外加能量,流体本身也没有温度变化,根据流体力学中的伯努利方程,可以推导得出节流式流量计的流量方程,也就是差压和流量之间的定量关系式,即

$$q_v = \alpha \varepsilon A_0 \sqrt{\frac{2}{\rho}\Delta p} \tag{2-34}$$

$$q_m = \alpha \varepsilon A_0 \sqrt{2\rho\Delta p} \tag{2-35}$$

式中:α 为流量系数;ε 为可膨胀性系数;A_0 为节流件的开孔面积;ρ 为节流装置前的流体密度;Δp 为节流装置前后实际测得的压差。

流量系数 α 主要与节流装置的形式尺寸、取压方式、流体的流动状态(如雷诺数)和管道内壁粗糙度等因素有关。因此,α 是一个影响因素复杂的综合参数,其值由实验方法确定,它也是差压式流量计能否准确测量流量的关键所在。对于标准节流装置,α 可以从有关手册中查出;对于非标准节流装置,其值要由实验方法确定。值得一提的是,在进行节流装置的设计计算时,其计算结果只能应用在一定条件下;一旦条件改变,必须重新计算,否则会引起很大的测量误差。

可膨胀性系数 ε 用来校正流体的可压缩性,它与节流件前后压力的相对变化量、流体的等熵指数等因素有关,其取值范围不大于 1。对于不可压缩性流体,$\varepsilon = 1$;对于可压缩性流体(如空气、蒸汽、煤气等),则 $\varepsilon < 1$。应用时可以查阅有关手册。

由式(2-34)、式(2-35)可知,当 α、ε、A_0、ρ 均为常数时,流体的流量与节流装置前后所产生的压差的平方根成正比。所以,使用差压变送器(带有开方器)可直接与节流装置配合用来测量流量。

总之,流体通过节流装置后会产生静压差,流体流过管道节流装置的流量愈大,则节流装置前后产生的静压差也愈大。所以,测出这个压差就可知道此时流量的大小,这就是节流装置测量流量的基本原理,被称为节流变压降原理。

3) 节流装置

节流装置是提供与被测流量成对应关系的差压的关键传感器,包括节流件、取压装置和符合要求的前后直管段。它分为标准节流装置和非标准节流装置两大类。

标准节流装置是指节流件、取压装置都标准化、前后直管段符合规定要求的节流装置,其研究最充分、实验数据最完善,形式已经标准化和通用化,只要根据有关标准,严格按照加工、安装要求进行设计计算就可以了。因此,标准节流装置不需进行单独标定就可以使用。

国内外已把最常用的节流装置:孔板、喷嘴、文丘里管等标准化,并称为标准的节流装置,其结构参数的规定可以查阅相关的设计手册,如图 2-49 所示。

非标准节流装置用以解决脏污和高黏度流体的流量测量问题,尚缺乏足够的实验数据,故没有标准化。非标准节流装置主要用于特殊介质或特殊工况条件的流量检测,它必须用实验方法单独标定。

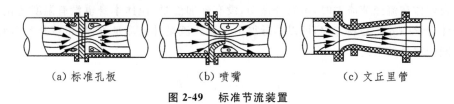

(a) 标准孔板　　　　　(b) 喷嘴　　　　　(c) 文丘里管

图 2-49　标准节流装置

在各种标准的节流装置中以标准孔板的应用最为广泛,它具有结构简单、安装使用方便的特点,适用于大流量的测量。孔板的最大缺点是流体流经节流件后压力损失较大,当工艺管路不允许有较大的压力损失时,一般不宜选用孔板流量计。标准喷嘴和标准文丘里管的压力损失较小,但结构比较复杂,不易加工。

总之,差压式流量计的特点是结构简单、无可动部件,可靠性较高,复现性能好,适应性较广。它适用于各种工况下的单相流体,适用的管道直径范围宽,可以配用通用差压计,装置又标准化。其主要缺点是安装要求严格;流量计前后要求较长直管段;测量范围窄,量程调整比为 3∶1;压力损失较大;对于较小直径的管道测量比较困难,通常要求被测管道直径 $D > 50$ mm;精确度不够高 $\pm(1\sim12)\%$ 等。

4) 差压式流量计的安装和使用

应用节流变压降原理测量流量的仪表称差压式流量计。它由节流装置、引压导管、差压变送器和显示仪表组成,差压式流量计的组成框图如图 2-50 所示。

图 2-50　差压式流量计的组成框图

(1) 节流装置的安装。

标准节流装置的流量系数,都是在一定的条件下通过严格的实验取得的,因此对管道选择、流量计的安装和使用条件均有严格的规定。在设计、制造与使用时应满足规定的基本条件,否则难以保证测量准确性。

虽然节流式流量计的应用非常广泛,但是如果使用不当往往会出现很大的测量误差,有时甚至高达 10%～20%。因此,要按规范来进行安装和使用。

① 节流式流量计仅适用于测量管道直径不小于 50 mm、流体雷诺数在 10^4～10^5 的情况,而且流体应当清洁、充满管道、不发生相变。

② 节流装置的安装必须符合国家标准规定的要求。

③ 当被测流体的工作状态如被测流体的温度、压力、雷诺数等参数发生变化时,会产生测量上的误差,因此在实际使用时必须按照新的工艺条件重新进行设计计算,或者对所测的结果作必要的修正。

④ 节流装置经过长时间的使用,会因物理磨损或者化学腐蚀,造成几何形状和尺寸的变化,从而引起测量误差,因此需要及时检查和维修,必要时更换新的节流装置。

⑤ 当测量液体、气体、蒸汽流量时,取压口的位置可参见压力测量仪表中的压力仪表安装部分。

(2) 差压变送器的安装。

① 由流量的基本方程可知,流量与节流件前后差压的二次方根成正比,因此被测流量不应接近于仪表的下限值,否则差压变送器输出的小信号经开方会产生很大的测量误差。

② 节流装置、差压计的差压规格和记录规格三者是配套的,在使用中不得任意更改其中任一个,其差压规格由节流装置设计计算得出。

③ 当被测介质的工况偏离设计工况时,应查阅有关资料对流量进行修正。

④ 为保证差压计能够正确、迅速地反映节流装置产生的差压值。引压导管应按被测流体的性质和参数要求使用耐压、耐腐蚀的管材。引压管应垂直或倾斜敷设,其倾斜度不得小于 1∶12,倾斜方向视流体流动方向而定。

⑤ 差压计用于测量差压信号,其差压值远小于系统的工作压力,因此,导压管与差压计连接处应装截断阀,截断阀后装平衡阀。在仪表投入使用时,平衡阀可以起到单向过载保护的作用。在仪表运行过程中,打开平衡阀,可以进行仪表的零点校验。

⑥ 根据被测流体和节流装置与差压计的相对位置,差压信号管路有不同的敷设方式,如图 2-51 所示。当测量液体、蒸汽流量时,导压管内应充满同一液体,并排净气体;当测量气体流量时,导压管内应充满同一气体,并排净液体;两根导压管应尽量靠近敷设,并感受相同温度。

在差压信号管路中还有冷凝器、集气器、沉降器、隔离器、喷吹系统等附件,它们的相关参数查阅相关手册。

差压流量计的结构简单、使用方便、寿命长、适应性广,对于各种工况下的单相流体、管径在 50～1 000 mm 范围内均可使用。但对于差压流量计达不到所需精度、流体非单向流动、流量变化幅度大、高黏度或强腐蚀流体介质等情况,应考虑选用其他方法。差压流量计使用历史悠久,已经形成了一套完整的实验标准、设计资料。在工程上设计选择时只要根据不同的被测介质与要求,查阅有关设计手册和资料即可。

新颖的差压变送器可同时测量差压、静压和温度,并经计算单元作气体压力、温度修

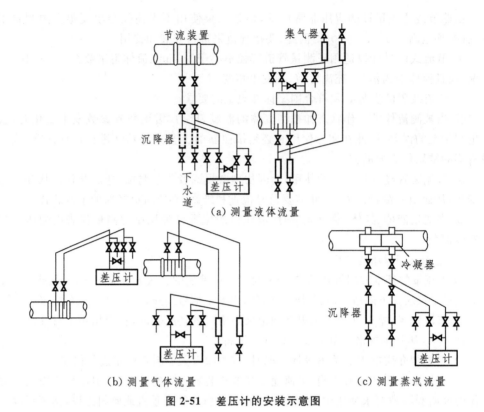

图 2-51 差压计的安装示意图

正,或测气体质量流量。它还减少了独立的传感器数量,简化了管线工程,降低了安装费用,减少了管线开孔,降低了潜在泄露点,提高了整体可靠性。

2. 转子流量计

在工业生产中经常遇到小流量流体的测量需要,因其流体的流速低,这就要求测量仪表有较高的灵敏度,才能保证一定的精度。转子流量计可以测量多种介质的流量,更适用于中小管径、中小流量和较低雷诺数流体的流量测量,如特别适宜于测量管径 50 mm 以下的管道流量,测量的流量可小到每小时几升。

转子流量计的特点是结构简单、使用维护方便,对仪表前后直管段长度要求不高,压力损失小而且恒定;测量范围比较宽,刻度为线性,测量精确度为 ±2% 左右,量程调整比可达 10∶1。但仪表的测量值易受被测介质密度、黏度、温度、压力、纯净度的影响,还受安装位置的影响。

1) 检测原理及结构

转子流量计的工作原理和差压式流量计相比有所不同,它是利用节流变截面原理工作的。其测量主体是由一根自下向上扩大的垂直锥管和一只可以沿锥管轴向上下自由移动的转子组成,如图 2-52 所示。

流体由锥管的下端进入,经过转子与锥管间的环隙,从上端流出。当流体流过环隙面时,因节流作用而在转子上下端面产生差压形成作用于转子的上升力。当此上升力与转子在流体中的重量相等时,转子就稳定在一个平衡位置上,且平衡位置的高度 h 与所通过的流量成对应的关系,这个高度就代表流量测量值的大小。

根据转子在锥管中的受力平衡条件可知,转子受到三种力的作用:流体对转子的浮力(向上)、节流引起的压差力(向上)及转子本身重量引起的重力(向下)。当转子稳定于某一高度时,必是三力平衡时,即重力 = 浮力 + 压差力,公式如下:

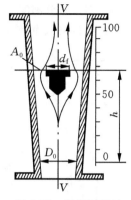

图 2-52 转子流量计测量原理

$$\Delta p \cdot A_f = V_f \cdot (\rho_f - \rho) \cdot g \quad (2\text{-}36)$$

式中:Δp 为差压;A_f、V_f 分别为转子的截面积和体积;ρ_f、ρ 分别为转子的密度、流体密度;g 为重力加速度。

转子的重量是一定的,故其所受重力及浮力是固定的,因而压差力 $\Delta p = p_1 - p_2 = $ 常数。当被测流量变化时,转子将离开其原来的悬浮位置。例如流量增加,则由于转子节流作用产生的压差力也增加,使转子上升,且转子与锥形管壁间的环形流通面积增大,致使流过此环隙的流速降低,于是压差力随之下降,直到其恢复为原来的压差数值为止,此时转子就稳定在比原来高的位置上了。因此,转子的停浮高度是与流量大小成对应关系的。

将式(2-36)代入流量方程式,则有

$$q_v = \alpha \varepsilon A_0 \sqrt{\frac{2gV_f(\rho_f - \rho)}{\rho A_f}} \quad (2\text{-}37)$$

式中:A_0 为环隙面积,它与转子高度 h 相对应;α 为流量系数。

对于小锥度锥管,近似有 $A_0 = ch$,系数 c 与转子和锥管的几何形状及尺寸有关。此时流量方程式可写作

$$q_v = \alpha \varepsilon ch \sqrt{\frac{2gV_f(\rho_f - \rho)}{\rho A_f}} \quad (2\text{-}38)$$

式(2-38)给出了流量与转子高度之间的关系,这个关系近似线性关系。

流量系数 α 与流体黏度、转子形式、锥管与转子的直径比以及流速分布等因素有关。每种流量计有相应的界限雷诺数,在低于此界限值情况下 α 不再是常数。流量计应工作在 α 为常数的范围内。

2) 转子流量计种类

转子流量计有两大类:采用玻璃锥管的直读式转子流量计和采用金属锥管的远传式转子流量计。

① 直读式转子流量计主要由玻璃锥管、转子和支撑结构组成。流量标尺直接刻在锥管上,由转子位置高度读出流量值。玻璃管转子流量计的锥管刻度有流量刻度和百分刻

度两种。对于百分刻度流量计要配有制造厂提供的流量刻度曲线。这种流量计结构简单、工作可靠、价格低廉、使用方便,可制成防腐蚀仪表,用于现场测量。

② 远传式转子流量计可采用金属锥形管,它的信号远传方式有电动和气动两种方式,测量转换机构将转子的位移转换为电信号或气信号进行远传及显示,如图 2-53 所示。

图 2-53 所示为电远传转子流量计工作原理。其转换机构为差动变压器组件,用于测量转子的位移。流体流量变化引起转子的移动,转子同时带动差动变压器中的铁芯作上、下运动,差动变压器的输出电压将随之改变,通过信号放大后输出与流量成线性关系的电信号。

3) 转子流量计的使用和安装

(1) 转子流量计的选用。

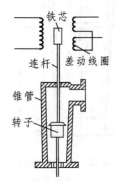

图 2-53 电远传转子流量计工作原理示意图

转子流量计在生产时,通常是在工业基准状态(20℃,101.33 kMa)下用水或空气进行刻度的。所以,在实际使用时,如果被测介质的密度和工作状态发生变化,就必须对流量指示值按照实际被测介质的密度、温度、压力等参数的具体情况进行修正。

因此,转子流量计是一种非通用性仪表,出厂时需单个标定刻度。测量液体的转子流量计用常温水标定;测量其他介质的转子流量计则用常温常压(20℃,101.33 kMa)的空气标定。在实际测量时,如果被测介质不是水或空气,则流量计的指示值与实际流量值之间存在差别,因此要对其进行刻度换算修正。

流量计的最佳测量范围为测量上限的 1/3 ~ 2/3 刻度内。当被测介质的密度、温度、压力等参数与流量计标定介质不同时,必须对流量计指示值进行修正。其修正公式可查阅相关工程设计手册。

(2) 转子流量计的安装。

在安装使用前必须核对所用的转子流量计的测量范围、工作压力、介质温度是否与选用规格要求相符。仪表垂直安装于管道上时,流体必须是由下而上地通过流量计,如图 2-54 所示。

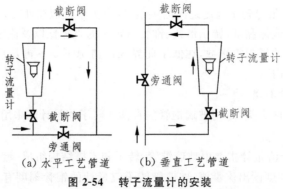

(a) 水平工艺管道　　(b) 垂直工艺管道

图 2-54 转子流量计的安装

流量计前后应安装截断阀,并安装旁通阀以便于投入运行和维修。流量计投入运行时,其前后阀门要缓慢开启,投运后,关闭旁通阀。

3. 涡轮流量计

涡轮流量计是应用动量矩守恒的原理来实现流量检测的。它利用安装在管道中可以自由转动的叶轮感受流体的速度变化,从而测定管道内的流体流量。

1) 涡轮流量计的结构原理

如图 2-55 所示,涡轮流量计主要由壳体、导流器、轴承、涡轮和磁电转换器组成。涡轮是测量元件,它由磁导率较高的不锈钢材料制成,轴芯上装有数片呈螺旋形的叶片,流体作用于叶片,使涡轮转动。壳体和前后导流件由非导磁的不锈钢材料制成,导流件对流体起导直作用。在导流件上装有滚动轴承或滑动轴承,用来支撑转动的涡轮。

涡轮流量计的检测原理如图 2-56 所示,流体通过涡轮流量计时推动涡轮转动,涡轮叶片周期性地扫过磁钢,使磁路磁阻发生周期性地变化,线圈感应产生的交流电信号频率与涡轮转速成正比,即与流速成正比。涡轮流量计的流量方程式为

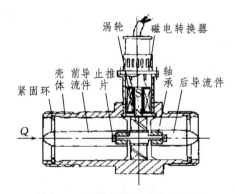

图 2-55　涡轮流量计结构示意图

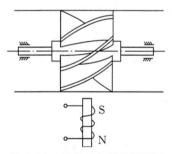

图 2-56　涡轮式流量检测原理

$$q_v = \frac{f}{\xi} \tag{2-39}$$

式中:q_v 为体积流量;f 为信号脉冲频率;ξ 为仪表常数。

仪表常数 ξ 与流量计的涡轮结构等因素有关。在流量较小时,ξ 值随流量增加而增大,只有流量达到一定值后近似为常数。在流量计的使用范围内,ξ 值应保持为常数,使流量与转速接近线性关系。

涡轮流量计的显示仪表是一个脉冲频率测量和计数的仪表,根据单位时间的脉冲数和一段时间的脉冲计数,分别显示瞬时流量和累积流量。

2) 涡轮流量计的特点及使用

涡轮流量计可以测量气体、液体流量,但要求被测介质洁净,并且不适用于黏度大的液体测量。它安装方便,磁电感应转换器与叶片间不需密封,不需齿轮传动机构,因而测量精度高,可达到 0.5 级以上,在小范围内误差较小(≤±0.1%);因为它是基于磁电感

应的转换原理来工作的,使涡轮流量计具有较高的反应速度,可测脉动流量;由于流量与涡轮转速之间成线性关系,仪表刻度可为线性,量程调整比可达(10～20):1。涡轮流量计主要用于中小口径的流量检测;输出频率信号便于远传及与计算机相连;仪表有较宽的工作温度范围(−200～400℃),可耐较高工作压力(<10 MPa)。

涡轮流量计一般应水平安装,并保证其前后有一定的直管段要求(仪表前 10D 和后 5D 以上)。为保证被测介质洁净,仪表前应装过滤装置。如果被测液体易气化或含有气体时,要在仪表前装消气器。

涡轮流量计的缺点是制造困难,成本高。由于涡轮高速转动,轴承易磨损,这降低了长期运行的稳定性,影响使用寿命。流量计的转换系数在常温下一般是用水标定的,当介质的密度和黏度发生变化时需重新标定或进行补偿。

涡轮流量计主要用于测量精度要求高、流量变化快的场合,还用作标定其他流量计的标准仪表。

4. 电磁流量计

电磁流量计是目前应用最广泛的一种流量仪表,它是根据法拉第电磁感应定律进行流量测量的流量检测仪表。它可以检测管道内具有一定电导率的酸、碱、盐溶液,以及腐蚀性液体或液体内混有固体的两相体,如矿浆、泥浆和含有大量杂物的污水及黏度很大的介质的流量,但不能检测气体、蒸汽和非导电液体的流量。

1) 电磁流量计的结构原理

图 2-57 为电磁流量计的结构示意图,从中可见仪表的测量主体由磁路系统、测量导管、电极和调整转换装置等组成。由非导磁性的材料制成导管,测量电极嵌在管壁上;若导管为导电材料,其内壁和电极之间必须绝缘。通常在整个测量导管内壁装有绝缘衬里。导管外围的激磁线圈用来产生交变磁场。在导管和线圈外还装有磁轭,以便形成均匀磁势和具有较大磁通量。整个流量计的测量导管内无可动部件或凸出于管道内部的部件,因而压力损失极小。

图 2-58 为电磁流量检测原理示意图,当导电的流体在磁场中以垂直方向流动而切割磁力线时,在管道两边的电极上就会产生感应电势。根据法拉第电磁感应定律可知,感应电势的大小与磁场的强度、流体的速度和流体垂直切割磁力线的有效长度成正比,即

$$E_x = KBDv \tag{2-40}$$

式中:E_x 为感应电势;K 为比例系数;B 为磁场强度;D 为管道直径;v 为垂直于磁力线的流体流动速度。

当仪表结构参数确定后,即管道直径 D 已确定,磁场强度 B 维持不变时,感应电势与流速 v 的成对应关系。将式(2-40)代入式(2-26)可得流体的体积流量 q_v 与磁感应电势成线性关系,即

$$q_v = \frac{\pi D^2}{4}v = \frac{\pi D}{4KB}E_x = \frac{E_x}{K'} \tag{2-41}$$

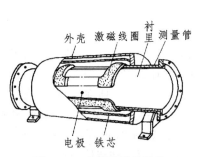
图 2-57　电磁流量计结构

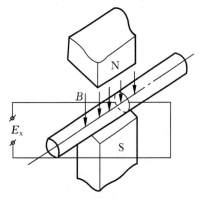
图 2-58　电磁流量检测原理

式中，K' 为仪表常数，对于固定的电磁流量计而言，K' 为定值。

感应电势 E_x 再经调整转换装置进行信号转换，最后输出与体积流量成线性关系的电流 I_0，且 I_0 不受液体的温度、压力、密度、黏度等参数的影响，从而使其应用范围很广。

2) 电磁流量计的特点及应用

因为输出不受介质压力、温度、密度（包括固液比）、黏度等物理参数变化的影响，所以电磁流量计具有测量精度高（一般优于 0.5 级）、反应灵敏、测量范围广（可以测量脉动流量，其量程比一般为 10∶1，精度较高的量程比可达 100∶1）、测量口径范围很大（1～2 000 mm）、抗干扰能力强、零点稳定、工作可靠等特点。但是，电磁流量计要求被测流体必须是导电的，且被测流体的电导率不能小于水的电导率。另外，由于衬里材料的限制，电磁流量计的使用温度一般为 0～200℃；因电极是嵌装在测量导管上的，这也使最高工作压力受到一定限制。

为了进一步提高流量测量的精度，电磁流量计在安装的时候还需要注意以下问题。

(1) 流量计可垂直或水平安装，垂直安装时流体应自下而上流动，水平安装时两电极应取水平位置，并保持管内充满流体。

(2) 流体流动的方向应与流量计上箭头所指的方向一致。

(3) 流量计的安装现场要远离外部磁场，应避免能产生强大交流磁场的场合，以减小外部干扰。

(4) 必须保证流量计前后有足够的直管段，进口端 5D 以上，出口端 3D 以上（D 为流量计测量管内径）。

(5) 因为电磁流量计前后管道有时会带有较大的杂散电流，为防止影响测量精度，一般要把流量计前后 1～1.5 m 处和流量计外壳连接在一起，共同接地，且接地电阻应小于 10 Ω。

(6) 由于电磁流量计常用来测量脏污流体，运行一段时间后，常会在传感器内壁积聚附着层而产生故障。这些故障往往是由于附着层的电导率太大或太小造成的。若附着物为绝缘层,则电极回路将出现断路,仪表不能正常工作;若附着层电导率显著高于流体电导率,则电极回路将出现短路,仪表也不能正常工作。所以,应及时清除电磁流量计测量管内的附着结垢层。

5. 涡街流量计

涡街流量计属旋涡流量计类型,它是基于流体力学中的卡门涡街原理,利用流体振荡的特性来进行流量测量的。把一个旋涡发生体(如圆柱、三角柱、矩形柱、T形柱以及由以上简单柱形组合而成的组合柱形等非流线型对称物体)垂直插在管道中,当流体流过非流线型旋涡发生体时会在其左右两侧后方交替产生稳定的旋涡,形成涡列,且左右两侧旋涡的旋转方向相反。这种旋涡列就称为卡门涡街,如图 2-59 所示。旋涡产生的频率与流体流速有着确定的对应关系,测量频率的变化,就可以得知流体的流量。

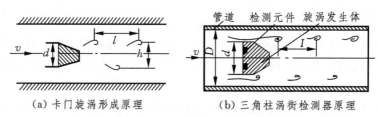

(a)卡门旋涡形成原理　　(b)三角柱涡街检测器原理

图 2-59　涡街流量计检测原理示意图

1) 涡街流量计的组成及流量方程式

涡街流量计的测量主体是旋涡发生体。旋涡发生体是一个具有非流线型截面的柱体,垂直插于流通截面内。当流体流过旋涡发生体时,在发生体两侧会交替地产生旋涡,并在它的下游形成两列不对称的旋涡列。当每两个旋涡之间的纵向距离 h 和横向距离 l 满足一定的关系,即 $h/l = 0.281$ 时,这两个旋涡列将是稳定的。大量实验证明,在一定的雷诺数范围内,稳定的旋涡产生频率 f 与旋涡发生体处的流速 v 有确定的关系,即

$$f = Sr \frac{v}{d} \tag{2-42}$$

式中,Sr 为斯特劳哈尔数,它主要与旋涡发生体宽度 d 和流体雷诺数有关。

在雷诺数为 5 000 ~ 150 000 范围内,Sr 基本上为一常数,如圆柱体的 $Sr = 0.21$、三角柱体的 $Sr = 0.16$,而旋涡发生体宽度 d 也是定值,因此,旋涡产生的频率 f 与流体的平均流速 v 成正比。所以,只要测得旋涡的频率 f 就可以得到流体的流速 v,进而可求得体积流量 q_v。

当旋涡发生体的形状和尺寸确定后,可以通过测量旋涡产生频率来测量流体的流量,其流量方程式为

$$q_v = \frac{f}{K} \tag{2-43}$$

式中,K 为仪表常数,一般是通过实验测得的。

旋涡频率的检出有多种方式,可以分为一体式和分体式两类。一体式的检测元件放在旋涡发生体内,如热丝式、膜片式、热敏电阻式;分体式检测元件则装在旋涡发生体下游,如压电式、摆旗式、超声式。二者均为利用旋涡产生时引起的波动进行测量。

旋涡发生体中三角柱旋涡强度较大、稳定性较好、压力损失适中,故应用较多。如图2-59(b)所示为三角柱涡街检测器原理示意图,旋涡频率用热敏电阻检测,在三角柱的迎流面对称地嵌入两个热敏电阻,通入恒定电流加热电阻,使其温度稍高于流体,在交替产生的旋涡的作用下,两个电阻被周期地冷却,使其阻值改变,阻值的变化由桥路测出,即可测得旋涡产生频率,从而测知流量。

传感器输出与体积流量成比例的脉冲信号,经数字显示得知瞬时流量或累积流量。

2) 涡街流量计特点及使用

涡街流量计输出信号(频率)不受流体物性和组分变化的影响,仅与旋涡发生体形状和尺寸以及流体的雷诺数有关。涡街流量计适用于气体、液体和蒸汽介质的流量测量,其测量几乎不受流体参数(温度、压力、密度、黏度)变化的影响。涡街流量计的特点是在仪表内部无可动部件,使用寿命长;压力损失小;输出为频率信号;有较宽的测量范围,量程比可达30∶1;测量精度也比较高,可为0.5级或1级。它是一种正在得到广泛应用的流量检测仪表。

涡街流量计可以水平安装,也可以垂直安装。在垂直安装时,流体必须自下而上通过,使流体充满管道。在仪表上、下游要求一定的直管段,下游长度为5D;上游长度根据阻力件形式而定,一般为15D～40D,但上游不应设流量调节阀,应尽量避免振动。

涡街流量计的不足之处主要是流体流速分布情况和脉动情况将影响测量准确度,旋涡发生体被玷污也会引起误差。涡街流量计不适用于低雷诺数流体的测量,对高黏度、低流速、小口径等场合的使用有限制。

涡街流量计应用的是流体振荡原理。应用此原理的流量仪表目前有两种:一种是应用自然振荡的卡门旋涡流量计;另一种是应用强迫振荡的旋进式旋涡流量计,如图2-60所示。

6. 靶式流量计

在管道中垂直于流动方向安装一圆盘形阻挡件,称之为"靶"。流体经过时,由于受阻将对靶产生作用力,此作用力与流速之间存在着一定关系。通过测量靶所受作用力,可以求出流体流量。靶式流量计工作原理如图2-61所示。

靶所受作用力,主要是由靶对流体的节流作用和流体对靶的冲击作用造成的。若管径为D,靶的直径为d,则环隙通道面积为

$$A_0 = \frac{\pi}{4}(D^2 - d^2) \qquad (2\text{-}44)$$

即可求出体积流量与靶上受力F的关系为

$$q_v = A_0 v = k_a \frac{D^2 - d^2}{d}\sqrt{\frac{\pi}{2}}\sqrt{\frac{F}{\rho}} \qquad (2\text{-}45)$$

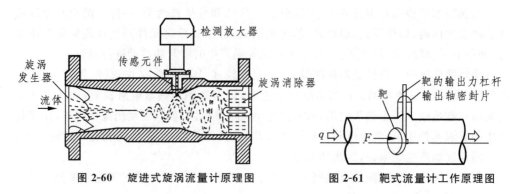

图 2-60　旋进式旋涡流量计原理图　　　　图 2-61　靶式流量计工作原理图

式中：v 为流体通过环隙截面的流速；k_a 为流量系数；F 为作用力；ρ 为流体的密度。

流量系数 k_a 的数值由实验确定。实验结果表明，在管道条件与靶的形状确定的情况下，当雷诺数 Re 超过某一限值后，k_a 趋于平稳，由于此限值较低，所以这种方法对于高黏度、低雷诺数的流体更为合适。使用时要保证在测量范围内 k_a 值基本保持恒定。

靶式流量计的测量方法与差压变送器类似，通过杠杆机构将靶上所受力引出，按照力矩平衡方式将此力转换为相应的电信号或气信号，由显示仪表显示流量值。

靶式流量计可以采用硅码挂重的方法，代替靶上所受作用力，用于校验靶上受力与仪表输出信号之间的对应关系，并可调整仪表的零点和满量程。这种挂重的校验称为干校。

靶式流量计结构比较简单、维护方便、不易堵塞，适于测量高黏度、高脏污及有悬浮固体颗粒介质的流量。其缺点是压力损失大，测量精度不太高。目前靶式流量计的配用管径为 15～200 mm 系列，正常情况下测量精确度可达 ±1%，最大量程范围为 3：1。

7. 超声流量计

超声流量计是根据声波在静止流体中的传播速度和在流动流体中的传播速度不同这一原理工作的。超声波在流体中传播，将受到流体速度的影响，检测接收的超声波信号可以测知流速，从而求得流体流量。超声波测量流量有多种方法，按作用原理有传播速度差法、多普勒效应法、声束偏移法、相关法等。在工业应用中以传播速度差法最普遍，图 2-62 为传播速度差法原理示意图。

传播速度差法是利用超声波在流体中顺流传播与逆流传播的速度变化来测量流体流速的方法。如图 2-62 所示，在管道壁上的上、下游，分别安装着两个作为发射器的超声换能器 T_1、T_2 和作为接收器的超声换能器 R_1、R_2。当发射器 T_1、T_2 分别发出与流向相同和相反的超声波后，经过不同时间各自到达接收器 R_1、R_2。流体静止时超声波声速为 c，流体流动时顺流和逆流的声速将不同。两个传播时间与流速之间的关系可写作

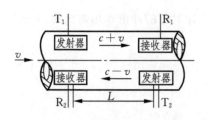

图 2-62　传播速度差法原理

$$t_1 = \frac{L}{c+v} \quad \text{和} \quad t_2 = \frac{L}{c-v} \tag{2-46}$$

式中：t_1 为顺流传播时间；t_2 为逆流传播时间；L 为两探头间距离；v 为流体平均流速。

通常 $c \gg v$，则时间差与流速的关系为

$$\Delta t = t_2 - t_1 \approx \frac{2Lv}{c^2} \tag{2-47}$$

可见，当声速 c 和传播距离 L 已知时，只要测出声波的传播时间差 Δt，就可以求出流体的流速，进而可求得流量。

当采用频差法时，如果频率与流速的关系式为

$$f_1 = \frac{1}{t_1} = \frac{c+v}{L} \quad \text{和} \quad f_2 = \frac{1}{t_2} = \frac{c-v}{L} \tag{2-48}$$

则频率差与流速的关系为

$$\Delta f = f_1 - f_2 = \frac{2v}{L} \tag{2-49}$$

采用频差法测量可以不受声速的影响，不必考虑流体温度变化对声速的影响。

超声换能器通常由压电材料制成，流量计的电子线路包括发射、接收电路和控制测量电路，可显示瞬时流量和累积流量。

超声流量计的换能器一般都斜置在管壁外侧，不用破坏管道，不会对管道内流体的流动产生影响，仪表阻力损失极小。还可以做成便携式仪表，探头安装方便，通用性好。这种仪表可以测量各种液体的流量，包括腐蚀性、高黏度、非导电性流体。近年来测量气体流量的仪表也已问世。超声流量计尤其适于大口径管道测量，多探头设置时最大口径可达几米。超声流量计的范围量程一般为 20∶1，误差为 ±(2～3)%。但由于测量电路复杂，价格较高，目前多用在不能适于其他流量计使用的地方。

2.4.4 质量流量计

由于流体的体积是流体温度、压力和密度的函数，在流体状态参数变化的情况下，采用体积流量测量方式会产生较大误差。因此，在许多要求测量精度很高的重要场合，如工业管理、经济核算、科学实验、过程控制等方面，需要对流体的质量流量进行检测。

质量流量测量仪表通常可分为两大类：直接式质量流量计和间接式质量流量计。直接式质量流量计是直接输出与质量流量相对应的信号，以反映质量流量的大小。间接式质量流量计采用密度或温度、压力补偿的办法，在测量体积流量的同时，测量流体的密度或流体的温度、压力值，再通过运算求得质量流量。现在带有微处理器的流量传感器均可实现这一功能，这种仪表又称为推导式质量流量计。

1. 直接式质量流量计

直接式质量流量计的输出信号直接反映质量流量，其测量不受流体的温度、压力、密度变化的影响。直接式质量流量检测方法有许多种，其中，基于科里奥利力的质量流量检

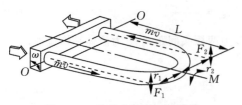

图 2-63　科氏力流量计测量原理

测方法最为成熟。

科里奥利力质量流量计简称科氏力流量计，它是利用流体在振动管中流动时，将产生与质量流量成正比的科里奥利力的测量原理来工作的，其检测原理如图 2-63 所示。

科氏力流量计由检测科里奥利力的传感器与转换器组成。在没有流体流经时，测量管由电磁线圈驱动；当流体流入时，测量管受振动。这种动态响应导致测量管产生扭曲，即产生科氏力。根据牛顿第二定律，测量管扭曲力大小与流体质量大小成正比，安装在测量管两侧的电磁信号检测器可检测流量管的振动。通过比较有流体流经和无流体流经时检测振动信号的相位差，即可得出质量流量。

图 2-63 为一种 U 形管式科氏力流量计的示意图。传感器测量主体为一根 U 形管，U 形管的两个开口端固定，流体由此流入和流出。在 U 形管顶端装有电磁装置，用于激发 U 形管，使其以 O-O 为轴，按固有的自振频率振动，振动方向垂直于 U 形管所在平面。U 形管中的流体在沿管道流动的同时又随管道作垂直运动，此时流体将产生科氏加速度，并以科氏力反作用于 U 形管。由于流体在 U 形管两侧的流动方向相反，所以作用于 U 形管两侧的科氏力大小相等，方向相反，从而形成一个作用力矩。U 形管在此力矩作用下将发生扭曲，U 形管的扭曲的角度（简称扭角）与通过的流体质量流量相关。在 U 形管两侧中心平面处安装两个电磁传感器，可以测出扭曲量 - 扭角的大小，就可以得知质量流量，其关系式为

$$q_\mathrm{m} = \frac{K_s \theta}{4\omega\gamma} \tag{2-50}$$

式中：θ 为扭角；K_s 为扭转弹性系数；ω 为振动角速度；γ 为 U 形管跨度半径。

也可由传感器测出 U 形管两侧通过中心平面的时间差 Δt 来测量，其关系式为

$$q_\mathrm{m} = \frac{K_s}{8\gamma^2}\Delta t \tag{2-51}$$

此时，所得测量值与 U 形管的振动频率 f 及角速度均无关。

科氏力流量计的振动管形状还有平行直管、Ω 形管或环形管等，也有用两根 U 形管作振动管的方式。采用何种形式的流量计要根据被测流体情况及允许阻力损失等因素综合考虑进行选择。

科氏力流量计的特点是直接测量质量，而不是像以往那样需要测量体积流量。因质量不会受压力、温度、体积和密度等变化影响，因而能达到较高的精度和稳定性。能将被测流体的共振和水的共振进行比对，因而也能确定流体密度。无运动部件，流体通道无障碍，寿命和可靠性高，无需安装直管段。同时测量多个变量，不受介质特性影响。但是它的阻力损失较大，存在零点漂移，管路的振动会影响其测量精度。它是目前得到较多应用的

直接式质量流量计。此外,还有非接触式热式质量流量计和测量固体粉料的冲量式质量流量计等。

基于直接式质量测量的特点,科氏力流量计特别适用于大黏度流体测量,如化工、制药、食品饮料、贸易交接、以及多变量测量等计量场合中。

2. 间接式质量流量计

根据质量流量与体积流量的关系,可以采用多种仪表的组合以实现质量流量测量。常见的组合方式有如下几种。

1) 体积流量计与密度计的组合

利用容积式流量计或者速度式体积流量计检测流体的体积流量,再配以密度计检测流体密度,将体积流量与密度相乘即为质量流量。体积流量计与密度流量计的组合如图2-64 所示。

图 2-64 中体积流量计可为涡轮流量计、电磁流量计或容积式流量计。这类流量计输出信号与密度计输出信号组合运算,即可求出质量流量为

$$q_m = \rho q_v \tag{2-52}$$

2) 差压式流量计与密度计组合

当图 2-64 中的体积流量计为差压式流量计时,因为差压式流量计的输出信号正比于 ρq_v^2,配上密度计输出信号 ρ,将二者相乘后再开方即可得到质量流量,其计算式为

$$q_m = \sqrt{\rho q_v^2 \rho} = \rho q_v \tag{2-53}$$

3) 差压式流量计与体积流量计组合

如图 2-65 所示,由于差压式流量计的输出信号与 ρq_v^2 成正比,体积流量计的输出信号与 q_v 成正比,因此将两个信号相除也可以得到质量流量,即

$$q_m = \frac{\rho q_v^2}{q_v} = \rho q_v \tag{2-54}$$

图中的线性体积流量计可为涡街流量计、电磁流量计等。

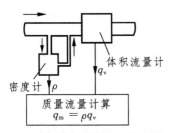

图 2-64 体积流量计与密度计的组合

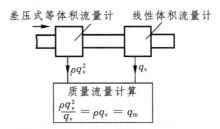

图 2-65 差压式流量计与体积流量计组合

4) 温度、压力补偿式质量流量计

前面所述的间接式质量流量的检测需要检测流体的密度信号,但在实际使用时,连续测量温度、压力比连续测量密度要更容易、成本更低。因为流体密度是温度、压力的函

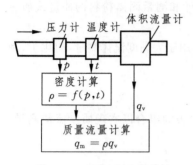

图 2-66 温度、压力补偿式质量流量测量

数,通过测量流体温度和压力,与体积流量测量组合可求出流体质量流量。这种质量流量检测方法的工业应用也十分广泛,如图 2-66 所示。

对不可压缩液体而言,流体的密度主要与温度有关,在温度变化不大的情况下,其数学模型为

$$\rho = \rho_0[1+\beta'(t-t_0)] \tag{2-55}$$

式中:ρ_0 为温度 t_0 时流体的密度;β' 为被测流体在温度 t_0 附近的体膨胀系数。

对可压缩气体而言,在一定的压力范围内,可以认为符合理想气体的状态方程,气体的密度公式为

$$\rho = \rho_0 \frac{pT_0}{p_0 T} \tag{2-56}$$

式中:ρ_0 为热力学温度 T_0、绝对压力 p_0 时气体的密度(通常以标准状态为基准);p、T 分别为工作状态的绝对压力和热力学温度。

将式(2-56)代入式(2-35)中,可计算得出质量流量为

$$q_m = \rho \cdot q_v = \alpha \varepsilon A_0 \sqrt{2\rho_0 \cdot \frac{T_0}{p_0} \cdot \frac{p}{T} \cdot \Delta p} \tag{2-57}$$

式中:ρ_0、T_0、p_0 为常数;T、p、Δp 则由温度变送器、压力变送器、差压变送器三仪表获得。

总之,间接式质量流量计构成复杂,由于包括了其他参数仪表误差和函数误差等,其系统误差通常低于体积流量计的值。但在目前,已有多种形式的微机化仪表可以实现有关计算功能,应用仍较普遍。

2.4.5 流量计的选择与安装

流量仪表的选型对仪表能否成功使用往往起着很重要的作用,由于被测对象的复杂状况以及仪表品种繁多、性能指标各异,仪表选型较为困难。没有一种十全十美的流量计。各类仪表都有各自的特点,选型的目的就是在众多的品种中扬长避短,选择最合适的仪表。

1. 流量计的选型方法

1) 仪表选型应考虑的因素

流量仪表的分类方法很多,按测量对象可分为封闭管道用和明渠用两大类;按测量目的又可分为总量测量和流量测量两大类,其仪表分别称为总量表和流量计。一般选型可以从仪表性能、流体特性、安装条件、环境条件和经济因素五个方面进行考虑。

(1) 仪表性能方面:考虑准确度、重复性、线性度、流量范围、信号输出特性、响应时间、压力损失等。

(2) 流体特性方面:考虑温度、压力、密度、黏度、化学腐蚀性、磨蚀性、结垢、混相、相变、电导率、声速、导热系数、比热容以及等熵指数等。

(3) 安装条件方面:考虑管道布置方向、流动方向、检测件上游和下游侧直管段长度、管道口径、维修空间、电源、接地、辅助设备(过滤器、消气器)、安装等。

(4) 环境条件方面:考虑环境温度、湿度、电磁干扰、安全性、防爆、管道振动等。

(5) 经济因素方面:考虑仪表购置费、安装费、运行费、校验费、维修费、仪表使用寿命、备品备件等。

2) 仪表选型的步骤

(1) 要正确和有效地选择流量测量方法和仪表,必须熟悉被测对象流体特性和仪表性能两方面的情况,依据流体种类及五个方面考虑因素初选可用仪表类型(要有几种类型以便进行选择);对初选类型进行资料及价格信息的收集,为深入的分析、比较准备条件;采用淘汰法逐步集中到 1~2 种类型,对五个方面因素要反复比较、分析最终确定预选目标。

(2) 如果仅希望知道流体是否在管道中流动或大约流量,那么选用流动窥视窗(flow sight)或流动指示器(flow indicator)就能以较低的费用达到目的。

(3) 确定必须安装流量仪表后,首先按照流体特性采取排除法在初选类型中舍去不能和不宜采用的仪表类型,然后选几种测量方案,作为第二步深入考虑和分析的基础。

2. 安装方面的考虑

不同原理的测量方法对安装的要求差异很大,例如,对于上游直管段长度,差压式和涡街式需要较长,而容积式、浮子式则无要求或要求很低。

(1) 管道布置和仪表安装方向。有些仪表安装方向不同时在测量性能方面会有差别。仪表安装有时还取决于流体物性,如浆液在水平位置可能沉淀固体颗粒。

(2) 流动方向。有些流量仪表只能工作于单向流动环境,反向流动会损坏仪表。使用这类仪表应注意在误操作条件下是否可能产生反向流动,必要时装逆止阀以保护之。能双向工作的仪表,正向和反向之间测量性能也可能有些差异。

(3) 上游和下游管道工程。大部分流量仪表都或多或少受进口流动状况的影响,因此必须保证有良好的流动状况。上游管道的分布和阻流件会引起流动扰动,例如两个(或两个以上)空间弯管引起漩涡,阀门等局部阻流件引起流速分布畸变。这些影响能够以适当长度上游直管或安装流动调整器予以改善。

除考虑紧接仪表前的管配件外,还应注意更往上游若干管道配件的组合,因为它们可能是产生与最接近配件扰动不同的扰动源。尽可能拉开各扰动产生件的距离以减少影响,不要靠近连接在一起,像常常看到单弯管后紧接部分开启的阀。仪表下游也要有一小段直管以减小影响。气穴和凝结常是由不良管道布置所引起的,应避免管道直径上或方向上的急剧改变。管道布置不良还会产生脉动。

(4) 管径。有些仪表的口径范围并不很宽,限制了仪表的选用。测量大管径、低流速,或小管径、高流速,可选用与管径尺寸不同口径的仪表,并以异径管连接,使仪表运行在规定流速范围内。

(5) 维护空间。维护空间的重要性常被忽视。一般来说,人们应能进入仪表周围,有便于维修和调换整机的位置。

(6) 管道振动。有些仪表(如压电检测信号的涡街式、科氏力式)易受振动干扰,应考虑仪表前后管道作支撑等设计。脉动缓冲器虽可清除或减小泵或压缩机的影响,但所有仪表还是尽可能远离振动或振动源为好。

(7) 阀门位置。控制阀应装在流量仪表下游,避免产生气穴和流速分布畸变影响,装在下游还可增加背压,减少产生气穴的可能性。

(8) 电气连接和电磁干扰。应注意电磁干扰环境以及各种干扰源,如大功率电机、开关装置、继电器、电焊机、广播和电视发射机等。电气连接应有抗杂散电平干扰的能力。制造厂家一般提供连接电缆或提出型号及建议连接方法。信号电缆应尽可能远离电力电缆和电力源,将电磁干扰和射频干扰降至最低水平。

(9) 防护性配件。环境温度超过规定将影响仪表电子元件而改变测量性能,因此某些现场仪表需要有环境受控的外罩;如果环境温度变化要影响流动特性,管道需包上绝热层。此外,在环境或介质温度急剧变化的场合,要充分估计仪表结构、材料或连接管道布置所受的影响。有些流量仪表还需要安装保证仪表正常运行的防护设施。例如:跟踪加热以防止管线内液体凝结或测气体时出现冷凝,液体管道出现非满管流的检测报警,容积式和涡街式仪表在其上游装过滤器,等等。

(10) 脉动流和非定常流。常见产生脉动的源有定排量泵、往复式压缩机、振荡着的阀或调节器等。大部分流量仪表来不及跟随记录脉动流动,带来测量误差,应尽量避开。使用时应重视并分别处置检测仪表和显示仪表。

2.5 物位变送器

容器中液面的高度称为液位,容器中固体或颗粒状物质的堆积高度称为料位。测量液位的仪表称为液位计,测量料位的仪表称为料位计,而测量两种密度不同液体介质的分界面的仪表称为界面计。在物位检测中,有时需要对物位进行连续检测,有时只需要测量物位是否达到某一特定位置,用于定点物位测量的仪表称为物位开关。上述仪表统称为物位仪表。

物位测量的主要目的有两个:一是通过物位测量来确定容器中的原料、产品或半成品的数量,以保证连续供应生产中各个环节所需的物料或进行经济核算;二是通过物位测量了解物位是否在规定的范围内,以便使生产过程正常进行,保证产品的质量、产量和生产安全。可见,在工业生产过程自动化中,设备内物位的检测与控制是很重要的。

1. 物位检测的主要方法和分类

工业生产中测量物位仪表的种类很多，按其工作原理主要有下列几种类型。

（1）直读式物位仪表。直读式物位仪表主要有玻璃管液位计、玻璃板液位计等。这类仪表最简单也最常见，但只能用于直接观察液位的高低，而且耐压性能有限。

（2）静压式物位仪表。它又可分为压力式物位仪表和差压式物位仪表，利用液柱或物料堆积对某定点产生压力的原理进行工作，其中差压式液位计是一种最常用的液位检测仪表。

（3）浮力式物位仪表。这类物位仪表是利用浮子高度随液位变化而改变（恒浮力），或液体对浸沉于液体中的浮子（或称沉筒）的浮力随液位高度的变化而变化（变浮力）的原理工作的，主要有浮筒式液位计、浮子式液位计等。

（4）电气式物位仪表。根据物理学的原理，物位的变化可以转换为一些电量的变化，如电阻、电容、电磁场等的变化，电气式物位仪表就是通过测出这些电量的变化来测知物位。这种仪表既适用于液位的材料，也适用于料位的材料，如电容式物位计、电容式液位开关等。

（5）辐射式物位仪表。这种物位检测仪表是依据放射线透射物料时，透射强度会随物料厚度而减弱的原理工作的，目前应用较多的是γ射线。

此外，还有利用超声波在不同相界面之间的反射原理来检测物位的声学式物位仪表，利用物位对光波的反射原理工作的光学式物位仪表等。各类物位检测仪表的主要特性如表 2-6 所示。

表 2-6 物位检测仪表的分类和主要特性

类 别		适用对象	测量范围/m	允许温度/℃	允许压力/MPa	测量方式	安装方式
直读式	玻璃管式	液位	<1.5	100～150	常压	连续	侧面、旁通管
	玻璃板式	液位	<3	100～150	6、4	连续	侧面
静压式	压力式	液位	50	200	常压	连续	侧面
	吹气式	液位	16	200	常压	连续	顶置
	差压式	液位、界位	25	200	40	连续	侧面
浮力式	浮子式	液位	2.5	<150	6、4	连续、定点	侧面、顶置
	浮筒式	液位、界位	2.5	<200	32	连续	侧面、顶置
	翻板式	液位	<2.4	-20～120	6、4	连续	侧面、旁通管
机械接触式	重锤式	料位、界位	50	<500	常压	连续、断续	顶置
	旋翼式	液位	由安装位置定	80	常压	定点	顶置
	音叉式	液位、料位	由安装位置定	150	4	定点	侧面、顶置
电气式	电阻式	液位、料位	由安装位置定	200	1	连续、定点	侧面、顶置
	电容式	液位、料位	50	400	32	连续、定点	顶置

续表

类	别	适用对象	测量范围/m	允许温度/℃	允许压力/MPa	测量方式	安装方式
其他	超声式	液位、料位	60	150	0.8	连续、定点	顶置
	微波式	液位、料位	60	150	1	连续	顶置
	称重式	液位、料位	20	常温	常压	连续	在容器钢支架上安装传感器
	核辐射式	液位、料位	20	无要求	随容器定	连续、定点	侧面

下面介绍工业生产中广泛应用的差压式液位计和电容式液位计。

2. 差压式液位检测仪表

差压式液位计是利用容器内的液位高度改变时,液柱产生的静压随液位变化而变化的原理工作的,即将液位的检测转换为静压力测量,所以也称为静压式液位计。静压式液位检测仪表有多种形式,应用较普遍,应用于敞口容器和密闭容器上的差压式液位测量原理如图 2-67 所示。

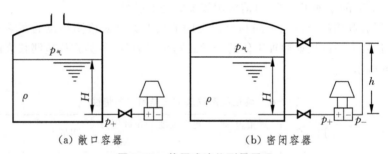

图 2-67　静压式液位测量原理

1) 应用于敞口容器上的差压式液位检测方法

如图 2-67(a) 所示,设被测介质的密度为 ρ,容器顶部为气相介质,气相压力为 $p_气$,容器底部压力为 p_+,根据静力学原理可求得

$$p_+ = p_气 + \rho g H \tag{2-58}$$

式中:H 为被测液位;g 为重力加速度;p_+ 为输入到变送器正压室的压力。

因为是敞口容器,所以 $p_气$ 为大气压,对于测量精度要求不高的场合,通常可忽略不计。此时可选用压力变送器作为水位测量仪表,其输入信号为

$$p_+ = \rho g H \tag{2-59}$$

当要求有较高的测量精度时,可选用差压变送器作为水位测量仪表,其正、负压室的输入信号为

$$p_+ = p_气 + \rho g H, \quad p_- = p_气$$

则加在变送器两侧的压差为

$$\Delta p = p_+ - p_- = \rho g H \tag{2-60}$$

可见,正、负压室所受的气相压力相互抵消了。式(2-59)和式(2-60)均表示此方法能将液位高度信号转换为与之成正比的压力或压差信号,并送入变送器中转换为统一的 4~20 mA 标准信号输出。从式(2-60)可知,对于 DDZ-Ⅲ 型差压变送器来说,理想情况是当 $H = 0$ 时,差压信号 $\Delta p = 0$,变送器输出 $I_0 = 4$ mA;当 $H = H_{max}$ 时,差压信号 $\Delta p = \Delta p_{max}$ 为最大,变送器输出 $I_0 = 20$ mA。

总之,差压变送器测得的差压 Δp 与液位高度 H 成正比。当被测介质的密度已知时,就可以把液位测量问题转化为差压测量问题了。所以,凡是可以测压力和压差的仪表,选择合适的量程,均可用于检测液位。这种仪表的特点是测量范围大,安装方便,工作可靠。

2) 应用于密闭容器上的差压式液位检测方法

如图 2-67(b) 所示,密闭容器中的压力信号通过导压管送入差压变送器的正、负压室,且

$$p_+ = p_{气} + \rho g H, \quad p_- = p_{气} + \rho_1 g h$$
$$\Delta p = p_+ - p_- = \rho g H - \rho_1 g h \tag{2-61}$$

式中: ρ_1 为负压室上导压管中介质的密度; h 为取压点到负压室间的导压管的垂直高度。

比较式(2-60)和式(2-61),可见多了一项 $\rho_1 g h$,且此项是不为零的固定值。因为气相压力在传递给负压室压力时会产生冷凝水,并积少成多附加在负压室的导压管中和气相压力一同送入负压室,由于此项的存在,使得当 $H = 0$ 时,差压信号 $\Delta p \neq 0$,变送器输出 $I_0 \neq 4$ mA;为了使液位的满量程和测量起始值仍然能与差压变送器的输出上限和下限相对应,即 $H = 0$ 时变送器输出为 4 mA,就必须克服固定差压 $\rho_1 g h$ 的影响。有两种方法可以克服,一是采用在负压室导压管中充满密度为 ρ_1 的介质(如水),使 $\rho_1 g h$ 一项为定值;二是采用零点迁移的方法将此固定值消除。因为 $\rho_1 g h < 0$ 为负值,所以需要进行的迁移为负迁移,即将零点由 0 迁移到 $-\rho_1 g h$。在完成迁移后,当 $H = 0$ 时,差压变送器输出为 4 mA。变送器的零点迁移和零点调整在本质上是相同的,目的都是使变送器的输出起始值与被测量起始值相对应,只是零点迁移的调整量更大而已;且迁移后,仪表的测量范围变了,但量程大小未变。

3) 差压变送器的应用

一般的差压计都有零点迁移调整装置,如图 2-33 中的零点迁移弹簧。调整作用于主杠杆上方的迁移弹簧,以对感压元件预加一个作用力,由此将仪表的零点迁移到与液位零点重合,这就是零点迁移。在仪表的安装位置确定之后,只需按计算值进行零点迁移调整即可。

由于容器设备结构和位置各有不同,以及被测介质的性质各有不同,使得变送器的安装方式也各有不同。下面是两种最常用的安装形式。如图 2-68 所示,对于有可凝结蒸汽或采用隔离介质的液位测量系统,差压变送器的正、负压室与取压口之间必须分别加

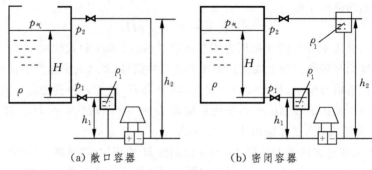

(a) 敞口容器　　　　　　(b) 密闭容器

图 2-68　差压变送器测量液位安装示意图

装隔离罐,防止腐蚀性介质直接与变压器接触,ρ_1 为导压管中对变送器无损坏作用的介质的密度。

图 2-68 所示为当差压变送器安装在容器的最低液面下时,差压计两侧所受压力差为

$$\Delta p = \rho g H + \rho_1 g (h_1 - h_2) \tag{2-62}$$

此时,由于安装高度 h_1 所产生的静压使得液位计的输出也不与零液位相对应。根据以上分析可知,变送器需迁移的量为 $\rho_1 g (h_1 - h_2)$,以保证变送器输出的零点与测量起点相对应。

(1) 如图 2-68(a) 所示,当负压室导压管中未充入液体时,即液体高度 $h_2 = 0$ 时,$h_2 < h_1$,$\rho_1 g (h_1 - h_2) > 0$,需进行正迁移。

(2) 如图 2-68(b) 所示,若 $h_2 > h_1$,$\rho_1 g (h_1 - h_2) < 0$,则需进行负迁移。

(3) 对于有腐蚀性或有结晶颗粒、黏度大、易凝固的液体介质,采用带法兰的差压变送器。如图 2-69 所示,仪表以法兰形式与容器连接,感压膜盒安装在法兰中,膜盒与测量室之间则由带保护套管的毛细管相通,在这个密闭系统中充满硅油用以传递压力。但要注意的是,该形式的测量系统仍将要考虑迁移问题,其计算方法与上相同。因为带法兰的差压变送器出厂时,是将两法兰放在同一高度下进行校验的。

4) 差压变送器的使用特点

(1) 检测元件在容器中几乎不占空间,只需在容器壁上开一个或两个孔即可。

(2) 检测元件只有一两根导压管,结构简单,安装方便,便于操作维护,工作可靠。

(3) 采用法兰式差压变送器可以解决高黏度、易凝固、易结晶、腐蚀性强、含有悬浮物介质的液位测量问题。

(4) 当差压变送器与容器之间安装隔离罐时,需要进行零点迁移。

3. 电容式物位检测仪表

1) 电容式物位计的组成原理

电容式物位计是基于同轴圆筒形电容器的电容量随物位的变化而变化的原理设计的,其测量元件是由两个同轴圆筒电极构成的电容器,如图 2-70 所示。

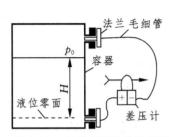

图 2-69　法兰式液位计示意图

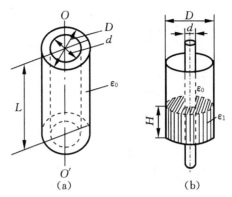

图 2-70　电容式物位计测量原理示意图

从图 2-70(a)中可知,圆筒形电容器的电容量为

$$C_0 = \frac{2\pi\varepsilon_0 L}{\ln(D/d)} \quad (2\text{-}63)$$

式中:ε_0 为极板间介质的介电常数;L 为极板长度;D、d 分别为外电极的内径、内电极的外径。

当电极板间充有部分介质时,如图 2-70(b)所示,介电常数为 ε_1 的介质物位高度为 H,则极板间的电容量为

$$C_x = \frac{2\pi\varepsilon_1 H}{\ln(D/d)} + \frac{2\pi\varepsilon_0(L-H)}{\ln(D/d)} \quad (2\text{-}64)$$

可见,当电容器电极的一部分被浸没于不同介电常数的介质中时,电容器的电容量发生变化,且电容变化为

$$\Delta C = C_x - C_0 = \frac{2\pi(\varepsilon_1 - \varepsilon_0)}{\ln(D/d)} H = KH \quad (2\text{-}65)$$

式中,当电容器的几何尺寸和介电常数 ε_0、ε_1 都保持不变时,K 为常数,ΔC 与介质高度 H 成正比。因此,只要测量出电容的变化量就可以测得物位的高度,这就是电容式物位计的基本测量原理。

电容式物位计主要由测量电极和测量电路组成。测量电极将被测物位转换为电容变化量输出;测量电路则将此电容变化量转换成标准电流信号输出,实现物位信号远距离传送。常见的电容检测方法有交流电桥法、充放电法、谐振电路法等。

图 2-71 为采用高频交流电桥法来测量电容的原理图。

从图 2-71 中可见,交流电桥由 AB、BC、CD、DA 四个桥臂组成,高频电源 E 经电感 L_1、L_4 耦合到 L_2、L_3 与 C_1、C_2 组成的电桥。AB 为可调桥臂,R_1、C_1 用来调整仪表的零点,使桥路平衡(此时 AC 无电流输出)。DA 为测量桥臂,利用开关 S 来检查仪表的工作情况。工作时,开关 S 将被测电容 C_x 接入测量桥臂;当要检查仪表是否正常时,将开关 S 按下,使电容 C_2 接入桥臂。若仪表工作正常,电流表应指示在某一定值。

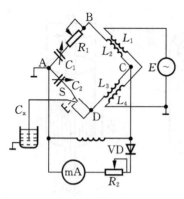

当桥臂阻抗 $Z_{AB}Z_{CD} = Z_{BC}Z_{DA}$ 时,电桥处于平衡状态,电桥没有输出电流。

当被测电容 C_x 因液位变化而变化时,电桥平衡状态被破坏,不平衡电流经二极管 VD 整流后输出,且输出电流值可由电流表指示出,此值的大小即反映液位的高低。

2)电容式物位计的应用原理

电容式物位计一般不受真空、压力、温度等环境条件的影响,安装方便、结构牢固、易维修、价格较低,可以用于液位的测量和料位、界面的测量。

图 2-71 交流电桥测量电容原理图

根据被测介质情况,电容测量电极的型式可以有多种。为保证两电极间的绝缘性,测量元件有不同的结构以适应不同的测量条件。

测量不导电介质的物位时,可用同心套筒电极,如图 2-72 所示;也可以在容器中心设内电极而由金属容器壁作为外电极,构成同心电容器,如图 2-73 所示。测量导电液体时,可以用包有一定厚度绝缘外套的金属棒做内电极,而外电极即液体介质本身,这时液位的变化直接引起极板长度的改变,如图 2-74 所示。

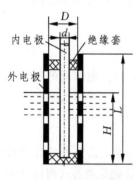

图 2-72 非导电液体液位测量

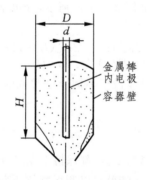

图 2-73 非导电固体料位测量

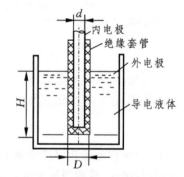

图 2-74 导电液体液位测量

在工程应用中,电极的尺寸、形状已定,介质常数也是基本不变的,故只要测得电容量的变化即可知道液位的高低。当电极几何形状与尺寸一定时,ε_0、ε_1 相差愈大,则仪表灵敏度愈高。

若 ε_0、ε_1 发生变化,会使测量结果产生误差。所以,要求被测介质的介电常数保持稳定。在实际使用过程中,当现场温度、被测液体的浓度、固体介质的湿度或成分等发生变化时,介质的介电常数也会发生变化,应及时对仪表进行调整才能达到预想的测量精度。

但有些介质是不适合采用电容式物位计测量物位的,如介质的介电常数随温度等影响而变化、介质在电极上有沉积或附着、介质中有气泡产生等。

4. 物位仪表选用原则

(1) 仪表类型。一般情况下,液位的测量均宜选择差压式测量方法。对于高黏度、易结晶、易气化、易冻结、强腐蚀的介质,应选用法兰式差压变送器。其中,对特别易结晶的介质,应采用插入式法兰差压变送器。在选用差压变送器的同时,还应设计(选)出辅助装置,如测量锅炉汽鼓液位时,应设置具有温度补偿性能的双室平衡容器;对气相导压管可能分离或冷凝出液体介质时,应设置平衡容器、冷凝器或隔离容器等。对于高温、高压、强腐蚀、黏度大、有毒等介质的测量,如熔融玻璃、熔融铁液、水银渣、高炉料位、矿石、橡胶粉、焦油等,可以采用放射性物位计。对粉末固体料位的测量,可选用带指示、累积式二次仪表的重锤探测料位计。

(2) 检测精度。对用于计量和经济核算的场合,应选用精度等级较高的物位检测仪表,如超声波液位计的精度为±5mm。对于一般检测精度可选用其他物位计。

(3) 工作条件。对于测量高温、高压、低温、高黏度、腐蚀性强的特殊介质,或在用其他方法难以检测的某些特殊场合,可以选用电容式液位计。但是,这种物位计不适用于易黏附电极的黏稠介质及介电常数变化大的介质。对于一般情况,可以选用其他液位计。

(4) 测量范围。如果测量范围较大,如测量范围在两米以上的一般介质,可选用差压式液位计。

(5) 刻度。最高液位或上限报警点应为最大刻度的90%,正常液位为最大刻度的50%,最低液位或下限报警点为最大刻度的10%左右。

在具体选用液位检测仪表时,一般还应考虑容器的形状、大小,被测介质的状态(重度、黏度、温度、压力及液位变化),现场安装条件(安装位置、周围有无振动、冲击等),安全性(防火防爆等),信号输出方式(现场显示或远距离显示,变送或控制)等问题。

2.6 成分自动分析仪表

所谓成分,是指在多种物质的混合物中某一种物质所占的比例。在生产中,经常需要实时检测物料的成分。例如,在合成氨生产中,仅仅控制合成塔的温度、压力、流量并不能保证最高的合成效率,必须同时分析进气的化学成分,控制合成塔中的氢气与氮气的最佳比例,才能获得较高的生产率。又如在锅炉燃烧控制中,固定不变地控制燃料与助燃空气的比例,并不能得到最好的燃烧效果,必须根据烟道气的含氧量变化,随时调节助燃空气的供给量,以获得最高的热效率。

成分检测项目繁杂,被检测物料千差万别,因此成分检测仪表原理各异,很难归类。本书只列举几种在过程控制中常用的成分检测仪表。

2.6.1 气相色谱分析仪

色谱分析法得名于 1906 年,当时有人把溶有植物色素的石油醚,倒入一根装有碳酸钙吸附剂的竖直玻璃管中,然后再倒入纯的石油醚帮助它自由流下,由于碳酸钙对不同的植物色素吸附能力不同,吸附能力弱的色素较快地通过吸附剂,而吸附能力强的色素则受到较长时间的滞留,前进较慢。这样,不同的色素在行进过程中就被分离开来,在玻璃管外可以看到被分离开的一层层不同颜色的谱带。这种分离分析方法被称为色层分析法或色谱分析法。

随着检测技术的发展,这种方法被扩展到无色物质的分离,分离后的各组分也不再限于用肉眼观察颜色,而用检测器检测,所以"色谱"二字已不确切。但因为仍是利用原来的分离方法,所以仍习惯称为"色谱分析仪"。工业中常用气相色谱分析仪。

1. 色谱分析原理

色谱分析的首要任务是用色谱柱把混合物中的不同组分分离开来,然后用检测器分别对它们进行测量。色谱柱的基本构成是一根气固填充柱,它是在直径为 3~6 mm、长为 1~4 m 的玻璃或金属细管中填装一定的固体吸附剂颗粒构成的。目前常用的固体吸附剂有氧化铝、硅胶、活性炭、分子筛等。当被分析的样气脉冲在称为"载气"的运载气体的携带下,按一定的方向通过吸附剂时,样气中各组分便与吸附剂进行反复的吸附和脱附分配过程,吸附作用强的组分前进很慢,而吸附作用弱的组分则很快地通过。这样,各组分由于前进速度不同而被分开,时间上先后不同地流出色谱柱,逐个地进入检测器接受定量测量。

混合气体在色谱柱中进行一次完整的分离分析过程,如图 2-75 所示。可以看出,样

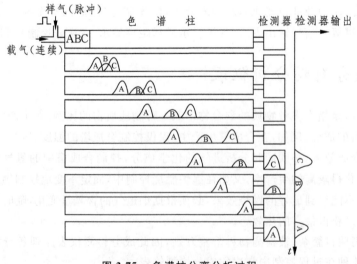

图 2-75 色谱柱分离分析过程

气中有 A、B、C 三种不同成分,经色谱柱分离后,依次进入检测器。检测器输出随时间变化的曲线称为色谱流出曲线或色谱图,这里色谱图上三个峰的面积(或高度)分别代表相应组分在样品中的浓度大小。

色谱柱中的吸附剂是固定不动的,称为固定相;被分析的气体流过吸附剂,称为移动相。色谱柱的尺寸及其填充材料的选择取决于分析对象的要求,不同的材料具有不同的吸附特性。即使是同一种吸附剂,当温度、压力、载气种类或者加工处理方法不同时,都会得到不同的分离效果。由于物质在气态中传递速度快,样气中各组分与固定相作用次数多,所以气相色谱分离效率高、速度快。

2. 检测器

检测器的作用是将由色谱柱分离开的各组分进行定量的测定。由于样品的各组分是在载气的携带下进入检测器的,从原理上说,各组分与载气的任何物理或化学性质的差别都可作为检测的依据。目前气相色谱仪中使用最多的是热导式检测器和氢火焰电离检测器。

热导式检测器是一台气体分析仪,根据不同种类的气体具有不同的热传导能力的特性,通过导热能力的差异来分析气体的组分和含量,其测量装置和电路如图 2-76 所示。

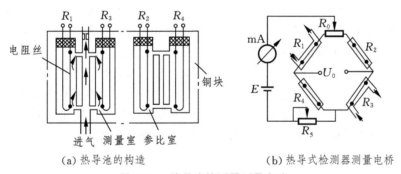

(a) 热导池的构造　　　　　(b) 热导式检测器测量电桥

图 2-76　热导式检测器测量电路

检测器测量电路中由测量热导池和参比热导池中的热电阻 R_1、R_3 与固定电阻 R_2、R_4 构成电桥,调节 R_0 可以使电桥处于平衡状态。电源供给电桥 9～24 V 直流电压,热电阻 R_1、R_3 通电后温度上升,主要靠热导池中气体向热导池壁散热。热导池一般用导热系数高的不锈钢或铜块制成,散热均匀。因此,热电阻 R_1、R_3 的散热快慢取决于周围气体的导热能力,而气体的导热能力取决于气体的组分。测量热导池与色谱柱相连,参比热导池通入纯载气。当色谱柱出来的载气没有分离组分时,两个热导池流过的气体都是载气,热电阻 R_1、R_3 的散热条件相同,温度也相同,则电阻值也相同。此时,电桥平衡、无信号输出。当色谱柱出来的载气中含有分离组分时,流过测量热导池的气体就是载气和分离组分的二元混合物,导热系数发生变化,热电阻 R_1、R_3 的散热条件不相同,温度也不相同,则电阻值也不相同。此时,电桥失去平衡、有信号输出。载气中分离组分浓度越大,输出信号就越大,记录仪上的色谱峰值就越高。

为了提高灵敏度、加强稳定性,可以采用四个热导池组成桥路。热导式检测器的特点是结构简单、稳定性好、线性范围宽。检测极限为百万分之几的样品浓度。

氢火焰电离检测器的灵敏度比热导式检测器高,是一种常用的高灵敏度检测器。但它只能检测有机碳氢化合物等在火焰中可电离的组分。氢火焰电离室的构造如图 2-77 所示。

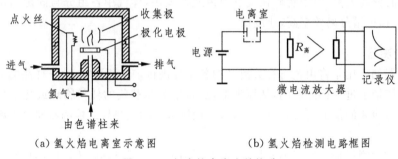

(a)氢火焰电离室示意图　　　　(b)氢火焰检测电路框图

图 2-77　氢火焰电离室的构造

氢气在空气中燃烧会产生少量的带电粒子,在两侧设置电极加一定电压,两电极之间会产生微弱的电流,一般在 10^{-6} μA 左右。如果火焰中引入含碳的有机物,那么产生的电流便会急剧增加,电流的大小与火焰中有机物含量成正比。

带分离组分的载气从色谱柱出来后,与纯氢混合进入火焰电离室(如果用氢气作载气就不需另外加氢),由点火电阻丝将氢点燃,在洁净空气的助燃下形成氢火焰,分离组分中的有机成分在火焰中被电离成离子和电子,在附近电极的电声作用下,形成离子电流。经高阻值电阻转换为电压,由高输入阻抗放大器放大后输出。

3. 载气及取样装置

从色谱柱的分离原理可知,被分析的样气不应该连续输入,只能是间隔一段时间的定量脉冲式输入,以保证各组分从色谱柱流出时不重叠。脉冲式的样气必须由连续通入的载气推动,通过色谱柱。载气应是与样气不起化学作用、且不被固定相所吸附的气体,常用的有氢、氮、空气等。

图 2-78 是工业气相色谱仪的简化原理图。由高压气瓶供给的载气经减压、稳流装置后(有时还需净化、干燥),以恒定的压力和流量,通过热导检测器左侧的参比室进入六通切换阀。该阀有"取样"和"分析"两种工作位置,是受定时装置控制的。当阀处于"取样"位置时,阀内的虚线联系被切断,气路按实线接通。这样,载气与样气分为两路,一路是样气经预处理装置(包括净化、干燥及除去对色谱柱中吸附剂有害成分的装置等),连续通过取样管,使取样管中充满样气,随时准备被取出分析;另一路是载气直接通过色谱柱,对色谱柱进行清洗后经热导池右侧的测量室放空,这时检测器输出零信号。这种状况经

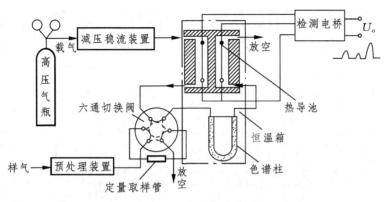

图 2-78 工业气相色谱仪原理图

过一定的时间后,虚线气路导通。载气推动留在定量取样管中的样气进入色谱柱,经分离后,各组分在载气的携带下先后通过检测器的测量室,检测器根据测量室与参比室中气体导热系数的差别产生输出信号。

色谱分析方法不仅可作定量分析,还可用作定性分析。实验证明,在一定的固定相及其操作条件下,各种物质在色谱图上的出峰时间都有确定的比例,因此在色谱图上确知某一组分的色谱峰后,可根据资料推知另一些峰所代表的是何种物质。如果组分比较复杂而不易推测时,可用纯物质加入样品或从样品中先去掉某物质的办法,观察色谱图上待定的峰高是否增加或降低,以确定未知组分。对色谱图上各峰定量标定的最直接方法是配制已知浓度的标准样品进行实验,测出各组分色谱峰的面积或高度,得出单位色谱峰面积或峰高所对应的组分含量。

气相色谱仪具有选择性强、灵敏度高、分析速度快等特点,广泛应用于石油、化工、电力、医药、食品等生产及科研中。

2.6.2 红外线气体分析仪

红外技术在气体成分分析领域的发展迅速,已成为分析仪表的一个重要分支。红外线分析仪是根据不同的组分对不同波长的红外线具有选择性吸收的特征工作的。因其使用范围宽、灵敏度高、反应快而得到了广泛的应用。

1. 工作原理

红外线是指波长为 $0.75\sim 1\,000\ \mu m$ 之间的电磁波,因其同可见光的红光波段相邻(可见光是波长为 $0.40\sim 0.75\mu m$ 之间的电磁波),且位于可见光之外,故称为红外线。红外线分析仪中使用的红外线波长一般在 $1\sim 25\ \mu m$ 之间。实验证明,除氦、氖、氩等单原子惰性气体及氢、氧、氮、氯等具有对称结构的双原子气体外,大部分多原子气体对 $1\sim 25\ \mu m$ 波长范围内的红外线都具有强烈的选择性吸收特性,如图 2-79 所示。因此,选

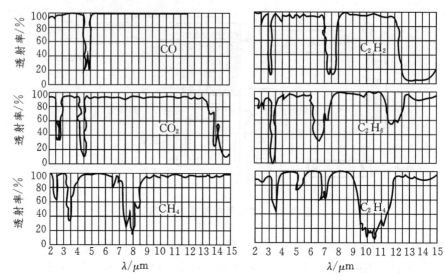

图 2-79　部分气体红外吸收特性

择性吸收是制造红外线气体分析仪的依据。

由图 2-79 可见，CO 对波长为 $4.5\sim5\mu m$ 的红外线具有强烈的吸收作用，对其他波长的红外线却不吸收，这种现象可用量子学说解释。因为分子的能量状态不能连续变化，即分子只能处于不同的能级中。低能级的分子只能吸收恰好使它跳级的能量跳入高能级中。而光的能量是以光子形式传播的，每个光子的能量为

$$E = hv$$

式中：h 为普朗克常数；v 为光的频率。而光的频率等于光速与波长之比，因此，不同波长的红外线具有不同的能量，不同气体分子选择吸收的红外波长也自然不同。

各种多原子气体（CO_2、CO、CH_4 等）对红外线都有一定的吸收能力，吸收某些波段的红外线，这些波段称为特征吸收波段。不同的气体具有不同的特征吸收波段。红外线被吸收的数量与吸收介质的浓度有关，当射线进入介质被吸收后，其透过的射线强度随介质的浓度和厚度按指数规矩衰减，根据朗伯-贝尔定律有

$$I = I_0 e^{-\mu cl} \tag{2-66}$$

式中：I_0 为入射时的光强；I 为透出时的光强；l 为介质的厚度；c 为吸收介质的浓度；μ 为吸收系数。对不同的物质、不同的波长，吸收系数 μ 是不同的。若吸收介质厚度很薄、浓度很低，则 $\mu cl \ll 1$，于是式(2-66)可近似为

$$I = I_0(1 - \mu cl) \tag{2-67}$$

可以认为，当介质的厚度一定时，红外线的吸收衰减率与浓度近似成线性关系。这样当需要分析混合气体中某一组分的含量时，可用强度恒定红外线照射厚度确定的混合气体薄层。由于各种组分吸收的红外线波长一定，通过测量其透射强度，计算出该组分在混

合气体中的浓度。

2. 仪表结构

图 2-80 是工业上常用的红外线气体分析仪的原理图,由碳化硅白炽棒通电发射的红外线,经反光镜反射成两束平行光线。为了得到交流检测信号,避免直流漂移,用切光片将红外线调制成几赫兹的矩形波。经调制后的两束红外线分别进入测量室和参比气室。被测混合气体连续通过测量气室,而参比气室内密封着对红外线完全不吸收的惰性气体。经过透射,两束红外线分别进入薄膜电容接收器的两个接受气室。接受气室内封有高浓度的待测组分气体,能将特征波长的红外线全部吸收,变为接受气室内的温度变化,并表现为压力变化。两接受气室间用弹性膜片相隔,在压力差的作用下膜片可变形,称为动片,和旁边的定片构成可变电容。

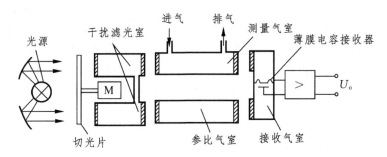

图 2-80　红外线气体分析仪原理图

当测量气室内通入待测气体时,待测气体会吸收特征波长的红外线,从测量气室透出的光强比参比气室透出的弱。于是,两个接受气室间出现压力差,定片与动片间距离变化,则电容容量变化。测出电容变化量,则可知待测组分浓度。

如果待测气体中的某种组分与被测组分的红外吸收峰有重叠之处,则其浓度的变化会对被测组分的测量造成干扰。为消除其干扰,可在测量气室和参比气室之前分别加设一个干扰滤光室,里面充以高浓度的干扰气体,使两束红外线中干扰气体可能吸收的能量在这里全部吸收,不会影响以后的测量。

使用红外线气体分析仪时,必须对待测气体的组成内容有大致的了解,才有准确测量。

2.6.3　工业酸度计

在工业生产及污水处理过程中,水溶液的酸碱度对氧化、还原、结晶、吸附、沉淀等反应的进行具有很重要的影响。溶液酸碱度通常用 pH 值表示,pH = 7 为中性溶液,pH > 7 为碱性溶液,pH < 7 为酸性溶液。它是溶液中氢离子浓度 $[H^+]$ 的常用对数的负责值,即

$$pH = -\ln[H^+]$$

因此,酸度(pH 值)的测量,就是溶液中[H⁺]即氢离子浓度(酸碱度)的测量。测量方法采用电化学中的电位测量法。

如图 2-81 所示,在被测溶液中设置两个电极,一个称为测量电极,另一个称为参比电极。测量电极的电位随被测溶液中氢离子浓度的改变而变化,参比电极具有固定的电位。这两个电极构成一个原电池,其电动势的大小与氢离子浓度呈单值关系。测量原电池的电动势即可测出溶液的 pH 值。

工业中常用的参比电极有甘汞电极和银-氯化银电极,测量电极有玻璃电极和金属锑电极等。

1. 参比电极

最常用的参比电极是甘汞电极,其结构如图 2-82 所示,分内管和外管两部分。内管顶端的铂丝导线作电极的引出线,铂丝下端浸在汞中,其下部为糊状甘汞即氯化亚汞(Hg_2Cl_2)。汞和甘汞电极用纤维丝托住,使其不致流出,但离子可以通过。纤维丝的下端浸在外管内的饱和氯化钾(KCl)溶液中,外管末端用多孔陶瓷芯堵住。外管底部的 KCl 晶体是为了使溶液呈饱和状态。这样,用金属汞(Hg)及该金属的难溶性盐(Hg_2Cl_2)和与此盐有相同的阴离子(Cl^-)的可溶性盐溶液(KCl)组成了甘汞电极。

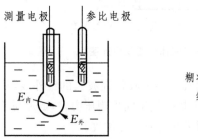

图 2-81　原电池示意图

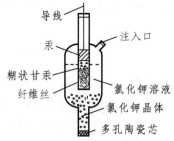

图 2-82　甘汞电极结构图

甘汞电极置于待测溶液中时,通过多孔陶瓷芯,渗出少量氯化钾实现离子迁移,与测量电极建立电的联系。甘汞电极电位取决于氯离子(Cl^-)的浓度,KCl 浓度设为 0.1 mol/L 及饱和溶液三种;在 25℃ 时,分别对应 +0.336 5 V、+0.281 0 V 及 +0.245 8 V 三种电极电位。

甘汞电极的优点是结构简单、电极电位稳定,但是温度系数大,一般电极内还装有进行温度自动补偿的测温电阻,以提高测量的准确度。

银-氯化银电极的工作原理及结构类似于甘汞电极,电极电位为 +0.197 V,在较高的温度(250℃)时仍较稳定,可用于温度较高的场合。

2. 测量电极

使用最广泛的测量电极是玻璃电极,其结构在图 2-73 中已作过介绍。玻璃电极由底部呈球形、能导电、能渗透[H^+]离子的特殊玻璃薄膜制成,其壁厚约 0.2 mm。玻璃壳内充有 pH 值恒定的缓冲溶液(内参比溶液)。玻璃膜的内外两侧溶液的[H^+]离子浓度是不同的。为了测量玻璃膜内外两侧的电位差,在玻璃膜的内侧参比溶液中插入一支电极电位 E_1 一定的内参比电极,由于缓冲溶液中[H^+]离子的作用,在内参比电极和玻璃膜内侧之间产生电动势 $E_内$。玻璃膜外侧与被测溶液中的另一电极(参比电极)之间由于被测溶液中[H^+]离子的作用,产生电动势 $E_外$,而参比电极电位 E_2 也一定,只有测量电极的电极电位是随着被测溶液的 pH 值而变化的。

若玻璃电极的内参比电极及参比电极均用甘汞电极,则玻璃电极和甘汞电极构成的原电池表达式为

$$Hg/Hg_2Cl_2(固),KCl(饱和)// 缓冲溶液 / 玻璃膜 / 被测溶液 //KCl(饱和),Hg_2Cl_2(固)/Hg$$

$$\qquad\downarrow\qquad\qquad\qquad\qquad\downarrow\qquad\quad\downarrow\qquad\qquad\qquad\qquad\qquad\downarrow$$

$$\qquad E_1\qquad\qquad\qquad\qquad E_内\qquad E_外\qquad\qquad\qquad\qquad\qquad E_2$$

上述表达式中,单斜线表示界面上产生电极电位,双斜线则表示该处不存在电极电位。

可以看出,这一原电池由四个电动势电位组成。甘汞电极电位有两个即 E_1 和 E_2,玻璃电极电位有两个即 $E_内$ 和 $E_外$。这一原电池的电动势为 E,可写为

$$E = (E_1 - E_2) + (E_内 - E_外)$$

由于内电极与参比电极相同,有 $E_1 = E_2$,故

$$E = E_内 - E_外 = \frac{RT}{F}\ln[H_0^+] - \frac{RT}{F}\ln[H^+] = \frac{RT}{F}\ln\frac{[H_0^+]}{[H^+]}$$

换为常用对数,并考虑到 pH 值的定义式有

$$E = 2.303\frac{RT}{F}[pH - pH_0] \tag{2-68}$$

式中:pH_0 为缓冲溶液的酸碱度,是一个已知的固定值;R、F 分别为气体常数及法拉第常数。在温度 T 一定时,在 pH = 1 ~ 10 的范围内,电动势 E 与被测溶液的 pH 值之间线性关系。测得 E 值,就可求得被测溶液的 pH 值。

实际测量中,由于电极的内阻很高(玻璃电极为 10 ~ 150 MΩ,甘汞电极为 5 ~ 10 kΩ),尽管原电池可以输出几十至几百毫伏的电动势,但如果测量电路的输入阻抗不能远大于原电池的内阻,就很难保证测量的准确度和灵敏度。因此,测量电路应当是一个具有高输入阻抗的电压测量电路,将电动势 E 放大、转换后,输出标准信号。

思考题与习题

2-1 过程参数检测的作用是什么?工业上常见的过程参数主要有哪些?

2-2 过程参数的一般检测原理主要有哪些?

2-3 传感器、变送器的作用各是什么?二者之间有什么关系?

2-4　何谓测量误差?何谓检测仪表的精度等级?若用测量范围为 $0\sim200℃$ 的温度计测温,在正常工作情况下进行数次测量,其误差分别为 $-0.2℃、0℃、0.1℃、0.3℃$,试确定该仪表的精度等级。

2-5　工业生产过程中常用的测温方法有哪几种?常用的温度检测仪表有哪几类?各有什么特点?

2-6　利用热电偶温度计测温时为什么要使用补偿导线并对其冷端进行温度补偿?利用热电阻温度计测温时,为什么要采用三线制接法?测量低温时为什么通常采用热电阻温度计,而不采用热电偶温度计?

2-7　热电偶补偿导线的作用是什么?在选择使用补偿导线时需要注意哪些问题?冷端温度补偿主要有哪几种方法?简述电桥补偿方法的基本原理。

2-8　试述在工程应用中,利用热电偶和热电阻测温时,必须注意哪些主要问题?

2-9　已知热电偶的分度号为 K,工作时的冷端温度为 30℃,测得的热电势为 34.1 mV,求工作端的温度。如果热电偶的分度号为 E,其他条件不变,那么工作端的温度又是多少?

2-10　已知热电偶的分度号为 K,工作时的冷端温度为 30℃,测得热电势以后,错用 E 分度表查得工作端的温度为 655 ℃,试求工作端的实际温度。

2-11　用 Pt100 测量温度,在使用时错用了 Cu100 的分度表,查得温度为 135℃,问实际温度应该为多少?

2-12　某温度控制系统,最高温度为 800℃,要求测量的绝对误差不超过 ±10℃,现有两台量程分别为 $0\sim1\,600℃$ 和 $0\sim1\,000℃$ 的 1.0 级温度检测仪表,试问选择哪台仪表更合适?如果有量程均为 $0\sim1\,200℃$,精度等级分别为 1.0 级和 0.5 级的两台温度变送器,又应该选择哪台仪表?试说明理由。

2-13　若用铂铑-铂热电偶测量某介质的温度,测得的热电势为 8.02 mV,此时热电偶冷端温度为 40℃,试求该介质的实际温度。

2-14　利用分度号为 K 的热电偶测量炉温为 900℃,此时其冷端温度为 30℃,试求其热电动势 $E(t,t_0)$。

2-15　在选用和安装温度检测仪表时,通常应该注意哪些主要问题?

2-16　试述 DDZ-Ⅲ 型温度变送器的组成及其简单工作原理。怎样使其输出电流与输入温度成线性关系?

2-17　何谓变送器的零点调整、量程调整和零点迁移?它们的作用各是什么?

2-18　什么叫压力?表压力、绝对压力、负压力(真空度)之间有何关系?

2-19　简述弹簧管压力表的基本组成和测压原理。

2-20　试简述 DDZ-Ⅲ 型差压变送器和电容式差压变送器的基本工作原理,并说明各自特点。

2-21　某控制系统中有一个量程为 $20\sim100$ kPa,精度等级为 0.5 级的差压变送器,在定期校验时发现,该仪表在整个量程范围内的绝对误差的变化范围是 $-0.5\sim+0.4$ kPa,试问该变送器能否直接被原控制系统继续使用?为什么?如果该变送器不能直接使用,应该如何处理该变送器?

2-22　电动模拟式变送器的电源和输出信号的连接方式有哪几种?目前在工业现场最常见的是哪一种?它有什么样的特点?

2-23　有一台 DDZ-Ⅲ 型两线制差压变送器,已知其量程为 $0\sim100$ kPa,当输入信号为 40 kPa 和

80 kPa 时，变送器的输出信号分别是多少？

2-24 某空压机缓冲罐，其正常工作压力范围为 1.1～1.6 MPa，工艺要求就地指示压力，并要求测量误差小于被测压力的 ±4%，试选择一个合适的压力表（类型、量程、精度等级等），并说明理由。

2-25 某气氨储罐，其正常工作压力为 14 MPa，并要求测量误差小于 ±0.4 MPa，试选择一个合适的就地指示压力表（类型、量程、精度等级等），并说明理由。

2-26 用一台量程（测量范围）为 0～8 MPa、精度为 1.5 级的压力表来测量锅炉的蒸汽压力，工艺要求其测量误差不许超过 0.07 MPa，试回答：(1) 该压力表是否适用？(2) 若不合适，试选用另一台压力表。

2-27 利用弹簧管压力表测量某容器中的压力，工艺要求其压力为 1.5±0.05 MPa，现可供选择压力表的量程有 0～1.6 MPa、0～2.5 MPa 及 0～4.0 MPa，其精度有 1.0、1.5、2.0、2.5 及 4.0 级，试合理选用压力表的量程和精度等级。

2-28 在工程上选择和安装压力表时，应注意哪些主要问题？

2-29 分别简述电动模拟式变送器、数字式变送器的构成原理，二者的输出信号有什么不同？HART 协议数字通信的信号制是什么？它有什么样的特点？

2-30 体积流量、质量流量、瞬时流量、累积流量的含义各是什么？什么是容积式流量计和速度式流量计？

2-31 差压式流量计测量流量的理论根据是什么？简述其基本原理。

2-32 为什么孔板式流量计、电磁流量计等很多流量计的安装点前后都有直管段的要求？

2-33 某控制系统根据工艺设计要求，需要选择一个量程为 0～100 m^3/h 的流量计，流量检测误差小于 ±0.5 m^3/h，问选择何种精度等级的流量计才能满足要求？

2-34 有一台用水刻度的转子流量计，转子由密度为 7 900 kg/m^3 的不锈钢制成，用它来测量密度为 790 kg/m^3 的某液体介质，当仪表读数为 5 m^3/h 时，被测介质的实际流量为多少？如果转子是由密度为 2 750 kg/m^3 的铝制成，其他条件不变，则被测介质的实际流量又为多少？

2-35 用转子流量计来测量压力为 0.65 MPa、温度为 40℃ 的 CO_2 气体流量，若读数为 50 m^3/h，求 CO_2 气体的实际流量（已知在标准状态下 CO_2 气体和空气的密度分别为 1.977 kg/m^3 和 1.293 kg/m^3）。

2-36 电磁流量计的工作原理是什么？在使用时需要注意哪些问题？

2-37 椭圆齿轮流量计的基本工作原理及特点是什么？在使用时需要注意哪些问题？

2-38 流体的质量流量有哪些测量方法？

2-39 在工程上，差压流量计的选择、安装和使用需注意哪些主要问题？

2-40 简述静压式液位计和电容式液位计测量液位的工作原理。用电容式液位计测量导电介质与非导电介质的液位时采用的电容液位计有何不同？

2-41 图 2-67(b) 所示的液位测量系统中，采用差压变送器来测量某介质的液位。已知介质液位的变化范围 $h=0～950$ mm，介质密度 $\rho=1\ 200\ kg/m^3$，两取压口之间的高度差 $H=1\ 200$ mm，变送器安装于容器下方 $h_1=100$ mm 的位置上，且变送器导压管中介质的密度为 $\rho_1=950\ kg/m^3$，试确定变送器的量程和迁移量。

2-42 有两种密度分别为 ρ_1 和 ρ_2 的互不相溶的液体，在容器中它们的界面会经常变化，试问能否利用差压变送器来连续测量其界面?并说明理由。如果可以测量,则在测量过程中需要注意哪些问题?

2-43 简述气相色谱分析仪的基本原理。

2-44 简述利用红外线分析气体的基本原理。试述红外线气体分析仪的工作原理。它适用于哪些场合?

2-45 为什么说红外式气体分析仪同时只能测量一种组分的浓度?如果背景气体中含有与待测气体相近吸收光谱的某气体组分,则在使用时应如何处理?

2-46 简述工业酸度计的工作原理和适用场合。

第3章 过程控制仪表

本章介绍调节器基本调节规律的概念,基本调节规律的微分方程、传递函数、阶跃响应曲线三种表示形式以及基本调节规律对过渡过程的影响;分析了 DDZ-Ⅲ 调节器的组成、原理、特性及使用;详细介绍气动和电动执行器的原理、工作流量特性和理想流量特性、选型、气开/气关方式的选择;最后简要介绍可编程控制器的组成和工作过程。

本章首先分析调节器的各种调节规律,特别是对比例(P)、积分(I)、微分(D)控制算法进行详细的说明,然后分析 DDZ-Ⅲ 型调节器中实现 PID 算法的电路,最后介绍执行器的工作原理。

过程控制仪表包括调节器(也称为控制器)和执行器,调节器在控制系统中将被调参数的测量值与给定值进行比较,得到偏差值,根据偏差进行逻辑判断和数学运算,产生一个使偏差减小甚至为零的控制信号,该控制信号送给执行器。执行器是自动控制系统中的操作环节,其作用是根据调节器送来的控制信号改变所操作介质的大小,将被控变量维持在给定值上,实现自动控制。因此,调节器是过程控制系统中比较、判断、指挥的核心。

3.1 调节器的调节规律

调节器的调节规律是指调节器输出信号与输入信号之间随时间变化的规律。设调节器输入偏差信号为 $e(t)$,被调参数的测量值为 $y(t)$,给定值为 $r(t)$,则有

$$e(t) = y(t) - r(t) \tag{3-1}$$

用数学关系式来表示,即

$$u(t) = f[e(t)] \tag{3-2}$$

调节仪表的形式虽然很多,有不用外加能源的(自力式的)调节仪表,有需用外加能

源的(电动或气动)调节仪表,但其基本调节规律只有几种,即双位式调节、比例调节(P)、积分调节(I)、微分调节(D)以及它们的组合形式 PI、PD 和 PID。不同的调节规律适用于不同的控制系统,必须根据具体的过程特性选用适当的调节规律。

3.1.1 双位调节

双位调节是位式调节的简单形式。双位调节的调节规律是:当测量值大于给定值时,调节器的输出最大(或最小);而当测量值小于给定值时,调节器的输出为最小(或最大)。其偏差 e 与输出 u 间的数学关系为

$$u = \begin{cases} u_{\max} & (e > 0) \\ u_{\min} & (e < 0) \end{cases} \tag{3-3}$$

或者

$$u = \begin{cases} u_{\min} & (e > 0) \\ u_{\max} & (e < 0) \end{cases} \tag{3-4}$$

特性曲线如图 3-1 所示。双位调节只有两个输出值,相应的执行器也只有两个极限位置,即"开"和"关",且从一个极限位置到另一个极限位置变化迅速,这种特性又称继电特性。图 3-2 是一个典型的双位调节系统示意图,它是利用电极式液位计控制电磁阀的开启与关闭,从而使储槽液位维持在给定值上下很小一个范围内波动。

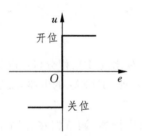
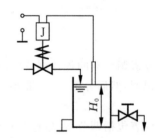

图 3-1　理想的双位调节特性曲线　　图 3-2　双位调节系统示例

在实际的过程控制系统中,调节器按上述规律动作,由于测量值和给定值不相等,执行器将不停地动作,系统的平衡是一个区域而不是一个点,执行器开关动作非常频繁,系统中的运动部件也因此频繁动作。这种理想的双位过程控制系统的被控变量持续地在给定值上下作等幅震荡。

3.1.2 比例调节(P)

1907 年,C.J.Tagliabue 公司安装了第一台气动比例(proportion,简称 P)调节器,用于控制牛奶巴氏消毒器的温度。1922 年,Foxboro 仪器公司获得了一项气动比例调节器的专利,专利内容涉及温度的控制和测量。

1. 比例调节规律

比例调节器的调节规律是调节器的输出信号变化量 Δu 与偏差信号 e 成比例,数学

关系式为
$$\Delta u(t) = K_P e(t) \tag{3-5}$$
式中,K_P为比例增益(也称为比例放大系数),是比例调节器的可调整参数。

式(3-5)中的调节器输出信号变化量Δu实际上是对其平衡位置值$u_0(t)$的增量。设调节器实际输出值为$u(t)$,则
$$\Delta u(t) = u(t) - u_0(t) \tag{3-6}$$

当偏差e为零,即$\Delta u = 0$时,并不意味着调节器没有输出,而是输出为$u = u_0$,u_0的大小是可以通过调整调节器的工作点加以改变的。

比例放大系数K_P值的大小反映比例作用的强弱。对于使用在不同情况下的比例调节器,由于调节器的输入与输出是不同的物理量,因此K_P的量纲是不同的,因而也就不能直接根据K_P数值的大小来判断调节器比例作用的强弱。工业生产上所用的调节器,一般都用比例度(或称比例带)δ来表示比例作用的强弱。

比例度是调节器输入的相对变化量与相应的输出的相对变化量之比的百分数。用数学公式表示为
$$\delta = \frac{\dfrac{e(t)}{z_{\max} - z_{\min}}}{\dfrac{u(t)}{u_{\max} - u_{\min}}} \times 100\% \tag{3-7}$$

式中:$(z_{\max} - z_{\min})$为调节器输入的变化范围,即测量仪表的量程;$(u_{\max} - u_{\min})$为调节器输出的变化范围。

由式(3-7)可以看出,调节器的比例度可理解为:要使输出信号在全范围变化,输入信号必须改变全量程的百分数。比例度δ的大小与输入/输出关系如图3-3所示。从图中可以看出,比例度愈小,使输出在全范围变化时所需的输入变化区间也就愈小,反之亦然。

比例度δ与比例放大系数K_P的关系也可以表示为
$$\delta = \frac{K}{K_P} \times 100\% \tag{3-8}$$

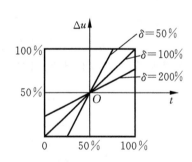

图3-3 比例度δ的大小与输入/输出关系

式中,
$$K = \frac{u_{\max} - u_{\min}}{z_{\max} - z_{\min}}$$

对于一个已经设计好的过程控制系统,K为常数。如在气动或者电动单元组合仪表中,调节器的输入信号来自于测量变送器的输出,而调节器送往执行器的输出信号和变送器的输出信号都是统一的标准信号,常数$K = 1$。如果一个过程控制系统采用统一的单元组合仪表,则δ与K_P互为倒数关系,即
$$\delta = \frac{1}{K_P} \times 100\% \tag{3-9}$$

从式(3-8)和式(3-9)可以看出,调节器的比例度 δ 与比例放大系数 K_P 成反比关系。比例度 δ 越小,则放大系数 K_P 越大,比例调节作用越强;反之,比例度 δ 越大,比例调节作用越弱。

对单元组合仪表来说,δ 的物理意义是:如果 u 直接代表调节阀开度的变化量,那么从式(3-9)可以看出,δ 就代表调节阀的开度变化 100%,即从全关到全开时所需要的被调量的变化范围。只有当被调量处在这个范围以内时,调节阀的开度与偏差才成比例;超出这个"比例范围",调节阀已处于全关或全开的状态,此时调节器的输入与输出已不再保持比例关系。

根据比例调节器的输入输出测试数据,很容易确定它的比例度的大小。

2. 比例调节的特点

比例调节的特点是调节及时、快速,缺点是存在静态误差(残差或余差),因此也称为有差调节。在实际运行中经常会发生负荷变化,常常根据调节阀的开度来衡量负荷的大小。

在图 3-4 中,$e(t)=0$ 时为 $u(t)$ 给定值和测量值相等的点。为了使调节器在正负输入信号作用下输出对称,一般当控制系统的被调参数测量值等于给定值时,调节器有一个稳定的输出,这个输出值就称为控制点。对电动 Ⅲ 单元组合仪表来说,控制点一般就是 12 mA 或者 3 V。当测量值偏离给定值时,调节器的输出值就在控制点上下变化。比例范围也就确定了测量值的变化范围。

比例调节规律是调节器基本而重要的特性。但是如果采用比例调节,则在负荷扰动下的调节过程结束后,被调量不可能与设定值准确相等,它们之间一定存在静态误差。

图 3-5 所示的液位调节系统,调节器和执行器合为一体,调节器为直接作用式比例杠杆调节器。改变杠杆支点的位置就可以改变调节器的放大倍数 K_P,其比例范围为

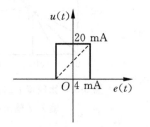

图 3-4 控制点与 $e(t)$ 大小的关系

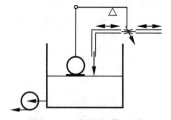

图 3-5 液面调节系统

$$\delta = \frac{a}{b} \times 100\% \qquad (3\text{-}10)$$

设给定值为 H_0,如果某种干扰使得出料量增加,由于输入不变,液位必然下降,浮球带动杠杆下降,调节器动作,阀门开大,输入物料量增加,液位上升。由于浮球的位置与阀门开度通过比例杠杆硬性连接在一起,为保证阀门开度,实际的液位值一定与给定值之

间有偏差,调节器才能动作,从而克服干扰作用所造成的负荷变化。实际的液位值与给定值之间的偏差就是余差。

3. 比例调节对调节过程的影响

比例度对余差的影响是比例度 δ 越大,K_P 越小,由于 $\Delta u(t) = K_P e$,要获得同样大小的控制作用,所需的偏差就越大,因此,在同样的负荷变化下,控制过程终了时的余差就越大;反之,减小比例度,余差也随之减小。

余差的大小反映了系统的稳态精度和控制作用的强弱。为了获得较高的稳态精度,应适当减小比例度。比例度与被控对象的特性有关,其影响如图 3-6 所示。比例度很大时,由于控制作用很弱,因此过渡过程变化缓慢,过渡过程曲线很平稳,如图 3-6 中的曲线 5 和曲线 6 所示,但余差很大。减小比例度,由于控制作用增强,过渡过程曲线出现振荡,如图中曲线 3 和曲线 4 所示。当比例度很小时,由于控制作用过强,过渡过程曲线可能出现等幅振荡,这时的比例度称为临界比例度 δ_k,其相应的曲线如图 3-6 中曲线 2 所示。当比例度继续减小至 δ_k 以下时,系统可能出现发散振荡,如图 3-6 中曲线 1 所示,这时系统就不能进行正常的控制了。因此,减小比例度会降低系统的稳定性,反之,增大比例度会增强系统的稳定性。

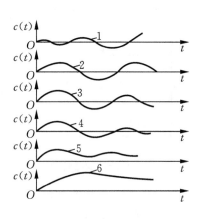

图 3-6 比例对系统稳定性的影响

4. 比例调节系统的特点及应用场合

由于比例调节器的调节规律简单,输入输出成比例关系,所以调节及时、快速,一旦有偏差,马上就产生相应的控制作用。因此,比例调节规律是一种最基本最常用的调节规律。但是,由于比例调节作用 Δu 与偏差 e 成一一对应关系,因此当负荷发生改变时,比例调节系统的控制结果存在余差。比例调节系统适用于干扰较小、动作不频繁、对象滞后较小而时间常数较大、控制准确度要求不高的场合。

3.1.3 比例积分调节(PI)

1920 年,Leeds & Northrop 公司的创建者 Morris E. Leeds 获得一项自动调节器专利,该调节器的独特之处在于考虑了误差和误差的变化率。1929 年,在此基础上,该公司生产出气动比例积分(proportion integral,简称 PI) 调节器,这是历史上最早的 PI 调解器。

1. 积分调节规律

积分(integral,简称 I) 调节器的调节规律是调节器的输出信号变化量 $\Delta u(t)$ 与输入

信号 $e(t)$ 的积分成比例,其数学表达式为

$$\Delta u = K_I \int_0^t e(t) dt \tag{3-11}$$

式中:K_I 为积分放大系数;输入信号 $e(t)$ 为测量值和给定值的偏差。

设积分调节器的输入信号是常数 A,则调节器的输出信号增量 $\Delta u(t)$ 为

$$\Delta u = K_I \int_0^t e dt = K_I A t \tag{3-12}$$

此时积分调节器的阶跃响应如图 3-7 所示。由此可以得出如下结论。

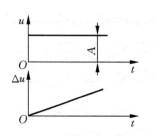

图 3-7 积分控制器特性

(1) 当积分调节器的输入是一常数 A 时,输出是一条直线,其斜率为 $K_I A$,K_I 的大小与积分速度有关;

(2) 只要偏差存在,积分调节器的输出就随时间不断增大(或减小);

(3) 积分调节器输出的变化速度与偏差成正比。

比较式(3-11) 和式(3-12),当时间足够长时,即使在微小的偏差作用下,输出也可以达到仪表输出的最大值或最小值。当调节器输入为零,即偏差为零时,输出值稳定不变。

可以看出,积分作用的存在,使得调节器的输出值可以是调节器输出范围内的任意值。这说明积分调节规律的特点是积分调节可以消除静态误差。

具有积分作用的调节器通常使用积分时间 T_I 描述积分作用的强弱,其中 $T_I = 1/K_I$,因此式(3-11)可以写成

$$\Delta u(t) = \frac{1}{T_I} \int_0^t e dt \tag{3-13}$$

式中,T_I 为积分时间。对上式求拉普拉斯变换,可得积分调节器的传递函数 $G_C(s)$ 为

$$G_C(s) = \frac{U(s)}{E(s)} = \frac{1}{T_I s} \tag{3-14}$$

2. 比例积分调节规律

比例积分(PI)调节规律是比例与积分两种调节规律的结合,其数学表达式为

$$\Delta u = K_P \left(e + \frac{1}{T_I} \int_0^t e dt \right) \tag{3-15}$$

当阶跃输入偏差幅值为 A 时,比例积分调节器的输出是比例和积分两部分之和,其特性如图 3-8 所示。Δu 的变化开始是一阶跃变化,其值为 $K_P A$(比例作用),然后随时间逐渐上升(积分作用)。比例作用及时、快速,积分作用滞后、缓慢、渐变。

由于比例积分调节规律是在比例调节的基础上加积分调节,所以它既具有比例调节作用及时、快速的特点,又具有积分调节消除余差的作用,因此是工业上常用的调节规律。

对式(3-15)取拉普拉斯变换,可得比例积分调节器的传递函数为

$$G_{PI}(s) = \frac{U(s)}{E(s)} = K_P \left(1 + \frac{1}{T_I s}\right) \tag{3-16}$$

3. 积分时间及其对过渡过程的影响

当比例积分调节器输入一幅值为 A 的阶跃信号时,式(3-11) 可写为

$$\Delta u = K_P A + \frac{K_P}{T_I} A t = \Delta u_P + \Delta u_I \tag{3-17}$$

式中: $\Delta u_P = K_P A$ 表示比例作用的输出; $\Delta u_I = K_P A t / T_I$ 表示积分作用的输出。在时间 $t = T_I$ 时,有

$$\Delta u = \Delta u_P + \Delta u_I = 2 K_P A = 2\Delta u_P \tag{3-18}$$

式(3-18)说明,当总的输出等于比例作用输出的两倍时,其时间等于积分时间 T_I。根据这个关系,可以用调节器的阶跃响应作为测定放大系数 K_P(或比例度 δ)和积分时间 T_I 的依据,如图 3-8 所示。

当缩短积分时间,加强积分调节作用时,克服余差的能力增强,这是有利的一面;但同时又会使过程振荡加剧,稳定性降低,积分时间越短,振荡倾向越强烈,甚至会出现不稳定的发散振荡,这是不利的一面。

在同样的比例度下,积分时间对过渡过程的影响如图 3-9 所示,积分时间过长或过短均不合适。积分时间太长,积分作用太弱,余差消除很慢(见曲线 3),当 $T_I \to \infty$ 时,成为纯比例调节器,余差得不到消除(见曲线 4);积分时间太短,过渡过程振荡太剧烈(见曲线 1)。只有当 T_I 适当时,过渡过程能较快地衰减而且没有余差(见曲线 2)。

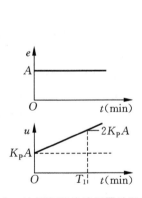

图 3-8 比例和积分控制器阶跃特性

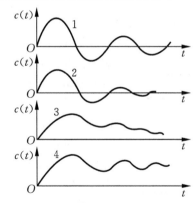

图 3-9 积分时间对过渡过程的影响

因为积分作用会加剧振荡,这种振荡对于滞后大的对象更为明显。所以,调节器的积分时间应按对象的特性来选择。对于管道压力、流量等滞后不大的对象,T_I 可选得小些;而对温度等滞后较大的对象,T_I 可选大些。

4. 积分饱和现象与抗积分饱和的措施

具有积分作用的调节器,只要被调量与设定值之间有偏差,其输出就会不停地变化。

如果由于某种原因,被调量偏差一时无法消除,但调节器还是要试图校正这个偏差,结果经过一段时间后,调节器输出将进入深度饱和状态,这种现象称为积分饱和。进入积分饱和状态的调节器,要等被调量偏差反向以后,并经过一段时间才能慢慢从饱和状态中退出来,重新恢复调节作用。也就是说,在这段时间内某些系统(如选择性控制系统)将失去控制。这种情况相当危险。关于积分饱和现象与抗积分饱和的措施,将在第 6 章选择性控制系统一节详细讨论。

3.1.4 比例微分调节(PD)

Taylor 仪器公司在人造丝生产过程中,对温度调节器设计要求温度保持不变,但由于人造丝绒毛形状的纤维素不导热,使得热交换的时间延长,采用 PI 调节器的系统处于不停的振荡中。该公司的工程师 Ralph Clarridge 观察发现,通过约束调节器中比例作用的线性反馈,可以使得当给定值有一个突然的变化时,系统有很大的输出响应。该调节器有预测误差信号变化的能力,是最早的微分调节规律的应用。1935 年,微分调节器正式应用于生产过程的控制中。

1. 微分调节规律

微分(differentiator,简称 D) 调节器的调节规律是调节器的输出信号变化量 $\Delta u(t)$ 与输入信号 $e(t)$ 的导数成比例,其数学表达式为

$$\Delta u = T_D \frac{de}{dt} \tag{3-19}$$

式中, T_D 为微分时间。

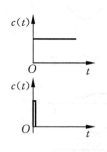

图 3-10　理想微分特性曲线

从式(3-19) 可以看出,假如 $de/dt = 0$,不论输入偏差有多大,输出信号都为零。如果输入信号是从 t_1 时间开始的阶跃变化,调节器的输出值则是在 t_1 瞬时的脉冲信号。理想微分特性曲线如图 3-10 所示。从图中也可以看出,理想的微分环节在实际工程中不能单独使用。一方面是因为一个信号微弱但变化速度很快的输入,可以使输出产生很大的变化,给控制系统带来很大的扰动;另一方面是理想微分器在输入信号很大,但信号变化速度缓慢时,调节器输出很小,调节作用很弱,被调量偏差得不到及时校正。因此微分调节只能起辅助的调节作用,实际使用的是比例微分(PD) 或者比例积分微分(PID) 调节器。

2. 比例微分调节规律

比例微分调节规律的数学表达式为

$$u = \frac{1}{\delta}\left(e + T_D \frac{de}{dt}\right) \tag{3-20}$$

或
$$u = K_P e + S_2 \frac{de}{dt} \tag{3-21}$$

式中:δ 为比例度,可视情况取正值或负值;T_D 为微分时间。

根据式(3-21),PD 调节器的传递函数应为

$$G_c(s) = \frac{1}{\delta}(1 + T_D s) \tag{3-22}$$

理想的 PD 调节器在物理上是不能实现的,也是没有使用价值的。工业上采用的 PD 调节器是将理想的 PD 调节器串联一个惯性环节,其传递函数为

$$G(s) = \frac{1}{\delta} \frac{T_D s + 1}{\frac{T_D}{K_D} s + 1} \tag{3-23}$$

式中,K_D 称为微分增益。工业调节器的微分增益一般在 $5 \sim 10$ 范围内。

与式(3-23)相对应的单位阶跃响应为

$$u = \frac{1}{\delta} + \frac{1}{\delta}(K_D - 1)\exp\left(-\frac{t}{T_D/K_D}\right) \tag{3-24}$$

图 3-11 是相应的响应曲线。式(3-23)中 δ、K_D、T_D 3 个参数都可以通过图 3-11 的阶跃响应确定。

根据 PD 调节器的斜坡响应也可以单独测定微分时间 T_D。如图 3-12 所示,如果 $T_D = 0$,即没有微分动作,那么输出 u 将按虚线变化。可见,微分动作的引入使输出的变化提前一段时间发生,而这段时间就等于 T_D。因此也可以说,PD 调节器有超前调节作用,其超前时间就是微分时间 T_D。需要指出的是,虽然工业 PD 调节器的传递函数如式(3-24)所示,但由于微分增益 K_D 的数值较大,该式分母中的时间常数实际上较小。因此,在分析控制系统的性能时,通常都将较小的时间常数忽略不计,直接取式(3-22)为 PD 调节器的传递函数。

在稳态下,$de/dt = 0$,PD 调节器的微分部分为零,因此,PD 调节与 P 调节一样,也是有差调节。

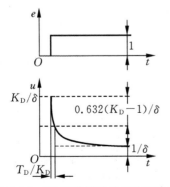

图 3-11 PD 调节器的单位阶跃响应

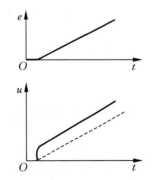

图 3-12 PD 调节器的斜坡响应

微分调节总是起抑制被调量振荡的作用，它能提高控制系统的稳定性。因此适当引入微分作用，可以在保持衰减不变的情况下减小比例度，既可以减小残差，也可以减小最大偏差，提高了工作频率。

微分调节的不利影响首先在于微分作用太强时，容易导致调节阀频繁动作，因此在PD调节中，总是以比例动作为主，微分动作只起辅助调节作用。其次，PD调节器的抗干扰能力很差，一般只适用于被调量的变化比较平稳的过程，而不用于流量和液位控制系统。第三，微分调节规律对于纯迟延过程没有作用。

应当特别指出，引入微分动作要适度。这是因为，在大多数PD调节系统随微分时间 T_D 增大时，其稳定性得到提高；但对某些特殊系统而言，当 T_D 增大超出某一限度后，系统反而变得不稳定了。图 3-13 表示 PD 调节系统在不同微分时间的响应过程。

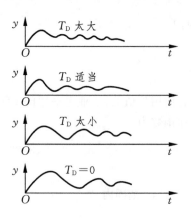

图 3-13　PD 调节系统在不同微分时间的响应过程

3.1.5　比例积分微分调节(PID)

1939 年，Taylor 仪器公司和 Foxboro 仪器公司制造出了历史上第一台具有完整 PID 调节功能的气动调节器。它们追求的目标是调节器应该像一个熟练的操作者那样去控制工业生产过程，减少直至消除系统中出现的误差。随后，该调节器在轮船、飞机的自动驾驶仪的设计上得到广泛应用。

比例积分微分调节(PID)规律综合了 P、I、D 这 3 种控制作用的优点，是一种比较理想的调节规律。其数学表达式为

$$P = K_P \left(e + \frac{1}{T_I} \int e \mathrm{d}t + T_D \frac{\mathrm{d}e}{\mathrm{d}t} \right) \quad (3\text{-}25)$$

比例积分微分调节器特性曲线如图 3-14 所示。

当偏差开始出现时，主要是利用微分作用提前输出一个较大的调节量，实现超前调节；如果偏差继续存在，则利用积分作用进一步消除余差；在此过程中比例调节一直起作用。

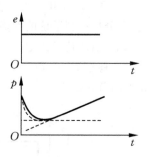

图 3-14　PID 阶跃响应曲线

3.2　DDZ-Ⅲ型调节器

DDZ-Ⅲ型调节器是 DDZ-Ⅲ型电动单元组合仪表中的一个重要单元，它接受来自变送器或转换器的 1～5 V 测量信号作为输入，与 1～5 V 给定信号进行比较，然后对其偏差进行 PID 运算，输出 4～20 mA 标准统一信号。

DDZ-Ⅲ型调节器的主要特点有以下几点。

(1) 元器件以线性集成电路为主,并采用了高增益、高输入阻抗的集成运算放大器,电路结构简单,可靠性高,积分增益高。

(2) 实现了自动操作和软手动操作之间的双向无平衡、无扰动切换。

(3) 有良好的保持特性,当调节器由自动操作切换到软手动位置,而未进行软手动操作时,调节器的输出信号可以长时间基本保持不变。

(4) 利用电阻、电容构成不同性质的负反馈,可以方便地构成比例、积分、微分运算电路;可以使用P、PI、PD 3个运算环节串联实现PID运算,减小了干扰系数,使积分增益和微分增益都与比例增益无关。

(5) 调节器采用国际标准信号和集中统一供电,整套仪表可以构成本质安全型防爆系统,保证了仪表的稳定性和可靠性。

由于DDZ-Ⅲ型仪表采用了线性集成电路,进一步提高了仪表在长期运行中的稳定性和可靠性,从而扩大了调节器的功能,易于组成各种变形调节器,更好地满足生产过程自动化的需要。

DDZ-Ⅲ型调节器有两个基型品种,即全刻度指示调节器和偏差指示调节器。它们的结构和线路基本相同,仅指示电路有些差异。DDZ-Ⅲ型仪表是过程控制仪表发展的一个里程碑。虽然现在工业上大量采用DCS系统、现场控制总线仪表,但都和DDZ-Ⅲ型仪表兼容,并保留其操作模式、信号制式和供电特点,即采用国际电工委员会(IEC)推荐的统一标准信号,现场传输信号为4～20 mA,控制室联络信号为1～5 V,信号电流与电压的转换电阻为250 Ω,统一由电源箱供给24 VDC电源,并有蓄电池作为备用电源。

下面以全刻度指示的基型调节器为例,说明DDZ-Ⅲ型调节器的组成及其操作。

DDZ-Ⅲ型调节器主要由输入电路、给定电路、PID运算电路、自动与手动(包括硬手动和软手动两种)切换电路、输出电路及指示电路等组成,其方框图如图3-15所示。调节器接收变送器传来的测量信号(4～20 mA或1～5 V),在输入电路中与给定信号进行比较,得到偏差然后进行PID运算,最后由输出电路转换为4～20 mA的直流电流输出送给执行器。整机原理图如图3-16所示。

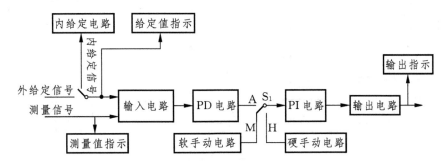

图3-15 DDZ-Ⅲ型调节器组成方框图

110　过程控制

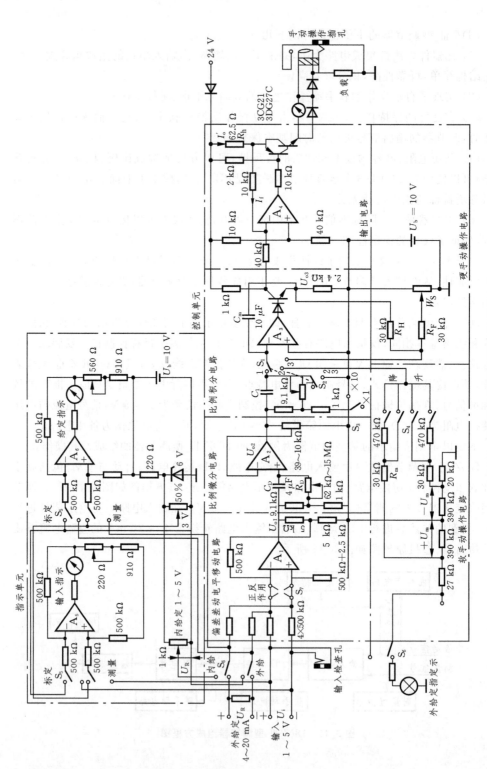

图3-16　全刻度指示调节器线路原理图

在控制系统中，一般总是先手动遥控，待工况正常后，再切向自动。当系统运行中出现工况异常时，往往又需要从自动切向手动，所以调节器一般都兼有手动和自动两种功能。所谓无扰切换是指在切换的瞬间，应当保持调节器的输出不变，使执行器的开度不发生突变，即不会对生产过程引起附加的扰动。自动 ↔ 软手动的切换是双向无平衡无扰动的；硬手动 → 软手动或硬手动 → 自动的切换，也是无平衡无扰动的。在自动或软手动切换到硬手动时，必须预先调平衡方可达到无扰动切换。

调节器工作状态有"自动"、"软手操"和"硬手操"3 种，这几种工作状态可通过联动开关 S_1 进行切换。

(1) 自动状态。输入信号 U_i 与给定信号 U_0 相比较后，根据所得的偏差由"PD"电路、"PI"电路进行"PID"运算，由输出电路输出 4～20 mA 统一信号。

给定值提供的方式有内给定与外给定两种。内给定由调节器面板上的拨盘设定；外给定由外加的 4～20 mA 电流信号经调节器内 250 Ω 的精密电阻取得 1～5 V 电压给定值，并且仪表板上的外给定指示灯亮。

(2)"软手动"状态。这时调节器不按输入偏差进行工作，而是通过"手动 1"(软手动)的操作，经"PI"电路和输出电路使输出电流按某种速度变化。

调节器处于软手操作时，通过操作按键 S_4，可分别使调节器处于保持状态、输出电流的快速变化(增加或减小)状态以及输出电流的慢速变化(增加或减小)状态。停止软手操作时，输出停止变化。

(3)"硬手动"状态。操作"手动 2"(硬手动)的操作拨杆，可改变输出电流，且输出电流与操作拨杆位置相对应。

为了便于维修，在调节器的输入端与输出端分别设置了输入检测插孔和手动输出插孔，当调节器出现故障需要维修时，可利用这两个插孔与便携式手操器配合，进行手动操作。通过开关 S_6 实现内给定和外给定的切换；通过开关 S_7 实现调节器的正、反作用切换。下面分别讨论各部分电路的工作原理。

3.2.1 输入电路

如图 3-17 所示的输入电路是一个偏差差动电平移动电路，其作用是产生与输入信号和给定信号差值成比例的偏差信号。由于 DDZ-Ⅲ型仪表电路供电电压是 +24 V，而电路中的运放在单电源 +24 V 供电时，输出不可能为负，因此必须在输入电路中进行电平移动，把偏差电压抬高到以 $U_B = +10$ V 为起点变化的电压，这样后面的 PID 运算电路就能够正常工作了。输入电路采用差动输入方式，可以消除公共地线上的电压降带来的误差。

同相端：设 A_1 为理想运算放大器，$R \to \infty$，开环增益 $A \to \infty$，有

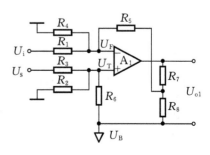

图 3-17　输入电路

$$I_1 + I_2 - I_3 = 0$$

$$\frac{-U_T}{R_2} + \frac{U_s - U_T}{R_3} - \frac{U_T - U_B}{R_6} = 0$$

由于

$$R_2 = R_3 = R_6$$

所以

$$U_T = \frac{1}{3}(U_s + U_B) \tag{3-26}$$

经整理,得

$$I'_1 + I'_2 - I'_3 = 0$$

反向端:

$$\frac{U_i - U_F}{R_1} + \frac{-U_F}{R_3} - \frac{U_F - \left(\frac{1}{2}U_{o1} + U_B\right)}{R_5} = 0$$

同理

$$U_F = \frac{1}{3}\left(U_i + \frac{1}{2}U_{o1} + U_B\right) \tag{3-27}$$

因为

$$\frac{1}{3}(U_s + U_B) = \frac{1}{3}\left(U_i + \frac{1}{2}U_{o1} + 2U_B\right)$$

故

$$U_{o1} = 2(U_s - U_i) + U_B = -2(U_i - U_s) \tag{3-28}$$

对于理想运算放大器,有

$$U_T = U_F$$

从式(3-28)可以看出:① 输入回路的输出电压 U_{o1} 是信号偏差值 ($U_s - U_i$) 的两倍,实现差动放大;② 输入回路把两个以零伏为基准的输入信号,转换成以电平 U_B(10 V)为基准的偏差输出,实现电平移动。

输入电路的传递函数为

$$\frac{U_{o1}(s)}{U_i(s) - U_s(s)} = -2 \tag{3-29}$$

3.2.2 PID 运算电路

DDZ-Ⅲ型调节器的运算电路由 PD 与 PI 两个运算电路串联组成。由于输入电路已经进行了电平移动,因此,PID 运算电路中信号都以 $U_B = 10$ V 为基准。

1. 比例微分电路(PD)

比例微分电路的作用是对输入电路的输出信号 U_{o1} 进行比例微分运算,电路如图 3-18 所示。

比例微分电路是由无源比例微分网络和比例运算放大器两部分组成的。RC 环节对输入信号进行比例微分运算,比例运算放大器起比例放大作用。在放大器 A_2 组成的比例微分电路里,微分作用可根据需要引入或消除。当不需要微分作用时,开关 S 置于"断"位置,放大器 A_2 变为比例放大器。为使微分作用能无扰动地切换,不需要微分时,开关 S 将电容 C_D 经电阻充电,使 C_D 的右端始终跟随 A_2

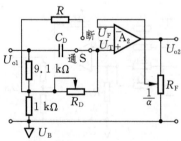

图 3-18 PD 电路

的输入端电压。这样,在需要引入微分作用时,开关 S 可随时切向"通"位,而不会造成输出电压的突跳,即不会对生产过程带来冲击。进行 PD 运算时,设流过 C_D 的充电电流为 $I_D(s)$,对于 A_2 输入端则有

$$U_+(s) = \frac{1}{n}U_{o1}(s) + I_D(s)R_D \qquad (3-30)$$

而

$$I_D(s) = \frac{\frac{n-1}{n}U_i(s)}{R_D + \frac{1}{C_D s}} = \frac{n-1}{n} \cdot \frac{C_D s}{1 + R_D C_D s} U_{o1}(s) \qquad (3-31)$$

代入式(3-30)简化得

$$U_+ = \frac{1}{n} \cdot \frac{1 + nR_D C_D s}{1 + R_D C_D s} U_{o1}(s) \qquad (3-32)$$

因为

$$U_{o2}(s) = \alpha U_+(s) = \frac{\alpha}{n} \cdot \frac{1 + nR_D C_D s}{1 + R_D C_D s} U_{o1}(s) \qquad (3-33)$$

若令 $T_D = nR_D C_D$ 称为微分时间常数,则该比例微分电路的输入/输出关系式为

$$U_{o2}(s) = \frac{\alpha}{n} \cdot \frac{1 + T_D(s)}{1 + \frac{T_D}{n}s} U_{o1}(s) \qquad (3-34)$$

2. 比例积分电路(PI)

比例积分电路接收以 10 V 为基准的输入信号 U_{o2},经比例积分运算后,输出以 10 V 为基准的 1~5 V 电压信号 U_{o3} 给输出电路。电路如图 3-19 所示。

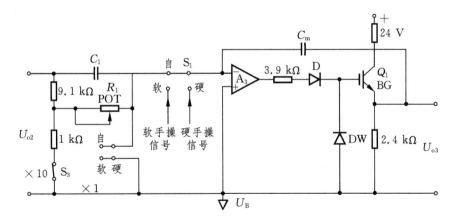

图 3-19 比例积分电路

比例积分电路以放大器 A_3 为核心,通过电阻 R_1、电容 C_m、C_1 等组成有源比例积分电路。开关 S_3 为积分时间倍乘开关,当其置于"×1"位置时,将 1 kΩ 电阻悬空,C_1 的充电电压为 U_{o2};当其置于"×10"位置时,将 1 kΩ 电阻接入电阻电路,C_1 的充电电压为 U_{o2},使 C_1 的积分时间 T_1 增大 m 倍,即 S_3 为积分时间的换挡开关。放大器 A_3 输出端的电阻、二

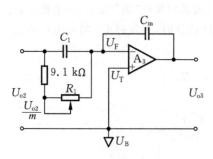

图 3-20 比例积分简化电路图

极管 D 及三极管 BG 构成射极跟随器,主要是为了将 A_3 的输出进行功率放大,以满足 C_m 的充电需要,可以视为 A_3 的延伸。由于射极跟随器的输出信号和 A_3 的输出信号相位相同,幅值几乎相等,为了在分析中突出重点,可以将射极跟随器包含在放大电路中,简化后的电路如图 3-20 所示。

PI 电路中,设 A_3 的开环增益为 K,输入阻抗 $R_\lambda \to \infty$。由图 3-20 可得

$$\frac{U_{o2}(s)-U_F(s)}{\frac{1}{C_1 s}} + \frac{\frac{U_{o2}(s)}{m}-U_F(s)}{R_1} = \frac{U_F(s)-U_{o3}(s)}{\frac{1}{C_m s}} \tag{3-35}$$

由于 K 为有限值,所以 $U_F \neq 0$(以 10 V 为基准),有

$$U_{o3} = -KU_F(s) \tag{3-36}$$

将式(3-36)代入式(3-35)中,整理得

$$W_{PI}(s) = \frac{U_{o3}(s)}{U_{o2}(s)} = \frac{-\frac{C_1}{C_m}\left(1+\frac{1}{mR_1 C_1 s}\right)}{1+\frac{1}{K}\left(1+\frac{C_1}{C_m}\right)+\frac{1}{KR_1 C_m s}} \tag{3-37}$$

由于 $K \geqslant 10^5$,所以 $(1+C_1/C_m)/K \leqslant 1$ 可忽略不计,则

$$W_{PI}(s) = -\frac{C_1}{C_m} \frac{1+\frac{1}{mR_1 C_1 s}}{1+\frac{1}{KR_1 C_m s}} \tag{3-38}$$

取 $K_I = K/m = C_m/C_1$,可将上式写成一般形式

$$W_{PI}(s) = -\frac{C_1}{C_m} \frac{1+\frac{1}{T_I s}}{1+\frac{1}{K_I T_I s}} \tag{3-39}$$

在 $T_I \times 10$ 挡,$m=10$,积分时间延长 10 倍。

3. PID 运算电路整机传递函数

上面分析了调节器的输入电路、PD 运算电路和 PI 运算电路,这 3 个环节决定了 PID 调节器的传递函数。调节器的输入电压信号为 1~5 V,通过 PID 运算之后,输出电压信号也为 1~5 V。上述 3 个环节的传递函数分别表示如下。

输入电路的传递函数为

$$\frac{U_{o1}(s)}{U_i(s)-U_s(s)} = -2 \tag{3-40}$$

PD 电路的传递函数为

$$\frac{U_{o2}(s)}{U_{o1}(s)} = \frac{\alpha}{n} \cdot \frac{1+T_D s}{1+\dfrac{T_D}{K_D}s} \tag{3-41}$$

PI 电路的传递函数为

$$\frac{U_{o3}(s)}{U_{o2}(s)} = -\frac{C_1}{C_m} \cdot \frac{1+\dfrac{1}{T_I s}}{1+\dfrac{1}{K_I T_I s}} \tag{3-42}$$

由于输入电路、PD 运算电路和 PI 运算电路是串联的形式,所以,调节器的整机传递函数方框图如图 3-21 所示。

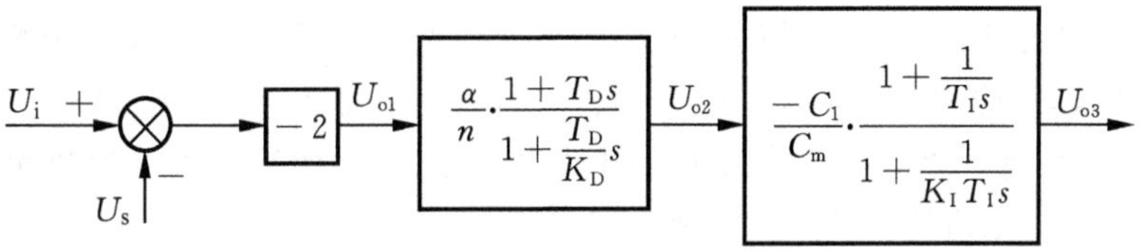

图 3-21 调节器传递函数方框图

整机传递函数为

$$W(s) = \frac{U_{o3}(s)}{U_i(s)-U_s(s)} = \frac{2\alpha}{n} \cdot \frac{C_1}{C_m} \cdot \frac{1+T_D s}{1+\dfrac{T_D}{K_D}s} \cdot \frac{1+\dfrac{1}{T_I s}}{1+\dfrac{1}{K_I T_I s}}$$

$$= \frac{2\alpha}{n} \cdot \frac{C_1}{C_m} \cdot \frac{1+\dfrac{T_D}{T_I}+\dfrac{1}{T_I s}+T_D s}{1+\dfrac{T_D}{K_D K_I T_I}+\dfrac{1}{K_I T_I s}+\dfrac{T_D}{K_D}s} \tag{3-43}$$

考虑到式(3-43)分母中 $T_D/(K_D K_I T_I) \leqslant 1$ 可忽略不计,则

$$\frac{U_{o3}(s)}{U_i(s)-U_s(s)} = \frac{2\alpha}{n} \cdot \frac{C_1}{C_m} \cdot \frac{1+\dfrac{T_D}{T_I}+\dfrac{1}{T_I s}+T_D s}{1+\dfrac{T_D}{n}s} \tag{3-44}$$

若令干扰系数 $F=1+T_D/T_I$,比例度 $\delta=(2\alpha/n)(C_1/C_m)$,微分增益 $K_D=n$,则式(3-44)可写为

$$\frac{U_{o3}(s)}{U_i(s)-U_s(s)} = \frac{F}{P} \cdot \frac{1+\dfrac{1}{FT_I s}+\dfrac{T_D s}{F}}{1+\dfrac{T_D}{K_D}s} \tag{3-45}$$

这是实际的 PID 传递函数。式中:$F=1+T_D/T_I$,为相互干扰系数;$T_D=nR_D C_D$,为微分时间;$T_I=nR_1 C_P$,为积分时间;$K_D=n$,为微分增益 ;$K_I=(K/m)(C_m/C_1)$,为积分

增益。

在 DDZ-Ⅲ 型调节器中，$n=10, C_1 = C_m = 10~\mu\text{F}, C_D = 4~\mu\text{F}, \alpha = 1 \sim 250, R_D = 62~\text{k}\Omega \sim 15~\text{M}\Omega, R_1 = 62~\text{k}\Omega \sim 15~\text{M}\Omega, K \geqslant 10^5, m = 1$ 或 10。

所以，上述参数的取值范围分别为：比例度 $\delta = \dfrac{1}{K_P} \times 100\% = 2\% \sim 500\%$；微分时间 $T_D = 0.04 \sim 10~\text{min}$；积分时间 $T_I = 0.01 \sim 205~\text{min}(m=1), T_I = 0.1 \sim 2.5~\text{min}(m=10)$；微分增益 $K_D = 10$；积分增益 $K_I \geqslant 10^5 (m=1), K_I \geqslant 10^4 (m=10)$。

由于 F 的存在，实际的整定参数与刻度值不同，它们之间的关系为

$$\delta^* = \frac{\delta}{F}, \quad T_D^* = \frac{T_D}{F}, \quad T_I^* = FT_I \tag{3-46}$$

式中：δ^*、T_D^*、T_I^* 为实际值；T_D、T_I 为 $F=1$ 时的刻度值。

F 是一个大于 1 的系数，且随 T_I 或 T_D 的变化而变化，在传递函数中它影响着 P、T_D、T_I 的实际效果，被称为干扰系数。由于 F 的存在，无论改变 T_I 或 T_D 中的哪一个参数，都会通过干扰系数使 3 个整定参数的实际值发生变化。因此调节器整定参数无法准确刻度，这是由于模拟电路的各环节无法独立造成的。

如果忽略微分惯性项，则式(3-45)可写成

$$\frac{U_{o3}(s)}{U_{o1}(s)} = -\frac{1}{P^*}\left(1 + \frac{1}{T_I^* s} + T_D^* s\right) \tag{3-47}$$

这就是典型的 PID 调节器的传递函数。根据电路元器件的参数值可算出此调节器的参数的调整范围为

$$P = 2\% \sim 500\%, \quad T_I = 0.01 \sim 2.5~\text{min}(\times 1~\text{挡})$$

$$T_I = 0.1 \sim 25~\text{min}(\times 10~\text{挡}), \quad T_D = 0.04 \sim 10~\text{min}$$

3.2.3 输出电路

调节器输出电路是将 PID 运算电路输出的 $1 \sim 5~\text{V}$ 电压转换为 $4 \sim 20~\text{mA}$ 的电流输出送给执行器，同时还承担电平移动的任务，将以 $U_B = 10~\text{V}$ 为基准的电压转换为以 0 V 为基准的电流输出，因为调节器与前后级仪表的联系都是以 0 V 为基准的(接地)，如图 3-22 所示。输出电路以集成运算放大器 A_4 为核心，以电流负反馈保证输出的恒流特性。为了提高调节器的负载能力，在放大器 A_4 的后面，用晶体管 VT_1、VT_2 组成复合管电流放大，这不仅可减轻放大器的发热，提高总放大倍数，增进恒流性能，而且可以提高电流转换的精度。设电阻 $R_3 = R_4 = 10~\text{k}\Omega$，电阻 $R_1 = R_2 = 4R_3$，则用理想放大器的分析方法有

$$U_+ = \frac{R_3}{R_3 + R_2} U_B + \frac{R_2}{R_3 + R_2} \times 24 \tag{3-48}$$

$$U_- = \frac{R_4}{R_4 + R_1}(U_B + U_{o3}) + \frac{R_1}{R_4 + R_1} U_f \tag{3-49}$$

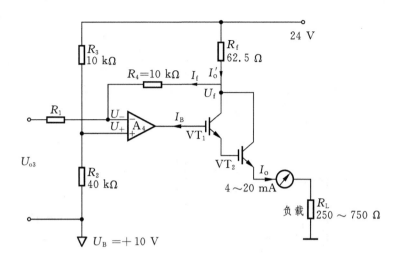

图 3-22　输出电路

由 $U_+ = U_-$，将式(3-48)和式(3-49)进行整理，得

$$U_f = 24 - \frac{1}{4} U_{o3} \tag{3-50}$$

又

$$U_f = 24 - I'_o R_f$$

对比上列两式，得

$$I'_o = \frac{U_{o3}}{4R_f} \tag{3-51}$$

由于反馈支路中的电流和晶体管的基极电流都比较小，可以忽略，即

$$I_o = I'_o - I_f - I_B \approx I'_o \tag{3-52}$$

得

$$I_o = \frac{U_{o3}}{4R_f} \tag{3-53}$$

可见输出电路实际上是一个比例运算器，图中 $R_f = 62.5\ \Omega$，则当 $U_{o3} = 1 \sim 5\ V$ 时，输出电流 $I_o = 4 \sim 20\ mA$。

3.2.4　手动操作电路及无扰切换

在 DDZ-Ⅲ 型调节器中，手动操作电路是在比例积分运算电路前通过切换开关 S_1 实现的。手动操作部分详细电路如图 3-23 所示。

通过切换开关 S_1 可以选择自动调节 A、软手动操作 M、硬手动操作 H 这 3 种控制方式中的任一种。其中自动调节就是前面讨论过的根据偏差作 PID 调节的控制方式，软手动操作及硬手动操作都是手动操作的控制方式，为了避免切换时给控制系统造成扰动，要求电路设计中尽量做到切换过程平滑无扰动。

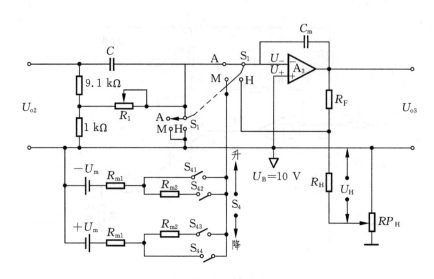

图 3-23　手动操作电路

1. A 与 M 间的切换

当转换开关 S_1 由自动位置 A 向软手动位置 M 切换时,如果软手动操作扳键开关 $S_{41} \sim S_{44}$ 都不接通,那么积分器 A_3 的输入信号被切断,其反相输入端处于悬空状态。原来充在 C_m 上的电压没有回放电路,则 A_3 的输出电压 U_{o3} 将保持切换前的数值不变,这种状态称为"保持"状态。显然,调节器由自动状态切换到软手动状态时是无扰动的,只是使调节器输出暂停变化。为使调节器由软手动状态向自动状态切换时也不发生扰动,在软手动状态下,S_1 的另一组接点,把输入电容 C_1 的右端接到基准电压 U_B。由于放大器 A_3 的反相输入端电位 $U_+ = U_- = U_B$,故电容 C_1 的右端与放大器的反相输入端电位始终是十分接近的。因而,任何时候将调节器由软手动状态切换到自动状态时,不会有冲击性的充放电电流,放大器 A_3 的输出电压也不会发生突变。

在软手动状态下,如果需要改变调节器的输出,可按下软手动操作开关 $S_{41} \sim S_{44}$。这组开关自由状态下都是断开的,只有当操作人员按下时,其中某个开关接通,放大器 A_3 方作为积分器,其输出按积分规律增大或减小。由于 C_m 存在漏电现象,所以长时间的"保持"会出现漂移。

2. A 与 H 间的切换

开关 S_1 由自动位置 A 切换到硬手动位置时,放大器接成具有惯性的比例电路,硬手动操作电路如图 3-24 所示,电阻被接入反馈电路中,与电容 C_m 并联构成惯性环节。放大器的输入/输出关系为

$$\frac{U_{o3}(s)}{U_H(s)} = -\frac{R_F}{R_H} \frac{1}{1 + R_F C_m s} \quad (3\text{-}54)$$

从电路元件参数可知,惯性时间常数很小($T = R_F C_m = 0.3 \text{ s}$),硬手动操作电位器

RP_H 上的电压 U_H 改变时,U_{o3} 只需 0.3 s 便可达到稳态值,几乎与手动操作同步。因此,可将硬手动操作电路看做传递的数为 1 的比例电路,调节器的输出完全由硬手动操作杆的位置确定。如果开关 S_1 由 A 切向硬手动位置 H 时,硬手动操作杆的位置与调节器输出指示位置不一致,则切换时调节器输出会产生突变。可见,由 A 向 H 的切换是有扰切换。避免扰动的方法是切换前将硬手动操作杆的位置拨动到与调节器输出指示位置一致处,然后再进行切换。在硬手动状态下,只要不移动 RP_H 的位置,输出便永远地保持设定的数值。

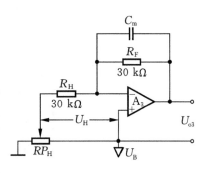

图 3-24 硬手动操作电路

由于在硬手动状态时与软手动状态一样,将输入电容 C_1 的右端接在基准电压 U_B 上,所以切换开关 S_1 由 H 向 A 的切换是无扰切换。

3. M 与 H 间的切换

调节器由软手动状态 M 切向硬手动状态 H 时,与由 A 向 H 的切换一样,其输出值将原来的某一数值很快变到硬手动电位器 RP 所确定的数值,所以需要先调平衡再进行切换才无扰动。当调节器由 H 切向 M 时,由于切换后放大器成为保持状态,保持切换前的硬手动输出值,所以切换是无扰动的。

总结以上所述,DDZ-Ⅲ 型调节器的切换特性可表示如下:

$$A \xleftrightarrow{\text{双向无平衡无扰动}} M, \quad \left.\begin{matrix} A \\ M \end{matrix}\right\} \xrightarrow[\text{无平衡无扰动}]{\text{先平衡无扰动}} H$$

DDZ-Ⅲ 型全刻度指示调节器面板上设有双针指示表,测量指示和给定指示分别由两个相同的指示电路驱动,全量程地指示测量值与给定值,偏差的大小由两个指针间的距离反映出来,两针重合时偏差为零。

指示表使用的是 5 mA 满偏转驱动的电流表,故需用转换电路将 1~5 V 的测量值或给定信号转换为 1~5 mA 的电流,指示部分详细电路如图 3-25 所示。

图 3-25 是一个具有电平移动的差动输入比例电路。设 A_3 为理想运放,则有

$$U_+ = \frac{1}{2}(U_B + U_i), \quad U_- = \frac{1}{2}(U_B + U_o)$$

因为 $\qquad\qquad\qquad\qquad U_+ = U_-$

故得 $\qquad\qquad\qquad\qquad U_o = U_i$

如果忽略反馈支路电流 I_f,则流过表头的电流为

$$I_o \approx I_o' = \frac{U_o}{R_o} = \frac{U_i}{R_o}$$

若 $R_o = 1\ \text{k}\Omega$,U_i 为 1~5 V 时,I_o 即为 1~5 mA。为了便于对指示电路的工作进行

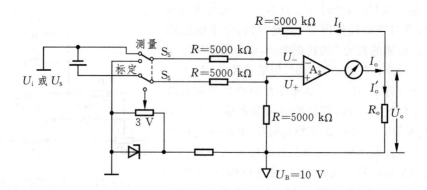

图 3-25 全刻度指示电路

校验,图 3-25 中设有测量/标定切换开关 S_5,当 S_5 置于标定位置时,有 3 V 的电压输入指示电路,这时流过表头的电流应为 3 mA,表头指针应指在中间位置上,若不准确,可以调整表头的机械零点。

以上对 DDZ-Ⅲ 型全刻度指示调节器原理电路进行了较深入的分析。实际电路中还有电源、补偿、滤波、保护/调整等很多辅助环节,这里不再一一介绍。

3.3 数字调节器

数字调节器(digital regulator)是采用数字技术和微电子技术实现闭环控制的调节器。它接受来自生产过程的测量信号,由内部的数字电路或微处理机进行数字处理,按一定调节规律产生输出数字信号或模拟信号来驱动执行器,完成对生产过程的闭环控制。数字调节器是 20 世纪 70 年代在模拟调节仪表的基础上,采用数字技术和微电子技术发展起来的新型调节器。由于采用集成电路和大规模集成电路,它与微型计算机十分相似,只是在功能上以过程调节为主。

数字调节器分为数字式混合比率调节器、多回路调节器和单回路调节器 3 类。

(1) 数字式混合比率调节器。它是控制组分混合比的仪表,与流量计、执行器配套构成混合比率控制系统和混合-批量控制系统,用于液料混合配比和混合产品的批量发货系统。

(2) 多回路调节器。它是采用微处理机实现多回路调节功能的仪表,可独立应用于单元性生产装置(如工业炉窑、精馏塔等)中,完成装置的全部或大部分控制作用。由于单元性装置的类型很多,多回路调节器的品种和类型也很繁杂。一台多回路调节器可控制 8~16 个调节回路,有的还可完成简单的程序控制或批量控制。

(3) 单回路调节器。它是采用微处理器实现一个回路调节功能的仪表,它只有一个可送到执行器去完成闭环控制的输出。单回路调节器有两种主要用途:一是用于系统的重要回路,以提高系统的可靠性和安全性;二是取代模拟调节器,以减少盘装仪表的数量或提高原有回路的功能,如实现单回路的高级控制、顺序控制、批量控制。

可编程调节器是数字式调节器中较为新型的一种，是以微处理器为运算和控制核心，可由用户编制程序，组成各种调节规律的数字式控制仪表。数字式调节器应用了微型计算机，其功能得到了极大的扩展，如增加了温度补偿、混合产品在线分析，在液体黏度、混合比发生变化时，可以及时修正组分比率。另外，应用微型计算机的通信功能，可以将单台仪表作业变为由上位计算机调度作业的多级控制。多回路调节器和单回路调节器将发展成为综合控制系统的工业控制设备。

目前我国自行研制以及引进或组装了很多系列的数字调节器，每个系列的品种繁多，如广泛使用的产品有 DK 系列的 KMM 调节器、YS-80 系列的 SLPC 调节器、FC 系列的 PMK 调节器、VI 系列的 VI87MA-E 调节器等。DK 系列仪表又包括 KMM 可编程调节器、KMS 固定程序调节器、KMB 批量混合调节器、KMP 可编程运算器、KMK100 程序装入器、KMF 指示器、KMR 记录仪、KMH 手动操作器、KMA 辅助仪表等。这些数字调节器的共同特点是与模拟仪表兼容；具有极其丰富的运算、控制功能，如 KMM 调节器具有 30 个运算单元(运算模块)和 45 种运算式子(即 45 种子程序)。根据生产实际的需要，用户只要选用相应的模块进行组态，即可实现多种运算处理和各种过程控制，除 PID 调节外，还能实现前馈控制、采样控制、选择性控制、时延控制和自适应控制等；具有通信功能和通用性强、可靠性高、使用维护方便的特点。

3.4 执行器

执行器又称调节阀，由执行机构和调节机构两部分组成，如图 3-26 所示。执行机构接受调节器输出的控制信号，并将其转换为直线位移或角位移，操纵调节机构的开度，自动改变操作变量，从而实现对过程变量的自动控制。

执行器安装在生产现场，直接与介质接触，通常在高温、高压、高黏度、强腐蚀、易结晶、易燃易爆、剧毒等场合下工作，如果选用不当，将直接影响过程控制系统的控制质量。

执行器根据执行机构所使用能源的不同，分为气动、电动、液动三大类，它们的调节机构(调节阀)都相同。本节介绍的气动调节阀的特性及其选用方法均适用于其他类型的执行器。

气动执行器的特点是以压缩空气(或氮气)为动力能源，具有控制性能好、结构简单、动作可靠、维修方便、防火防爆以及价廉等优点，并能方便地与气动及电动仪表配套使用。其输入信号为 0.02~0.1 MPa，气源压力为 0.14 MPa，因此，气动执行器在工业生产过程控制系统中得到广泛应用。

电动执行器的特点是其输入信号为 0~10 mA(DDZ-Ⅱ 型)或 4~20 mA(DDZ-Ⅲ 型)，具有获取能源方便、执行速度快、便于集中控制等优点。但其结构复杂，防火防爆性能差。

液动执行器的特点是利用液压原理推动执行机构动作，推力大，适用于负荷较大的场合。但其辅助设备笨重，体积庞大，在过程控制领域较少使用。

下面主要介绍电动和气动执行器，并重点介绍工业生产中最常用的气动执行器的结构原理、特性和选用等。

气动调节阀由气动执行机构和调节机构(阀)两部分组成,其外形图如图 3-27 所示。

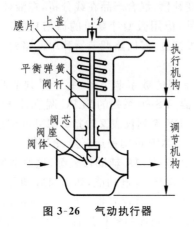

图 3-26 气动执行器

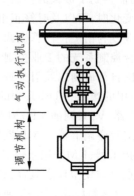

图 3-27 气动薄膜调节器外形图

3.4.1 气动执行机构的结构和原理

气动执行机构有薄膜式和活塞式两种。工业上薄膜式应用最多,它可以用做一般控制阀的推动装置,组成气动薄膜调节阀。活塞式执行机构的推力较大,主要适用于大口径、高压降的推动装置。而长行程执行机构可以输出角行程,它的输出位移大、转矩大,适用于带动蝶阀、风门等转角控制的阀门。薄膜式执行机构有正作用和反作用两种形式。当来自调节器或阀门定位器的信号压力增大时,阀杆向下移动的叫正作用执行机构,而阀杆向上移动的叫反作用执行机构。具体在图中,压力信号从波纹膜片上方通入薄膜气室时,是正作用执行机构,压力信号从波纹膜片下方通入薄膜气室时,是反作用执行机构。通过更换个别零件,两者能互相改装。

气动薄膜执行机构的静态特性表示平衡状态时信号压力与阀杆位移的关系。根据平衡状态下力平衡关系可得

$$p * A = K * L \qquad (3-55)$$

式中:p 为调节器的输出压力信号;A 为膜片的有效面积;K 为弹簧的弹性系数;L 为执行机构推杆位移。

可见,执行机构推杆位移 L 和输入气压信号成比例。

气动薄膜执行机构主要由弹性薄膜平衡弹簧和推杆组成,其结构如图 3-28 所示。执行机构是执行器的推动装置,即它接受标准气压信号后,经膜片转换成推力,使推杆产生位移,同时带动阀芯动作,使阀芯产生相应位移,改变阀的开度。

执行机构的动态特性一般可看成是一个一阶惯性环

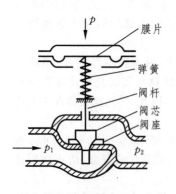

图 3-28 气动薄膜执行机构结构图

节,其时间常数取决于膜头的大小及管线长度和直径。

3.4.2 调节机构

调节机构实际上就是阀门,主要由阀体、阀座、阀芯、阀杆等部件组成,是一个局部阻力可以改变的节流元件。阀门通过阀杆上部与执行机构相连,下部与阀芯相连。由于阀芯在阀体内移动,改变了阀芯与阀座之间的流通面积,被控介质的流量也就相应地得到改变,从而达到控制工艺参数的目的。

根据不同的使用要求,阀门的结构形式很多,有直通单座阀、直通双座阀、角形阀、三通阀、隔膜阀、蝶阀、球阀、套筒阀等,如图3-29所示。下面介绍最常用的直通单座阀和直通双座阀,其他阀门可参考有关文献。

1. 直通单座阀

直通单座阀阀体内只有一个阀芯,如图3-29所示,其特点是结构简单,泄漏量小,但是流体对阀芯上下作用的不平衡推力较大。当阀前后压差大或阀芯尺寸大时,这种不平衡力可能相当大,会影响阀芯的准确定位。因此,这种阀一般应用在小口径、低压差的场合。

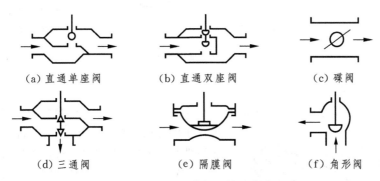

图 3-29 调节阀结构示意图

2. 直通双座阀

直通双座阀阀体内有两个阀芯和阀座,如图3-29所示。由于流体同时从上下两个阀座通过,对上下两个阀芯上的推力方向相反而大致抵消,因而双座阀的不平衡力小,对执行机构的驱动力要求低,适宜于大压差和大管径的场合。但是,由于加工精度的限制,上下两个阀芯、阀座不易保证同时密闭,因此泄漏量较大。

根据阀芯的安装方向不同,上述两种阀都有正装与反装两种形式。当阀杆下移时,阀芯与阀座间的流通面积减小的称为正装;如果将阀芯倒装,则当阀杆下移时,阀芯与阀座间流通面积增大,称为反装。

3. 调节阀的流量特性

调节阀的流量特性是指介质流过控制阀阀门的相对流量与阀门的相对开度(即阀的

相对位移)之间的关系。其数学表达式为

$$\frac{Q}{Q_{\max}} = f\left(\frac{l}{L}\right) \tag{3-56}$$

式中:$Q/Q_{\max}$ 为相对流量,即调节阀某一开度流量 Q 与全开度流量 $Q_{\max}$ 之比;l/L 为相对开度,即调节阀某一开度行程 l 与全行程 L 之比。

从过程控制的角度看,流量特性是控制阀最重要的特性,它对整个过程控制系统的品质有很大影响。一般来说,通过改变控制阀阀芯与阀座间的流通截面积,便可实现对流量的控制,常用阀芯形状如图 3-30 所示。

流过调节阀的流量不仅与阀的开度(流通截面积)有关,而且还与阀门前后压力的大小有关。一个调节阀接在管路中工作时,阀门开度变化,则流量和阀门前后的压差也发生变化。所以,为了便于分析比较,先假定阀门压差固定,然后再讨论阀门在管路中实际工作的情况。

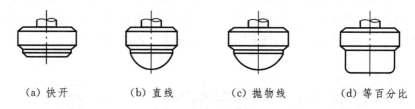

(a) 快开　　　(b) 直线　　　(c) 抛物线　　　(d) 等百分比

图 3-30　阀芯形状

1) 理想流量特性

当控制阀前后压差固定不变时得到的流量特性就称为理想流量特性,理想流量特性取决于阀芯的形状,不同的阀芯曲面得到的理想特性是不同的。理想流量特性主要有快开、直线、抛物线和等百分比 4 种,其相应的流量特性曲线如图 3-31 所示。

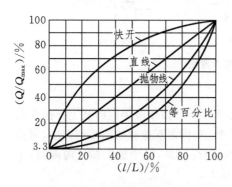

图 3-31　理想流量特性曲线

(1) 直线流量特性。控制阀的相对流量与阀芯的相对位移(开度)成直线关系(即单位位移变化所引起的流量变化是常数)称为直线流量特性。其数学表达式为

$$\frac{d(Q/Q_{\max})}{d(l/L)} = K \tag{3-57}$$

式中,K 为调节阀的放大系数。对式(3-57)积分,可得

$$\frac{Q}{Q_{\max}} = K\frac{l}{L} + c \quad (c \text{ 为积分常数}) \tag{3-58}$$

已知边界条件为:当 $l = 0$ 时,$Q = Q_{\min}$;当 $l = L$ 时,$Q = Q_{\max}$。把边界条件代入式

(3-58),可得

$$c = \frac{Q_{\min}}{Q_{\max}} = \frac{1}{R}, \quad K = 1-c = 1-\frac{1}{R}$$

把上述各个常数项代入式(3-58)即得

$$\frac{Q}{Q_{\max}} = \frac{1}{R}\left[1+(R-1)\frac{l}{L}\right] = \frac{1}{R}+\left(1-\frac{1}{R}\right)\frac{l}{L} \tag{3-59}$$

由式(3-58)可知,$Q/Q_{\max}$ 与 l/L 之间成线性关系(如图 3-31 中直线所示)。可见,直线特性调节阀的放大系数是一个常数,只要阀芯位移变化量相同时,则流量变化量也总是相同的。

由式(3-59)可见,当相对开度 l/L 变化 10% 时,所引起的相对流量 $Q/Q_{\max}$ 的增量总是 9.67%,但相对流量的变化量却不相同。现以相对开度是 10%、50%、80% 三点为例,分别计算其相对变化量。

在 10% 开度时,相对变化量为:$[(22.7-13)/13] \times 100\% = 75\%$;在 50% 开度时,相对变化量为:$[(61.3-51.7)/51.7] \times 100\% = 19\%$;在 80% 开度时,相对变化量为:$[(90.3-80.6)/80.6] \times 100\% = 11\%$。

可见,直线流量特性调节阀在小开度工作时,其相对流量的变化大,控制作用太强,易引起超调,产生振荡;而在大开度工作时,其相对流量的变化小,控制作用太弱,会造成控制作用不够及时。

(2)对数(等百分比)流量特性。将阀杆的相对位移变化所引起的相对流量变化与该点的相对流量成正比的特性称为对数(等百分比)流量特性。其数学表达式为

$$\frac{\mathrm{d}(Q/Q_{\max})}{\mathrm{d}(l/L)} = K\left(\frac{Q}{Q_{\max}}\right) = K_v \tag{3-60}$$

可见,控制阀的放大系数 K_v 随相对流量的增加而增大。对式(3-60)积分,并将上述的边界条件代入,整理可得

$$\frac{Q}{Q_{\max}} = R^{l/(L-1)} \tag{3-61}$$

为了和直线流量特性进行比较,同样以开度 10%、50%、80% 三点为例,分别计算其相对流量的变化量。

$$\frac{6.58-4.67}{4.67} \times 100\% = 40\% (在 10\% 开度时)$$

$$\frac{25.6-18.3}{18.3} \times 100\% = 40\% (在 50\% 开度时)$$

$$\frac{71.2-50.8}{50.8} \times 100\% = 40\% (在 80\% 开度时)$$

可见,对数流量特性的曲率是随着流量的增大而增大的,但是相对行程变化引起的流量相对变化值是相等的。对具有对数流量特性的控制阀而言,小开度时,放大系数 K_v 较小,控制平稳缓和;大开度时,放大系数 K_v 较大,控制及时有效。因此,从过程控制看,

利用对数流量特性是有利的。

(3) 抛物线流量特性。将相对流量与阀杆的相对开度成抛物线关系,即二次方关系的特性称为抛物线流量特性。其数学表达式为

$$\frac{\mathrm{d}(Q/Q_{\max})}{\mathrm{d}(l/L)} = K\sqrt{\frac{Q}{Q_{\max}}} \tag{3-62}$$

将式(3-62)积分后代入边界条件,可知相对流量与相对开度(位移)成二次方关系,如图 3-31 中抛物线曲线所示,它介于直线流量特性和对数流量特性之间,通常可用对数流量特性来代替。

(4) 快开流量特性。这种特性在小开度时流量就比较大,随着开度的增大,流量很快达到最大,故称为快开特性(如图 3-31 中快开曲线所示)。

快开特性的阀芯形状为平板型。当阀座直径为 d 时,其有效行程应在 $d/4$ 以内;当行程增大时,阀的流通截面就不再增大,不能起控制作用。

2) 工作流量特性

在实际应用中,控制阀与其他设备串联或并联安装在管道中,其前后的压差是变化的,此时的流量特性称为工作流量特性。理想流量特性会因控制阀前后压差遭受阻力损失而畸变成工作流量特性。

(1) 串联管道时的工作流量特性。调节阀与其他的设备串联工作时(如图 3-32 所示),调节阀上的压差是其总压差的一部分。当总压差 Δp 一定时,随着阀门开度增大,引起流量 Q 的增加,设备及管道上的压力降将随流量的二次方增长,如图 3-33 所示。这就是说,随着阀门开度的增大,调节阀前后的压差将逐渐减小。所以,在同样的阀芯位移下,此时的流量比调节阀前后保持压差不变的理想情况要小,但是在流量较大时,由于调节阀前后压差较小,调节阀的实际控制效果可能变得非常迟钝。对于其理想流量特性是一条直线的线性阀来说,由于串联阻力的影响,其实际的工作流量特性将变成图 3-34 所示的向上缓慢变化的曲线。此图中 $Q_{\max}$ 表示串联管道阻力为零时调节阀全开的流量,S 表示调节阀全开时阀门前后的压差 $\Delta p_{v\min}$ 与系统总压差 Δp 的比值。由图 3-34(a) 可知,当 $S=1$ 时,管道压降为零,调节阀前后的压差等于系统的总压差,故工作流量特性为理想流量特性。当 $S<1$ 时,由于串联设备管道阻力的影响,流量特性产生两个变化,一个是

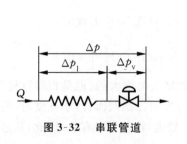

图 3-32　串联管道

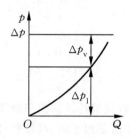

图 3-33　压力分布

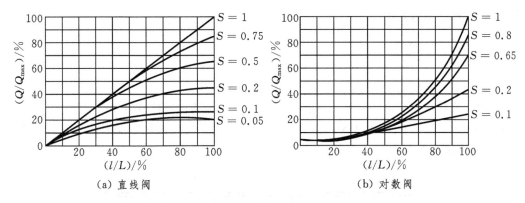

(a) 直线阀　　　　　　　　　　　(b) 对数阀

图 3-34　串联管道调节阀工作特性

调节阀全开时流量减小，即调节阀可调范围变小；另一个是流量特性成为凸形的曲线，理想直线特性变成快开特性。随着 S 值的减小，流量特性发生了很大畸变，直线特性趋于快开特性，等百分比特性趋近于直线特性。在实际使用中，一般希望 S 值不低于 $0.3 \sim 0.5$。

(2) 并联管道时的工作流量特性。在实际使用中，为了扩大量程或便于手动操作以及维护调节阀，一般都装有旁路阀，如图 3-35 所示。当生产量提高或流量不能满足工艺生产要求时，可以将旁路阀开大一些。此时调节阀的流量特性如图 3-36 所示。S' 为并联管道时调节阀全开流量与总管最大流量之比。

当 $S' = 1$ 时，即关闭旁路，调节阀工作流量特性为理想流量特性。随着旁路阀逐渐打开，即 S' 值逐渐减小时，系统可调范围大大下降，这将使调节阀所能控制的流量变化很小。所以，打开旁路阀时的调节阀控制效果不佳。根据实际的使用经验，旁路流量只能为总管流量的百分之十几，S' 值不能低于 0.8。

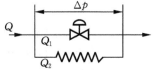

图 3-35　并联管道

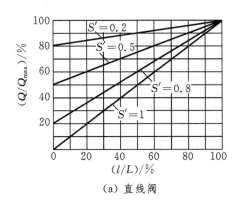
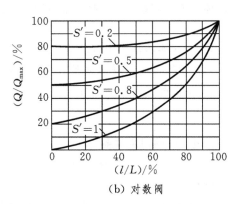

(a) 直线阀　　　　　　　　　　　(b) 对数阀

图 3-36　并联管道调节阀工作流量特性

3.4.3 气动执行器附件

1. 电／气转换器

在过程控制系统中,调节器常常采用电动的,而执行器(调节阀)采用气动的,此时必须将电信号转换成气信号,才能与气动执行器配合使用。

电／气转换器是将 $0\sim10$ mA 或 $4\sim20$ mA 的电流信号转换为气动单元组合仪表的统一标准信号 $0.02\sim0.1$ MPa。通过它可以组成电／气混合系统,以便发挥各自的优点,扩大其使用范围。电／气转换器的原理如图 3-37 所示。

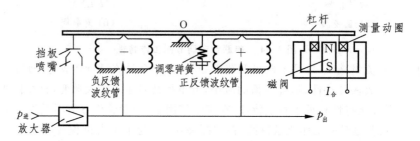

图 3-37 电／气转换器原理图

电／气转换器工作原理是力矩平衡。当 $0\sim10$ mA 的电流输入测量动圈时,动圈产生一个向上的电磁力,使杠杆绕支点作逆时针转动,挡板便靠近喷嘴,放大器输出 $0.02\sim0.1$ MPa 的气压信号,此气压一方面作为转换器输出,另一方面反馈到正、负两个波纹管中,产生 $0.02\sim0.1$ MPa 的气压信号。由于波纹管产生的负反馈力矩比动圈的作用力矩大得多,为此,设置了一个正反馈波纹管以便抵消一部分负反馈力矩。调零弹簧用以调整 $p_{出}$ 的起始值。

转换器相当于一个 1∶1 的放大器,只不过输入的是电信号。所以对快速响应系统(如液体压力控制系统)一般选用转换器,对于慢速响应系统一般选用电／气阀门定位器。

电／气转换器常用于电动单元组合仪表自动调节系统。气动执行器结构简单,性能稳定,动作可靠,维护方便,对现场条件要求低,并具有防火、防爆等优点,因而一般电动仪表调节系统都采用气动执行器,为此要在电动调节器和气动执行器之间接入电／气转换器。

2. 电／气阀门定位器

电／气阀门定位器是按力平衡原理设计的,其工作原理是在气动阀门定位器的基础上开发而成电流信号控制阀门定位器。其主要作用如下。

(1) 实现准确定位。使用阀门定位器可以克服阀杆的摩擦和消除调节阀不平衡力的影响,保证阀门位置按调节器输出信号正确定位。

(2) 改善调节阀的动态特性。利用阀门定位器,可以有效地克服气压信号的传递滞后,改变原来调节阀的一阶滞后特性,使之成为比例特性。

(3) 改变调节阀的流量特性。通过改变阀门定位器中反馈凸轮的几何形状可以改变调节阀的流量特性,即可使调节阀的直线流量特性与对数流量特性互换。

(4) 实现分程控制。当用一个调节器的输出信号分段分别控制两只气动执行器工作时,可用两个阀门定位器,使它们分别在信号的某一区段完成全行程动作,从而实现分程控制。

电/气阀门定位器的基本工作原理如图 3-38 所示,从电动调节器输出的电流信号输入到力矩马达组件的线圈时,在力矩马达的气隙中产生一个磁场,它与永久磁铁产生的磁场共同作用,使衔铁产生一个向左的力,主杠杆(衔铁)绕支点转动,挡板靠近喷嘴,喷嘴背压经放大器放大后,送入薄膜执行机构气室,使阀杆向下移动,并带动反馈杆绕支点转动,连接在同一轴上的反馈凸轮作逆时针方向转动,通过滚轮使副杠杆绕支点转动,并将反馈弹簧拉伸。当弹簧对主杠杆的拉力与力矩马达作用在主杠杆上的力矩相等时,杠杆系统达到平衡状态。此时,一定的信号电流就与一定的阀门位置相对应。弹簧用作调整零位。

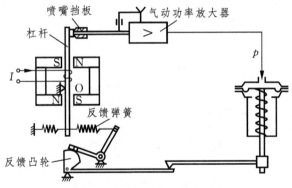

图 3-38 电/气阀门定位器原理

以上作用方式为正作用,若要改变作用方式,只要将凸轮翻转,A 向变成 B 向即可。所谓正作用,就是信号电流增加时,输出压力亦增加;所谓反作用,就是信号电流增加时,输出压力则减少。一台正作用执行机构只要装上反作用定位器,就能实现反作用执行机构的动作;相反,一台反作用执行机构只要装上反作用定位器,就能实现正作用执行机构的动作。

电/气阀门定位器是安装在阀门上现场使用的,故应采取安全防爆措施。除了将调节器输出的电流信号用安全栅隔离外,输入电路中的力线圈是储能元件,需用环氧树脂浇注固封,再加以双重续流保护,如图 3-39 所示。在正常工作时,保护二极管 VD_1 和 VD_2 导通,VD_3 和 VD_4 是截止的。当信号回路发生断线故障时,储存在力线圈中的电能可以使 VD_3 和 VD_4 正向导通,续流释放,从而使断线处的火花能量限制在安全火花的范围之内。

另外，这些保护二极管都布置在力线圈附近，与力线圈一起用硅橡胶进行二次灌封，实现密封隔爆措施。因而，电／气阀门定位器属于安全火花和隔爆复合型防爆结构。

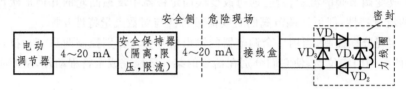

图 3-39　电／气阀门定位器的安全防爆措施

3.4.4　电动调节阀

电动调节阀接收调节器的输出电流信号，并转换为阀门开度。电动调节阀有别于电磁阀，电磁阀是利用电磁铁的吸合和释放对阀门进行通、断两种状态的控制，而电动调节阀是采用电动机对阀门开度进行连续的调节。

电动调节阀也由执行机构和阀门两部分组成，其中阀门部分和气动调节阀是相同的，不同的只是执行机构部分。因此，这里只介绍电动执行机构。

电动执行机构根据配用的阀门的不同要求，有直行程、角行程和多转式三种输出方式。电动执行机构一般采用随动系统的方案组成，如图 3-40 所示。

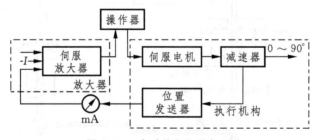

图 3-40　电动执行机构框图

调节器输出信号通过伺服放大器驱动伺服电机，经减速器带动调节阀，同时位置发送器将阀杆行程反馈给伺服放大器，组成位置随动系统。依靠位置负反馈，保证输入信号准确地转换为阀杆的行程。

伺服放大器的工作原理如图 3-41 所示，它由前置放大器和晶闸管驱动电路两部分组成。前置放大器是一个比较放大器，根据输入信号与反馈信号相比较后偏差的正负，输出正向或反向直流电压，使晶闸管触发电路 1 或 2 中的一个工作，发出触发脉冲，导通晶闸管，从而控制电机正转或反转。例如，当前置放大器输出电压的极性为 a(+)、b(−) 时，触发电路 1 工作，连续地发出触发脉冲，使晶闸管 VT_1 完全导通。由于 VT_1 接在二极管桥式整流器的直流端，它的导通使桥式整流器的 c、d 两端近于短接，故 220 V 的交流电压直接接到伺服电机的绕组上，另一路经分相电容 C_F 加到绕组 Ⅱ 上。由于绕组 Ⅱ 中的电流相位比绕组Ⅰ超前90°,因而形成旋转磁场,使电动机朝某个方向转动。反之,如果前置放大器的输出电压极性为 a(一)、b(+),则触发电路1截止,VT_1不通;而触发电路2控制VT_2完全导通,使电源电压直接加到电机绕组Ⅱ上,另一路经分相电容C_F加到绕组Ⅰ上。这样,绕组Ⅰ中的电流相位比绕组Ⅱ超前90°,电机朝相反方向转动。当VT_1和VT_2都不导通时,伺服电机不转动。这里晶闸管起无触点开关的作用。

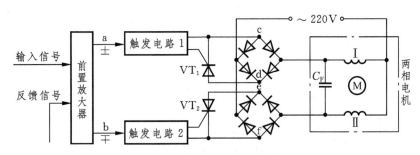

图 3-41　伺服放大器工作原理

伺服电机输出转速高、力矩小,必须经过减速器的减速才能推动调节机构。电动执行机构中常用的减速器有行星齿轮和蜗轮蜗杆两种,可以输出转角位移或直线位移。

随着电子技术的迅速发展,微处理器也被引入到调节阀中,出现了智能式调节阀,它集控制功能和执行功能于一体,可直接接受变送器来的检测信号,自行控制计算并转换为阀门开度。智能调节阀的主要功能如下。

(1) 控制及执行功能。可接受变送器来的检测信号,按预定程序进行控制运算,并将运算结果直接转变为阀门开度。

(2) 补偿及校正功能。可通过内置传感器检测的环境温度、压力等信号自动进行补偿及校正运算。

(3) 通信功能。可进行数字通信,操作人员可远程对信号进行检测、整定和修改参数。

(4) 诊断功能。智能调节阀的阀体和执行机构上都装有传感器,专门用于故障诊断;电路上也设计了各种监测功能。微处理器在运行中连续地对整个装置进行监测,发现问题立即执行预先设定的保护程序,自动采取措施并报警。

(5) 保护功能。无论是电源、机械部件、控制信号、通信或其他方面出现故障时,都会自动采取保护措施,以保证本身及生产过程安全可靠;还具有掉电保护功能,当外电源掉电时能自动用备用电池驱动执行机构,使阀位处于预先设定的安全位置。例如 Valtek 公司 20 世纪 90 年代末期推出的 STARPAC 型智能调节阀,其基本结构和功能如图 3-42 所示,其主要特点如下。

① 阀体的进出口部位和内部安装有压力、温度检测器,阀体内安装阀位检测器,气缸执行机构进出口安装空气压力检测器。这些检测器的输出信号都送到微处理器。

② 能进行压力、温度、流量的测量和自动控制。流量的测量是根据阀门开度所对应

流量系数值及阀门前后压差由微处理器进行计算,同时还可以对此流量进行温度补偿,也可构成串级控制回路。

③ 调节阀在运行过程中随时根据气缸进出口压力、阀位的变化以及温度、压差、流量等工艺参数的变化,分析调节阀的动态工作状态包括流量特性的变化,实时进行故障诊断,进行必要的调整和校准。

④ 具有事故预测、监视、报警及事故切断的程序,实现安全运行。

⑤ 与上位机控制系统(DCS、主计算机系统)的连接可任意选用 4～20 mA 的模拟信号或 RS485 串级数字信号这两种通信方式。采用数字通信方式进行组态、校准、数据检索与故障诊断等信息传输。

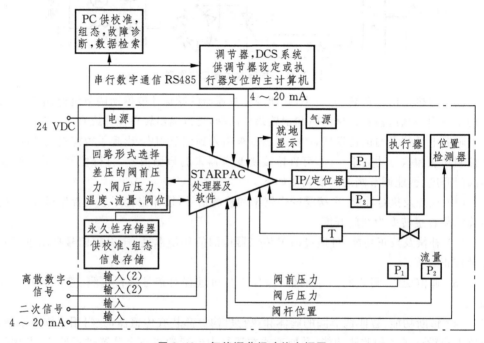

图 3-42　智能调节阀功能方框图

3.5　可编程序控制器

3.5.1　概述

可编程序控制器(PLC)是一种以微处理器为核心的新一代工业自动化控制装置,PLC 的基本功能如下。

(1) 逻辑控制功能。逻辑控制是 PLC 最基本的应用。它可以取代传统继电器控制装置,也可取代顺序控制和程序控制。逻辑控制功能实际上就是位处理功能。在 PLC 中一个逻辑位的状态可以无限次地使用,逻辑关系的变更和修改也十分方便。

(2) 闭环控制功能。PLC 具有 D/A 转换、A/D 转换、算术运算以及 PID 运算等功能,可以方便地完成对模拟量的处理。

(3) 定时控制功能。PLC 中有许多可供用户使用的定时器,定时器的设定值可以在编程时设定,也可在运行过程中根据需要进行修改,使用方便灵活。

(4) 计数控制功能。这是 PLC 最基本的功能之一。PLC 为用户提供了许多计数器,计数器的设定值可以在编程时设定,也可在运行过程中根据需要进行修改,PLC 据此可完成对某个工作过程的计数控制。

(5) 数据处理功能。PLC 可以实现算术运算、数据比较、数据传送、移位、数据转换、译码、编码等操作,有的还可实现开方、PID 运算、浮点运算等操作。

除此之外,PLC 还有步进控制功能、通信联网功能、监控功能以及停电记录功能和故障诊断功能等。

3.5.2 PLC 的基本组成和工作过程

1. PLC 的硬件组成

PLC 采用典型的计算机结构,主要由中央处理器、存储器、输入/输出模块、功能模块、电源、编程器等几个部分组成,如图 3-43 所示。

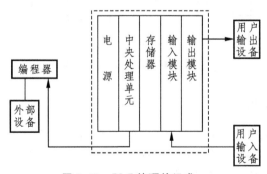

图 3-43 PLC 的硬件组成

2. PLC 的软件系统

1) 系统程序

系统程序是 PLC 赖以工作的基础,采用汇编语言编写,固化在 ROM 型系统程序存储器中,不需要用户干预。系统程序分为系统监控程序和解释程序。系统监控程序用于监视并控制 PLC 的工作,解释程序用于把用户的程序解释成微处理器能够执行的程序。

2) 用户程序

用户程序又称为应用程序,是用户为完成某一特定的控制任务,利用 PLC 的编程语言编制的程序,通过编程器输入到 PLC 的用户程序存储器中。为便于程序修改,一般在用户程序编制和调试以及试运行阶段,选用电池支持式 RAM 型用户程序存储器比较好;而在程序定型后,宜选用 EEPROM 型用户程序存储器。这样既能对程序进行少量调整,又避免了更换电池,可长期使用。

3. 编程语言

各种型号的 PLC 都有自己的编程语言。通常使用的有梯形图、语句表、逻辑符号图、顺序功能图以及高级编程语言等。

(1) 梯形图。梯形图语言是类似于继电器控制线路图的一种编程语言。

(2) 语句表。这是一种与汇编语言类似的助记符编程语言,其表达方式为

操作码　　　　　操作数
（指令）　　　　（数据）

4. PLC 的工作过程

PLC 的工作过程一般可分为三个主要阶段:输入采样(处理)阶段、程序执行阶段和输出刷新(处理)阶段,如图 3-44 所示。

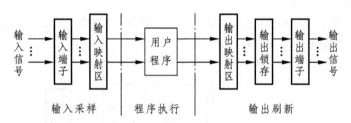

图 3-44　PLC 的工作过程

3.5.3　PLC 的选型和应用

PLC 的选型和应用是工程设计中重要的一环。目前,适用于工程应用的 PLC 种类繁多,性能各异。在实际工程应用中,进行系统的硬件设计应根据什么,机型选择应注意的性能指标以及模块的选择等都是比较重要的问题。在实际设计时,应根据工艺的要求进行选型,同时也应该考虑到系统的经济性和先进性。

1. PLC 的选型

(1) CPU 的选择;
(2) 输入／输出模块和智能模块的选择;
(3) 电源模块的选择。

2. PLC 控制系统设计的基本内容

(1) 对信号输入器件、输出执行器件以及显示器件进行选择。

(2) 根据执行机构的动作设计控制系统主回路。

(3) 进行 PLC 的选型，完成 I/O 分配，并绘制 PLC 的控制系统硬件原理图。

(4) 进行程序设计和模拟调试。检查硬件设计是否完整、正确，软件是否满足工艺要求。

思考题与习题

3-1　什么是调节器的控制规律？调节器有哪些基本控制规律？

3-2　双位调节规律是怎样的？有何优缺点？

3-3　比例调节为什么存在余差？

3-4　试写出积分调节规律的数学表达式。为什么积分控制能消除余差？

3-5　什么是积分时间？试述积分时间对控制过程的影响？

3-6　某比例积分控制器输入、输出范围均为 4～20 mA，若将比例度设为 100%，积分时间设为 2 min，稳态时输出调为 5 mA，某时刻，输入阶跃增加 0.2 mA。试问经过 5 min 后，输出将由 5 mA 变化到多少？

3-7　比例控制器的比例度对控制过程有什么影响？调整比例度时要注意什么问题？

3-8　理想微分调节规律的数学表达式是什么？为什么常用实际的微分调节规律？

3-9　试写出比例、积分、微分三作用调节规律的数学表达式、传递函数、阶跃响应曲线，并说明 P、I、D 各有何特点。

3-10　试分析比例、积分、微分控制规律各自的特点，积分和微分为什么不单独使用？

3-11　DDZ-Ⅲ 型基型控制器由哪几部分组成？各组成部分的作用如何？

3-12　DDZ-Ⅲ 型控制器的软手动和硬手动有什么区别？各用在什么条件下？

3-13　什么叫控制器的无扰动切换？在 DDZ-Ⅲ 型调节器中为了实现无扰动切换，在设计 PID 电路时采取了哪些措施？

3-14　在 PID 调节器中，比例度 δ、积分时间常数 T_I、微分时间常数 T_D 分别具有什么含义？在调节器动作过程中分别产生什么影响？若将 T_I 取 ∞、T_D 取 0，分别代表调节器处于什么状态？

3-15　什么是调节器的正作用和反作用？在电路中是如何实现的？

3-16　调节器的输入电路为什么要采取差动输入方式？输出电路是怎样将输出电压转换成 4～20 mA 电流的？

3-17　执行器有哪些类型？简述各自的原理、特点，并说明应用中应考虑哪些问题。

第4章 被控对象的数学模型

本章介绍单输入/单输出、集中参数、线性或可线性化的被控对象的数学模型的建立;分析了典型工业过程的动态特性类型、过程特性参数的物理意义及对控制通道、扰动通道的影响;分别介绍被控过程的机理建模和"广义对象"的实验建模方法。要求掌握一阶对象、二阶对象的理论建模方法、一阶加滞后对象的试验建模方法。

要设计一个控制性能良好的过程控制系统,首先要了解和掌握被控对象的特性,而用数学方法对过程特性进行描述就是被控对象的数学模型。被控对象的数学模型在过程控制系统的分析与综合中起着至关重要的作用。本章在介绍被控对象数学模型的基本概念、作用和要求的基础上,详细阐述利用机理法和实验法建模的原理、方法和步骤。

4.1 被控对象的数学模型

在过程控制系统中,对于控制仪表及装置的特性的研究已经很多,它们的数学模型变化较少。与之相比,被控对象要复杂得多,不同的控制系统,其被控对象的差异很大。因此,需要重点研究的是被控对象的数学模型的建立。

4.1.1 被控对象的数学模型

被控对象就是正在运行着的各种各样的被控制的生产工艺设备,例如各种加热炉、锅炉、发酵罐、热处理器、精馏塔等。

被控对象的数学模型就是被控对象的动态特性的数学表达式,即被控对象的输出量(被控量)在输入量(控制量和扰动量)作用下变化的数学关系式。

数学模型的分类方法很多,根据输入变量的特点可分为自动调整系统、程序控制系统、随动系统(伺服控制系统),根据系统数学性质的不同可分为线性系统和非线性系统,根据时间信号的不同方式可分为连续系统与离散系统,根据输入信号和输出信号的个数可分为单输入/单输出系统与多输入/多输出系统,还可分为确定系统与不确定系统以及集中参数系统和分布参数系统等。本章只介绍单输入/单输出、集中参数、线性或可线性化的被控对象的数学模型。

4.1.2 被控对象数学模型的作用

现代生产过程规模庞大、系统复杂,要对生产过程进行自动控制系统设计、最优控制以及控制参数整定,都要建立被控对象的数学模型。被控对象的数学模型的作用主要体现在以下几个方面。

1) 设计过程控制系统和控制器参数整定

在设计过程控制系统时,选择控制变量和控制通道、制定控制方案、分析控制质量、检测仪表、探讨最佳工况、控制参数的整定以及控制算法的设计等等,均是以被控对象的数学模型为重要依据的。例如,前馈控制和预测控制等过程,控制系统都是以被控对象的数学模型为基础进行设计的。

2) 指导设计生产工艺设备

通过对生产工艺设备数学模型的分析和仿真,可以确定有关因素对整个被控对象动态特性的影响,进而实现对生产工艺设备的合理设计和优化操作的指导。

3) 进行仿真试验研究

对于一些复杂庞大的设备进行破坏性试验和对一些特殊过程进行试验,如大型火电机组和核电站等,可以通过计算机利用数学模型进行仿真试验研究,既可以节省时间和费用,也可以加快过程控制系统的设计与调试。

4) 实施工业过程的优化

要实现工业过程的最优控制,必须充分掌握被控对象的数学模型。如要提高复合控制的控制质量,就必须掌握调节通道和干扰通道特性的数学模型;要进行解耦控制,就必须了解各个控制通道的耦合特性。没有准确可靠的数学模型,就无法实行控制方案的优化,也就无从实现最优控制。

5) 实现工业过程的故障检测和诊断

通过利用被控对象的数学模型,进行生产过程的故障检测与诊断,可以及时发现系统的故障及故障发生的原因,并提供正确有效的解决途径。

6) 培训系统运行操作人员

对于一些复杂的大型现代化生产过程(如大型火电机组等),一般都需要对操作人员进行上岗前的实际操作培训,以使控制系统能够更好地运行。在已知被控对象数学模型的基础上,利用仿真技术建立仿真培训系统,可以快速、安全和有效地培训工程技术人员和操作工人,同时还可以利用仿真系统,来制定和验证在可能的突发情况下的应急处理和操作方案。

4.1.3 被控对象数学模型的要求

实际生产工艺的特性是非常复杂的,为了建立被控对象的数学模型,有时需要做一些合理的假设,并在此假设条件下,得到被控对象的数学模型。作为被控对象的数学模型,要求准确可靠,而且简单实用。如果数学模型过于复杂,需要计算的模型参数必然很多。在计算过程中,由于近似处理和误差积累,可能使所得到的参数精度以及数学模型的准确性得不到保证;而且在进行前馈控制、解耦控制等控制时,控制规律和控制算法会比较复杂,因而难以实现。

在线运用的数学模型还有一个实时性的要求,它与准确性要求往往是矛盾的。如果数学模型过于复杂,控制系统进行在线参数整定与系统优化的计算量就很大。为了保证实时性,必须配备相应的高速在线运算设备,因此增加了控制系统的复杂性和成本。

闭环控制本身具有一定的鲁棒性,因为模型的误差可以视为干扰,而闭环控制在某种程度上具有自动消除干扰的能力。所以,用于控制的数学模型一般并不要求非常准确。

在过程控制中实际应用的数学模型(传递函数)的阶次一般不高于三阶,通常采用的是带有纯滞后的一阶惯性环节和带有纯滞后的二阶振荡环节的形式,其中最常用的是带有纯滞后环节的一阶惯性环节形式。

4.2 被控对象数学模型的建立

4.2.1 机理法建模

机理法建模就是根据生产过程中实际发生的变化机理,写出各种相关的平衡方程,如物质平衡方程、能量平衡方程、动量平衡方程、相平衡方程,以及反映流体流动、传热、化学反应等基本规律的运动方程、物性参数方程和某些设备的特性方程,从中获得所需的被控过程的数学模型。

由上可见,利用机理法建模首先必须对生产过程的机理有充分的了解,并且能够比较准确地用数学语言进行描述,如果缺乏充分可靠的先验知识,就无法得到正确的数学模型。机理法建模的最大特点是,当生产设备还处于设计阶段就能建立其数学模型。因为该模型的参数直接与设备的结构、性能参数有关,所以对新设备的研究和设计具有重要的意义。

采用机理法建模时,利用物质与能量平衡关系以及相应的物理、化学定理,列写出相应的(代数、微分)方程,并进行一定的运算、变换,即可得到需要的传递函数。一般情况下,由机理推导的微分方程往往比较复杂,此时就需要对模型进行简化,以获得实用的数学模型。简化模型的方法有以下三种:一是在开始推导时就引入简化假定,使推导出的方程在符合过程主要客观事实的基础上尽可能简单;二是在得到较复杂的高阶微分方程时,用低阶的微分方程或差分方程来近似;三是对得到的原始方程利用计算机仿真,得到一系列的响应曲线(阶跃响应曲线或频率特性),根据这些特性,再用低阶模型去近似。如有可能,要对所得的数学模型进行验证,若与实际过程的响应曲线差别较大,则需要进行修改和完善。

在实际中,很多被控对象的内在机理比较复杂,人们对其过程变化机理知之甚少,此时,就不能用机理法得到相对简洁的数学模型。随着计算机技术的发展,对被控对象数学模型的研究得到了迅速的发展,只要机理清楚,就可以利用计算机求解出各种复杂过程的数学模型。

4.2.2 实验法建模

实验法建模是根据被控对象输入/输出的实验测试数据,通过数学处理后得出数学模型,此方法又称为系统辨识。用实验法建模时,可以在不十分清楚被控对象内部机理的情况下,把被控对象视为一个黑匣子,完全通过外部实验测试来描述其特性。

系统辨识是根据测试数据确定模型结构(包括形式、方程阶次以及时滞情况等),在已定模型结构的基础上,再由测试数据确定模型的参数,也称为参数估计。系统辨识首先应明确数学模型的应用目的以及相应的要求。因为应用目的的不同,对模型的形式要求也不同;其次应掌握足够多的验前知识。验前知识越丰富,辨识就越容易,也就越容易快速得到正确结果。

实验设计包括:输入信号的幅值和频谱、采样周期、总的测试时间、信号发生、数据存储、计算装置等因素的选取和确定。

辨识方法应用是指用阶跃响应、频率响应、频谱分析、相关函数或参数估计等方法来建立过程的数学模型。对于模型结构,包括模型形式、时滞情况及方程阶次的确定等,通常总是先作假定,再通过实验加以验证。例如,先假设为二阶,可得到一组估计参数;再假定为三阶,又可得到一组估计参数,然后根据估计参数和输入求取模型的输出,哪种模型的估计误差最小又最简单,就作为被选的结构。

模型验证可采用自身验证和交叉验证的方法。自身验证是把在测试时所得同一输入下实际过程的输出与模型的计算输出相比较;而交叉验证则要多进行一次测试,即把另一组输入下实际过程的输出与模型的计算输出加以比较。一般而言,交叉验证方式比自身验证方式所得的结论更可靠。

如果采用上述步骤后,所得模型不能满足精度要求,则要重新修正实验设计和假定结构,反复多次,直到满足要求为止。

用实验法建模一般比机理法简单,通用性强,尤其对复杂的生产过程,其优势更加明显。如果机理法和实验法两者都能达到同样的目的时,一般优先选择实验法。

4.2.3 机理法建模与实验法建模相结合

当用单一的机理法或实验法建立复杂的被控对象的数学模型比较困难时,可采用将机理法和实验法相结合的方法来建立数学模型。通常有两种方法,一种是部分采用机理法推导相应部分的数学模型,该部分往往是工作机理非常熟悉的部分;对于其他尚不熟悉或不能肯定的部分则采用实验法得出其数学模型。这种方法可以大大减少全部采用实验法建模的工作难度,适用于多级过程。另一种是先通过机理分析确定模型结构形式,再通过实验数据来确定模型中各个参数的具体数值。这种方法实际上是机理法建模和参数估计两者的结合。

4.3　机理法建立被控对象的数学模型

4.3.1　基本原理

工业生产过程中的工业窑炉、精馏塔、反应器、物料输送装置等设备都是过程控制中的被控对象。被控参数有温度、压力、液位、成分、湿度和 pH 值等。从控制的角度看,尽管过程控制中被控对象各种各样,但它们在本质上有许多相似之处,其中最重要的特点是它们都是关于物质和能量的流动与转换,而且被控参数和控制变量的变化都与物质和能量的流动与转换有着密切的关系,这正是机理法建模的主要依据。

如果把被控对象看做是一个相对独立的隔离体,其流入量为从外部流入被控对象的物质或能量流量,其输出量为从被控对象流出的物质或能量流量。

从机理出发,用理论的方法得到被控对象数学模型,主要是依据物料平衡和能量平衡的关系,一般用下式表示:

单位时间内进入对象的　－　单位时间内由对象流出的　＝　系统内物料(或能量)
　　物料量(或能量)　　　　　　物料量(或能量)　　　　　　蓄藏量的变化率

如果单位时间内被控对象流入量等于流出量,过程处于稳定工况,此时,其各种状态变量和参数也都稳定不变,这种平衡状态即为静平衡。如果流入量不等于流出量,被控对象物质与能量的静平衡遭到破坏,这时处于动态平衡。被控对象内部存储量的变化必然导致某一个状态变化,并通过相应的参数变化体现出来。

机理法建模物理概念清楚,不但可以得到过程输入变量和输出变量之间的关系,也可以得到一些内部状态和输入/输出之间的关系,使人们对被控对象有一个比较清晰的了解,故也称之为"白箱模型"。

机理法建模的基本步骤如下。

(1) 根据建模过程和模型使用目的进行合理假设。任何数学模型都有一定的假设条件,由于模型的应用场合与要求不同,假设条件也不同,所以同一个被控对象最终所得的模型有可能不同。

(2) 根据被控对象的结构以及工艺生产要求进行基本分析,确定被控对象的输入变量和输出变量。

(3) 根据被控对象的内在机理,列写初始动态方程组。被控对象建模的主要依据是物料和能量的动态平衡关系;其次是被控对象内部发生的物理、化学变化应遵循的定律和相关的动量平衡方程、相平衡方程;还有反映流体流动、传热、化学反应等规律的运动方程、物性方程和某些设备的特性方程等,通过这些方程式就可以得到描述被控对象动态特性的方程组。

(4) 消去中间变量,得到只含有输入变量和输出变量的微分方程式或传递函数。在建立被控对象的动态模型时,输出变量 y 和输入变量 u 之间的关系可以有三种不同的表示形式,既可以用实际值 y 和 u 表示,也可以用增量形式 Δy 和 Δu 表示,还可以用无量纲形式 Y 和 U 表示。

(5) 在满足控制工程要求的前提下,对动态数学模型进行必要的简化。如果微分方程式是非线性的,则对其进行线性化处理。从工程应用的角度而言,模型尽可能的简单是十分必要的。

如果推导出被控对象的数学模型是一阶微分方程式,则称这类被控对象具有一阶特性;如果数学模型是二阶微分方程,则称这类被控对象具有二阶特性;以此类推。

4.3.2 单容过程的数学模型

单容过程是指只有一个储存容量的过程。单容过程可以分为自平衡单容过程和无自平衡单容过程。

1. 自平衡单容过程

所谓自平衡过程,是指被控对象在扰动作用下,平衡状态被破坏后,不需要操作人员或仪表的干预,依靠自身能够恢复平衡的过程。

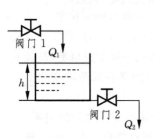

图 4-1 单容液位控制过程

某单容液位控制过程如图 4-1 所示,其流入量为 Q_1,其大小由阀门 1 的开度控制。流量 Q_2 取决于用户的需要,其大小由阀门 2 的开度控制。设储存罐中液位的高度 h 为被控量,即输出,流入量 Q_1 为输入。下面建立其输入/输出关系的数学模型。

根据物料平衡关系,即在单位时间内储存罐的液体流入量与液体流出量之差,应等于储存罐中液体储藏量的变化率,故有

$$Q_1 - Q_2 = \frac{dV}{dt} \tag{4-1}$$

式中,dV/dh 是液体储藏量的变化率。其中,$V = A \cdot h$,A 是横截面积,为常量,$dV/dt = A dh/dt$,即

$$\frac{dh}{dt} = \frac{1}{A}(Q_1 - Q_2) \tag{4-2}$$

由式(4-2)可知,液位变化 dh/dt 由两个因素决定,一个是储存罐的截面积 A,另一个是流入量与流出量之差 $Q_1 - Q_2$。A 越大,dh/dt 越小;$Q_1 - Q_2$ 越大,dh/dt 越大。

在过程控制系统中,被控对象一般都有储存物料或能量的能力,储存能力的大小通

常用容量或容量系数表示，其表示符号为 C，其物理意义是引起单位被控量变化时被控对象储存能量或物料量变化的大小。

当单容液位控制过程平衡时，$Q_{10} = Q_{20}$，$h = h_0$，$\mathrm{d}h/\mathrm{d}t = 0$。若以增量形式表示各变量相对于稳态值的变化量，可得

$$\Delta Q_1 - \Delta Q_2 = A \frac{\mathrm{d}\Delta h}{\mathrm{d}t} \tag{4-3}$$

式中：$\Delta h = h - h_0$；$\Delta Q_1 = Q_1 - Q_{10}$；$\Delta Q_2 = Q_2 - Q_{20}$。

当 Q_1 发生变化时，h 随之发生变化，使储存罐出口处的静压及 Q_2 也发生变化。假设 Q_2 与 h 近似成线性正比关系，与阀门2处的液阻 R 成反比关系，则有 $\Delta Q_2 = \Delta h/R$，于是有

$$RC \frac{\mathrm{d}\Delta h}{\mathrm{d}t} + \Delta h = R\Delta Q_1$$

对上式取拉普拉斯变换，可得液位变化量 Δh 与流入量 ΔQ_1 之间的传递函数为

$$\frac{H(s)}{Q_1(s)} = \frac{R}{RCs + 1} \tag{4-4}$$

令 $T = RC$，$K = R$，可得

$$G(s) = \frac{H(s)}{Q_1(s)} = \frac{K}{Ts + 1} \tag{4-5}$$

式中：T 为过程时间常数；K 为过程放大系数。

下面讨论液位控制过程的阶跃响应。当输入量有一阶跃变化 ΔQ_1 时，求解式(4-5)，就能得出液位的变化量

$$\Delta h = K\Delta Q_1(1 - \mathrm{e}^{-t/T}) \tag{4-6}$$

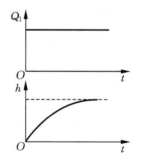

图 4-2 单容液位控制过程阶跃响应

液位变化曲线如图4-2所示。当 $t \to \infty$ 时，液位变化趋于稳态值 $\Delta h(\infty) = K\Delta Q_1$。在该过程中，输入量的变化经过储存罐这个对象后，放大了 K 倍，成为输出量的变化值，故称 K 为放大系数。液阻 R 不但影响液位过程的时间常数 T，而且影响放大系数 K；而容量系数 C 仅影响液位过程的时间常数 T。时间常数 T 是表征液位过程响应快慢的重要参数。

2. 无自平衡单容过程

所谓无自平衡过程，是指受扰过程的平衡状态被破坏后，在没有操作人员或仪表等干预下，依靠被控过程自身能力不能重新回到平衡状态的过程。

在图4-1中，如果将阀门2换成定量泵，使 Q_2 在任何情况下都保持不变，即与液位 h 的大小无关，如图4-3所示，则有

$$Q_1 - Q_2 = C \frac{\mathrm{d}h}{\mathrm{d}t}$$

式中，$Q_1 = Q_{10} + \Delta Q_1$，$Q_2 = Q_{20} + \Delta Q_2$，$\Delta Q_2 = 0$

故有

$$C \frac{\mathrm{d}\Delta h}{\mathrm{d}t} = \Delta Q_1$$

对上式取拉普拉斯变换,可得液位变化量 Δh 与流入量 ΔQ_1 之间的传递函数为

$$G(s) = \frac{H(s)}{Q_1(s)} = \frac{1}{Ts} \tag{4-7}$$

式中,$T = C$ 为被控对象的积分时间常数。

无自平衡单容过程阶跃响应曲线如图 4-4 所示。当输入发生阶跃扰动后,输出量将无限制地变化下去,不会停止。这与实际物理过程是相吻合的,因为当流入量 Q_1 阶跃变化后,液位 h 将随之而变,而流出量不变,所以储存罐的液位 h 要么一直上升直至液体溢出,要么一直下降直至液体被抽干。

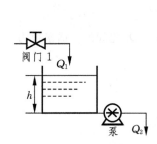
图 4-3 无自平衡单容液位过程

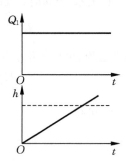
图 4-4 无自平衡单容液位过程阶跃响应

当过程具有纯滞后时,如图 4-5 所示,有自平衡过程的传递函数为

$$G(s) = \frac{H(s)}{Q_1(s)} = \frac{K}{Ts+1}e^{-\tau s} \tag{4-8}$$

式中,τ 为过程的纯滞后时间。有纯滞后的单容液位过程阶跃响应如图 4-6 所示。无自平衡过程的传递函数为

$$G(s) = \frac{H(s)}{Q_1(s)} = \frac{1}{Ts}e^{-\tau s} \tag{4-9}$$

除了单容液位过程以外,具有一个储存容量的单容过程都具有相似的动态特性,如单容温度过程、单容压力控制、单容浓度控制等都属于这类单容过程。

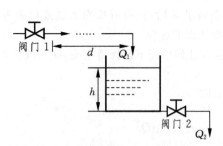
图 4-5 有纯滞后的单容液位过程

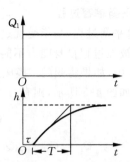
图 4-6 有纯滞后的单容液位过程的阶跃响应

4.3.3 多容过程的数学模型

具有一个以上存储容量的过程称为多容过程。在实际生产过程中,被控对象大多具有一个以上的存储容量。

如图 4-7 所示的液位过程由管路分离的两个储存罐组成,称为双容过程。不计两个储罐之间管路所造成的时间延迟,以阀门 1 的流量 Q_1 为输入量,以第二个储存罐的液位 h_2 为输出量,求双容过程的数学模型。

根据物料平衡关系,可以列写出下列增量方程

$$\Delta Q_1 - \Delta Q_2 = C_1 \frac{\mathrm{d}\Delta h_1}{\mathrm{d}t}, \quad \Delta Q_2 = \frac{\Delta h_1}{R_2}$$

$$\Delta Q_2 - \Delta Q_3 = C_2 \frac{\mathrm{d}\Delta h_2}{\mathrm{d}t}, \quad \Delta Q_3 = \frac{\Delta h_2}{R_3}$$

式中:Q_1、Q_2、Q_3 分别为流过阀门 1、阀门 2、阀门 3 的流量;h_1 和 h_2 分别为储存罐 1 和储存罐 2 的液位;C_1 和 C_2 分别为其溶液系数;R_2 和 R_3 分别为阀门 2 和阀门 3 的液阻。

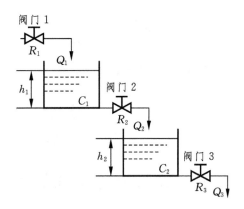

图 4-7 分离式双容液位过程

对上式进行拉普拉斯变换,整理可得双容过程的数学模型为

$$G(s) = \frac{Q_2(s)}{Q_1(s)} \cdot \frac{H_2(s)}{Q_2(s)} = \frac{1}{T_1 s + 1} \cdot \frac{R_3}{T_2 s + 1} = \frac{K}{(T_1 s + 1)(T_2 s + 1)} \quad (4-10)$$

式中,$T_1 = R_2 C_1$,$T_2 = R_3 C_2$,$K = R_3$。

图 4-8 为双容过程的阶跃响应曲线。由图可见,与自平衡单容过程的阶跃响应曲线相比,双容过程的单位阶跃响应曲线从一开始就变化较慢。这是因为在两个储存罐之间存在液体流通阻力,延缓了输出量的变化。显然,如果依次相接的储存罐越多,过程容量越大,这种延缓就会越长。另外,若储存罐 1 与储存罐 2 之间管道长度有延迟 τ,则传递函数为

$$G(s) = \frac{K}{(T_1 s + 1)(T_2 s + 1)} \mathrm{e}^{-\tau s} \quad (4-11)$$

若将阀门 3 改为定量泵,使该过程的输出量与液位的高低无关,则无自平衡双容过程的传递函数为

$$G(s) = \frac{K}{(T_1 s + 1) T_C s} \quad (4-12)$$

式中,$T_C = C_2$。

若将图 4-7 改为如图 4-9 所示的串接并联形式,则 Q_2 的大小不仅与液位 h_1 有关,而且与后接储存罐的液位 h_2 也有关。此时过程的传递函数为

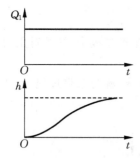
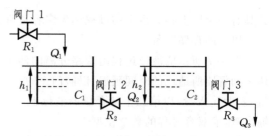

图 4-8　自平衡双容液位过程　　　　图 4-9　串接双容液位过程

$$G(s) = \frac{H_2(s)}{Q_1(s)} = \frac{K_0}{T_1 T_2 s^2 + (T_1 + T_2 + T_{12})s + 1} \tag{4-13}$$

式中，$T_1 = R_2 C_1, T_2 = R_3 C_2, T_{12} = R_3 C_1, K_0 = R_3$。

4.4　实验法建立被控对象的数学模型

许多工业过程内部的工艺过程复杂，通过分析过程的工作机理、物料或能量平衡关系，按机理建立被控过程的微分方程非常困难，即使可以用机理法建模，也要在一些假设和近似的条件下进行推导，所建模型与实际情况必有一些差距，其精度也会受到影响。此时用机理法得到的数学模型，需通过实验来进行验证和改进。而当实际被控过程比较复杂，无法用机理分析得到可用的数学模型时，就只有依靠实验测试方法来建模。

与机理法建模相比，实验法建模的主要特点是在预先设计一个合理的测试方案下，无须深入了解被控过程机理，只通过实验数据就可获得被控对象的数学模型。对于一些复杂的工业过程，测试方案设计显得尤为重要。

为了获得动态特性，必须加入激励信号使被控对象处于被激励的状态。根据加入的激励信号和数据的分析方法不同，测试被控对象动态特性的实验方法有以下几种。

(1) 时域方法。该方法是通过给被控对象加上阶跃输入，测出被控对象的阶跃响应曲线，由响应曲线求出被控对象的传递函数。这种方法测试设备简单，测试工作量小，应用广泛，其缺点是测试精度不高。

(2) 频域方法。该方法是通过对被控对象施加不同频率的正弦波，测出输入变量与输出变量的幅值比和相位差，获得被控对象的频率特性，最后由频率特性求得被控对象的传递函数。这种方法在原理和数据处理上都比较简单，测试精度比时域法高，但需用专门的超低频测试设备，测试的工作量较大。

(3) 统计相关法。该方法是通过对被控对象施加某种随机信号或直接利用被控对象输入端自身存在的随机噪声进行观察和记录，应用统计相关分析法研究被控对象的动态特性。这种方法可以在生产过程正常运行状态下进行，可在线辨识，精度也较高。但统计相关分析法要求积累大量数据,并要用相关仪表或计算机对这些数据进行处理。

上述方法测试的动态特性是以时间或频率为自变量的实验曲线,称为非参数模型。因此,以上三种方法也称为非参数模型辨识方法,或称经典辨识方法,这类方法假定被控对象是线性的,且不必事先确定模型的具体结构,可适用于任意复杂的过程,应用广泛。

此外,还有一些参数模型辨识方法,称为现代辨识方法。这类方法必须假定一种模型结构,通过极小化模型与被控对象之间的误差准则函数来确定模型的参数。它可分为最小二乘法、梯度校正法、极大似然法三种类型。

4.4.1 阶跃响应曲线法建立被控对象的数学模型

阶跃响应曲线法是对处于开环、稳态的被控对象,使其控制输入量产生一阶跃变化,测得被控过程的阶跃响应曲线,然后再根据阶跃响应曲线,求取被控对象输入与输出之间的动态数学关系 —— 传递函数。

直接测定阶跃响应曲线的原理很简单,即在被控对象处于开环、稳态时,通过手动或遥控装置使被控对象的输入变量(一般是调节阀)产生阶跃变化,用记录仪或数据采集系统记录被控过程输出的变化曲线,直至被控对象进入新的稳态,所得到的记录曲线就是被控对象的阶跃响应曲线。

1. 测试时应注意的问题

为了得到可靠的测试结果,应注意以下几点。

(1) 实验测试前,被控对象应处于相对稳定的工作状态。否则,就容易将被控对象的其他动态变化与实验时的阶跃响应混淆在一起,影响辨识结果。

(2) 输入的阶跃变化量不能太大,以免对正常的生产造成影响,但也不能太小,以防其他干扰影响的比重相对较大。一般阶跃变化在正常输入信号最大幅值的 5%～15% 之间,通常取 10%。

(3) 完成一次实验测试后,应使被控对象恢复到原来工况并稳定一段时间,再进行第二次实验测试。

(4) 在相同条件下应重复几次实验,从测试结果中选择两次以上比较接近的响应曲线作为分析依据,以减少随机干扰因素的影响。

(5) 分别对阶跃输入信号为正、反两种变化情况的实验进行对比,以反映非线性对被控对象的影响。

对过程控制系统进行分析、设计或参数整定时,仅有被控对象的阶跃响应曲线是不够的,还需要通过阶跃响应曲线,求出被控过程的传递函数。由阶跃响应曲线求传递函数,首先要根据被控对象阶跃响应曲线的形状,选定模型传递函数的形式,然后再确定具体参数。在工业生产中,大多数对象的过渡过程都是有自平衡能力的非振荡衰减过程,其传递函数可以用一阶惯性环节加滞后、二阶惯性环节加滞后或 n 阶惯性环节加滞后几种形式来近似,如

$$G(s) = \frac{K}{Ts+1} \text{ 或 } G(s) = \frac{K}{Ts+1}e^{-\tau s} \tag{4-14}$$

$$G(s) = \frac{K}{(T_1s+1)(T_2s+1)} \text{ 或 } G(s) = \frac{K}{(T_1s+1)(T_2s+1)}e^{-\tau s} \tag{4-15}$$

$$G(s) = \frac{K}{(Ts+1)^n} \text{ 或 } G(s) = \frac{K}{(Ts+1)^n}e^{-\tau s} \tag{4-16}$$

对于无自平衡特性的被控对象,可以选用以下传递函数近似

$$G(s) = \frac{1}{Ts} \text{ 或 } G(s) = \frac{1}{Ts}e^{-\tau s} \tag{4-17}$$

$$G(s) = \frac{K}{T_1s(T_2s+1)} \text{ 或 } G(s) = \frac{K}{T_1s(T_2s+1)}e^{-\tau s} \tag{4-18}$$

$$G(s) = \frac{K}{T_1s(T_2s+1)^n} \text{ 或 } G(s) = \frac{K}{T_1s(T_2s+1)^n}e^{-\tau s} \tag{4-19}$$

2. 传递函数的选用

对于具体的被控对象,传递函数形式的选用一般从以下两方面考虑。

(1) 根据被控对象的先验知识,选用合适的传递函数形式;

(2) 根据建立数学模型的目的及对模型的准确性要求,选用合适的传递函数形式。

在满足精度要求的情况下,尽量选用低阶传递函数的形式。大量的实际工业过程一般都采用一、二阶传递函数的形式来描述。

确定了传递函数的形式之后,由阶跃响应曲线来求取被控对象动态特性的特征参数,包括放大系数 K、时间常数 T_i、迟延时间 τ 等,然后就可确定被控过程的数学模型(传递函数)。

3. 确定传递函数的方法

下面就被控对象的阶跃响应曲线的情况,给出确定传递函数参数的方法。

(1) 由阶跃响应曲线确定一阶惯性环节的特性参数。

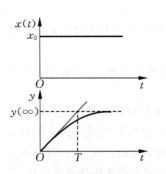

图 4-10 一阶无滞后惯性环节阶跃响应曲线

如果对象的阶跃响应曲线如图 4-10 所示,$t=0$ 时的曲线斜率最大,之后斜率减小,逐渐上升到稳态值 $y(\infty)$,则该响应曲线可用一阶惯性环节来近似。此时,需要确定的参数只有 K 和 T。

假设阶跃输入的变化量为 x_0,则一阶惯性环节的阶跃响应为

$$y(t) = Kx_0(1-e^{-t/T}) \tag{4-20}$$

式中:K 为过程的放大系数;T 为时间常数。

需要指出的是,由于实验一般是在对象正常工作下进行的,只是在原来输入的基础上叠加了 x_0 的阶跃变化量,所以式(4-20)所表示的输出表达式是对应原来输出

值基础上的增量表达式。因此,用输出测量数据作阶跃响应曲线,应减去原来的正常输出值。图 4-10 所示的阶跃响应曲线,是以原来的稳态工作点为坐标原点的增量变化曲线。以后不加特别说明,都是指这种情况。

对于式(4-20),有
$$y(t)\mid_{t\to\infty}=y(\infty)=Kx_0$$
$$K=\frac{y(\infty)}{x_0} \tag{4-21}$$

又
$$\frac{\mathrm{d}y}{\mathrm{d}t}\Big|_{t=0}=\frac{Kx_0}{T} \tag{4-22}$$

以此斜率作切线,切线方程为 $y(t)=(Kx_0/T)t$,当 $t=T$ 时,有
$$\frac{Kx_0}{T}t\Big|_{t=T}=Kx_0=y(\infty) \tag{4-23}$$

由上可见,由阶跃响应曲线确定传递函数参数 K 和 T 的过程为:由阶跃响应曲线定出 $y(\infty)$,然后根据式(4-21)确定 K 值,再在阶跃响应曲线的起点 $t=0$ 处作切线,该切线与 $y(\infty)$ 的交点所对应的时间即为 T。T 也可根据测试数据直接计算求得。已知
$$y(t)=y(\infty)(1-\mathrm{e}^{-t/T}) \tag{4-24}$$

令 t 分别为 $T/2$、T、$2T$,则
$$y(T/2)=39\%\cdot y(\infty),y(T)=63\%\cdot y(\infty),y(2T)=86.5\%\cdot y(\infty)$$

这样,在阶跃响应曲线上找到上述几个数据所对应的时间 t_1、t_2 和 t_3,就可计算出 T。如果由 t_1、t_2 和 t_3 分别取的 T 数值有差异,可以用求平均值的方法对 T 加以修正。

(2) 由阶跃响应曲线确定一阶惯性加滞后环节的特性参数。

如果被控对象的阶跃响应曲线是一条如图 4-11 所示的 S 形单调曲线,可以选用式(4-14)有纯滞后的一阶惯性环节作为该过程的传递函数。

已知阶跃响应曲线的稳态值 $y(\infty)$ 与阶跃输入的幅值 x_0 之比为被控过程的放大系数,故常利用作图法和两点计算法确定被控过程的时间常数 T 与滞后时间 τ。

① 作图法。在图 4-11 中阶跃响应曲线斜率最大(点 A)处作一条切线,该切线与时间轴交于点 B,与 $y(t)$ 的稳态值 $y(\infty)$ 交于点 C,点 C 在时间轴上的投影为点 D,BD 即为被控对象的时间常数 T,OB 即为被控对象的滞后时间 τ。

由于阶跃响应曲线的最大斜率处不易找准,因而切线的方向会有较大的随意性,通过作图求得的时间常数 T 与滞后时间 τ 值会有较大误差,可以采用如下计算方法求取 T 与 τ 值。

② 计算法。计算法是利用阶跃响应 $y(t)$ 上两个点的数据计算 T 和 τ。为了计算方便,首先将 $y(t)$ 转换成无量纲形式 $y_0(t)$,如图 4-12 所示,即有
$$y_0(t)=\frac{y(t)}{Kx_0}=\frac{y(t)}{y(\infty)} \tag{4-25}$$

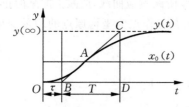

图 4-11 由阶跃响应曲线确定一阶滞后环节的参数

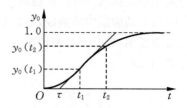

图 4-12 两点法确定一阶滞后环节的参数

其阶跃响应无量纲的形式为

$$y_0(t) = \begin{cases} 0 & (t < \tau) \\ 1 - e^{-(t-\tau)/T} & (t \geqslant \tau) \end{cases} \quad (4\text{-}26)$$

式(4-26)中只有 T 和 τ 两个参数。在图 4-12 中选取两个不同时刻 t_1 和 t_2,以及对应的 $y_0(t_1)$ 和 $y_0(t_2)$,其中 $t_2 > t_1 > \tau$,通过计算可确定 T 和 τ。

由式(4-26)可得

$$y_0(t_1) = 1 - e^{-(t_1-\tau)/T}, \quad y_0(t_2) = 1 - e^{-(t_2-\tau)/T} \quad (4\text{-}27)$$

于是可求得

$$T = \frac{t_2 - t_1}{\ln[1 - y_0(t_1)] - \ln[1 - y_0(t_2)]} \quad (4\text{-}28)$$

$$\tau = \frac{t_2 \ln[1 - y_0(t_1)] - t_1 \ln[1 - y_0(t_2)]}{\ln[1 - y_0(t_1)] - \ln[1 - y_0(t_2)]} \quad (4\text{-}29)$$

为了方便计算,可选 $y_0(t_1) = 0.39$、$y_0(t_2) = 0.632$ 代入式(4-28)和式(4-29),可得

$$T = 2(t_2 - t_1) \quad (4\text{-}30)$$

$$\tau = 2t_1 - t_2 \quad (4\text{-}31)$$

计算出 T 和 τ 后,还应该把用式(4-26)计算的结果与实测曲线进行比较,以检验所得模型的准确性。t_3、t_4 和 t_5 时刻的计算结果如下

$$y_0(t_3) = 0, \quad t_3 < \tau$$

$$y_0(t_4) = 0.55, \quad t_4 = 0.8T + \tau$$

$$y_0(t_5) = 0.865, \quad t_5 = 2T + \tau$$

若计算结果与实测值的偏差可以接受,表明所求得的一阶惯性加滞后环节传递函数满足要求。否则,表明用一阶惯性加滞后环节近似被控过程的传递函数不合适,应选用高阶传递函数。

(3) 由阶跃响应曲线确定二阶环节的特性参数。

用一阶惯性加滞后环节近似被控对象传递函数,若检验结果不满足精度要求,则应选用高阶模型作为被控过程的传递函数。

对式(4-15)所示的无滞后的二阶环节,只需确定参数 K、T_1 和 T_2,其相应的阶跃响应曲线如图 4-13 所示。

放大系数 K 仍用式(4-21)直接计算。将 $y(t)$ 化为无量纲形式的阶跃响应 $y_0(t)$ 后,

传递函数为

$$G(s) = \frac{1}{(T_1 s + 1)(T_2 s + 1)} \quad (4\text{-}32)$$

其相应的单位阶跃响应为

$$y_0(t) = 1 - \frac{T_1}{T_1 - T_2} e^{-t/T_1} + \frac{T_2}{T_2 - T_1} e^{-t/T_2} \quad (4\text{-}33)$$

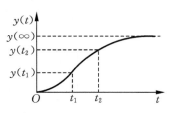

图 4-13　二阶环节的阶跃响应

根据式(4-33),可以利用阶跃响应曲线上两个点的数据$[t_1, y_0(t_1)]$、$[t_2, y_0(t_2)]$求出 T_1 和 T_2。若选取 $y_0(t_1) = 0.4$、$y_0(t_2) = 0.8$,再从曲线上确定对应的 t_1 和 t_2,如图 4-13 所示,即可得到方程组

$$\left. \begin{array}{l} \dfrac{T_1}{T_1 - T_2} e^{-t_1/T_1} - \dfrac{T_2}{T_1 - T_2} e^{-t_1/T_2} = 0.6 \\[2mm] \dfrac{T_1}{T_1 - T_2} e^{-t_2/T_1} - \dfrac{T_2}{T_1 - T_2} e^{-t_2/T_2} = 0.2 \end{array} \right\}$$

其近似解为

$$\left. \begin{array}{l} T_1 + T_2 \approx \dfrac{1}{2.16}(t_1 + t_2) \\[2mm] \dfrac{T_1 T_2}{T_1 + T_2} \approx \left(1.74 \dfrac{t_1}{t_2} - 0.55\right) \end{array} \right\} \quad (4\text{-}34)$$

采用式(4-33)来确定 T_1 和 T_2 时,应满足 $0.32 < t_1/t_2 < 0.46$ 的条件。当 $t_1/t_2 < 0.32$ 时,被控对象的数学模型可近似为一阶惯性环节;当 $t_1/t_2 = 0.32$ 时,被控对象的数学模型可近似为一阶惯性环节,其时间常数为 $T_1 = (t_1 + t_2)/2.12, T_2 = 0$;当 $t_1/t_2 = 0.46$ 时,被控对象的数学模型可近似为 $G(s) = K/(Ts+1)^2$,其时间常数为 $T = T_1 = T_2 = (t_1 + t_2)/4.36$;当 $t_1/t_2 > 0.46$ 时,被控对象的数学模型应用高于二阶的环节近似,即 $G(s) = K/(Ts+1)^n$,其时间常数为 $T \approx (t_1 + t_2)/2.16n$,式中的 n 可由表 4-1 查出。

表 4-1　高阶被控对象数学模型的阶数 n 与 t_1/t_2 的关系

n	1	2	3	4	5	6	8	10	12	14
t_1/t_2	0.32	0.46	0.53	0.58	0.62	0.65	0.685	0.71	0.735	0.75

若用二阶惯性加滞后环节近似图 4-13 所示的阶跃响应曲线,静态放大系数 K 仍用式(4-21)直接计算;纯滞后时间 τ 可根据阶跃响应曲线开始出现变化的时刻来确定,见图 4-14。在时间轴上截去纯滞后 τ,化为无量纲形式的阶跃响应 $y_0(t)$,然后利用上述方法计算出 T_1 和 T_2。

(4) 由阶跃响应曲线确定无自平衡被控过程数学模型的特性参数。

对于无自平衡过程,其数学模型可用式(4-17)至式(4-19)表示,其阶跃响应如图 4-15 所示。

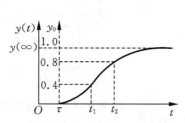
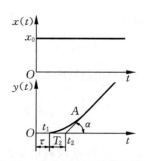

图 4-14　由阶跃响应曲线确定二阶滞后环节的参数　　图 4-15　无自平衡过程的阶跃响应

无自平衡被控过程的阶跃响应随时间 $t \to \infty$ 将无限增大,但其变化速度会逐渐趋于稳定。若用式(4-17)来近似图 4-15 的阶跃响应曲线,为了从曲线确定时间常数 T,作阶跃响应曲线的渐近线,即稳态部分的切线,它与时间轴交于 t_2,与时间轴的夹角为 α。于是有

$$\tau = t_2, \quad y_0(\infty) = \tan\alpha = \frac{y(t)}{t-\tau} \quad (t > \tau)$$

则

$$T = \frac{x_0}{\tan\alpha} \tag{4-35}$$

这样就得到了被控对象的传递函数

$$G(s) = \frac{1}{Ts}\mathrm{e}^{-\tau s}$$

用式(4-17)来近似图 4-15 的阶跃响应曲线方法简单,但在 t_1 到 A 这一段误差较大,若要求这一部分也较准确,可采用式(4-18)来近似被控对象的传递函数。

从图 4-15 可以看出,在 $O \sim t_1$ 时间段,$y(t) = 0$,可取纯滞后 $\tau = t_1$;在阶跃响应达到稳态后,主要是以积分作用为主,则有

$$T_1 = \frac{x_0}{\tan\alpha} \tag{4-36}$$

在 $t_1 \sim A$ 时间段,惯性环节起主要作用,可取 $T_2 = t_2 - t_1$,则被控过程的传递函数为

$$G(s) = \frac{K}{T_1 s (T_2 s + 1)}\mathrm{e}^{-\tau s} \tag{4-37}$$

如果对 $t_1 \sim A$ 时间段有更高的精度要求,则可选式(4-19)的高阶环节作为被控过程的传递函数。

阶跃响应法是辨识过程特性最常用的方法。如前所述,阶跃响应曲线的获得是在过程正常输入的基础上再叠加一个阶跃变化而成,如果实际生产不允许有较长时间和较大幅值的输入变化,可以考虑采用矩形脉冲实验法,也就是在正常基础上,给过程施加一个理想脉冲输入,测取输出量的变化曲线,并据此估计过程参数。至于矩形脉冲的高低宽窄,可根据生产实际情况而定。

由于阶跃响应法比较简单,因此,可在实验获取矩形脉冲响应曲线后,先将其转换为阶跃响应曲线,然后再按照阶跃响应曲线法确定各个参数。

如图 4-16 所示,矩形脉冲信号可以看成是由两个极性相反、幅值相同、时间相差 Δ 的阶跃信号叠加而成。因此,其输出响应也是由两个时间相差 Δ、极性相反、形状完全相同的阶跃响应叠加而成。由图可见,在 $t=0\sim\Delta$ 之间,$h_1(t)=y(t)$,阶跃响应曲线就是矩形脉冲响应曲线;当 $t>\Delta$ 之后,$h_1(t)=y(t)+h_1(t-\Delta)$,某时刻 t_i 的阶跃响应数值 $h_1(t_i)$ 就等于当前时刻的脉冲响应数值 $y(t_i)$ 加上 Δ 时间以前的 $h_1(t_i-\Delta)$。以此类推,即可把脉冲响应曲线 $y(t)$ 转换为阶跃响应曲线 $h_1(t)$。

用阶跃响应曲线法辨识对象的数学模型的方法在工程实际中应用最为广泛,也比较简便有效。但是,响应曲线法需要进行专门试验,生产过程需要由正常运行状态转入偏离正常运行的实验状态,对生产的正常运行或多或少会造成一定影响。

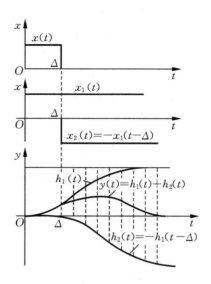

图 4-16 矩形脉冲响应及其转换

4.4.2 频域法建立被控对象的数学模型

用频率特性

$$G(j\omega) = \frac{y(j\omega)}{x(j\omega)} = |G(j\omega)| \angle G(j\omega)$$

可以表示被控过程的动态特性,即系统的动态运动规律。用频率特性测试法可得到被控对象的频率特性曲线,其测试原理如图 4-17 所示。在所测过程的输入端加入特定频率的正弦信号,同时记录输入和输出的稳定波形(幅度与相位),在所选定范围的各个频率重复上述测试,便可测得该被控对象的频率特性。

图 4-17 过程频率特性测试原理图

用正弦输入信号测定频率特性的优点是,能直接从记录曲线上求得频率特性。稳态正弦激励实验利用线性系统的频率保持性,也就是在单一频率输入和单一频率输出时,把系统的噪声干扰及非线性因素引起输出畸变的谐波分量都看做干扰,易于在实验过程中发现其存在和影响。实验测量装置应能滤出与激励频率一致的正弦信号,显示其响应幅值与相对于激励信号的相移,或者给出其同相分量及正交分量。通过测出被测过程通频带内抽样频点的幅、相值,就可画出奈奎斯特图或伯德图,进而获得被控过程的传递函数。

在频率特性测试中,幅频特性较易测得,而相角信息的精确测量不易测得,原因是要保证测量滤波装置对不同频率不造成相移,或有恒定的相移都比较困难。

在实际测试中,输出信号常混有大量的噪声,在噪声背景下提取有用信号,就要求采取有效的滤波手段,基于相关原理设计的频率特性测试装置在这方面具有明显的优势。其工作原理是对激励输入信号进行波形变换,得到幅值恒定的正余弦参考信号,把参考信号与被测信号进行相乘和平均处理,所得常值(直流)部分保存了被测信号基波的幅值和相角信息。

基于相关原理的频率特性测试装置组成原理图如图 4-18 所示。

图 4-18 中正弦信号发生器产生正弦激励信号 $x(t)$,送到被控对象的输入端;信号发生器还产生幅值恒定的正弦、余弦参考信号,分别送到两个乘法器,与被控对象的输出信号 $y(t)$ 相乘后,通过积分器得到两路直流信号,即同相分量 a 与正交分量 b。

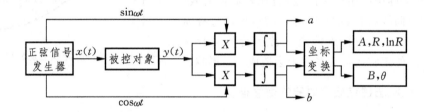

图 4-18 频率特性测试原理图

图中,A、B 分别为被控对象频率响应 $G(\text{j}\omega)$ 的同相分量和正交分量,R 为输出的基波幅值,$\ln R$ 为被控对象输出基波幅值的对数值,θ 为被控对象输出与输入信号的相位差。相关测试原理的数学表述如下。

被控对象在输入信号 $x(t) = R_1 \sin\omega t$ 的激励下,其理想输出为

$$\bar{y}(t) = R_2 \sin(\omega t + \theta) = a\sin\omega t + b\cos\omega t$$

式中,R_1 和 R_2 分别为被控对象的输入和输出信号的幅值。

可以证明对于被控对象频率特性 $G(\text{j}\omega)$,有

同相分量 $\qquad\qquad\qquad A = \dfrac{a}{R_2}$

正交分量 $\qquad\qquad\qquad B = \dfrac{b}{R_2}$

幅值 $\qquad\qquad\qquad |G(\text{j}\omega)| = \sqrt{A^2 + B^2}$ \hfill (4-38)

相角 $\qquad\qquad\qquad \angle G(\text{j}\omega) = \arctan\dfrac{b}{a}$ \hfill (4-39)

将 $|G(\text{j}\omega)|$、$\angle G(\text{j}\omega)$ 以极坐标或对数坐标的形式表示出来,就可得到被测对象的奈奎斯特图或伯德图,进而获得被控对象的传递函数。频率测试法的优点是简单、方便、精度较高。

对于惯性比较大的生产过程,要测定其频率特性需要持续很长的时间。一般实际生产现场不允许生产过程较长时间偏离正常运行状态,因而,使被控对象特性频率测试法在线测试的运用受到一定的限制。

4.4.3 统计相关法建立被控对象的数学模型

利用统计相关分析法辨识被控对象的数学模型,可在正常运行的生产过程中进行。首先给被控对象输入一种特殊的并对正常生产过程影响不大的随机测试信号,然后对被控对象的输入、输出数据进行相关分析,从而得到被控对象的数学模型。相关分析法的基本方法是:先向被控对象输入随机信号 $x(t)$,然后测量输出信号 $y(t)$,再计算出输入信号的自相关函数 $R_{xx}(\tau)$ 和输入信号与输出信号的互相关函数 $R_{xy}(\tau)$,并通过 $R_{xx}(\tau)$ 和 $R_{xy}(\tau)$ 求出被控对象的冲激响应 $g(t)$,最后通过拉普拉斯变换求出传递函数 $G(s)$。

利用统计相关法也可以不加专门信号,而直接利用生产过程正常运行时所记录的输入、输出数据,进行相关分析得到被控对象数学模型。统计相关分析法的抗干扰性较强,但计算量大。此外,控制系统中在线工作的计算机还可以进行模型的在线辨识,实现控制系统参数的自整定,因此,统计相关分析法已得到日益广泛的应用。

相关分析法辨识线性系统的数学模型需要用到工程数学中随机过程的基础知识,现简要介绍如下。

1. 有关随机过程的基本概念

随机过程理论内容较多,这里仅介绍与相关函数法有关的一些基本知识。

1) 随机变量、随机信号及随机过程

在研究被控对象的特性时,常常需要进行某种实验,在实验条件完全相同的情况下,多次重复实验,每次观测的结果也会有所差别,通常将这种现象称为随机现象或概率现象。

一般来说,在相同条件下重复观测同一事件,若用 X 表示观测数据 $x_1, x_2, \cdots, x_n (x_i$ 与 x_j 在 $i \neq j$ 时不一定相等$)$,X 会随不同的观测而变化,这种变化是随机的,没有什么确定的规律;但是,对于大量观测来说,X 的变化可能遵循某种概率统计规律,故称 X 为随机变量。对于随机现象一般只能用随机变量来描述。

在图 4-19 中,$x_1(t)$ 是随时间随机变化的信号,称为随机信号。同样,$x_2(t), \cdots, x_n(t)$ 都是随机信号,用 $X(t)$ 表示这一信号族 $x_1(t), x_2(t), \cdots, x_n(t)$。在某时间点 $t = T_1$ 上,$X(T_1)$ 是一组随机变量 $x_1(T_1), x_2(T_1), \cdots, x_n(T_1)$,称 $X(t)$ 为随机函数或随机过程,把 $x_i(t)$ 称为随机过程的一个实现。

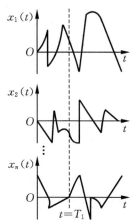

图 4-19 随机信号

2) 随机过程的统计描述——总体平均值和均方值

随机过程一般只能用统计描述方法来刻画它的数学特征。若有 K 个随机信号实现，K 又足够大，就可以用随机信号在 $t = T_1$ 时刻的总体平均值和总体均方值来描述随机过程的统计规律，即

$$\overline{x}(T_1) = \frac{1}{K}\sum_{i=1}^{K} x_i(T_1) \tag{4-40}$$

$$\overline{x^2}(T_1) = \frac{1}{K}\sum_{i=1}^{K} x_i^2(T_1) \tag{4-41}$$

式中：$x_i(T_1)$ 是随机信号在 $t = T_1$ 时刻的数值；$\overline{x}(T_1)$ 和 $\overline{x^2}(T_1)$ 分别是随机信号的总体平均值和总体均方值，它们体现了随机过程的统计特性。

3) 各态历经的平稳随机过程

如果随机过程的统计特性在各个时刻都不变，则有

$$\left.\begin{array}{l}\overline{x}(T_1) = \overline{x}(T_2) = \overline{x}(T_3) = \cdots \\ \overline{x^2}(T_1) = \overline{x^2}(T_2) = \overline{x^2}(T_3) = \cdots\end{array}\right\}$$

这样的随机过程称为平稳随机过程。

如果平稳随机过程在任一时刻的总体平均值与任意一个随机信号的时间平均值相等，则称其为各态历经的平稳随机过程。用 $\overline{x}(T_i)$ 表示任一时刻的总体平均值，$\overline{x_i}$ 表示任意一个随机信号的时间平均值，对于各态历经的平稳随机过程，应有

$$\overline{x}(T_i) = \overline{x_i} = \lim_{T \to \infty} \frac{1}{2T} \int_{-T}^{T} x_i(t) \mathrm{d}t \tag{4-42}$$

类似地，对于均方值也有

$$\overline{x^2}(T_i) = \overline{x_i^2} = \lim_{T \to \infty} \frac{1}{2T} \int_{-T}^{T} x_i^2(t) \mathrm{d}t \tag{4-43}$$

对随机过程在相同条件下进行足够多（K 足够大）的试验观测，才能得到它的有关统计特性，要做到这一点是不现实的。根据上述性质，如果随机过程是各态历经的平稳随机过程，只需一个时间足够长的试验曲线即可求得它的统计特性，如式(4-41)和式(4-42)所示。用一个实现的时间平均值代替多个实现的总体平均值的方法为实际应用带来很大便利。

各态历经的平稳随机过程是一种数学抽象，实际的随机过程要真正达到其条件要求是很难的。许多过程的统计特性变化非常慢，在足够长的时间内都可以认为是平稳随机过程。除了装置的启停过程之外，生产过程中参数的变化均可认为是各态历经的平稳随机过程。对于它的统计性质，可以用一条时间足够长的记录曲线来表征。如果不加特别说明，后面讨论的随机过程均指各态历经的平稳随机过程。

4) 自相关函数与互相关函数

若信号 $x(t)$ 在 t 时刻的值总是在一定程度上影响 $t+\tau$ 时刻的值 $x(t+\tau)$，则称 $x(t)$ 与 $x(t+\tau)$ 是相关的。一个信号的未来值与现在值之间的依赖关系，即相关程度，可用

"自相关函数"$R_{xx}(\tau)$来度量。$R_{xx}(\tau)$定义如下：

$$R_{xx}(\tau) = \lim_{T\to\infty}\frac{1}{2T}\int_{-T}^{T}x(t)x(t+\tau)\mathrm{d}t \tag{4-44}$$

当$\tau = 0$时，自相关函数的数值等于该信号的均方值，即$R_{xx}(0) = \overline{x^2}$；对于$R_{xx}(\tau)$，总有$R_{xx}(\tau) \leqslant R_{xx}(0)$，因为任何一个实数的二次方总是非负的。$R_{xx}(\tau)$是$\tau$的偶函数，即$R_{xx}(\tau) = R_{xx}(-\tau)$。

除了同一信号的相互关系外，有时一个信号$x(t)$在t时刻的值对另一个信号$y(t)$在$t+\tau$时刻的值$y(t+\tau)$也会有影响，这时可以说$x(t)$与$y(t+\tau)$之间是相关的。其中τ是时间间隔，其相关性的度量可用两个信号互相关函数$R_{xy}(\tau)$来表示。互相关函数$R_{xy}(\tau)$的定义如下

$$R_{xy}(\tau) = \lim_{T\to\infty}\frac{1}{2T}\int_{-T}^{T}x(t)y(t+\tau)\mathrm{d}t \tag{4-45}$$

显然，若$y(t) = x(t)$，互相关函数就变成自相关函数了。

自相关函数表明一个信号的当前值与未来值之间的相关程度，互相关函数则表明一个信号的当前值与另一个信号未来值之间的相关程度。可以证明，对于各态历经平稳随机过程来说，相关函数只与τ有关，而与t无关。

5）功率谱密度

信号$x(t)$的自相关函数$R_{xx}(\tau)$是对信号时域特性的描述，对于$R_{xx}(\tau)$（时间函数）进行傅里叶变换，就得到信号特性的频域描述，即

$$S_{xx}(\mathrm{j}\omega) = \int_{-\infty}^{\infty}R_{xx}(\tau)\mathrm{e}^{-\mathrm{j}\omega\tau}\mathrm{d}\tau = \int_{-\infty}^{\infty}R_{xx}(\tau)(\cos\omega\tau - \sin\omega\tau)\mathrm{d}\tau = \int_{-\infty}^{\infty}R_{xx}(\tau)\cos\omega\tau\mathrm{d}\tau$$

在傅里叶变换中，考虑了$R_{xx}(\tau)$是τ的偶函数这一性质，其变换结果事实上是ω的实函数。用$S_{xx}(\omega)$表示为

$$S_{xx}(\omega) = \int_{-\infty}^{\infty}R_{xx}(\tau)\cos\omega\tau\mathrm{d}\tau \tag{4-46}$$

式中，$S_{xx}(\omega)$称为信号$x(t)$的谱密度函数，或称为能量（功率）谱密度。

6）白噪声

白噪声是借鉴白光的频谱分析形成的概念，白噪声具有特殊的物理性质，是系统辨识中具有重要意义的激励信号。其定义是：如果平稳随机信号$x(t)$的能量谱密度$S_{xx}(\omega)$恒定不变，即

$$S_{xx}(\omega) = 常数(-\infty < \omega < \infty)$$

则称$x(t)$为白噪声。

白噪声功率谱密度等于常数，就是说不论频率ω为何值，它所对应的功率谱密度相同。白噪声的物理意义是在功率谱密度中每一个频率都不起主要作用，它是一种"均匀谱"。

根据能量谱密度的定义可知，只有$R_{xx}(\tau)$为δ脉冲函数，即$R_{xx}(\tau) = K\delta(\tau)$时，才会

使 $S_{xx}(\omega) = K$ 为常数，这说明白噪声信号 $x(t)$ 的自相关函数应是理想脉冲函数。根据自相关函数的定义可知，要使信号 $x(t)$ 的自相关函数是理想脉冲函数，那么 $x(t)$ 任意两个不同时刻的数值都应互不相关，而且变化极快。因此，白噪声信号只是理论抽象，实际并不存在。但是，当某个实际随机信号的频带远远大于物理系统的频带，且在该物理系统的通频带内实际信号的 $S_{xx}(\omega)$ 幅值基本不变时，就可近似看做白噪声信号。辨识被控对象的数学模型时，若采用白噪声作为输入信号，将会使辨识的计算变得非常简单。

7) 伪随机 M 序列

虽然采用白噪声作为输入信号辨识被控对象的数学模型时，会使辨识工作变得非常简单，但用物理方法产生白噪声信号则非常困难，因此，人们就研究用另一种信号替代它，这就是伪随机二位式最大周期长度序列信号，简称 M 序列信号。研究发现，M 序列信号的自相关函数比较接近 δ 函数，其统计特性也很接近白噪声，而且容易产生。此外，用 M 序列信号作为过程辨识的输入测试信号，具有抗干扰能力强，对系统正常运行影响小，接近于最佳测试信号等优点。由于 M 序列信号是人为产生的，具有某些随机信号的统计特性，故称为伪随机信号。

伪随机二位式 M 序列信号（简称 PRBS）具有下列特征。

① PRBS 只有 $\pm a$ 两个电平，正负电平切换总是发生在时间间隔 Δt 的整数倍上，即发生在 $t = 0, \Delta t, 2\Delta t, 3\Delta t, \cdots$。$\Delta t$ 称作码元宽度，其大小可根据被辨识系统的截止频率确定。

② PRBS 是周期性信号，周期 $T = N\Delta t$，N 取奇整数。若 PRBS 为最大长度序列（M 序列），则应取 $N = 2^n - 1$，称为周期长度，其中 n 为整数，n 取不同数值，PRBS 则有不同周期长度。

③ 在一个周期中，PRBS 有 $(N+1)/2$ 个码元宽度为"1"的电平，另有 $(N-1)/2$ 个码元宽度为"0"的电平。实际使用中，常将 $+a$ 电平规定为"0"电平，$-a$ 电平规定为"1"电平。

④ 关于"游程"问题。作为随机序列信号，可能会接连出现若干个"0"或若干个"1"。我们把两个"1"之间所夹的"0"的个数称作"0"游程长度，把两个"0"之间所夹的"1"的个数称作"1"游程长度。例如，M 序列 **1111000110011010**，共有 8 个游程，其中有 4 个"1"游程，长度分别是 4、2、2、1；"0"游程也有 4 个，分别是 3、2、1、1。

对于 PRBS M 序列信号，游程个数和长度的规律是：在每一个周期中，各种长度的游程总数为 2^{n-1} 个，其中"1"游程的总个数与"0"游程总个数各占一半。长度为 n 的"1"游程和长度为 $n-1$ 的"0"游程各有一个。长度为 $i (1 \leqslant i \leqslant n-2)$ 的游程个数为 2^{n-1-i} 个，其中"1"游程个数和"0"游程个数各占 1/2。

很容易看出，一旦掌握了游程个数和长度的出现规律，M 序列的确定就只剩下各种长度的"1"游程和"0"游程怎么排列的问题了。因此，游程问题对于 M 序列信号的判断和确定都十分重要。

如前所述，在实际应用中，总把 M 序列的逻辑"**0**"和逻辑"**1**"变换成幅度为 a 和 $-a$ 的序列，如图 4-20 所示的信号为 **111100010011010**。

M 序列信号的自相关函数为

$$R_{xx}(\tau) = \begin{cases} a^2 \left(1 - \dfrac{N+1}{N} \cdot \dfrac{|\tau|}{\Delta t}\right) & (-\Delta t < \tau < \Delta t) \\ -\dfrac{a^2}{N} & (\Delta t \leqslant \tau \leqslant (N-1)\Delta t) \end{cases} \quad (4\text{-}47)$$

图 4-21 为 M 序列的自相关函数图，由图可见，若 N 足够大，Δt 足够小时，图中三角波的水平线与横坐标之间的距离将趋于零，自相关函数 $R_{xx}(\tau)$ 就近似为理想脉冲，此时的 M 序列信号则近似于白噪声。

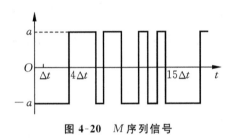

图 4-20　M 序列信号　　　　图 4-21　M 序列的自相关函数

M 序列是人为产生的伪随机信号，只要产生方式和初始条件一定，"**0**"和"**1**"的切换顺序及排列就可以事先确定，这就为重复实验测试带来可能。而真正的随机信号由于"**0**"和"**1**"出现的随机性，很难进行相同输入条件的重复实验测试。这也是采用伪随机二位式 M 序列作为实验辨识输入信号的好处所在。

2. 相关函数法辨识被控对象数学模型的基本原理

相关函数法辨识被控对象数学模型的基本依据是维纳－霍夫方程。根据卷积定理，被控对象在输入 $x(t)$ 作用下，其输出 $y(t)$ 可通过该过程的单位脉冲响应卷积求得

$$y(t) = \int_0^\infty x(t-u)g(u)\mathrm{d}u \quad (4\text{-}48)$$

将式 (4-48) 中的 t 置换为 $t+\tau$，可得

$$y(t+\tau) = \int_0^\infty x(t+\tau-u)g(u)\mathrm{d}u$$

故可求出被控对象 $x(t)$ 与 $y(t)$ 的互相关函数为

$$R_{xy}(\tau) = \lim_{T\to\infty} \frac{1}{2T}\int_{-T}^{T} x(t)\left[\int_0^\infty g(u)x(t+\tau-u)\mathrm{d}u\right]\mathrm{d}t \quad (4\text{-}49)$$

更换式 (4-49) 中的积分次序可得

$$R_{xy}(\tau) = \int_0^\infty g(u)\left[\lim_{T\to\infty} \frac{1}{2T}\int_{-T}^{T} x(t)x(t+\tau-u)\mathrm{d}t\right]\mathrm{d}u \quad (4\text{-}50)$$

式 (4-50) 方括号中的内容就是输入 $x(t)$ 的自相关函数 $R_{xx}(\tau)$ 在 $(\tau-u)$ 处的值，考虑到

$R_{xx}(\tau)$ 是偶函数，$R_{xx}(\tau-u) = R_{xx}(u-\tau)$，于是有

$$R_{xy}(\tau) = \int_0^\infty g(u) R_{xx}(\tau-u) du = \int_0^\infty g(u) R_{xx}(u-\tau) du \tag{4-51}$$

这就是著名的维纳 - 霍夫方程。由维纳 - 霍夫方程可知，只要知道输入 $x(t)$ 的自相关函数 $R_{xx}(\tau)$ 以及输入和输出之间的互相关函数 $R_{xy}(\tau)$，即可推求出被控对象的单位脉冲响应 $g(t)$。对 $g(t)$ 进行拉普拉斯变换，可求得被控对象的传递函数 $G(s)$，也就辨识出了被控对象的数学模型。

然而，一般信号的自相关函数和互相关函数很难求取，即使能够求得，由维纳 - 霍夫方程求解 $g(t)$ 也不容易。但如果使 $x(t)$ 为一种特殊信号，如白噪声信号，维纳 - 霍夫方程就可转化为一个简单等式，求解 $g(t)$ 将会变得非常简单。

3. 用白噪声信号辨识被控对象的数学模型

用白噪声信号作为被控对象的输入，将白噪声信号的自相关函数 $R_{xx}(\tau) = K\delta(\tau)$ 代入维纳 - 霍夫方程，可得

$$R_{xy}(\tau) = \int_0^\infty g(u) \cdot K\delta(\tau-u) du = Kg(\tau)$$

于是
$$g(\tau) = \frac{1}{K} R_{xy}(\tau) \tag{4-52}$$

可见，只要在被控对象输入端加上白噪声实验信号，测取输入与输出之间的互相关函数 $R_{xy}(\tau)$，由式(4-52)求取 $g(t)$ 是很简单的。$R_{xy}(\tau)$ 的测取方法是先对输入 $x(t)$ 和输出 $y(t)$ 进行采样，然后按下式计算 $R_{xy}(\tau)$ 即可。

$$R_{xy}(n) = \frac{1}{N} \sum_{i=0}^{n-1} x_i y_{i+n} \tag{4-53}$$

但是，按照式(4-53)求取互相关函数，理论上要求 N 为无穷大，这在实际中是不可行的，解决的办法是采用周期白噪声。假定已经获得一段白噪声，这段白噪声的持续时间大于被辨识过程的过渡过程时间，若能够让这段白噪声不断重复，就可得到周期白噪声。设周期白噪声的一个实现为 $x(t)$，并且是各态历经的，则可用 $x(t)$ 的时间平均值代替周期白噪声的总体平均值来计算 $R_{xx}(\tau)$。假设所考察的时间区段为 T_1，则有

$$R_{xx}(\tau) = \lim_{T_1 \to \infty} \frac{1}{T_1} \int_0^{T_1} x(t) x(t+\tau) dt$$

若令 $T_1 = nT$，T 为白噪声的周期，则有

$$R_{xx}(\tau) = \lim_{nT \to \infty} \frac{1}{nT} \int_0^{nT} x(t) x(t+\tau) dt = \lim_{nT \to \infty} \frac{1}{T} \int_0^T x(t) x(t+\tau) dt$$

$$= \frac{1}{T} \int_0^T x(t) x(t+\tau) dt \tag{4-54}$$

式(4-54)推导过程中，考虑了 $x(t)$ 是周期性信号这一事实，只要在一个周期内计算就可以了。由于周期白噪声的每一段都是同一白噪声的重复，因此，当 $\tau = nT (n = 0, \pm 1, \pm 2, \cdots)$ 时，$R_{xx}(\tau)$ 有最大值 $K\delta(\tau - nT)$；τ 为其他数值时，$R_{xx}(\tau)$ 为零，有

$$R_{xx}(\tau) = K\delta(\tau - nT) \quad (4\text{-}55)$$

这说明周期性白噪声的 $R_{xx}(\tau)$ 是周期性 δ 函数。

将式(4-53)代入维纳-霍夫方程中,可求得输入与输出之间的互相关函数为

$$\begin{aligned} R_{xy}(\tau) &= \int_0^\infty g(u) R_{xx}(\tau-u) \mathrm{d}u = \int_0^\infty g(u) \left[\frac{1}{T} \int_0^T x(t) x(t+\tau-u) \mathrm{d}t \right] \mathrm{d}u \\ &= \frac{1}{T} \int_0^T x(t) \left[\int_0^\infty g(u) x(t+\tau-u) \mathrm{d}u \right] \mathrm{d}t = \frac{1}{T} \int_0^T x(t) y(t+\tau) \mathrm{d}t \end{aligned} \quad (4\text{-}56)$$

式(4-55)表明,在周期白噪声输入下,互相关函数也是周期性的,其计算也只要在一个周期内进行就可以了。为了更清楚地看出这一点,将式(4-54)代入维纳-霍夫方程,可得

$$\begin{aligned} R_{xy}(\tau) &= \int_0^\infty g(u) R_{xx}(\tau-u) \mathrm{d}u \\ &= \int_0^T g(u) R_{xx}(\tau-u) \mathrm{d}u + \int_T^{2T} g(u) R_{xx}(\tau+T-u) \mathrm{d}u + \cdots \\ &= \int_0^T g(u) K\delta(\tau-u) \mathrm{d}u + \int_T^{2T} g(u) K\delta(\tau+T-u) \mathrm{d}u + \cdots \\ &= Kg(\tau) + Kg(\tau+T) + Kg(\tau+2T) + \cdots \end{aligned} \quad (4\text{-}57)$$

由此可见,$R_{xy}(\tau)$ 是与脉冲响应成比例的周期性函数。如果周期白噪声输入信号的周期 T 足够大,被测过程的脉冲响应在一个周期内可以衰减为零,在周期 T 内则有

$$R_{xy}(\tau) \approx Kg(\tau) \quad (4\text{-}58)$$

比较式(4-57)与式(4-51),虽然二者形式一样,但意义不同。式(4-57)中的 $R_{xy}(\tau)$ 计算只需在一个周期内进行,而式(4-51)却不能。因此,采用周期白噪声作为输入测试信号,$R_{xy}(\tau)$ 的计算变得特别简单。虽然如此,但周期白噪声的产生却很困难。白噪声本身是随机信号,要使两周期内的信号形式和状态完全相同,这几乎是不可能的。所以,上述关于周期白噪声作为输入实验信号的讨论,只有理论上的意义,并无实用价值。实际中常常采用的是二电平 M 序列伪随机信号。

4. 采用二电平 M 序列伪随机信号辨识数学模型

由上可知,M 序列信号的统计特性和相关函数都接近于理想的周期白噪声,且可人为产生,"0" 和 "1" 的切换次序和排列均可事先确定,这为实验辨识工作带来极大便利。因此,采用 M 序列信号作为实验辨识的输入信号得到广泛应用。

1) M 序列信号的产生

M 序列信号可以用线性移位寄存器产生。如图 4-22 所示,将 n 个具有移位功能的触发器连接成一排,组成移位寄存器。图中,每个方块代表一级触发器,可存放 1 位二进制数 "0" 或 "1",并用 c_i 表示。在移位脉冲作用下,一排数码 $c_1, c_2, \cdots, c_n$ 都右移一位。每级的状态经过模 2 域求和后反馈到第一级的输入端并作为第一级的移位数码输入,而第 n 级 c_n 每移位一次输出一个数码。这样,在移位脉冲作用下,就会在输出端形成一个二位式序列。

在图 4-22 中,F_i 表示各级是否参与反馈,F_i 为"**1**"表示该级参与反馈,为"**0**"表示不参与反馈。F_i 取不同的值,就组成不同的反馈逻辑,移位寄存器就有不同的二位式序列输出。

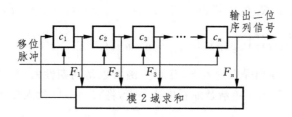

图 4-22　线性反馈移位寄存器产生二位式序列

如图 4-23 所示的四级移位寄存器,如果 c_3 与 c_4 作模 2 求和后输入第一级的输入端。则有

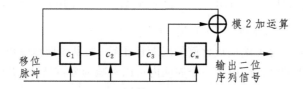

图 4-23　四级线性反馈移位寄存器产生二位式序列

A：若(c_1,c_2,c_3,c_4)初始状态为$(0,0,0,0)$,则在移位脉冲的激励下,输出序列为
000000000000000000…

B：若(c_1,c_2,c_3,c_4)初始状态为$(1,0,0,0)$,则在移位脉冲的激励下,输出序列为
000100110101111,000100110101111,000100110101111,000100110101111,…

C：若(c_1,c_2,c_3,c_4)初始状态为$(0,0,1,0)$,则在移位脉冲的激励下,输出序列为
010011010111100,010011010111100,010011010111100,010011010111100,…

D：若(c_1,c_2,c_3,c_4)初始状态为$(1,1,1,1)$,则在移位脉冲的激励下,输出序列为
111100010011010,111100010011010,111100010011010,111100010011010,…

除了初始状态全为零,输出序列全为"0"之外,其余三种初始状态的输出序列顺序每隔 15 位重复一次,构成周期长度为 15 的周期序列;在图 4-23 给定的反馈逻辑条件下,任一非零初始状态$[(c_1,c_2,c_3,c_4) \neq (0,0,0,0)]$所得到的一个序列,都可以通过其他序列的平移得到。

在图 4-23 所示的逻辑电路中,如果 c_2 与 c_4 作模 2 加法后输入第一级的输入端。则有

A：若(c_1,c_2,c_3,c_4)初始状态为$(0,0,0,0)$,则在移位脉冲的激励下,输出全零序列。

B：若(c_1,c_2,c_3,c_4)初始状态为$(1,0,0,0)$,则在移位脉冲的激励下,输出序列为
000101,000101,000101,…;序列周期长度为 6。

C：若 (c_1,c_2,c_3,c_4) 初始状态为 $(0,0,0,1)$，则在移位脉冲的激励下，输出序列为 $100010,100010,100010,\cdots$；序列周期长度为 6。

D：若 (c_1,c_2,c_3,c_4) 初始状态为 $(0,1,1,0)$，则在移位脉冲的激励下，输出序列为 $011,011,011,\cdots$；序列周期长度为 3。

对上述两种反馈情况下的输出序列进行对比，可以发现，反馈组合逻辑不同，同样级数的移位寄存器输出序列周期长度不同。在第二种情况下，周期长度还与初始状态有关。

2) M 序列信号有关参数的确定

产生 M 序列信号还需确定周期长度 N、脉冲宽度 Δt 以及电平幅度 a 等参数，这几个参数的确定原则如下。

(1) 脉冲宽度（码元宽度、步长）Δt 的确定。一般取 $\Delta t = (2 \sim 3)\tau_C$，$\tau_C$ 为被测对象的截止周期，可通过预实验测定。即给被测对象输入一个宽度（τ）可调的正负脉冲，改变 τ 值观测被测对象的输出 $y(t)$。当 τ 改变使 $y(t)$ 几乎为零时，此时的 τ 值即可近似看做被测对象的截止周期 τ_C。当然，如果事先已知被测对象的截止频率 f_C，即可由 $1/f_C$ 直接算出。

Δt 也可根据被测对象的频带宽度确定。由于 M 序列信号的频谱应该完全覆盖被测对象的频带，如果被测对象通频带的上限频率为 f_M，一般应有 $f_M \leqslant 1/(3\Delta t)$，则取 $\Delta t \leqslant 1/(3f_M)$ 为宜。

(2) N 的确定。N 应根据被测对象的过渡过程时间 t_s 而定。只有使 M 序列信号周期 $T = N\Delta t > t_s$，才能保证一个周期内计算所得的 $R_{xx}(\tau)$ 具有足够的准确度。因此，一般取 $N\Delta t = (1.2 \sim 1.5)t_s$。此外，若被测对象通频带的下限频率为 $f_{\min}$，还应使 $1/\Delta t \leqslant f_{\min}$ 才能保证 M 序列信号频谱覆盖被测对象频带。根据以上两点即可确定 M 序列信号所需的 N 值。

(3) 电平幅度 a 的确定。a 的大小应根据被测对象的动态线性范围以及生产工艺要求而定，a 的最大幅值不应超过被测对象的线性变化范围；此外还要考虑生产工艺允许的输出偏差大小。在二者均满足的前提下，电平幅度 a 应尽量大一些，以便尽可能提高输出测量的准确度。在生产工艺对 a 的幅值要求较严的情况下，可以适当加大 Δt 来保证输出的测量精度。但要注意，Δt 不能太大，否则 M 序列的相关函数计算将会与周期 δ 函数相差甚远，同时辨识的脉冲响应 $g(\tau)$ 误差也太大。总之，要统一考虑 Δt、a 值大小与输出测量精度的关系，酌情取舍。

3) 根据实验测试数据辨识过程的数学模型

利用相关函数法辨识过程的数学模型主要是依据维纳-霍夫方程，通过求取相关函数，计算出被测对象的脉冲响应，从而得到数学模型。

在被测对象正常运行情况下进行实验辨识时，施加在过程输入端的信号是 M 序列信号 $x(t)$ 与正常运行输入 $x'(t)$ 的叠加 $x(t)+x'(t)$，过程输出也相应地为 $x(t)$ 引起的输出 $y(t)$ 与 $x'(t)$ 引起的输出 $y'(t)$ 的叠加 $y(t)+y'(t)$。因此，这种情况下的维纳-霍夫

方程变为

$$R_{xy}(\tau) = \int_0^{N\Delta t} g(t)[R_{xx}(t-\tau) + R_{xx'}(t-\tau)]dt$$

$$= \int_0^{N\Delta t} g(t)R_{xx}(t-\tau)dt + \int_0^{N\Delta t} g(t)R_{xx'}(t-\tau)dt \quad (4\text{-}59)$$

式中,$R_{xx}(t-\tau)$ 为 $x(t)$ 的自相关函数,$R_{xx'}(t-\tau)$ 为 $x(t)$ 与 $x'(t)$ 的互相关函数。

把二位式伪随机序列的自相关函数 $R_{xx}(\tau)$ 分成两个部分,即

$$R_{xx}(\tau) = R'_{xx}(\tau) + R''_{xx}(\tau)$$

其中一部分是周期为 $\Delta\tau$ 的周期三角形脉冲,它在一个周期内的表达式为

$$R'_{xx}(\tau) = \begin{cases} a^2 \dfrac{N}{N+1}\left(1 - \dfrac{|\tau|}{\Delta t}\right) & (-\Delta t < \tau < \Delta t) \\ 0 & (\Delta t \leqslant \tau \leqslant (N-1)\Delta t) \end{cases} \quad (4\text{-}60)$$

另一部分为直流分量

$$R'_{xx}(\tau) = -\dfrac{a^2}{N} \quad (4\text{-}61)$$

考虑到 N 很大时,$R'_{xx}(\tau)$ 可近似看做强度为 $a^2\dfrac{N}{N+1}\Delta t$ 的 δ 函数;$R''_{xx}(\tau)$ 也可近似看做零,故有

$$\int_0^{N\Delta t} g(t)R_{xx}(t-\tau)dt = \int_0^{N\Delta t} g(t)[R'_{xx}(\tau) + R''_{xx}(\tau)]dt$$

$$\approx \int_0^{N\Delta t} g(t)\left[a^2\dfrac{N}{N+1}\Delta t\delta(t-\tau) - \dfrac{a^2}{N}\right]dt$$

$$= a^2\dfrac{N}{N+1}\Delta t \cdot g(\tau) - \dfrac{a^2}{N}\int_0^{N\Delta t} g(t)dt \quad (4\text{-}62)$$

由于选择 M 序列信号参数时,使 $x(t)$ 的频谱完全覆盖了被测对象的频带,正常运行输入 $x'(t)$ 的频谱一般也远小于系统的频宽,在系统过渡过程时间内,$x'(t)$ 基本不会有多大变化。因此,在 $N\Delta t$ 时间内 $x'(t)$ 可近似看做常量。这样,式(4-59)右边的第二项积分中的 $R_{xx'}(\tau)$ 可写成

$$R_{xx'}(\tau) = \dfrac{1}{N\Delta t}\int_0^{N\Delta t} x(t)x'(t-\tau)dt \approx \dfrac{x'}{N\Delta t}\int_0^{N\Delta t} x(t)dt \quad (4\text{-}63)$$

考虑到 M 序列信号 $x(t)$ 在一个周期 $T = N\Delta t$ 内的"$-a$"电平个数比"$+a$"电平个数只多一个,故有

$$R_{xx'}(\tau) \approx -\dfrac{a}{N}x'(\tau) \quad (4\text{-}64)$$

将式(4-62)和式(4-61)代入式(4-59),整理可得

$$R_{xy}(\tau) = a^2\dfrac{N}{N+1}\Delta t \cdot g(\tau) - \dfrac{a^2 + ax'}{N}\int_0^{N\Delta t} g(t)dt \quad (4\text{-}65)$$

将式(4-65)两端对 τ 从 $0 \sim N\Delta t$ 求积分,则有

$$g(\tau) = \frac{N}{(N+1)a^2\Delta t}\left[R_{xy}(\tau) + \frac{(a+x')}{(a-Nx')\Delta t}\int_0^{N\Delta t} R_{xy}(\tau)\mathrm{d}\tau\right] \quad (4\text{-}66)$$

式中，$R_{xy}(\tau)$ 为 M 序列信号 $x(t)$ 与被测对象的总输出 $y(t)+y'(t)$ 之间的互相关函数。

式(4-66)即为根据实验测试数据计算脉冲响应的表达式。只要记录下实验时的正常运行输入 $x'(t)$，测得过程的总输出 $y(t)+y'(t)$，并计算出互相关函数 $R_{xy}(\tau)$，就可按式(4-66)计算被测对象的脉冲响应 $g(\tau)$。在计算时，式(4-66)右端方括号中的第二项为积分项，可将其化为近似求和运算进行。

由于确定 M 序列实验信号的参数时，选择的周期 $T=N\Delta t$ 远大于被测对象的过渡过程时间，所以 $R_{xy}(\tau)$ 只需在一个周期内进行计算即可。同时，考虑到 M 序列信号的脉冲宽度 Δt 相对很小，在一个 Δt 内 $y(t)$ 变化不会大，可近似看做常量；而 $x(t)$ 在 Δt 内本身就是常数"$+a$"或"$-a$"，故可得

$$R_{xy}(\tau) = \frac{1}{T}\int_0^T x(t)y(t+\tau)\mathrm{d}t = \frac{1}{N\Delta t}\int_0^{N\Delta t} x(t)y(t+\tau)\mathrm{d}t$$
$$\approx \frac{a}{N}\sum_{i=0}^{N} \mathrm{sgn}\{x(i)\}y(i\Delta t+\tau) \quad (4\text{-}67)$$

式中，
$$\mathrm{sgn}\{x(i)\} = \begin{cases} +1 & (x(i)>0) \\ -1 & (x(i)<0) \end{cases} \quad (4\text{-}68)$$

按式(4-67)计算 $R_{xy}(\tau)$ 时，若认为在 M 序列信号的每个 Δt 内对 $y(t)$ 采样一次精度不够，也可以在 Δt 内增加 $y(t)$ 的采样次数。

在计算 $R_{xy}(\tau)$ 时，由于在一个周期 T 内 τ 也是从 $0\sim N\Delta t$ 范围内取值的，所以每给定一个 τ 值，i 就从"0"变到"$N-1$"计算一个 $R_{xy}(\tau)$ 的值，当 τ 取到 $(N-1)\Delta t$ 时，$y(t)$ 的 t 就应该取到 $2(N-1)\Delta t$。所以，用 M 序列信号进行实验测试时，M 序列至少应输入两个周期 $2N\Delta t$ 以上，并记录下两个周期内的 $y(t)$，才能满足 $R_{xy}(\tau)$ 的计算需要。同时还应考虑对被测过程的预激励问题。由于被测过程总会有些惯性，在非零初始条件下，开始输入信号时 $y(t)$ 还不能保证平稳，而维纳-霍夫方程却是以平稳过程为前提的，所以应给被测过程加一个预激励，即先输入一个周期的 M 序列信号，但不记录数据。一个周期过后，被测过程受非零初始条件的影响基本消除，输出 $y(t)$ 也基本趋于平稳，此时可记录下第二和第三周期的数据作为计算之用。由此可见，M 序列信号实际上至少应输入两个周期，才能满足实验辨识的需要。

综上所述，根据式(4-67)计算 $R_{xy}(\tau)$，再根据式(4-66)求取被测过程的单位脉冲响应 $g(t)$，最后即可确定被测过程的传递函数模型。

4.4.4 最小二乘法建立被控对象的数学模型

1. 线性系统描述

对于一个单输入/单输出(SISO)的线性定常系统，可以用连续时间模型描述，如微分方程、传递函数 $G(s)=Y(s)/U(s)$；也可用离散时间模型来描述，如差分方程、脉冲传

递函数 $G(z) = Y(z)/U(z)$。如果对被控对象的连续输入信号 $u(t)$ 和输出信号 $y(t)$ 进行采样,则可得到一组输入序列 $u(k)$ 和输出序列 $y(k)$。输入序列和输出序列之间的关系可用下面的差分方程进行描述(不考虑纯滞后):

$$y(k) + a_1 y(k-1) + a_2 y(k-2) + \cdots + a_n y(k-n)$$
$$= b_1 u(k-1) + b_2 u(k-2) + \cdots + b_n u(k-n) \tag{4-69}$$

式中:k 为采样次数;u 为被控过程输入序列;y 为被控过程输出序列;n 为模型阶数;a_1, a_2, $\cdots$, a_n 和 b_1, b_2, $\cdots$, b_n 为常系数。

被控过程建模(辨识)的任务,一是确定模型的结构,即确定模型的阶数 n 和滞后 τ(在差分方程中用 d 表示, $d = \tau/T$, T 为采样周期);二是确定模型结构中的参数。最小二乘法是在 n 和 τ 已知的前提下,根据输入、输出数据推算模型参数 a_1, a_2, $\cdots$, a_n 及 b_1, b_2, $\cdots$, b_n 较常用的方法。

2. 参数的最小二乘法估计原理

在 n 和 τ 已知的前提下,最小二乘法根据已获得的被控过程输入、输出数据,求出 a_1, a_2, $\cdots$, a_n 及 b_1, b_2, $\cdots$, b_n 的估计值 $\hat{a}_1$, $\hat{a}_2$, $\cdots$, $\hat{a}_n$, $\hat{b}_1$, $\hat{b}_2$, $\cdots$, $\hat{b}_n$,使系统按式(4-69)模型描述时,对输入、输出数据拟合的误差二次方和最小。可将式(4-68)写成如下形式:

$$y(k) = -a_1 y(k-1) - a_2 y(k-2) - \cdots - a_n y(k-n)$$
$$+ b_1 u(k-1) + b_2 u(k-2) + \cdots + b_n u(k-n) \tag{4-70}$$

考虑到测量误差、模型误差和干扰的存在,如果将实际采集到的被控过程的输入、输出数据代入式(4-70),同样存在一定的误差。如果用 $e(k)$ 表示这一误差(称为模型残差),则式(4-70)变为如下形式:

$$y(k) = -a_1 y(k-1) - a_2 y(k-2) - \cdots - a_n y(k-n)$$
$$+ b_1 u(k-1) + b_2 u(k-2) + \cdots + b_n u(k-n) + e(k)$$

若通过实验或现场监测,采集到被控对象或系统的 $n+N$ 对输入、输出数据

$$\{u(k), y(k); \quad k = 1, 2, \cdots, n+N\}$$

为了估计模型中的 $2n$ 个参数 a_1, a_2, $\cdots$, a_n 及 b_1, b_2, $\cdots$, b_n,将采集的 $n+N$ 对输入、输出数据代入上式,得到 N 个方程

$$\left.\begin{aligned}
y(n+1) &= -a_1 y(n) - a_2 y(n-1) - \cdots - a_n y(1) + b_1 u(n) \\
&\quad + b_2 n(n-1) + \cdots + b_n u(1) + e(n+1) \\
y(n+2) &= -a_1 y(n+1) - a_2 y(n) - \cdots - a_n y(2) + b_1 u(n+1) \\
&\quad + b_2 u(n) + \cdots + b_n u(2) + e(n+2) \\
&\vdots \\
y(n+N) &= -a_1 y(n+N-1) - \cdots - a_n y(N) + b_1 u(n+N-1) \\
&\quad + \cdots + b_n u(N) + e(n+N)
\end{aligned}\right\} \tag{4-71}$$

式中,$N \geqslant 2n+1$。

将上面的方程组用矩阵的形式表示

$$Y(N) = X(N)\theta(N) + e(N) \quad (4\text{-}72)$$

或
$$Y = X\theta + e \quad (4\text{-}73)$$

式中，$Y(N) = [y(n+1), y(n+2), \cdots, y(n+N)]^T$

$X(N) = [X(1), X(2), \cdots, X(N)]^T$

$$= \begin{bmatrix} -y(n) & -y(n-1) & \cdots & -y(1) & u(n) & u(n-1) & \cdots & u(1) \\ -y(n+1) & -y(n) & \cdots & -y(2) & u(n+1) & u(n) & \cdots & u(2) \\ \vdots & \vdots & & \vdots & \vdots & \vdots & & \vdots \\ -y(n+N-1) & \cdots & & -y(N) & u(n+N-1) & \cdots & & u(k) \end{bmatrix}$$

式中，
$$X(K) = [-y(n+k-1), -y(n+k-2), \cdots,$$
$$-y(k), u(n+k-1), u(n+k-2), \cdots, u(k)]$$
$$\theta(N) = [a_1, a_2, \cdots, a_n, b_1, b_2, \cdots, b_n]^T$$
$$e(N) = [e(n+1), e(n+2), \cdots, e(n+N)]^T$$

最小二乘法参数估计是指选择参数 $\hat{a}_1, \hat{a}_2, \cdots, \hat{a}_n, \hat{b}_1, \hat{b}_2, \cdots, \hat{b}_n$，使模型误差尽可能的小，即要求估计参数 $\hat{\theta} = [\hat{a}_1, \hat{a}_2, \cdots, \hat{a}_n, \hat{b}_1, \hat{b}_2, \cdots, \hat{b}_n]^T$ 使方程组(4-71)的参差二次方和，即损失函数为

$$J = \sum_{k=n+1}^{n+N} e^2(k) = e^T e \rightarrow \min \quad (4\text{-}74)$$

将基于参数估计值 $\hat{\theta}$ 的残差值 $e = Y - X\hat{\theta}$ 代入式(4-74)，可得损失函数为
$$J = [Y - X\hat{\theta}]^T - [Y - X\hat{\theta}] \quad (4\text{-}75)$$

为了求使 J 达到最小值的参数值 $\hat{\theta}$，可通过对 J 求极(小)值求得，即
$$\left.\frac{\partial J}{\partial \theta}\right|_{\hat{\theta}} = 0$$

对式(4-75)求导并代入上式，可得矩阵方程为
$$\frac{\partial J}{\partial \hat{\theta}} = \frac{\partial}{\partial \hat{\theta}}[Y - X\hat{\theta}]^T[Y - X\hat{\theta}] = -2X^T[Y - X\hat{\theta}] = 0$$
$$X^T X\hat{\theta} = X^T Y$$

若 $X^T X$ 为非奇异矩阵（通常情况下这一点可以满足），可得唯一的最小二乘参数估计值
$$\hat{\theta} = [X^T X]^{-1} X^T Y \quad (4\text{-}76)$$

3. 参数估计的递推最小二乘法

式(4-76)是在采集一批输入输出数据($n+N$ 对)后进行计算，求出参数的估计值 $\hat{\theta}$。如果新增加一对或多对数据，按照式(4-76)，就要把新数据加到原先的数据中再重新计算 $\hat{\theta}$，这不仅增大了计算工作量，而且要保存所有的数据，内存的占用量也越来越大，已不适合在线辨识。如果利用新增加的数据对原先已计算出的参数估计值 $\hat{\theta}$ 进行适当的修正，使其不断刷新，这样就不需要对全部数据进行重新计算和保存，可减少内存占用量和

计算量,提高计算速度,这就是递推最小二乘法估计参数的思路。递推最小二乘法计算速度快、占用内存少,适合进行在线辨识。

把由 $n+N$ 对数据获得的最小二乘参数估计记为 $\hat{\boldsymbol{\theta}}(N)$,由 $n+N+1$ 对数据获得的最小二乘参数估计记为 $\hat{\boldsymbol{\theta}}(N+1)$。

在 $n+N$ 对数据的基础上再增加一对实测数据 $[u(n+N+1), y(n+N+1)]$ 时,输出矢量 $\boldsymbol{Y}$ 增加一个元素,矩阵 $\boldsymbol{X}$ 增加一行,记为

$$\boldsymbol{Y}(N+1) = \begin{bmatrix} Y(N) \\ y(n+N+1) \end{bmatrix}, \quad \boldsymbol{X}(N+1) = \begin{bmatrix} X(N) \\ X_{N+1} \end{bmatrix}$$

式中,$\boldsymbol{X}_{N+1} = [-y(n+N), -y(n+N-1), \cdots, -y(N+1),$
$u(n+N), u(n+N-1), \cdots, u(N+1)]$

由式(4-76)可知,由 $n+N$ 对数据求出的最小二乘参数估计值为

$$\hat{\boldsymbol{\theta}}(N) = [\boldsymbol{X}^{\mathrm{T}}(N)\boldsymbol{X}(N)]^{-1}\boldsymbol{X}^{\mathrm{T}}(N)\boldsymbol{Y}(N)$$

将 $Y(N+1)$、$X(N+1)$ 代入式(4-76),可得 $n+N+1$ 对数据求出的最小二乘参数估计值为

$$\hat{\boldsymbol{\theta}}(N+1) = [\boldsymbol{X}^{\mathrm{T}}(N+1)\boldsymbol{X}(N+1)]^{-1}\boldsymbol{X}^{\mathrm{T}}(N+1)\boldsymbol{Y}(N+1) \tag{4-77}$$

令

$$\boldsymbol{P}(N) = [\boldsymbol{X}^{\mathrm{T}}(N)\boldsymbol{X}(N)]^{-1}$$

则有 $\boldsymbol{P}(N+1) = [\boldsymbol{X}^{\mathrm{T}}(N+1)\boldsymbol{X}(N+1)]^{-1} = \left[\begin{bmatrix} X(N) \\ X_{N+1} \end{bmatrix}^{\mathrm{T}} \begin{bmatrix} X(N) \\ X_{N+1} \end{bmatrix}\right]^{-1}$

$$= [\boldsymbol{X}^{\mathrm{T}}(N)\boldsymbol{X}(N) + \boldsymbol{X}_{N+1}^{\mathrm{T}}\boldsymbol{X}_{N+1}]^{-1} = [\boldsymbol{P}^{-1}(N) + \boldsymbol{X}_{N+1}^{\mathrm{T}}\boldsymbol{X}_{N+1}]^{-1} \tag{4-78}$$

由矩阵求逆引理

$$[\boldsymbol{A} + \boldsymbol{BCD}]^{-1} = \boldsymbol{A}^{-1} - \boldsymbol{A}^{-1}\boldsymbol{B}[\boldsymbol{C}^{-1} + \boldsymbol{DA}^{-1}\boldsymbol{B}]^{-1}\boldsymbol{DA}^{-1}$$

令

$$\boldsymbol{A} = \boldsymbol{P}^{-1}(N), \quad \boldsymbol{B} = \boldsymbol{X}_{N+1}^{\mathrm{T}}, \quad \boldsymbol{C} = 1, \quad \boldsymbol{D} = \boldsymbol{X}_{N+1}$$

则

$$\boldsymbol{P}(N+1) = \boldsymbol{P}(N) - \boldsymbol{P}(N)\boldsymbol{X}_{N+1}^{\mathrm{T}}[1 + \boldsymbol{X}_{N+1}\boldsymbol{P}(N)\boldsymbol{X}_{N+1}^{\mathrm{T}}]^{-1}\boldsymbol{X}_{N+1}\boldsymbol{P}(N) \tag{4-79}$$

将式(4-76)中的变量进行代换,可得

$$\hat{\boldsymbol{\theta}}(N+1) = [\boldsymbol{X}^{\mathrm{T}}(N+1)\boldsymbol{X}(N+1)]^{-1}\boldsymbol{X}^{\mathrm{T}}(N+1)\boldsymbol{Y}(N+1)$$

$$= \boldsymbol{P}(N+1) \begin{bmatrix} X(N) \\ X_{N+1} \end{bmatrix}^{\mathrm{T}} \begin{bmatrix} Y(N) \\ y(n+N+1) \end{bmatrix}$$

$$= \boldsymbol{P}(N+1)\boldsymbol{X}^{\mathrm{T}}(N)\boldsymbol{Y}(N) + \boldsymbol{P}(N+1)\boldsymbol{X}_{N+1}^{\mathrm{T}}y(n+N+1)$$

上式可写成如下形式:

$$\hat{\boldsymbol{\theta}}(N+1) = \boldsymbol{P}(N+1)\boldsymbol{P}^{-1}(N)\boldsymbol{P}(N)\boldsymbol{X}^{\mathrm{T}}(N)\boldsymbol{Y}(N) + \boldsymbol{P}(N+1)\boldsymbol{X}_{N+1}^{\mathrm{T}}y(n+N+1)$$

$$= \boldsymbol{P}(N+1)\boldsymbol{P}^{-1}(N)\hat{\boldsymbol{\theta}}(N) + \boldsymbol{P}(N+1)\boldsymbol{X}_{N+1}^{\mathrm{T}}y(n+N+1) \tag{4-80}$$

由式(4-78)可得

$$\boldsymbol{P}^{-1}(N) = \boldsymbol{P}^{-1}(N+1) - \boldsymbol{X}_{N+1}^{\mathrm{T}}\boldsymbol{X}_{N+1}$$

将上式代入式(4-80),有

$$\hat{\boldsymbol{\theta}}(N+1) = \hat{\boldsymbol{\theta}}(N) + \boldsymbol{P}(N+1)\boldsymbol{X}_{N+1}^{\mathrm{T}}[y(n+N+1) - \boldsymbol{X}_{N+1}\hat{\boldsymbol{\theta}}(N)] \quad (4\text{-}81)$$

式(4-79)与式(4-81)共同组成参数估计最小二乘法的递推公式。用递推公式进行计算时,需要事先确定的初值,如果是在一次完成算法基础上进行的,初值就已经有了。如果一开始就采用递推算法进行在线辨识,$\hat{\boldsymbol{\theta}}$、$\boldsymbol{P}$ 的初值通常可作如下设定:取 $\boldsymbol{P}(0) = a^2 \boldsymbol{I}$,其中,$\boldsymbol{I}$ 为单位矩阵,a^2 为足够大的标量,如 $a = 10^5 \sim 10^{10}$;$\hat{\boldsymbol{\theta}}(0) = \boldsymbol{0}$ 或任意值。递推从 $\hat{\boldsymbol{\theta}}(1)$、$\boldsymbol{P}(1)$ 开始进行即可。

$n+N$ 对数据获得参数估计为 $\hat{\boldsymbol{\theta}}(N)$,若再增加一对新的实测数据,则由式(4-81)可知新的估计值 $\hat{\boldsymbol{\theta}}(N+1)$ 为 $\hat{\boldsymbol{\theta}}(N)$ 上一个修正项,即

$$\boldsymbol{P}(N+1)\boldsymbol{X}_{N+1}^{\mathrm{T}}[y(n+N+1) - \boldsymbol{X}_{N+1}\hat{\boldsymbol{\theta}}(N)]$$

式中,
$$\boldsymbol{X}_{N+1}\hat{\boldsymbol{\theta}}(N) = -\hat{a}_1 y(n+N) - \hat{a}_2 y(n+N-1) - \cdots - \hat{a}_n y(N+1)$$
$$+ \hat{b}_1 u(n+N) - \hat{b}_2 u(n+N-1) - \cdots - \hat{b}_n u(N+1)$$

$\boldsymbol{X}_{N+1}\hat{\boldsymbol{\theta}}(N)$ 是根据上一次的参数估计值 $\hat{\boldsymbol{\theta}}(N)$ 和以前的实测值推算出来的当前输出值(称为预报值);而 $y(n+N+1)$ 是新的实测输出值,如果实测值和预报值相等,即 $\boldsymbol{X}_{N+1}\hat{\boldsymbol{\theta}}(N) = y(n+N+1)$,那么修正项为零,$\hat{\boldsymbol{\theta}}(N+1) = \hat{\boldsymbol{\theta}}(N)$,前一次参数的估计值不需要修正。如果 $\boldsymbol{X}_{N+1}\hat{\boldsymbol{\theta}}(N) \neq y(n+N+1)$,必须对 $\hat{\boldsymbol{\theta}}(N)$ 进行修正以获得新的参数估计值 $\hat{\boldsymbol{\theta}}(N+1)$。修正项与 $y(n+N+1) - \boldsymbol{X}_{N+1}\hat{\boldsymbol{\theta}}(N)$ 成正比,$\boldsymbol{P}(N+1)\boldsymbol{X}_{N+1}^{\mathrm{T}}$ 为修正因子,$y(n+N+1)$(实测值)与 $\boldsymbol{X}_{N+1}\hat{\boldsymbol{\theta}}(N)$(预报值)的差值越大,或者修正因子越大,修正项越大。修正因子中的 $\boldsymbol{X}_{N+1}^{\mathrm{T}}$ 由实测数据确定,$\boldsymbol{P}(N+1)$ 根据式(4-79)递推得到。

式(4-79)中的 $[1 + \boldsymbol{X}_{N+1}\boldsymbol{P}(N)\boldsymbol{X}_{N+1}^{\mathrm{T}}]$ 实际上是一个标量,因此 $[1 + \boldsymbol{X}_{N+1}\boldsymbol{P}(N)\boldsymbol{X}_{N+1}^{\mathrm{T}}]^{-1}$ 只是求倒数运算。由式(4-79)和式(4-81)构成的递推算法实际上并不需要进行矩阵求逆运算,因此其算法简单,运算速度快。

4. 模型阶次 n 和纯滞后 τ 的确定

以上讨论都是假定模型阶次已知,而且没有考虑纯延迟时间(即认为 $\tau = 0$),实际上模型阶次未必能事先知道,τ 也不一定为 0,也需要根据实验数据加以确定。

1) 模型阶次 n 的确定

确定模型阶次 n 的方法很多,最为简单的方法是拟合度检验法,也称损失函数检验法,它是通过比较不同阶次的模型输出与实测输出的拟合好坏,决定模型阶次。其具体做法是:先依次设定模型的阶次 $n = 1, 2, 3, \cdots$,再计算不同阶次时的最小二乘参数估计值 $\hat{\boldsymbol{\theta}}_n$ 及其相应的损失函数 J,然后比较相邻的不同阶次 n 的模型与实测数据之间拟合程度的好坏,确定模型的阶次。

若 J_{n+1} 较 J_n 有明显的减小,则阶次 n 上升到 $n+1$,直至阶次增加后 J 无明显变化,$J_{n+1} - J_n < \varepsilon$,最后选用 J 减小不明显的阶次作为模型的阶次。拟合好坏的指标可以用误差二次方和函数或损失函数 J 来评价,即

$$J = \boldsymbol{e}^{\mathrm{T}}\boldsymbol{e} = [\boldsymbol{Y} - \boldsymbol{X}\hat{\boldsymbol{\theta}}]^{\mathrm{T}}[\boldsymbol{Y} - \boldsymbol{X}\hat{\boldsymbol{\theta}}]$$

式中,$\hat{\theta}$ 为某一给定阶次 n 的模型参数的最小二乘估计值。

一般情况下,随着模型阶次 n 的增加,J 值有明显减小。当设定的阶次比实际的阶次大时,J 值就无明显的下降,可以应用这一原理来确定合适的模型阶次。

2) 纯滞后 τ 的确定

在以上的最小二乘估计算法中,为了简化,均未考虑纯滞后时间。但在实际生产过程中,纯滞后不一定为零,所以必须加以辨识。对于离散时间模型,只要采样时间间隔不是很大,纯延迟时间 τ 一般取采样时间间隔 T 的整数倍,如 $\tau = mT, m = 1,2,3,\cdots$。

设被控对象有纯滞后时的差分方程为

$$y(k) = -\sum_{i=1}^{n} a_i y(k-i) + \sum_{i=1}^{n} b_i u(k-m-i) + e(k) \qquad (4-82)$$

式(4-82)与前面所用计算式的不同之处,仅在于输入信号从 $u(k-i)$ 变为 $u(k-m-i)$。所以,对应的最小二乘估计算法也只要将数据矩阵中的 $u(k-i)$ 换成 $u(k-m-i)$,其他部分不需要作任何变动。

被控对象纯滞后 τ 通常是可以事先知道的。当 τ 大小未知时,可以通过前面所述的阶跃响应曲线实验法获得,或者通过比较不同纯滞后时间的损失函数 J 的方法来求取。具体做法与模型阶次 n 的确定方法相同,即设定 $\tau = mT, m = 1,2,3,\cdots$,给定不同的 n 和 m,反复进行最小二乘估计,使损失函数 J 为最小值的 n 和 m 就是所研究的最终 n 和 m 值。很明显,n 和 τ 完全可结合起来同时确定。

思考题与习题

4-1 什么是被控对象的数学模型?

4-2 建立被控对象数学模型的目的是什么?过程控制对数学模型有什么要求?

4-3 建立被控对象数学模型的方法有哪些?各有什么要求和局限性?

4-4 机理法建模一般适用于什么场合?

4-5 如下图所示两个液位储罐相串联,被控量 h_2,输入 Q_1,试用理论方法建立其数学模型。

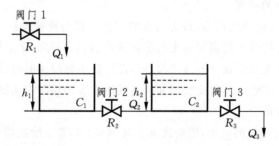

4-6 何为实验法建模?它有什么特点?

4-7 应用直接法测定阶跃响应曲线时应注意哪些问题?

4-8 简述将矩形脉冲响应曲线转换为阶跃响应曲线的方法。矩形脉冲法测定被控对象的阶跃响应曲线的优点是什么?

4-9 实验测得某液位控制对象的阶跃响应数据如下：

$t/(\text{s})$	0	10	20	40	60	80	100	140	180	250	300	400	500	600
$h/(\text{cm})$	0	0	0.2	0.8	2.0	3.6	5.4	8.8	11.8	14.4	16.6	18.4	19.2	19.6

(1) 画出液位的阶跃响应曲线；

(2) 用一阶惯性环节加纯滞后近似描述该过程的动态特性，确定 K、τ、T。已知阶跃扰动为 $\Delta\mu = 20\%$。

4-10 某温度过程的矩形脉冲响应数据如下：

$t/(\text{s})$	1	3	4	5	8	10	15	16.5	20	25	30	40	50	60	70	80
$T/(\text{℃})$	0.46	1.7	3.7	9	19	26.4	36	37.5	33.5	27.5	21	10.4	5.1	2.8	1.1	0.5

矩形脉冲幅值为 2 t/h，脉冲宽度 $\Delta t = 10\,\text{s}$。

(1) 将该矩形脉冲响应曲线转化为阶跃响应曲线；

(2) 用二阶惯性环节近似描述该温度过程的动态特性。

4-11 相关分析辨识过程动态特性的优点是什么？

4-12 什么是 M 序列？M 序列与白噪声有何区别与联系？

4-13 用最小二乘法估计模型时怎样确定模型的阶次 n 和纯滞后 τ？

4-14 比较响应曲线法、相关函数法和最小二乘法辨识系统模型的优缺点各有哪些？

第 5 章 简单控制系统设计与参数整定

本章主要介绍控制系统的工程表示方法,简单控制系统各环节的设计原则、调节器参数的整定方法、控制系统投运步骤。要求掌握简单控制系统的设计,包括调节器调节规律的选择及调节器正、反作用选择,被控变量、操纵变量的选择方法及原则,正确处理系统设计中的测量变送问题,正确分析对象静态、动态特性对控制质量的影响,调节器参数 4 种工程整定方法以及简单控制系统的投运。简单控制系统设计是各种复杂控制系统设计的基础。

5.1 简单控制系统的构成

简单控制系统(单回路控制系统)是指由一个被控对象、一个测量变送器、一个调节器和一个执行器(调节阀)组成的闭环控制系统。在工业生产实践中,简单控制系统得到广泛应用,大部分控制系统是采用简单控制系统,同时它也是复杂控制系统的基础。图 5-1 是简单控制系统结构方框图。

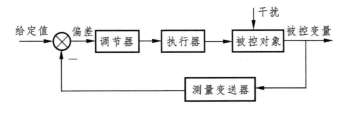

图 5-1 简单控制系统结构方框图

5.1.1 简单控制系统示例

设计自动控制系统的目的是克服扰动对工业生产过程的影响。图 5-2 所示的是几个典型控制系统的示例。其中,图 5-2(a) 所示的是液位控制系统。液位控制系统的控制目的是使水箱液位保持在生产所希望给定值上。当某些扰动引起液位偏离给定值时,调节器将根据偏差输出适当的控制信号改变调节阀的开度,调整出水量,使液位回复到给定值。图 5-2(b) 和图 5-2(c) 所示的分别是压力控制系统和温度控制系统,其控制原理基本相同。这些控制系统都有一个需要控制的变量,如液位、压力和温度,称为被控变量,它们是控制系统的输出。在实际生产中,有些因素,如进水管压力变化、出口阀开度变化、水泵转速变化等,都会使被控变量偏离给定值,这些因素统称为扰动变量。为了使被控变量与给定值保持一致,都有相应的控制手段。如图 5-2(a) 中的出水流量、图 5-2(b) 中的旁路流量、图 5-2(c) 中的加热蒸汽流量。这种用于克服扰动对被控变量影响的变量称为操纵变量或操作变量。

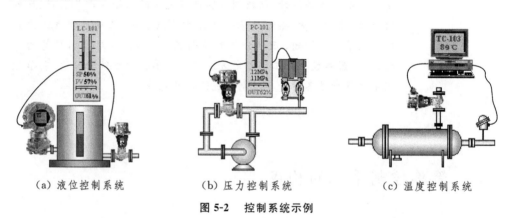

(a) 液位控制系统　　　　(b) 压力控制系统　　　　(c) 温度控制系统

图 5-2　控制系统示例

这些控制系统的共同特点是它们都包含一个被控对象(由工业设备及相关的管道组成)、一个测量变送器、一个执行装置、一个调节器,采用负反馈控制原理,克服扰动因素对被控变量的影响,实现被控变量的定值或随动跟踪控制。由于其结构简单、目标单一,因此被称为简单控制系统。

5.1.2 控制系统的工程表示及方框图

工业对象千差万别,检测元件、变送器、执行器、调节器也是多种多样的。图 5-2 所示的控制系统通常以图 5-3 所示的形式表示,该图称为工艺控制流程图,也称管道仪表流程图。它用标准的图形符号及文字代号简要地表示主要工艺设备之间的关系、工艺物料的流向,也规定了控制系统所要完成的具体任务,说明控制系统应具备的功能和需要的测量及控制仪表。

第 5 章 简单控制系统设计与参数整定 175

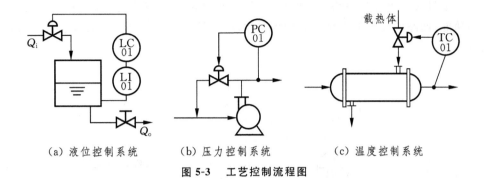

(a) 液位控制系统　　(b) 压力控制系统　　(c) 温度控制系统

图 5-3　工艺控制流程图

带测控点工艺流程图是自控设计的文字代号、图形符号在工艺流程图上描述生产过程控制的原理图,是控制系统设计、施工中采用的一种图示形式。该图是在工艺流程图的基础上,按流程顺序标出相应的测量点、控制点、控制系统及自动信号与连锁保护系统等,由工艺人员和自控人员共同研究绘制而成的。在带测控点工艺流程图的绘制过程中,所采用的图形符号、文字代号应按照有关的技术规定进行。

下面介绍一些常用的图形符号和文字代号。

1. 图形符号

过程检测和控制系统图形符号包括测量点、连接线(引线、信号线)和仪表圆圈等。

(1) 测量点。测量点画法如图 5-4 所示。

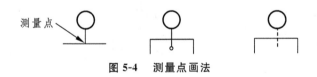

图 5-4　测量点画法

(2) 连接线。连接线画法如图 5-5 所示。

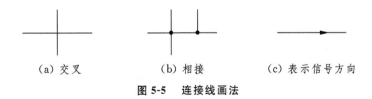

(a) 交叉　　　　(b) 相接　　　(c) 表示信号方向

图 5-5　连接线画法

(3) 仪表。常规仪表图形符号是直径为 12 mm(或 10 mm)的细实线圆圈。
(4) 执行器。执行器的图形符号是由执行机构和调节机构的图形符号组合而成的。

2. 仪表位号

在检测、控制系统中,构成回路的每个仪表(或元件)都用仪表位号来标识。仪表位号由字母代号组合和回路编号两部分组成,首字母表示被控变量,后继字母表示仪表的功能;回路的编号由工序号和顺序号组成,一般用 3～5 位阿拉伯数字表示,如下例所示:

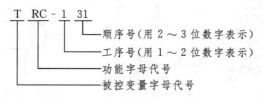

(a) 就地安装　　(b) 集中盘面安装

图 5-6　仪表位号标注方法

在带测控点工艺流程图中,仪表位号的标注方法如图 5-6 所示。

仪表位号中表示被控变量和仪表功能的字母代号及其含义见表 5-1 所示。

表 5-1　过程监测和控制流程图所用字母代号及其含义

字母	首字母		后继字母	字母	首字母		后继字母
	检测变量	修饰词	仪表功能		检测变量	修饰词	仪表功能
A	分析		报警	N	由使用者选用		由使用者选用
B	火焰			O	由使用者选用		
C	电导率		控制	P	压力或真空		测试接头
D	密度	差值		Q	数量或热量		计算或累计
E	电量		检测元件	R	核辐射		记录或打印
F	流量	比率		S	速度或频率		开关
G	位置或长度		玻璃	T	温度		变送
H	手动			U	多变量		多功能
I	电流		指示	V	黏度		挡板或百叶窗
J	功率			W	重量或力		保护管
K	时间或时间程序		自动-手动操作	X	未分类变量		未分类功能
L	液位或料位		指示灯	Y	由使用者选用		中继或计算
M	水分或湿度			Z	位置		连锁动作

图 5-7 所示的为某化工厂超细碳酸钙生产中碳化部分的简化工艺管道及仪表流程图。

仪表位号 ① 表示第一工序第 01 个流量控制回路,累计指示仪及调节器安装在控制室。仪表位号 ② 表示第一工序第 01 个带指示的手动控制回路,手动调节器(手操器)安装在控制室。仪表位号 ③ 表示第一工序第 01 个带指示的液位控制回路,液位指示调节器安装在控制室。仪表位号 ④、⑤ 表示第一工序第 01、02 个温度检测回路,温度指示仪安装在现场。仪表位号 ⑥、⑦ 表示第一工序第 01、02 个压力检测回路,压力指示仪安装在现场。

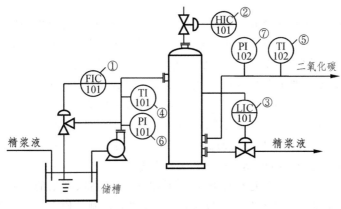

图 5-7　超细碳酸钙碳化工艺管道及仪表流程图

字母代号至少包含两个大写英文字母。首字母可以附带一个小写英文字母，表示控制系统所检测的工艺参数即被控变量的类型；后继字母表示控制系统所需完成的功能。例如，首字母 T、P 分别表示检测温度、压力，Td、Pd 则分别表示检测温度差、压力差。作为后继字母，T、P 则分别表示变送、测试接头。数字部分表示相同类型参数在流程中不同的位置。

为便于分析，常常采用方框图表示控制系统，如图 5-8 所示。图中，y 是被控变量，q 是操纵变量，u 是控制作用，e 是系统偏差，r 是给定值，z 是被控变量的测量值，f 是扰动量。$G_{pc}(s)$、$G_{pd}(s)$ 是被控对象，分别表示控制通道和扰动通道的传递函数。$G_m(s)$、$G_v(s)$、$G_c(s)$ 是测控仪表，分别表示测量变送器、执行器、调节器的传递函数。需要注意的是，方框图只是表示各个变量之间的信号联系，各个方框的输出是对其输入变量变化的响应，并非表示物料的流动方向。因此，控制系统由被控对象和测控仪表构成。有时为了便于分析，把被控对象的调节通道、检测变送器、执行装置合并，构成广义对象。控制系统的初步设计，就是根据生产工艺的操作、控制要求，合理设计被控对象；再根据被控对象特性，确定合适的调节仪表的特性，使控制系统控制性能最佳。

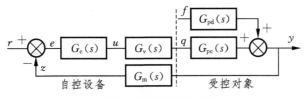

图 5-8　控制系统方框图

5.1.3　过程控制系统设计的基本要求

生产过程对过程控制系统的要求是多种多样的，可简要归纳为安全性、稳定性和经济性三个方面。

(1) 安全性。安全性是指在整个生产过程中,过程控制系统应该确保人员和设备的安全(并兼顾环境卫生、生态平衡等安全性要求),这是对过程控制系统最重要也是最基本的要求,通常采用参数越限报警、事故报警、连锁保护等措施加以保证。

(2) 稳定性。稳定性是过程控制系统保证生产过程正常工作的必要条件。稳定性是指在扰动作用下,过程控制系统将工艺参数控制在规定的范围内,维持设备和系统长期稳定运行,使生产过程平稳、持续的进行。由自动控制理论的知识可知,过程控制系统除了要满足绝对稳定性(并具有适当的稳定裕量)的要求外,同时要求系统具有良好的动态响应特性(过渡过程时间短,动态、稳态误差小等)。

(3) 经济性。经济性是指过程控制系统在提高产品质量、产量的同时,节省原材料,降低能源消耗,提高经济效益与社会效益。采用有效的控制手段对生产过程进行优化控制是满足工业生产对经济性要求不断提高的重要途径。

5.1.4 过程控制系统设计的主要内容

过程控制系统设计包括系统控制方案设计、工程设计、工程安装和仪表调校、调节器参数整定等四个主要内容。

控制方案的设计是过程控制系统设计的核心。工程设计是在控制方案正确设计的基础上进行的,它包括仪表选型、现场仪表与设备安装位置确定、控制室操作台和仪表盘设计、供电与供气系统设计、信号及连锁保护系统设计等。控制系统设备的正确安装是保证系统正常运行的前提。系统安装完,还要对每台仪表、设备(计算机系统的每个环节)进行单体调校和控制回路的联校。在控制方案设计合理、系统仪表及设备正确安装的前提下,调节器参数整定是保证系统运行在最佳状态的重要步骤,是过程控制系统设计的重要环节之一。

5.1.5 过程控制系统设计的步骤

(1) 熟悉和理解生产对控制系统的技术要求和性能指标。控制系统的技术要求与性能指标一般由生产过程设计制造单位或用户提出,这些技术要求和性能指标是控制系统设计的基本依据,设计者必须全面、深入地了解与掌握。技术要求和性能指标必须科学合理、切合实际。

(2) 建立被控过程的数学模型。被控过程数学模型是控制系统分析与设计的基础,建立数学模型是过程控制系统设计的第一步。在控制系统设计中,首先要解决如何用适当的数学模型来描述被控过程的动态特性的问题。只有掌握了过程的数学模型,才能深入分析被控过程的特性、选择正确的控制方案。

(3) 控制方案的确定。控制方案包括控制方式的选定和系统组成结构的确定,是过程控制系统设计的关键步骤。控制方案的确定既要依据被控过程的工艺特点、动态特性、技术要求与性能指标,还要考虑控制方案的安全性、经济性和技术实施的可行性、使用和维护的简单性等因素,进行反复比较与综合评价,最终确定合理的控制方案。必要时,可在初步的控制方案确定后,应用系统仿真等方法进行系统静态、动态特性分析计算,验证控制系统的稳定性、过渡过程特性是否满足工艺要求,对控制方案进行修正、完善和优化。

(4)控制设备选型。根据控制方案和过程特性、工艺要求,选择合适的传感器、变送器与执行器等。

(5)实验(或仿真)验证。实验(或仿真)验证是检验系统设计正确与否的重要手段。有些在系统设计过程中难以确定和考虑的因素,可以在实验或仿真中引入,并通过实验检验系统设计的正确性,以及系统的性能指标是否满足要求。若系统性能指标与功能不能满足要求,则必须进行重新设计。

5.2 简单控制系统设计

5.2.1 被控变量的选择

控制系统的价值体现在能否在工业生产的安全、优质、稳产、高产、低耗、改善劳动条件等方面发挥相应的作用。被控变量选择合理与否,决定着控制系统有无价值。被控变量的选择必须根据工艺操作要求,结合检测仪表的现状,合理地确定具体检测参数。通常情况下,可以直接将流量、液位、压力、温度等工艺控制指标作为被控变量,称为直接指标控制。但是,对于化学反应速度、收率、混合物各组分的组成、物料的黏度等指标,由于目前尚无相应的检测设备,或者检测过程长,或者设备过于昂贵等因素,不能作为被控变量。此时,需要选择能表征工艺控制指标的其他变量作为被控变量,称为间接指标控制。采用间接指标控制时,需要注意以下几个方面。

1. 单值性

在工艺允许的操作范围内,工艺控制指标与被控变量之间保持单值关系,如图 5-9 中 A-C 区间;但如果工作在 B-D 区间就不合适了。

2. 线性性或确定的函数关系

当采用常规模拟仪表作为控制设备时,要求在工艺允许的操作范围内,工艺控制指标与被控变量之间保持良好的线性关系,如图 5-9 中 A-B 区间;但是,若工作在 A-C 区间,则线性误差很大,线性度校正难度较高,不宜采用。若采用计算机控制,可以不要求线性度,但是应该有确定的函数关系。

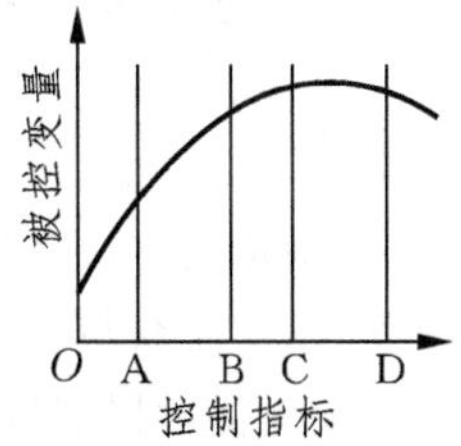

图 5-9 控制指标与被控变量的关系

3. 灵敏度

工艺控制指标在操作范围内变化时，被控变量应有足够的变化量，以保证控制精度，如图 5-9 中 A-B 区间的灵敏度比 B-C 区间的灵敏度大。

另外，对于有多个控制变量的场合，还要考虑变量之间是否相互独立。在实际工程设计中，往往可以借鉴现有同类装置的使用经验。

5.2.2 操纵变量的选择

一个具体的工业过程往往存在多个输入变量。其中，有些是可以控制的，有些则不能控制。当选择其中的一个作为操纵变量后，其他的输入便是扰动，如图 5-10 所示为干扰通道与控制通道的关系。显然，操纵变量是用来克服扰动变量对被控变量影响的，所以它必须是可控的。当过程存在两个或多个可控输入变量时，需要合理地选择操纵变量，使控制通道和扰动通道的特性匹配合理，以便获得较好的性能指标。

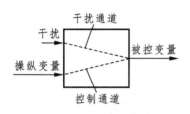

图 5-10 干扰通道与控制通道的关系

干扰变量由干扰通道施加到对象上，起着破坏作用，使被控变量偏离给定值。操纵变量由控制通道施加到对象上，使被操纵变量回复到给定值，起着校正作用。这是一对相互矛盾的变量，它们对被控变量的影响都与对象特性有密切的关系。因此，在选择操纵变量时，要认真分析对象特性，以提高控制系统的控制质量。

1. 对象静态特性的影响

在选择操纵变量构成自动控制系统时，一般希望控制通道的放大系数 k_c 越大越好，这是因为 k_c 越大，表示控制作用对被控变量影响越显著，控制作用越有效。当然，如果 k_c 过大，会引起控制通道过于灵敏，使控制系统不稳定。另一方面，对象干扰通道的放大系数 k_f 则越小越好，k_f 小表示干扰对被控变量的影响不大，过渡过程的超调量不大。因此，确定控制系统时，也要考虑干扰通道的静态特性。总之，在诸多变量都要影响被控变量时，从静态特性考虑，应尽量选择放大系数较大的可控变量作为操纵变量。

2. 控制通道动态特性的影响

（1）控制通道时间常数的影响。调节器的控制作用，是通过控制通道施加于对象去影响被控变量的，所以控制通道的时间常数不能过大，否则会使操纵变量的校正作用迟缓、超调量大、过渡时间长。要求对象控制通道的时间常数 T 小一些，使之反应灵敏、控制及时，从而获得良好的控制质量。例如，在前面列举的精馏塔提馏段温度控制中，由于回流量对提馏段温度影响的通道长、时间常数大，而加热蒸汽量对提馏段温度影响的通道短、时间常数小，因此选择蒸汽量作为操纵变量是合理的。

（2）控制通道纯滞后 τ_c 的影响。控制通道的物料输送或能量传递都需要一定的时间,因此造成的纯滞后 τ_0 对控制质量的影响。图 5-11 为纯滞后对控制质量影响的示意图。图中,C 表示被控变量在干扰作用下的变化曲线(这时无校正作用);A 和 B 分别表示无纯滞后和有纯滞后时操纵变量对被控变量的校正作用;D 和 E 分别表示无纯滞后和有纯滞后情况下被控变量在干扰作用与校正作用同时作用下的变化曲线。

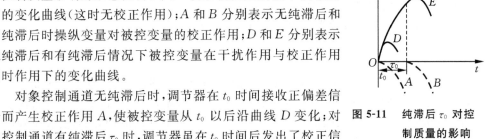

图 5-11 纯滞后 τ_0 对控制质量的影响

对象控制通道无纯滞后时,调节器在 t_0 时间接收正偏差信号而产生校正作用 A,使被控变量从 t_0 以后沿曲线 D 变化;对象控制通道有纯滞后 τ_0 时,调节器虽在 t_0 时间后发出了校正信号,但纯滞后的存在,使之对被控变量的影响推迟了 τ_0 时间,即对被控变量的实际校正作用是沿曲线 B 变化的,因此被控变量是沿曲线 E 变化的。比较 E、D 曲线,可见纯滞后使超调量增加;反之,当调节器接收负偏差信号而产生校正作用时,由于存在纯滞后,使被控变量继续下降,可能造成过渡过程的振荡加剧,以致时间变长,稳定性变差。所以,在选择操纵变量构成控制系统时,应使对象控制通道的纯滞后时间 τ_0 尽量小。

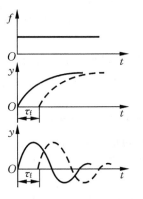

图 5-12 干扰通道纯滞后 τ_f 的影响

3. 干扰通道动态特性的影响

(1) 干扰通道时间常数的影响。干扰通道时间常数 T_f 越大,表示干扰对被控变量的影响越缓慢,有利于控制。所以,在确定控制方案时,应设法使干扰通道时间常数加大。

(2) 干扰通道纯滞后 τ_f 的影响。如果干扰通道存在纯滞后 τ_f,即干扰对被控变量的影响推迟了时间 τ_f,因而控制作用也推迟了时间 τ_f,使整个过渡过程曲线推迟了时间 τ_f,只要控制通道不存在纯滞后,不会影响控制质量,如图 5-12 所示。

4. 操纵变量的选择原则

根据以上分析,操纵变量的选择原则主要有以下几点。

(1) 操纵变量应是可控的,即工艺上允许调节的变量。

(2) 操纵变量一般应比其他干扰对被控变量的影响更加灵敏,即选择控制通道的放大系数适当大、时间常数适当小(但不宜过小,否则易引起振荡)、纯滞后时间尽量小,同时使干扰通道的放大系数尽可能小,时间常数尽可能大。

(3) 在选择操纵变量时,除了从控制角度考虑外,还要考虑工艺的合理性与生产的经济性。一般不宜选择生产负荷作为操纵变量,因为生产负荷直接关系到产品的产量,是不宜经常波动的。另外,从经济性考虑,应尽可能地降低物料与能量的消耗。

5.2.3 系统设计中的测量变送问题

检测变送器作为控制系统的眼睛,它将工业过程参数转换为标准信号。设计控制系统时,需要考虑仪表本身性能、测量信号的处理及安装与使用条件等方面问题。

1. 仪表性能的考虑

通常将检测变送器等效表示为一阶加纯滞后环节,即

$$G_m(s) = \frac{K_m}{(T_m s + 1)} e^{-\tau_m s} \tag{5-1}$$

τ_m 对控制系统性能指标的影响与调节通道的纯滞后时间一样,减小它对控制系统有利。τ_m 的产生主要有两种因素,其一是检测仪表本身不连续输出,如一些分析仪表从样品进入分析仪,到分析仪输出相应的信号需要一定的时间间隔;其二是安装位置所造成。一些检测元件对检测条件有严格的要求,如温度、压力、流速等检测必须在规定的范围内,否则无法保证检测精度。

图 5-13 所示的预处理系统是实践中常用的方案。通过对采样管内的物料进行必要的恒温、恒压、恒流速等处理,使检测点处的物料状态符合检测元件的要求。物料从工艺控制点到实际检测点需要一定的传输时间,即产生了一定的纯滞后。管线越长、速度越慢,则滞后时间越长。另外,有些分析仪表即使不需要对被测物料进行恒温、恒压、恒流速处理,但是,它不能安装在生产现场,需要安装在专门的分析室,这时也需要利用采样管将物料从控制点传送到分析室,也会引起纯滞后。实际使用中,可能两种因素都有。

K_m 与变送器的量程有关,量程的大小取决于工艺操作要求,量程小则 K_m 大。作为广义对象的一部分,K_m 本身不影响控制系统的性能指标。然而,当变送器精度等级一定时,量程小,有利于减小显示误差。

T_m 是变送器的时间常数。变送器是广义对象的一部分,只要不是广义对象中最大的一个时间常数,减小 T_m,对控制系统总是有利的。由于 T_m 的减小可能会增加检测仪表的费用,一般只要小于第二大时间常数就不必进一步减小了。T_m 成为广义对象中最大的一个时间常数时,减小 T_m 往往使稳定性下降。图 5-14 给出了 T_m 分别为不同值时的给定值阶跃响应曲线,被控对象调节通道传递函数如图中所示,调节器为纯比例控制,余差按

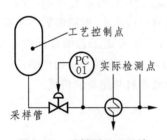

图 5-13 采样预处理系统

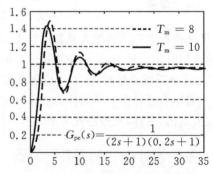

图 5-14 T_m 为最大时对过渡过程的影响

5% 考虑,故 $K_c = 19$。随着 T_m 的减小,超调量增加、稳定性降低、过渡时间延长,对控制系统不利。

2. 测量信号的处理

1) 测量信号的线性化处理

当变送器输出信号与工艺控制指标之间成非线性关系时,为了使广义对象具有一定的线性,需要对测量参数作线性化处理。例如,采用节流装置与差压变送器测量流量时,变送器输出信号与流量之间成二次方关系,当操作范围比较大时,工作点的变化将严重影响控制系统的质量,因而有必要进行线性化处理。有时,为了指示的方便也需要进行线性化处理。

2) 测量信号的滤波处理

有些流体输送设备,如往复式压缩机,流量呈脉动变化状态,因而流量信号也将随之脉动变化。这种脉动显然对控制系统很不利。实际应用中通常对信号进行低通滤波处理。

对测量过程中存在的某些高频噪声,如沸腾状态的液位、振动明显的管道流量等,也需要对测量信号进行低通滤波器处理。

具体滤波处理时,可以采用模拟 RC 电路,也可以采用数字滤波。

对于其他类型的噪声,可以采用具有针对性的抗干扰方法。例如,对于尖峰型干扰可以采用程序判别滤波的方法,其计算公式为

$$\bar{y}(i) = \begin{cases} \bar{y}(i-1) + \Delta(i), & |y(i) - \bar{y}(i-1)| > \delta \\ y(i), & |y(i) - \bar{y}(i-1)| \leq \delta \end{cases} \tag{5-2}$$

式中:$\bar{y}(i)$ 为经过滤波后的输出值;$y(i)$ 为滤波前的实际采样值;$\Delta(i)$ 为预估输出值增量;δ 为规定的阈值。

阈值 δ 限制了一次采样间隔可能的最大变化量。超过此值,说明受到了尖峰干扰,系统将丢弃本次采样值,以上次输出值与预估输出值增量之和作为本次输出值。预估输出值增量 $\Delta(i)$ 通常设定为 0 或 $\Delta(i) = \bar{y}(i-1) - \bar{y}(i-2)$,即上次输出值增量。

3. 安装与使用条件

安装条件必须符合相应检测仪表的具体要求。例如,流量测量仪表通常对前后管道的直管段的要求、节流装置流向的要求、测温元件在被测介质中插入深度的要求、差压变送器导压管内液体高度应该相等的要求等。

实际使用中,仪表的工作参数应该符合仪表的设计参数。例如,气体流量测量时的实际工作温度和压力应该与设计值相等,如果偏离较大将产生较大的附加误差,必要时需要进行校正。

5.2.4 执行器的考虑

执行器(调节阀)作为控制系统的手脚,将控制作用的标准信号转换为操纵变量,以

改变工业过程的状态。一般调节阀选用应考虑以下几个方面。

1. 调节阀结构型式的选择

调节阀的结构型式主要根据工艺条件,如使用温度、压力及介质的物理、化学特性(如腐蚀性,黏度等)来选择。一般介质可选用直通单座阀或直通双座阀,高压介质可选用高压阀,强腐蚀介质可选用隔膜阀等。

2. 气开式与气关式的选择

由于调节阀是由执行机构和调节机构组装而成,执行机构有正、反作用两种形式,调节机构(具有双导向阀芯的)也有正装和反装两种方式,因此气动调节器有气开与气关两种形式,如图5-15所示。

无压力信号时阀全开,随着压力信号增大,阀门逐渐关小的气动调节阀称为气关式调节阀。反之,无压力信号时阀全闭,随着压力信号增大,阀门逐渐开大的气动调节阀称为气开式调节阀。调节阀气开、气关形式的选择原则完全出于工艺生产的安全考虑,一旦控制系统发生故障、信号中断,调节阀的开关状态应能保证工艺设备和操作人员的安全。如果控制信号中断时阀处于打开位置危害性小,则应选用气关式调节阀;反之,则应选用气开式调节阀。例如,蒸汽锅炉的燃料输入管道应安装气开式调节阀,即当控制信号中断时应切断进炉燃料,以免炉温过高造成事故;而给水管道应安装气关式调节阀,即当控制信号中断时应打开进水阀,避免锅炉烧干。

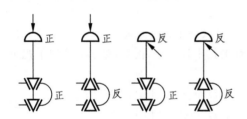

图 5-15 调节阀的气开与气关式

3. 调节阀的流量特性选择

调节阀的流量特性影响着控制系统的调节品质,其选择一般需要从两个方面考虑:一是控制阀本身的特性,是控制阀流通能力与阀门行程之间的关系,即理想流量特性,它取决于阀芯的几何形状,与具体的使用情况无关;二是流过阀门的流量与阀门行程之间的关系,即工作流量特性,它不仅与阀门的理想流量特性有关,还与阀两端压差、介质的密度、其他配管阻力等有关。

从调节原理来看,要保持一个调节系统在整个工作范围内都具有较好的品质,应该使系统在整个工作范围内的总放大倍数尽可能保持恒定。通常,变送器、调节器和执行机构的放大倍数是常数,但调节对象的特性往往是非线性的,其放大倍数常随工作点的不同而变化。因此选择调节阀时,希望以调节阀的非线性补偿调节对象的非线性。例如,在实际生产中,很多对象的放大倍数是随负荷增大而减小的,这时如能选用放大倍数随负荷增大而增加的调节阀,便能使两者互相补偿,从而保证整个工作范围内都有较好的调节质量。对数特性的调节阀由于具有这种特性,因此得到广泛的应用。若调节对象的特性是线性的,则应选用具有直线流量特性的调节阀,以保证系统总放大倍数恒定。至于快开特性的调节阀,由于小开度时放大倍数高,容易使系统振荡,而大开度时调节不灵敏,在连续调节系统中很少使用,一般只用于双位式调节的场合。

必须注意,按上述原则选择的调节阀特性是实际需要的工作流量特性,在确定调节阀时,必须具体地考虑管道、设备的连接情况以及泵的特性,再由工作流量特性推出需要的固有流量特性。例如,在一个其他环节都具有线性特性的系统中,按非线性互相补偿的原则,应选择工作流量特性为线性的调节阀;但如果管道的阻力状况 $S = 0.3$,则此时固有流量特性为具有对数特性的调节阀,工作特性已经畸变为直线特性,故必须选用固有特性为对数特性的调节阀,才能得到直线特性的工作流量特性。人们通过大量的实践,总结出了一些行之有效的经验,可以根据被控对象类型及主要扰动因素来确定调节阀流量特性,如表 5-2 所示。

表 5-2 经验法选择调节阀流量特性

流程简图	主要扰动	流量特性	附加条件	备注
流量控制对象(F) p_1 ——▷◁—— p_2 p_1、p_2 分别为阀前、阀后压力	F	直线	线性流量计或节流装置带开方器	
	p_1、p_2	等百分比		
	设定值	抛物线	节流装置不带开方器	
	p_1、p_2	等百分比		
温度控制对象(T_2) T_1 ——— T_2 T_3 ——— T_4 T_1、T_2 为工艺物料进、出口温度 T_3、T_4 为热媒进、出口温度 F 为工艺物料流量 p 为控制阀压差	p、T_3、T_4	等百分比		T_o 为对象最大、最小时间常数的对数平均值 $T_o = \sqrt{T_{max} T_{min}}$ T_m、T_v 为检测环节、调节阀时间常数
	T_1			
	T_2	直线		
	F		$T_o \geq T_m(T_v)$	
		等百分比	$T_o = T_m(T_v)$	
		双曲线	$T_o < T_m(T_v)$	
压力控制对象(p_2) p_1、p_3 为进、出口压力 C_v 为调节阀全开时流通能力 C_f 为其他节流部件流量系数	p_1	双曲线	$C_v \geq 2C_o$	液体介质
		等百分比	$2C_o \geq C_v$	
	p_2	等百分比	$C_v \geq 2C_o$	
		直线	$2C_o \geq C_v$	
	p_3	等百分比	$C_v \geq 2C_o$	
		直线	$2C_o \geq C_v$	
	C_f	等百分比		气体介质
	p_1、C_f	等百分比		
	p_3	抛物线		

续表

流程简图	主要扰动	流量特性	附加条件	备 注
液位控制对象(h)	h	双曲线	$T_o = T_v$	T_o为对象最大、最小时间常数的对数平均值 $T_o = \sqrt{T_{max}T_{min}}$ T_v为调节阀时间常数
		等百分比	$T_o \gg T_v$	
	F	等百分比	$T_o = T_v$	
		直线	$T_o \gg T_v$	
	h	抛物线	$T_o = T_v$	
		直线	$T_o \gg T_v$	
	C_o	等百分比	$T_o = T_v$	
		直线	$T_o \gg T_v$	

表 5-2 给出的是所要求的工作流量特性。还要根据配管情况确定理想流量特性。一般来说，$S \geqslant 0.6$ 时，工作流量特性与理想流量特性差异不大，可以直接选用表 5-2 中给出的流量特性。当 $0.3 < S < 0.6$ 时，需要选择比表 5-2 中给出曲线更加向右下凹的曲线；除工作流量需要快开特性而选用线性特性外，一般是选用等百分比特性。除非工艺操作范围很小，系统尽量不要在 $S < 0.3$ 时工作。

4. 阀门定位器的应用

调节阀在使用中会由于工艺操作条件等影响产生定位不准、产生间隙特性。例如，对于高压阀，为了避免介质通过阀杆等可动部件的缝隙泄漏，需要用填料密封，阀杆和填料之间需要较大的摩擦力才能有良好的密封性能。但是，这也使调节阀产生间隙特性，从而影响控制系统质量，甚至出现等幅振荡。为了减少这种间隙特性的影响，一般采用阀门定位器克服阀杆摩擦力，其工作原理如图 5-16 所示。

工业上还通过改变凸轮片形状以改变阀杆行程 l 和控制信号 u 之间的关系，从而改变执行装置整体的流量特性。目前，国产定位器一般带有 A、B、C 三种形状的凸轮片，它们的特性如图 5-17 所示。如果线性调节阀与凸轮片 B 组合，可得到快开特性；与凸轮片 C 组合，可得到等百分比特性。

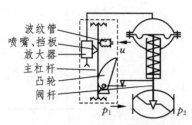

图 5-16 阀门定位器工作原理图

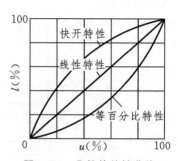

图 5-17 凸轮片特性曲线

利用阀门定位器还可以克服调节阀进、出口压差在阀芯上产生的不平衡力对阀杆位移的影响。

另外,在分程控制系统中,也要利用阀门定位器改变控制信号的作用范围。如,当控制信号 u 从 0.02 MPa 变化到 0.06 MPa 时,调节阀开度从 0 到 100% 变化。

5. 调节阀口径的选择

在控制系统中,为保证工艺操作的正常进行,必须根据工艺要求,准确计算阀门的流通能力,合理选择调节阀的尺寸。如果调节阀的口径太大,将使阀门经常工作在小开度位置,造成调节质量不好;如果口径太小,阀门完全打开也不能满足最大流量的需要,就难以保证生产的正常进行。根据流体力学,对不可压缩的流体通过调节阀时产生的压力损失 Δp,与流体速度之间有

$$\Delta p = \xi \rho \frac{v^2}{2} \tag{5-3}$$

式中:v 为流体的平均流速;ρ 为流体密度;ξ 为调节阀的阻力系数(与阀门的结构及开度有关)。因流体的平均流速 v 等于流体的体积流量 Q 除以调节阀连接管的截面积 A,即

$$v = \frac{Q}{A}$$

代入式(5-3)并整理,即得流量表达式

$$Q = \frac{A}{\sqrt{\xi}} \sqrt{\frac{2\Delta p}{\rho}} \tag{5-4}$$

若面积 A 的单位取 cm^2,压差 Δp 的单位取 kPa,流体密度的单位取 kg/m^3,流量 Q 的单位取 m^3/h,则式(5-4)可写成数值表达式

$$Q = 3\,600 \frac{1}{\sqrt{\xi}} \frac{A}{10^4} \sqrt{2 \times \frac{\Delta p}{\rho}} = 16.1 \frac{A}{\sqrt{\xi}} \sqrt{2 \times \frac{\Delta p}{\rho}} \tag{5-5}$$

由式(5-5)可知,通过调节阀的流体流量除了与阀门两端的压差及流体种类有关外,还与阀门口径 $D(A = \pi D^2/4)$ 有关。对于一个制作好的阀门,如果阀门两端的压差及流体种类确定了,调节阀的口径就决定了调节阀的流通能力。调节阀的流通能力用流量系数 C 值表示。

流通能力的定义为:在阀两端压差为 100 kPa,流体密度为 $1\,000\ kg/m^3$(水)的条件下,阀门全开时每小时能通过调节阀的流体流量(m^3/h)。例如,某一阀门全开、阀两端压差为 100 kPa 时,如果流经阀的水流量为 40 m^3/h,则该调节阀的流量系数 $C = 40$。

根据流通能力的上述定义,由式(5-5)可知

$$C = 5.09 \frac{A}{\sqrt{\xi}} \tag{5-6}$$

在有关的调节阀的使用手册里,对不同口径和不同结构形式的阀门分别给出了流通

系数 C 的数值,可供用户查阅。

实际应用中,阀门两端压差不一定是 100 kPa、流经阀的也不一定是水,因此必须换算。将式(5-6)代入式(5-5),可得

$$C = Q\sqrt{\frac{\rho}{10\Delta p}} \tag{5-7}$$

式(5-7)可在已知压差、流体密度及需要的最大流量 Q 时,确定调节阀的流通系数 C。但当流体是气体、蒸汽或二相流时,以上的计算公式要进行相应修正。有关流通系数 C 值的详细计算方法可查阅调节阀生产厂家提供的手册。

5.2.5 调节器调节规律的选择

合理选择调节器调节规律是为了使调节器与被控过程很好地配合,组成满足工艺要求的控制系统。选择什么样的调节规律与具体的被控制过程匹配是一个比较复杂的问题,需要综合考虑多种因素才能得到合理的解决。图 5-18 给出了某控制过程在最佳整定条件下,同一阶跃扰动下不同调节规律具有同样衰减率时的调节曲线。很明显,PID 综合控制效果最佳,但并不意味任何情况下都采用 PID 调节器。PID 调节器有三个参数,如果整定的不合理,不仅不能发挥 P、I、D 各自的长处,反而会起反作用。

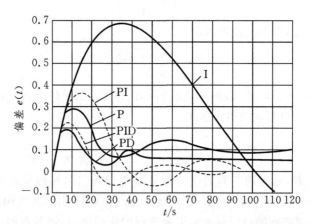

图 5-18　同一阶跃扰动下各种调节规律对应的过渡过程比较

根据前面讨论调节规律对调节性能影响所得到的结论,可以作为初步选择调节规律的依据。在控制工程实施的具体过程中,调节规律的最终确定还要根据被控过程特性、负荷变化情况、主要扰动特点以及生产工艺要求等实际情况进行分析;同时,还应考虑生产过程经济性以及系统投运、维护等因素。当然,最终结果还要通过工程实践的验证。下面简要介绍选择调节规律的基本原则。

1. 比例调节

比例调节是最简单的调节规律,它对控制作用和扰动作用的响应都很迅速。比例调

节只有一个参数,整定简便。比例调节的主要缺点是系统存在静差。对象控制通道 τ_0/T_0 小、负荷变化与外部扰动小、工艺要求不高、允许有静差的系统,可以选用比例调节,如一般的液位调节、压力调节系统等。

2. 积分调节

积分调节的特点是可以消除静差,但积分作用会增加动态偏差和调节时间,因此只能用于有自衡特性的简单对象,很少单独使用。

3. 比例积分调节

比例积分调节既能消除静差,又有较好的动态响应特性。对于一些调节通道容量滞后较小、负荷变化不大的调节系统,如流量调节系统、压力调节系统和要求较严格的液位控制系统,比例积分调节可以取得很好的效果。比例积分调节器是使用最多的调节器。

4. 比例微分调节

微分调节提高了系统的稳定性,使系统比例系数增大,加快了调节过程,减小动态偏差和静差。但在有高频干扰的场合,由于微分作用对高频干扰特别敏感,T_d 不能太大,否则会影响系统正常工作。在高频干扰频繁或存在周期性干扰的场合,不能使用微分调节。同时,由于比例微分调节不能消除余差,所以一般不能单独使用。

5. 比例积分微分调节

具有比例积分微分作用的调节器称为比例积分微分调节器,简称 PID 调节器。PID 调节器是常规调节中性能最好的一种调节器,它综合了各种调节规律的优点,既能改善系统的稳定性,又可以消除静差。对于负荷变化大、容量滞后大、控制品质要求高的控制对象(如温度控制、pH 值控制等)均能适应。但对于对象滞后很大,负荷变化剧烈、频繁的被控过程,采用 PID 调节还达不到工艺要求的控制品质时,则应选用串级控制、前馈控制等复杂控制系统。

另外,当广义对象的近似传递函数如下式

$$G_0(s) = \frac{K_0}{(T_0 s + 1)} e^{-\tau_0 s}$$

时,可根据 τ_0/T_0 来选择调节器的调节规律:$\tau_0/T_0 < 0.2$ 时,选择比例(P)或比例积分(PI)调节规律;$\tau_0/T_0 > 0.2$ 时,选择比例积分微分(PID)调节规律;$\tau_0/T_0 > 1.0$ 时,采用简单控制系统往往难以满足工艺要求,应采用串级、前馈等复杂控制系统。

5.3 简单控制系统操作与投运

控制系统设计安装完成后,通过合理的操作才能使控制系统正常工作。

1. 调节器正/反作用设定

调节器正式投入闭环运行前,必须正确设置其正/反作用形式,以保证控制系统具有负反馈特性。调节器正/反作用的设定通过设置仪表侧面板上的正/反作用转换开关位置实现。

1) 调节器正/反作用形式定义

调节器正/反作用形式是根据调节器输出与测量值之间的变化关系而定的。调节器输出随测量值增加而增加的,称为正作用形式;随测量值增加而减小的,称为反作用形式。

2) 调节器正/反作用与增益 K_p 的关系

K_p 为正时,调节器输出随偏差的增加而增加。由于偏差定义为给定值减测量值,所以偏差随测量值减小而增加。因而 K_p 为正时,调节器输出随测量值的减小而增加,即反作用形式调节器的增益 K_p 为正,正作用形式调节器的增益 K_p 为负。

3) 控制系统负反馈的条件

由控制原理知,一个简单的信号闭合回路具有正反馈还是负反馈特性,取决于构成回路各环节增益乘积的正/负特性。各环节增益乘积为正,则回路具有正反馈特性;反之,具有负反馈特性。常规控制系统的负反馈设计,可以通过图 5-19 所示的控制系统方框图加以说明。构成闭合回路的环节共有五个(包括比较环节)。由于比较环节增益总是为负,所以只要其余四个环节的增益乘积 $K_c K_v K_p K_m$ 为正,闭合回路就具有负反馈特性。

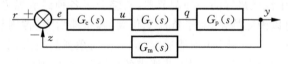

图 5-19　控制系统方框图

下面以图 5-3(a) 所示的液位控制系统为例说明如何确定调节器正/反作用形式。

已知控制阀选择为气开阀,K_v 为正。操纵变量为水箱进水流量,进水流量增加,水箱液位升高,K_p 为正。液位升高,液位变送器输出增加,K_m 为正。所以,K_c 应该为正。相应的调节器为反作用形式。

2. 调节器工作状态设定

常规调节器的工作状态有手动、自动、串级。手动状态时,调节器输出由操作员直接改变调节器输出。自动或串级状态时,调节器根据给定的控制规律对偏差运算产生控制输出。自动状态时的偏差是内给定值与测量值的偏差。串级状态时的偏差是外给定值与测量值的偏差。手动与自动或串级之间的切换,通过转换仪表正面板上的手动/自动切换杆位置实现;自动与串级之间的切换,通过设置仪表侧面板上的内/外给定开关位置实现。

实际生产中,调节器总是以手动状态开始,通过手动操作使生产过程达到或接近设计状态,再将调节器切换到自动或串级状态,实现自动控制。切换状态时,需要保证调节器输出不产生阶跃跳变,称为无扰动切换。目前,一般的 DDZ-Ⅲ 型调节器由自动或串级切换到手动时不需要特别操作就能实现无扰动切换。但是,由手动切换到自动或串级时,或者自动和串级之间切换时,需要先完成一些操作,满足一定的条件才能实现无扰动切换,这样的操作称为平衡操作。

手动与自动或串级之间的切换按照具体调节器的操作规程进行。一般数字型调节器,可以通过软件自动完成平衡操作,实现无平衡无扰动切换。

3. 调节器参数整定

对于已经设计好的广义对象,确定了相应的调节器后,控制系统的性能指标就取决于调节器参数了。整定调节器参数的目的就是根据给定的调节器,寻找一组合适的参数,尽可能使控制系统的性能指标满足工艺生产的要求。

参数整定的方法分为以下两类。

1) 理论整定

理论整定的基础是已经获得控制系统各环节的数学模型,即广义对象的传递函数已知。根据控制要求确定系统的闭环传递函数或过渡过程指标,计算调节器的相应参数。通常采用频率特性法和根轨迹法进行设计。具体方法可参看控制原理相关理论。另外,也可以通过仿真整定。由于模型的精度问题,由此得到的参数在实际运行时需要作进一步的调整。

2) 工程整定

实际工程中,往往很难获得控制系统精确的传递函数,因而无法采用理论整定的方法整定调节器参数。工程整定是一种行之有效的方法。常用的工程整定方法有响应曲线法、临界比例度法、衰减曲线法、经验法等。

(1) 响应曲线法。该方法将控制系统广义对象近似为具有纯滞后的一阶惯性环节,其表达式为

$$G_0(s) = \frac{K_0 \mathrm{e}^{-\tau_0 s}}{T_0 s + 1} \tag{5-8}$$

通过测试的方法获得广义对象的阶跃响应曲线,由曲线计算传递函数中有关参数,具体操作过程如下。

将调节器置于"手动"操作。改变调节器输出,使测量值处于工艺设计值附近,并稳定一定的时间。在 t_0 时刻使调节器输出由 u_0 阶跃变化到 u_1,阶跃大小一般按量程的 $5\% \sim 10\%$ 考虑。阶跃过大将严重影响生产;阶跃太小,影响测试精度。利用记录仪记录测量值变化曲线。典型的阶跃响应曲线如图 5-20 所示。在曲线的拐点作一切线,切线分别在 $t = t_1$、$t = t_2$ 处与 $z = z_0$、$z = z_1$ 相交。应用式(5-9)计算式(5-8)中相关参数。

$$K_0 = \frac{\dfrac{z_1 - z_0}{z_{\max} - z_{\min}}}{\dfrac{u_1 - u_0}{u_{\max} - u_{\min}}}, \quad \tau_0 = t_1 - t_0, \quad T_0 = t_2 - t_1 \tag{5-9}$$

按控制系统的衰减比为 4∶1 整定参数时，可以应用表 5-3 所列的经验公式计算调节器参数。

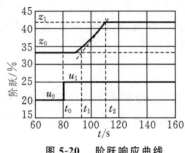

图 5-20　阶跃响应曲线

表 5-3　响应曲线法整定参数

控制规律	δ	T_i	T_d
P	$\dfrac{K_0 \tau_0}{T_0}$		
PI	$1.1 \dfrac{K_0 \tau_0}{T_0}$	$3.3\tau_0$	
PID	$0.85 \dfrac{K_0 \tau_0}{T_0}$	$2\tau_0$	$0.5\tau_0$

(2) 临界比例度法。临界比例度法是在控制系统闭环的情况下进行的，具体操作过程如下。

将调节器设置为比例控制，切除积分和微分作用。通过手动操作，使测量值处于工艺设计值附近，待系统平稳。正确设置调节器正/反作用形式。将调节器切换到自动状态，注意无扰动切换。将给定值作一小幅阶跃变化，记录过渡过程曲线。如果过渡过程为单调或振荡稳定，则适当减小比例度；如果过渡过程为单调或振荡发散，则适当增大比例度。将调节器切换为手动，通过手动操作使系统稳定后，再将给定值作一小幅阶跃变化，观察过渡过程曲线。不断地调整比例度，观察过渡过程，直到过渡过程出现如图 5-21 所示的等幅振荡。此时的比例度称为临界比例度，用 δ_s 表示。由过渡过程曲线得到临界振荡周期 T_s。控制系统按 4∶1 衰减整定参数时，可以应用表 5-4 所列的经验公式计算调节器参数。

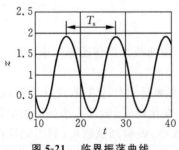

图 5-21　临界振荡曲线

表 5-4　临界比例度法整定参数

控制规律	δ	T_i	T_d
P	$2\delta_s$		
PI	$2.2\delta_s$	$0.83T_s$	
PID	$1.7\delta_s$	$0.5T_s$	$0.13T_s$

在寻找临界比例度时，一方面应该注意生产状态，不能出现产品质量事故和安全生产事故；另一方面调节器输出不能达到极限值。当等幅振荡会严重影响生产过程时，可以

采用衰减振荡法整定参数。

(3) 衰减曲线法。衰减振荡法的整定过程与临界比例度法基本一样,也需要先切除积分和微分功能。通过适当改变比例度,将给定值作一小幅阶跃变化,使控制系统出现所需要的衰减振荡过程。图 5-22 是 4∶1 衰减的过渡过程。此时的比例度记为 δ_u。由过渡过程曲线可以得到操作周期 T_s'。表 5-5 所列的是按 4∶1 衰减整定参数的经验公式。

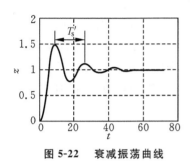

图 5-22 衰减振荡曲线

表 5-5 衰减振荡法整定参数

控制规律	δ	T_i	T_d
P	δ_u		
PI	$1.2\delta_u$	$0.5T_s'$	
PID	$0.8\delta_u$	$0.3T_s'$	$0.1T_s'$

需要说明的是,不管采用哪种整定方法,应用经验公式得到的只是初步的参数,不能保证过渡过程就能得到所需要的衰减比。实际生产中,还需要根据实际情况再进一步调整参数,直到满足要求。

(4) 经验法。它是根据经验先将调节器参数放在某些数值上,直接在闭合的控制系统中通过改变给定值以施加干扰,看输出曲线的形状,以 $\delta\%$、T_i、T_d,对控制过程的规律为指导,调整相应的参数进行凑试,直到合适为止。

3) 几种工程整定方法的比较

前面介绍了常用的四种整定方法,它们都是以衰减比为 4∶1(衰减曲线法也考虑了衰减比为 10∶1 的情况)作为最佳指标进行参数整定的。对多数简单控制系统来说,这样的整定结果能满足工艺要求。但是,在应用中究竟采用哪一种方法,需要在了解各种方法的特点及适用条件的基础上,根据生产过程的具体情况进行选择。下面对几种方法作一简单比较。

响应曲线法通过开环试验测得广义对象的阶跃响应曲线,根据求出的 τ_0、T_0 和 K_0 进行参数整定。测试实验时,要求加入扰动幅度足够大,使被控参数产生足够大的变化,促证测试的准确性,但这在一些生产过程中是不允许的。因此,响应曲线法只适用于允许被控参数变化范围较大的生产过程。反应曲线法的优点是实验方法比稳定边界法和衰减曲线法的容易掌握,实验所需时间比其他方法短。

稳定边界法在做实验时,调节器已投入运行,被控过程处在调节器控制下,被控参数一般能保持在工艺允许的范围内。当系统运行在稳定边界时,调节器的比例度较小,动作很快,被控参数的波动幅度很小,一般生产过程是允许的。稳定边界法适用于一般的流量、压力、液位和温度控制系统,但不适用于比例度特别小的过程。因为在比例度很小的系统中,调节器动作速度很快,使调节阀全开或全关,影响生产的正常操作。对于 τ_0 和 T_0 都很大的控制对象,调节过程很慢,被控参数波动一次需要很长时间,进行一次实验必须测试若干个完整周期,整个实验过程很费时间。对于单容或双容对象,无论比例度多么小,调节过程都是稳定的,达不到稳定边界,不适用此法。

衰减曲线法也是调节器投入运行的情况下进行,不需要系统在稳定边界(临界状态)运行,比较安全,而且容易掌握,能适用于各类控制系统。从反应时间较长的温度控制系统,到反应时间很短的流量控制系统,都可以应用衰减曲线法。但是,对于时间常数很大的系统,过渡过程时间很长,要经过多次实验才能达到 4:1 衰减比,整个实验很费时间;另外,对于过渡过程比较快的系统,难以准确检测衰减比和振荡周期 T_s 也是它的缺点。

经验法的优点是不需要进行专门的实验、对生产过程影响小;缺点是没有相应的计算公式可借鉴,初始参数的选择完全依赖经验、有一定盲目性。

5.4 简单控制系统设计实例

按照前述的简单控制系统设计方法,以喷雾式乳液干燥系统为例,简要讨论简单控制系统的分析、设计过程。

5.4.1 生产过程概述

图 5-23 是喷雾式乳液干燥流程示意图,通过空气干燥器将浓缩乳液干燥成乳粉。已浓缩的乳液由高位储槽流下,经过滤器(浓缩乳液容易堵塞过滤器,两台过滤器轮换使用,以保证连续生产)去掉凝结块,然后从干燥器顶部喷嘴喷出。干燥空气经热交换器(蒸汽)加热、混合后,通过风管进入干燥器与乳液充分接触,使乳液中的水分蒸发成为乳粉。成品乳粉与空气一起送出进行分离。干燥后成品质量要求高,要求含水量不能波动太大。

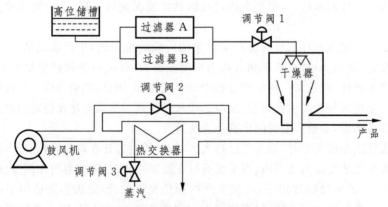

图 5-23 喷雾式乳液干燥流程示意图

5.4.2 控制方案设计

1. 被控参数选择

按照生产工艺要求,产品质量取决于乳粉的水分含量。乳粉含水量测量传感器精度低、滞后大,要精确、快速测量乳粉的水分含量十分困难。研究实验表明,乳粉的水分含量与干燥器出口温度关系密切,而且为单值对应关系。进一步试验表明,干燥器出口温度偏差小于 ±2℃ 时,乳粉质量符合要求,因而可选择干燥器出口温度(间接参数)为被控参数,通过干燥器出口温度控制实现产品质量的控制。

2. 控制变量选择

1) 选择控制变量

影响干燥器出口温度的变量有乳液流量(记为 $f_1(t)$)、旁路空气流量(记为 $f_2(t)$)、加热蒸汽流量(记为 $f_3(t)$)三个因素,并通过图 5-23 中的调节阀1、调节阀2、调节阀3对这三个变量进行控制。选择其中的任意一个作为控制变量,都可实现干燥器出口温度(被控参数)的控制。分别以这三个变量作为控制变量,可得到如下三种不同的控制方案。

方案 1:以乳液流量 $f_1(t)$ 为控制变量(由调节阀 1 进行控制),对干燥器出口温度(被控参数)进行控制。

方案 2:以旁通冷风流量 $f_2(t)$ 为控制变量(由调节阀 2 控制),对干燥器出口温度进行控制。

方案 3:以加热蒸汽流量 $f_3(t)$ 为控制变量(由调节阀 3 控制),对干燥器出口温度进行控制。

三种控制方案的框图为图 5-24(a)、图 5-24(b)、图 5-24(c)(每个方案将选定的一个变量作为控制变量,其他变量则为干扰量)。

2) 定性分析各方案

在分析、比较三种方案之前,先对影响各种方案通道特性的主要环节进行定性分析。

(1) 蒸汽加热流过热交换器的冷空气,蒸汽对被加热空气温度的影响为一个双容过程,其传递函数可近似为

$$G_h(s) = \frac{K_h}{(T_{h1}s+1)(T_{h2}s+1)} \qquad (5\text{-}10)$$

式中,时间常数 T_{h1}、T_{h2} 都比较大。

(2) 冷、热空气混合后,通过一段风管后到达干燥器,旁通冷风流量对进入干燥器空气流量的影响,可用一阶惯性环节加纯滞后近似为

$$G_m(s) = \frac{K_m}{(T_m s+1)} e^{-\tau s} \qquad (5\text{-}11)$$

式中,时间常数 T_m 较小。

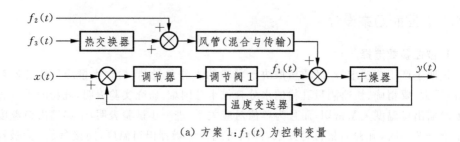

(a) 方案 1：$f_1(t)$ 为控制变量

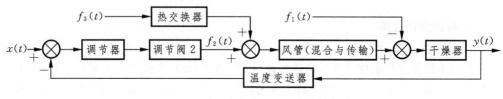

(b) 方案 2：$f_2(t)$ 为控制变量

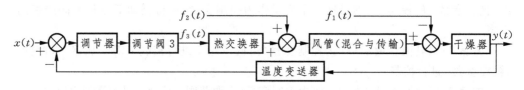

(c) 方案 3：$f_3(t)$ 为控制变量

图 5-24　乳液干燥过程三种控制方案控制系统图

(3) 调节阀 1 到干燥器、调节阀 2 到混合环节、调节阀 3 到换热器的滞后时间较小，可忽略不计。

(4) 三个方案控制通道都包含调节器、调节阀、温度检测单元，它们的特性不影响比较结果；干燥器对空气流量、空气温度、乳液流量的特性差异对三个方案影响不大，可暂不考虑。

3) 比较控制方案

在以上定性结论的基础上，对三个可选方案进行分析、比较，从中选出合理的控制方案及对应的控制变量。

方案 1：从与其对应的控制系统框图（见图 5-24(a)）可以看出，由调节阀 1 控制的乳液流量 $f_1(t)$ 直接进入干燥器，控制通道短、滞后小，控制变量对干燥器出口温度控制灵敏；干扰进入控制通道位置与调节阀输入干燥器的控制变量 $[f_1(t)]$ 重合，干扰引起的动态误差小，控制品质好。从干扰通道来看，$f_2(t)$ 经过有纯滞后的一阶惯性环节 $G_m(s)$ 后进入控制通道，而 $f_3(t)$ 经过一个时间常数较大的双容环节 $G_h(s)$ 和一个有纯滞后的一阶惯性环节 $G_m(s)$ 后进入控制通道，由于 $G_m(s)$ 和 $G_h(s)$ 的滤波作用，干扰信号 $f_2(t)$、尤

其是 $f_3(t)$ 对被控参数 $y(t)$（干燥器出口温度）的影响很平缓。

方案 2：从与其对应的控制系统框图（图 5-24(b)）可以看出，由调节阀 2 控制的旁通风流量 $f_2(t)$ 经过混合和滞后[传递函数为 $G_m(s)$]之后进入干燥器。由于一阶惯性环节 $G_m(s)$ 时间常数 T_m 和纯滞后 τ 的滞后因素，控制通道（相对于方案 1）有一定的滞后，控制变量对干燥器出口温度的控制不够灵敏。干扰 $f_1(t)$ 进入控制通道的位置距调节阀 2 较远，干扰通道环节少，故其引起的动差较大；干扰 $f_3(t)$ 进入控制通道的位置距调节阀 2 很近，干扰通道环节多，其引起的动差小而且平缓。总的来说，方案 2 相对于方案 1 控制品质有所下降。T_m 和 τ 不是很大，品质下降有限。

方案 3：从与其对应的控制系统框图（图 5-24(c)）可以看出，由调节阀 3 控制的蒸气流量 $f_3(t)$ 对流过热交换器的空气加热[传递函数为 $G_h(s)$]，热空气经过混合和滞后[传递函数为 $G_m(s)$]之后进入干燥器。由于有 $G_h(s)$ 两个时间常数 T_{h1} 和 T_{h2}、$G_m(s)$ 的时间常数 T_m、风管纯滞后 τ 多种因素共同影响，控制通道（相对于方案 1 和方案 3）的时间滞后很大，控制变量 $f_3(t)$ 进入控制通道的位置距调节阀很远，二者干扰通道环节（相对于控制通道）少，引起的动差大。方案 3 的控制品质相对于方案 1 和方案 2 有很大下降。

通过上面的分析可知，从控制品质角度来看，方案 1 较好，方案 2 居中，方案 3 较差。但从生产工艺和经济效益角度来考虑，方案 1 并不是最有利的。因为，若以乳液流量作为控制变量，乳液流量就不可能始终稳定在最大值，限制了该系统的生产能力，对提高生产效率不利。另外，在乳液管道上安装调节阀，容易使浓缩乳液结块，甚至堵塞管道，会降低产量和质量，甚至造成停产。进行综合分析比较，选择方案 2 比较好，通过调节阀 2 控制旁通冷风流量 $f_2(t)$，实现干燥器出口温度控制。

3. 检测仪表、调节阀及调节器调节规律选择

根据生产工艺要求，可选用电动单元组合（DDZ-Ⅱ 或 DDZ-Ⅲ）仪表，也可根据仪表技术的发展水平选用其他仪表或系统。

(1) 温度传感器及变送器。被控温度在 600℃ 以下，可选用热电阻（铂电阻）温度传感器。为了减少测量滞后，温度传感器应安装在干燥器出口附近。

(2) 调节阀。根据生产安全原则、工艺特点及介质性质，选择气关型调节风阀。根据管路特性、生产规模及工艺要求，选定调节阀的流量特性。

(3) 调节器。根据工艺特点和控制精度要求（偏差 $\leqslant \pm 2℃$），调节器应采用 PI 或 PID 调节规律；根据构成控制系统负反馈原则，结合干燥器、气关型调节风阀及测温装置的特性，调节器应采用正作用方式。

4. 绘制控制系统图

喷雾式乳液干燥过程控制系统如图 5-25 所示。

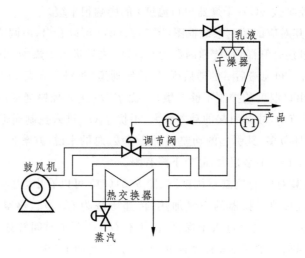

图 5-25　喷雾式乳液干燥过程控制系统

5.3.3　调节器参数整定

可根据生产过程的工艺特点和现场条件，选择前面已讨论过的任意一种工程整定方法进行调节器的参数整定。

思考题与习题

5-1　简单控制系统由哪几个环节构成？简述各环节的作用。

5-2　控制系统的方框图与管道仪表流程图的区别是什么？分别起什么作用？

5-3　说明图 5-26 所示的管道仪表流程中各个监控回路的监控要求。

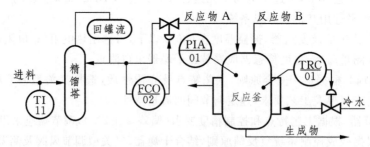

图 5-26　题 5-3 图

5-4　选择控制系统操纵变量时应该注意什么？

5-5　简要分析说明检测变送环节的时间常数对控制系统过渡过程的影响。

5-6　分析说明变送环节量程变化对控制系统过渡过程的影响及应对措施。

5-7 说明控制阀的理想流量特性、工作流量特性。常用的理想流量特性有哪些？

5-8 除了气动调节阀以外，工业上常用的执行装置有哪些？

5-9 选择控制阀流量特性需要注意什么？

5-10 什么是调节器积分饱和？如何防止？

5-11 图5-27是采用蒸汽对乙醇加热的控制流程图。工艺控制要求：乙醇加热后的温度稳定，避免乙醇温度过高。画出该控制系统的方框图，说明控制系统的受控变量及操纵变量。

5-12 图5-28是加热炉流程示意图。试设计一个控制系统用于维持工艺物料被加热的温度稳定。要求：确定控制阀气开、气关特性及调节器正作用、反作用形式。

5-13 图5-28中，调节器输出变化5%时，记录的温度数据如表5-6所示。试按4:1衰减整定要求，确定调节器参数。控制规律拟采用PID。已知温度变送器量程为0~200℃。

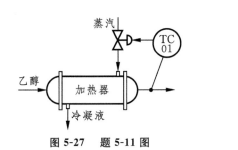

图 5-27 题 5-11 图

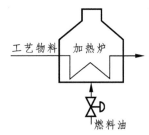

图 5-28 题 5-12、5-13 图

表 5-6 温度数据

时间/min	0	2	4	6	8	10	12	14	16	18	20
温度/℃	128	128	128	128.05	128.22	128.56	129.12	129.89	130.9	132.07	133.35
时间/min	22	24	26	28	30	32	34	36	38	40	42
温度/℃	134.68	136.01	137.31	138.51	139.63	140.62	141.5	142.27	142.92	143.48	143.95
时间/min	44	46	48	50	52	54	56	58	60	62	64
温度/℃	144.34	144.67	144.94	145.15	145.32	145.46	145.57	145.66	145.73	145.78	145.84
时间/min	66	68	70	72	74	76	78	80	82	84	86
温度/℃	145.87	145.89	145.93	145.95	145.95	145.96	145.96	145.98	145.98	145.98	145.98

第6章 复杂控制系统

复杂控制系统应解决两类问题,一是被控对象动态特性很差而控制质量要求又很高的控制过程,这类问题简单控制系统无能为力,需要进一步改进控制结构、增加辅助回路或添加其他环节等措施;二是满足特殊控制要求应用。本章围绕各种复杂控制系统的基本概念、原理、特点、结构形式、工作过程、设计方法、控制方案和应用场合等进行介绍,这些系统包括串级控制系统、前馈控制系统、比值控制系统、均匀控制系统、选择性控制系统、分程控制系统、大纯滞后控制系统、解耦控制系统等。

6.1 串级控制系统

单回路反馈控制系统是一种最基本的、最简单的控制系统,在大多数情况下,这种简单系统能够满足工艺生产的要求,并在工程应用中得到广泛使用。有些被控对象呈动态特性,它的控制过程较复杂,控制质量要求很高,此时简单控制系统就显得无能为力了。因此,需要进一步改进控制结构,增加辅助回路或添加其他环节,组成复杂控制系统,以满足高品质和特殊控制的要求。

6.1.1 串级控制系统的基本结构与工作原理

1. 串级控制系统的概念

在实际工程应用中,依据控制过程的不同特点,有多种复杂控制系统。其中串级控制系统对改善控制质量,提高控制质量,发挥了有效的作用,在控制系统中得到了广泛的应用,并取得了很好的控制效果。下面以工业生产中常见的物料出口温度控制为例,介绍串级控制的设计思路,以及串级控制系统的构成、原理、系统特点及整定方法。

加热炉是工业生产中常用的设备之一,在工艺上要求被加热物料的出口温度为某一定值。影响物料出口温度的因素很多,主要有:被加热物料的流量和初温的扰动 $f_1(t)$,燃料的压力、流量和成分的变化的扰动 $f_2(t)$,烟道风抽力的变化的扰动 $f_3(t)$ 等。依据单回路控制系统的设计原则,可选取加热炉的物料出口温度为被控参数,燃料量为控制参数,构成如图 6-1 所示的单回路控制系统。该系统的特点是所有对被控参数的扰动都包含在这个回路中,理论上都可由温度调节器对这些扰动予以克服。分析发现,该系统控制通道的时间常数和容量滞后较大,控制作用不及时,系统克服扰动的能力较差。如果对被控参数的控制要求很高,系统不能满足控制要求。

为此,有人提出另一种选择炉膛温度为被控参数控制方案,设计图 6-2 所示的控制系统,此时物料出口温度为间接控制量。该系统的特点是能及时有效地克服燃料的压力、流量和成分的变化和烟道风抽力的变化。但是被加热物料的流量和初温的变化未包括在系统内。如果该扰动较大而又频繁发生,将对物料出口温度产生重大影响,控制效果仍然不能达到生产工艺要求。

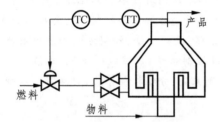

图 6-1　物料出口温度单回路控制系统

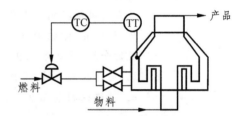

图 6-2　炉膛温度单回路控制系统

图 6-2 所示的控制方案,维持炉膛温度基本不变,这对于稳定物料出口温度为某一定值有很大的帮助(该闭环内的扰动在还未来得及对被控参数产生影响之前就被克服了)。维持炉膛温度不变,实现对出口物料温度控制,是建立在被加热物料的流量和初温不变的前提下的。如果被加热物料的流量和初温变化了,炉膛温度就应维持在另一个新的温度水平下,才能保证物料出口温度为定值。进一步分析还可发现:炉膛温度不变并不是设计的最终目的,只是保证物料出口温度为定值的一种手段。为实现该系统能进行有效工作,图 6-2 所示控制系统的温度调节器的设定值 SP 就应该不断进行调整,而该 SP 的调整量由物料的流量和初温对实际出口温度的影响来决定,按这种思想建立的如图 6-3 所示的控制系统即为串级控制系统,它充分发挥了上述两种方案的优点。

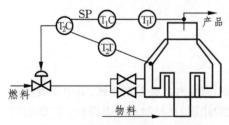

图 6-3　物料出口温度－炉膛温度串级控制系统

选取物料出口温度为主被控参数(简称主参数),选取炉膛温度为副被控参数(简称副参数),把物料出口温度调节器的输出作为炉膛温度调节器的给定值,就构成了图 6-3 所示的物料出口温度与炉膛温度的串级控制系统。这样,扰动 $f_2(t)$、$f_3(t)$ 对出口温度的影响主要由炉膛温度调节器(称为副调节器)构成的控制回路(称为副回路)来克服;扰动 $f_1(t)$ 对物料出口温度的影响,由出口温度调节器(称为主调节器)构成的控制回路(称为主回路)来消除。物料出口温度-炉膛温度控制系统如图 6-4 所示。

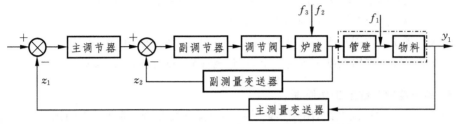

图 6-4　物料出口温度-炉膛温度控制系统方框图

2. 串级控制系统的名词术语

串级控制系统定义:把两个调节器串接在一起,其中一个调节器的输出作为另一个调节器的给定值,共同稳定一个被控变量所组成的闭合回路。通用串级控制系统如图 6-5 所示。

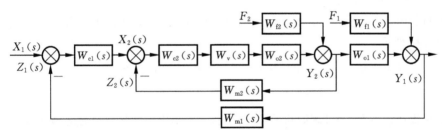

图 6-5　串级控制系统方框图

串级调节系统中的名词术语如下。

主变量 y_1(又称为主被控参数):生产中主要控制的工艺指标,在串级系统中起主导作用的变量。

副变量 y_2(又称为副被控参数):影响主变量的主要变量或为稳定主被控参数引入的中间变量。

主对象 $W_{o1}(s)$(又称为主被控过程):由主参数表征其特性的生产过程,即主回路所包含的过程,亦即整个过程的一部分;其输入为副被控参数,输出为主控参数。$W_{o1}(s)$ 反映了主变量与副变量关系的通道特性。

副对象 $W_{o2}(s)$(又称为副被控过程):由副被控参数为输出的生产过程,即副回路所包含的过程,亦即整个过程的另一部分,其输入为控制参数。$W_{o2}(s)$ 反映了生产中副变量受控制参数影响的特性。

主调节器 $W_{c1}(s)$：它接受主变量的偏差，其输出改变副调节器的设定值。
副调节器 $W_{c2}(s)$：它接受副变量偏差，其输出操纵阀门。
主测量变送器 $W_{m1}(s)$：对主被控参数进行测量变送的环节，输出为 z_1。
副测量变送器 $W_{m2}(s)$：对副被控参数进行测量变送的环节，输出为 z_2。
主回路：把副回路看成一个等效环节组成的单回路后，成为主回路。
副回路：处于串级内部，由副调节器、副测量变送器、副对象、控制阀组成的回路。
一次扰动 F_1：作用在主被控过程上的，而不包括在副回路范围内的扰动。
二次扰动 F_2：作用在副被控过程上，即包括在副回路范围内的扰动。

3. 串级控制系统的工作原理

图 6-3 所示的控制系统，用加热炉燃料作为操作变量时，通常采用的调节阀为气开阀，并假设主、副调节器均为反作用；当加热炉串级控制系统处于稳定工作状态时，被加热物料的流量和初温不变，燃料的流量与提供的热值不变，抽风力也不变，调节阀保持一定的开度，则物料出口温度和炉膛温度均处于相对平衡状态，此时物料出口温度稳定在给定值上。当扰动出现并破坏平衡状态后，串级控制系统便开始其控制过程。根据扰动引入位置的不同，分三种情况讨论。

1) 干扰作用于副回路

燃料的压力、流量或成分的变化使得提供的热能增加，炉膛温度升高，串级控制系统的调节过程如下：

$$\text{炉膛温度 } T_2 \uparrow \rightarrow T_2 T \uparrow \rightarrow T_2 C \downarrow (\text{反作用}) \rightarrow V \downarrow (\text{气开阀})$$
$$T_2 \downarrow \leftarrow$$

如果扰动量不大，经过副回路的及时控制，一般不影响物料出口温度。如果扰动的幅度较大，虽然经过副回路的及时调节校正，仍可能影响物料出口温度。此时，再由主回路进一步调节，从而完全克服上述扰动，使物料出口温度调回到给定值。由于副回路对扰动的及时克服，二次扰动对物料出口温度的影响比没有副回路时要小得多。可见副回路对物料出口温度起着"粗调"作用，而主回路则完成对物料出口温度的"细调"任务。

2) 干扰作用于主回路

被加热物料的流量或初温改变，串级控制系统的调节过程如下：

$$\text{进料量} \downarrow T_1 \uparrow \rightarrow T_1 C \downarrow (\text{反作用}) \rightarrow T_2 C \downarrow \rightarrow V(\text{气开阀}) \downarrow$$
$$\boxed{SP \downarrow, z \text{ 不变}, \text{相当于测量值} \uparrow, T_2 C \text{ 反作用}, T_2 C \downarrow}$$
$$T_1 \downarrow \leftarrow F \leftarrow$$

虽然看起来调节过程同单回路相同，但由于副回路的存在加快了校正作用（其原因在于内部闭环作用使等效副对象的惯量时间常数缩小了），扰动对物料出口温度的影响比单回路系统时要小得多。

3) 干扰同时作用于主回路和副回路

对于一、二次扰动,系统充分发挥了前面两种作用的特点,使得系统的调节快速、有效。串级控制系统具有单回路控制系统的全部功能,但控制质量优于单回路控制系统,并且实现方便。因此,在生产过程中应用比较普遍。

(1) 干扰作用方向相同时,有

$$
\begin{aligned}
&\text{干扰同时使 } T_1T\uparrow \to T_1C\downarrow (\text{反作用}) \to T_2C\downarrow (\text{反作用}) \\
&T_2T\uparrow \to T_2C\downarrow (\text{反作用}) \longrightarrow V\downarrow\downarrow \\
&T_1\downarrow \longleftarrow F\downarrow\downarrow
\end{aligned}
$$

(2) 干扰作用方向相反时,有

$$
\begin{aligned}
&\text{干扰同时使 } T_1T\uparrow \to T_1C\downarrow (\text{反作用}) \to T_2C\downarrow (\text{反作用}) \\
&T_2T\downarrow \to T_2C\uparrow (\text{反作用}) \longrightarrow V \text{变化较小}(+\text{或}-) \\
&F \text{变化不大}
\end{aligned}
$$

6.1.2 串级控制系统的特点及其分析

1. 串级控制系统的特点

串级控制系统与单回路控制系统相比有两点区别,一个区别是在结构上多了一个副回路,形成了一个双闭环或称为双环的系统;另一个区别是串级控制系统比单回路多了一个调节器和一个测量变送器。串级控制系统需要增加的投资并不多(对计算机控制系统来说,仅增加了一个测量变送器),但控制效果却有显著的提高。

串级控制系统,就其主回路(外环)来看是一个定值控制系统,而副回路(内环)则为一个随动系统。正是这种与单回路的区别,使得串级控制系统有了以下一些特点。

(1) 副回路的存在,改善了对象的部分特性,使系统的工作频率提高,加快了调节过程。

(2) 由于副回路的存在,串级控制系统对二次扰动具有较强的克服能力,对一次扰动也有一定克服能力。

(3) 串级控制系统提高了克服一次扰动的能力和对回路参数变化的自适应能力。

2. 串级控制系统特点的分析

1) 分析特点(1)

在扰动作用下,串级控制系统方框图如图 6-6 所示。经等效变换后,得到等效单回路系统,如图 6-7 所示。

与图 6-6 所示的串级控制系统相比,可看到图 6-7 所示的单回路系统中的 $W_1(s)$、$W_{m1}(s)$、$W_v(s)$、$W_{o1}(s)$ 就是串级系统中的 $W_1(s)$、$W_{m1}(s)$、$W_v(s)$、$W_{o1}(s)$。只是 $W_1(s)$ 的参数整定不同,为表示这种不同,在单回路系统中用 $W_{1D}(s)$ 表示。另外,在单回路系统中没有副调节器和副测量变送器。

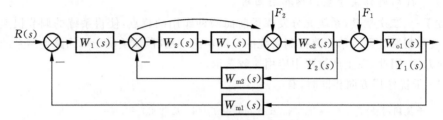

图 6-6　串级控制系统方框图

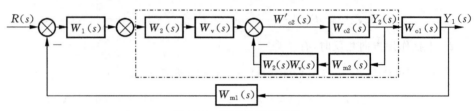

图 6-7　等效单回路系统

使用串级系统时，用一个闭合的副回路代替原来单回路中的部分被控过程 $W_v(s)W_{o2}(s)$。在串级系统中把副回路记作 $W'_{o2}(s)$，则串级控制系统可简化为图 6-7 所示的等效单回路系统，图中 $W'_{o2}(s)$ 成为主调节器控制下的等效被控对象的传递函数，即

$$W'_{o2}(s) = \frac{W_2(s)W_v(s)W_{o2}(s)}{1+W_2(s)W_v(s)W_{m2}W_{o2}(s)} \tag{6-1}$$

假设副对象为 $W_{o2}(s) = \dfrac{K_{o2}}{T_{o2}s+1}$，调节阀与副测量变送器分别为

$$W_v(s) = K_v, \quad W_{m2}(s) = K_{m2}$$

整理式(6-1)后可得

$$W'_{o2}(s) = \frac{K'_{o2}}{T'_{o2}s+1} = \frac{K''_{o2}K_2K_v}{T'_{o2}s+1} \tag{6-2}$$

式中：K''_{o2} 为副被控对象等效的放大系数，$K''_{o2} = K_{o2}/(1+K_2K_vK_{o2}K_{m2})$；$K'_{o2}$ 为副环等效的被控对象的放大系数，$K'_{o2} = K_{o2}K_2K_v/(1+K_2K_vK_{o2}K_{m2})$；$T'_{o2}$ 为副环等效的被控对象的时间常数，$T'_{o2} = T_{o2}/(1+K_2K_vK_{o2}K_{m2})$。

比较单回路中 $W_v(s)W_{o2}(s)$ 与等效后的 $W'_{o2}(s)$ 可见

$$K'_{o2} < K_vK_{o2}, \quad T'_{o2} < T_{o2} \tag{6-3}$$

以上分析表明：相对于单回路增加的一个副回路，使等效被控过程的时间常数减小了，T'_{o2} 仅为 T_{o2} 的 $1/(1+K_2K_vK_{o2}K_{m2})$，从而错开了与主对象的时间常数（一般较大）距离。按照"错开原理"，如果系统中含有多个时间常数，则这些时间常数彼此差别越大，系统越稳定。也就是说，在保持相同的相对稳定性条件下，允许主调节器的比例度更小一些，从而进一步提高系统的快速性。加上对主调节器来说，此时的被控过程为：只剩下不包括在副回路之内的一部分的被控过程 $W_{o1}(s)$ 和等效的 $W'_{o2}(s)$，所以整个被控对象的容量滞后减小了。随着 K_2 的增大,这种效果更显著,从而显著改善了系统的动态特性,使系统的响应加快、控制更为及时,从而提高了系统的控制质量。如果匹配得当,副回路可近似作为 1∶1 的环节。另外,对于副被控对象放大倍数的减小,可以通过副调节器提高一部分,再通过增加主调节器的增益加以补偿。

由图 6-6 可知,串级系统的特征方程为

$$1 + W_1(s)W'_{o2}(s)W_{o1}(s)W_{m1}(s) = 0 \tag{6-4}$$

设 $W_{o1}(s) = K_{o1}/(T_{o1}s+1)$,主调节器与主测量变送器传递函数分别为

$$W_1(s) = K_1(s), \quad W_{m1}(s) = K_{m1}$$

将以上各传递函数代入式(6-4),可得

$$1 + K_1 \frac{K'_{o2}}{T'_{o2}s+1} \frac{K_{o1}}{1+T_{o1}s} K_{m1} = 0$$

经整理后得

$$s^2 + \frac{T_{o1}+T'_{o2}}{T_{o1}T'_{o2}}s + \frac{1+K_1K'_{o2}K_{o1}K_{m1}}{T_{o1}T'_{o2}} = 0 \tag{6-5}$$

令

$$\left.\begin{array}{l} 2\xi\omega_0 = \dfrac{T_{o1}+T'_{o2}}{T_{o1}T'_{o2}} \\[2mm] \omega_0^2 = \dfrac{1+K_1K'_{o2}K_{o1}K_{m1}}{T_{o1}T'_{o2}} \end{array}\right\} \tag{6-6}$$

则串级控制系统的特征方程式可写成如下标准形式:

$$s^2 + 2\xi\omega_0 s + \omega_0^2 = 0 \tag{6-7}$$

式中:ξ 为串级控制系统的衰减系数;ω_0 为串级控制系统的自然振荡角频率。其特征根为

$$s_{1,2} = \xi\omega_0 \pm \omega_0\sqrt{1-\xi^2} \tag{6-8}$$

从控制理论可知,当 $0<\xi<1$ 时,系统出现振荡,而振荡频率为系统的工作频率,即

$$\omega_c = \omega_0\sqrt{1-\xi^2} = \frac{\sqrt{1-\xi^2}}{2\xi}\frac{T_{o1}+T'_{o2}}{T_{o1}T'_{o2}} \tag{6-9}$$

至此,由图 6-7 所示的等效单回路控制系统可简化为如图 6-8 所示的单回路控制系统,其特征方程式为

$$1 + W_1(s)W_v(s)W_{o2}(s)W_{o1}(s)W_{m1}(s) = 0 \tag{6-10}$$

$$s^2 + \frac{T_{o1}+T_{o2}}{T_{o1}T_{o2}}s + \frac{1+K_1K_vK_{o2}K_{o1}K_{m1}}{T_{o1}T_{o2}} = 0$$

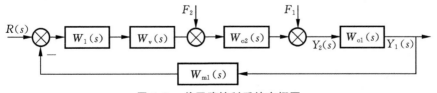

图 6-8 单回路控制系统方框图

同理，可求得单回路控制系统的工作频率为

$$\omega_{\mathrm{D}} = \omega_{\mathrm{D0}} \sqrt{1-\xi'^{2}} = \frac{\sqrt{1-\xi'^{2}}}{2\xi'} \frac{T_{\mathrm{o1}} + T_{\mathrm{o2}}}{T_{\mathrm{o1}} T_{\mathrm{o2}}} \tag{6-11}$$

由于系统工作时需进行调节器的参数整定，使串级控制系统与单回路控制系统具有相同的稳定性，即具有相同的衰减率 $\xi = \xi'$，则

$$\frac{\omega_{\mathrm{C}}}{\omega_{\mathrm{D}}} = \frac{1 + T_{\mathrm{o1}}/T'_{\mathrm{o2}}}{1 + T_{\mathrm{o1}}/T_{\mathrm{o2}}} \tag{6-12}$$

由于 $T_{\mathrm{o1}}/T'_{\mathrm{o2}} > T_{\mathrm{o1}}/T_{\mathrm{o2}}$，所以 $\omega_{\mathrm{C}} > \omega_{\mathrm{D}}$。

即在相同的阻尼比的条件下，串级控制系统的工作频率高于单回路控制系统。系统的工作频率提高，过渡过程也就缩短了，因而控制质量得到改善。而且，副回路调节器的比例带越小这种改善越明显。此结论虽然是依据简单的被控过程（一阶惯性环节）和简单的调节规律（比例控制）推导得出的，同样，这些结论对于高阶被控过程和其他调节规律也是正确的。

2）分析特点（2）

图 6-6 所示的系统中，二次扰动 $F_2(s)$ 作用于副回路；作为对比，实现该控制的单回路如图 6-8 所示。在扰动 $F_2(s)$ 的作用下，单回路中被控参数相对于 $F_2(s)$ 的传递函数为

$$W_{\mathrm{D}}(s) = \frac{Y_1(s)}{F_2(s)} = \frac{W_{\mathrm{o2}}(s)W_{\mathrm{o1}}(s)}{1 + W_{\mathrm{1D}}(s)W_{\mathrm{v}}(s)W_{\mathrm{o2}}(s)W_{\mathrm{o1}}(s)W_{\mathrm{m1}}(s)} \tag{6-13}$$

在扰动 $F_2(s)$ 的作用下，在串级系统中主参数相对于 $F_2(s)$ 的传递函数为

$$W_{\mathrm{C}}(s) = \frac{Y_1(s)}{F_2(s)} = \frac{W_{\mathrm{o2}}(s)W_{\mathrm{o1}}(s)}{1 + W_2(s)W_{\mathrm{v}}(s)W_{\mathrm{o2}}(s)W_{\mathrm{m2}}(s) + W_1(s)W_2(s)W_{\mathrm{v}}(s)W_{\mathrm{o2}}(s)W_{\mathrm{o1}}(s)W_{\mathrm{m1}}(s)} \tag{6-14}$$

对比式以上两式，式(6-14) 比式(6-13) 的分母中多了一项 $W_2(s)W_{\mathrm{v}}(s)W_{\mathrm{o2}}(s)W_{\mathrm{m2}}(s)$；同时，由于副回路的存在改善了副对象的特性，主调节器的比例度可以适当减小，实际整定后的主调节器 $|W_1(s)| > |W_{\mathrm{1D}}(s)|$，同时 $|W_2(s)| > 1$。因此，在一般情况下，有 $K_1 K_2 \gg K_{\mathrm{1D}}$，即第二项 $W_1(s)W_2(s) > W_{\mathrm{1D}}(s)$，其他部分相同，故有 $W_1(s)W_2(s)W_{\mathrm{v}}(s)W_{\mathrm{o2}}(s)W_{\mathrm{o1}}(s)W_{\mathrm{m1}}(s) > W_{\mathrm{1D}}(s)W_{\mathrm{v}}(s)W_{\mathrm{o2}}(s)W_{\mathrm{o1}}(s)W_{\mathrm{m1}}(s)$。需要说明的是，当二次扰动进入副回路后，副被控变量首先检测到扰动的影响，并立即通过副回路的控制进行及时调节，从而实现二次扰动对主被控变量影响的减小，即实现了副回路对扰动的"粗调"。

图 6-6 中，串级控制系统输出 $Y_1(s)$ 对一次扰动 $F_1(s)$ 的传递函数为

$$W_{\mathrm{C}}(s) = \frac{Y_1(s)}{F_1(s)}$$
$$= \frac{W_{\mathrm{o1}}(s)}{1 + W_1(s)W_{\mathrm{o1}}(s)W_{\mathrm{m1}}(s)W_2(s)W_{\mathrm{v}}(s)W_{\mathrm{o2}}(s)/[1 + W_2(s)W_{\mathrm{v}}(s)W_{\mathrm{o2}}(s)W_{\mathrm{m2}}(s)]}$$

$$= \frac{W_{o1}(s)[1 + W_2(s)W_v(s)W_{o2}(s)W_{m2}(s)]}{1 + W_2(s)W_v(s)W_{o2}(s)W_{m2}(s) + W_1(s)W_{o1}(s)W_{m1}(s)W_2(s)W_v(s)W_{o2}(s)}$$
(6-15)

相应地,对单回路控制系统,输出 $Y(s)$ 对一次扰动 $F_1(s)$ 的传递函数为

$$W_D(s) = \frac{Y(s)}{F_1(s)} = \frac{W_{o1}(s)}{1 + W_{1D}(s)W_v(s)W_{o2}(s)W_{o1}W_{m1}(s)}$$
(6-16)

比较式(6-16)与式(6-15),虽然串级控制系统对于一次扰动的传递函数分子中多出了一项,但它的影响可近似为由分母中相应项抵消,而第二项仍大于单回路的相应项,所以与单回路串级控制相比,一次扰动对减小系统的影响也有一定的作用。

由上述分析可知,由于串级控制系统副回路的存在,对进入副回路的干扰,经过副调节器的"粗调",能迅速克服进入副回路的二次扰动,从而大大减小了二次扰动的影响,提高了控制质量。对进入主回路的干扰,由于副回路的存在,等效副对象的时间常数缩小,系统的工作频率提高,系统的响应速度加快,比单回路控制系统更及时对干扰采取抑制。统计表明,当干扰作用于副环时,控制质量可提高 $10 \sim 100$ 倍,干扰作用于主环时,也可提高 $2 \sim 5$ 倍。

3) 分析特点(3)

生产过程往往包含一些非线性因素,因此在一定负荷下,即在确定的工作点情况下,按一定控制品质指标整定的调节器参数只适应于工作点附近的一个小范围。如果负荷变化过大,超出这个范围,那么控制质量就会下降。在单回路控制中若不采取措施是难以保证控制量的。但在串级系统中就不同了,负荷变化引起副回路内各环节参数的变化,可以较少影响或不影响系统的控制质量。

由式(6-2)所示的等效对象的增益来看,副环等效过程的增益为

$$K'_{o2} = \frac{K_{o2}K_2K_v}{1 + K_2K_vK_{o2}K_{m2}}$$
(6-17)

一般情况下,$K_2K_vK_{o2}K_{m2} \gg 1$,有 $K'_{o2} \approx 1/K_{m2}$。因此,如果副对象增益或调节阀的特性随负荷变化时,对等效对象增益 K'_{o2} 的影响不大。因而在不改变调节器整定参数的情况下,系统的副回路能自动地克服非线性因素的影响,保持或接近原有的控制质量。

由于副回路通常是一个随动系统,当负荷变化时,主调节器将改变其输出值,副调节器能快速跟踪,及时而精确地控制副参数,从而保证系统的控制质量。

从上述两个方面看,串级控制系统对负荷的变化有一定的自适应能力。

6.1.3 串级控制系统的设计与参数整定

1. 主、副回路的设计

由于主回路在串级控制系统中是一个定值控制系统,所以对于设计中的主参数的选择,可以按照单回路控制系统的设计原则进行。在大多数情况下可选取直接质量指标作为串级控制系统的主参数。而在串级控制系统的设计中,往往副参数的选择的合理如否对整

个系统性能的发挥起着重要的作用。从其控制效果来看,副参数的选择需要重点考虑。

下面基于充分发挥串级控制系统控制特点,并考虑主、副回路间关系的基础上,介绍串级控制系统的一般设计原则。

(1) 副回路应包括尽可能多的扰动,特别是变化剧烈、频繁的扰动。

在上节分析中已得出结论,副回路对于包含在其内的二次扰动有很强的克服能力,对系统的非线性或参数、负荷变化有一定的自适应能力,因此在设计串级控制系统时,应将生产过程中变化剧烈、频繁且幅度大的主要扰动,以及非线性环节尽可能地包含在副回路内。如果存在纯滞后,应使副回路尽量少包括或不包括纯滞后。

图 6-3 所示的以物料出口温度为主参数与炉膛温度为副参数的串级控制系统,如果燃料的流量和热值变化是主要扰动,上述方案是正确合理的。此外副回路还可包括炉膛抽力变化等多个扰动。当然,并不是副回路中包括的扰动越多越好,而应该是合理。因为扰动越多,其通道越长,时间常数就越大,这样副回路就会失去快速克服扰动的作用。此外,若所有扰动均包含在副回路内,主调节器就失去了作用,也不能称为串级控制系统了,所以必须结合具体情况进行设计。

(2) 应使主、副过程的时间常数适当匹配。

在选择副参数、设计副回路时,必须注意主、副过程时间常数的匹配问题。因为它是串级控制系统正常运行的主要条件,是保证安全生产、防止共振的根本措施。

主、副过程时间常数之比原则上应在 3~10 内。当副过程比主过程的时间常数小太多时,虽然副回路反应灵敏、控制作用快,但副回路包含扰动小,对于过程特性的改善也就减弱了;相反,如果副回路的时间常数接近甚至大于主过程的时间常数,这时副回路虽对改善过程特性的效果显著,但副回路反映较迟钝,不能及时有效地克服扰动。如果主、副过程时间常数比较接近,这时主、副回路的动态联系密切,当一个参数发生振荡时,另一个参数也会发生振荡,这就是所谓的"共振"。一旦发生了共振,系统就失去控制,不仅使控制质量恶化,甚至可能导致生产事故,严重影响生产的正常进行。串级控制系统主、副过程时间常数的匹配是一个比较复杂的问题。一般,如果引入副回路的目的是克服主要干扰,则副回路的时间常数可选小些;如果目的是克服过程时间常数过大,则副回路的时间常数可适当选大些。在工程上,应该根据具体过程的实际情况与控制要求来定。

(3) 副回路的设计还应考虑到工艺的合理性和经济性原则。

在副回路设计中,如果有多种方案可供选用,则应在满足工艺要求的基础上,力求经济实用。

2. 主、副调节器控制规律的选择

在串级控制系统中,控制规律的选用主要由主、副调节器所起的控制作用的不同来决定。主调节器实现定值控制作用,副调节器实现随动控制作用,这是选择的出发点。凡是需采用串级控制的生产过程,主参数是工艺操作主要指标,对控制质量的要求较高,允许波动的范围较小,一般要求无余差。因此,主调节器必须具有积分作用,一般都采用 PI

调节器。如果控制对象惰性区的容积数目较多,同时有主要扰动落在副回路以外,就可以考虑采用 PID 调节器。因此,主调节器应选 PI 或 PID 控制规律的调节器。副参数的设置是为了保证主参数的控制质量,可以在一定范围内变化,允许有余差,因此副调节器只要选 P 控制规律的调节器就可以了。

一般不引入积分控制规律(若采用积分规律,会延长控制过程,减弱副回路的快速作用),也不引入微分控制规律(因为副回路本身起着快速作用,再引入微分规律会使调节阀动作过大,对控制不利)。但在有些以流量为副参数的情况下,为保持系统的稳定,往往使用 PI 控制规律。其原因是:由于流量副回路时间常数较小,如仅使用比例控制,则需要将副调节器的比例度选得较大,这样一来可能导致副调节器的控制作用较弱,而不利于控制;此时可适当增加积分环节以增强控制作用,而不是为消除余差而引入的。

3. 主、副调节器正、反作用方式的确定

在单回路控制系统设计已经介绍,要使一个过程控制系统能正常工作,系统必须为负反馈。对于串级控制系统来说,主、副调节器中正、反作用方式的选择原则是使整个控制系统构成负反馈系统。即其主通道环节放大系数极性乘积必须为正值。各环节放大系数极性的规定与单回路系统设计相同。下面以图 6-3 所示物料出口温度与炉膛温度串级控制系统为例,说明主、副调节器中正、反作用方式的确定。

【例 6-1】 图 6-3 所示的系统中,从生产工艺安全出发,燃料油调节阀选用开式,即一旦调节器故障,调节阀处于全关状态,以切断燃料油进入加热炉,确保其设备安全,故调节阀的 K_v 为正;当调节阀开度增大,燃料油增加,炉膛温度升高,故副过程的 K_{o2} 为正。为了保证副回路为负反馈,则副调节器的放大系数 K_2 应取正,即为反作用调节器。同时由于炉膛温度升高,则炉出口温度也升高,故主过程的 K_{o1} 为正。为保证整个回路为负反馈,则主调节器的放大系数 K_1 应取正,即为反作用调节器。

串级控制系统主、副调节器正、反作用方式确定是否正确,可作如下检验:当物料出口温度升高时,主调节器输出应减小,即副调节器的给定值减小,因此副调节器输出减小,使调节阀开度减小。这样,进入加热炉的燃料油减少,从而使炉膛温度和物料出口温度降低。

【例 6-2】 氧化炉是硝酸生产中的关键设备,原料氨气和空气混合后在预热器中预热,再进入氧化炉内生成一氧化氮,同时放出大量的热。稳定氧化炉操作的关键条件是氧化炉内的反应温度。但影响氧化炉温度变化的干扰因素很多,其中尤为关键的是混合气中氨气的含量。经测试:混合气中氨气的含量每增加 1%(体积分数),炉温将上升 64℃。为维持生产过程中炉温的稳定,请设计一串级控制系统进行控制。

解 由于炉温是稳定氧化炉操作的关键条件,可表征生产的质量指标,故选氧化炉的炉温为主被控变量;同时,由于氨气是影响炉温的主要干扰,可选氨气的流量为副被控变量组成串级控制系统如图 6-9 所示。

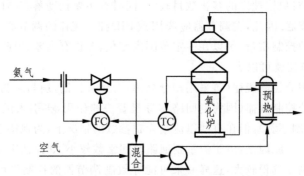

图 6-9 氧化炉温度与氨气流量的串级控制系统

依据工艺原理,在发生生产故障时,应切断氨气阀门,阀门应选气开阀。

首先确定副控制的正反作用形式:由于阀门为气开阀,故其特性为正;在阀门开大时,氨气流量也将增大,故副被控对象为正特性对象;测量变送机构多为正特性;依据负反馈原理,副调节器特性必为正特性,即选择反作用调节器,并采用 P 控制规律。

再确定主控制的正/反作用形式:由于副回路的输出为主被控对象的输入,而副回路是一跟随系统,其输出跟随主调节器的输出,故副回路为正特性;在副回路输出增大时,氨气在混合气中的含量将增加,炉温将上升,故主被控对象的特性亦为正特性;测量变送机构多为正特性;依据负反馈原理,主调节器特性也必为正特性,即选择反作用调节器,并采用 PI 控制规律。

4. 串级控制系统调节器参数的整定

在串级控制系统中,因为两个调节器串在一起,在一个系统中工作,互相之间有影响,因此串级系统的投运、整定要比简单系统复杂些。在串级控制系统中,两个调节器串联起来控制一个调节阀,显然这两个调节器之间是相互关联的。因此串级控制系统主副调节器的 $W_1(s)$、$W_2(s)$ 的参数整定也是相互关联的,需要相互协调,反复整定才能取得最佳效果。另一方面,在整定 $W_1(s)$ 时,必须知道 $W_2(s)$ 的动态特性;而在整定 $W_2(s)$ 时,又必须知道 $W_1(s)$ 的动态特性。可见,串级控制系统调节器参数的整定要比单回路控制系统参数的整定复杂。从整体上来看,串级控制系统主回路是一个定值控制系统,要求主参数有较高的控制精度,其质量指标与单回路定值控制系统是一样的。但副回路是随动系统,只要求副参数能快速而准确地跟随主调节器的输出变化即可。在工程实践中,串级控制系统常用的整定方法有两步整定法和一步整定法等。

1) 两步整定法

根据串级控制系统的设计原则,主、副过程的时间常数应适当匹配,要求其时间常数之比 $T_{o1}/T_{o2} = 3 \sim 10$。这样,主、副回路的工作频率和操作周期相差很大,其动态联系很小,可忽略不计。所以,副调节器参数按单回路系统方法整定后,可以将副回路作为主回路的一小环节,按单回路控制系统的整定方法,整定主调节器的参数,而不再考虑主调节器参数变化对副回路的影响。

另外，在现代工业生产过程中，对于主参数的质量指标要求很高，而对副参数的质量指标没有严格要求。通常设置副参数的目的是为了进一步提高主参数的控制质量。在副调节器参数整定好后，再整定主调节器参数。这样，只要主参数的质量通过主调节器的参数整定得到保证，副参数的控制质量允许牺牲一些。所谓两步整定法，就是第一步整定副调节器参数，第二步整定主调节器参数，两步整定法的整定步骤如下：

(1) 在工况稳定、主回路闭合，主、副调节器都在纯比例作用的条件下，主调节器的比例度置于 100%，δ_2 用单回路控制系统的衰减（如 4∶1）曲线法整定，求取调节器的比例度 δ_2 和操作周期 T_2。

(2) 将副调节器的比例度置于所求得的数值 δ_2 上，把副回路作为主回路的一个环节，用同样方法整定主回路，求取主调节器的比例度 δ_1 和操作周期 T_1。

(3) 根据求得的 δ_1、T_1、δ_2、T_2 数值，按单回路系统衰减曲线法整定公式计算主、副调节器的比例度 δ、积分时间 T_1 和微分时间 T_D 的数值。

(4) 按先副环后主环、先比例后积分再微分的整定程序，设置主、副调节器的参数，再观察过渡过程曲线，必要时进行适当调整，直到系统质量达到最佳为止。

2) 一步整定法

根据经验先将副调节器参数一次整定好，如表 6-1 所示，不再变动，然后按一般单回路系统整定法，直接整定主调节器参数。

一步整定法的依据是：在串级控制系统中，主被控变量是主要的工艺控制指标，是要严格控制的；副被控变量是为提高主被控变量的要求而引入的控制指标，本身没有严格的控制要求，可允许在一定的范围内波动与变化。因此，在参数整定时，只要主被控变量达到控制要求即可，而不必对副被控变量投入过多的精力，可以在整定过程中牺牲一些副参数的质量指标要求。此外，对于一个具体的系统，在一定的稳定度下主、副调节器的放大倍数可以相互匹配，系统一样能产生 4∶1 的衰减过程。虽然可能按照经验设定的副调节器参数不是那么合适，但通过主调节器可以进行补偿，结果仍可满足 4∶1 的衰减过程。

表 6-1　副调节器参数经验设置值

变量类型	副控制器比例度 δ_2/%	副控制器比例放大倍数 K_{c2}
温度	20～60	5～1.7
压力	30～70	3～1.4
流量	40～80	2.5～1.25
液位	20～80	5～1.25

6.1.4　应用举例

【例 6-3】　某造纸厂网前箱的温度控制系统如图 6-10 所示。纸浆用泵从储槽送至混合器，在混合器内用蒸汽加热至 72℃ 左右，经过立筛、圆筛除去杂质后送到网前箱，再经铜网脱水。为了保证纸张质量，工艺要求铜网脱水，网前箱温度保持在 61℃ 左右，允许偏差不得超过 1℃。

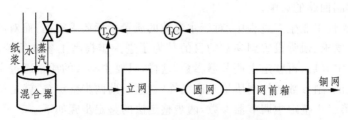

图 6-10　造纸厂网前箱温度控制系统

解　若用单回路控制系统,由于从混合器到网前箱纯滞后达 90 s,当纸浆流量波动 35 kg/min 时,温度最大偏差达 8.5℃,过渡过程时间达 450 s,控制质量差,不能满足工艺要求。为了克服这个 90 s 的纯滞后,在调节阀较近处选择混合器温度为副被控变量,网前箱出口温度为主被控变量,构成串级控制系统,把纸浆流量波动 35 kg/min 的主要扰动包括在副回路中。当其波动时,网前箱温度最大偏差显示超过 1℃,过渡过程时间为 200 s,完全满足工艺要求。

【例 6-4】　图 6-11 所示为某厂醋酸乙烯合成反应器,其中温度是保证合成气质量的重要参数,工艺要求对其进行严格控制。

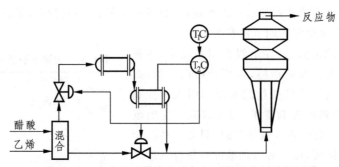

图 6-11　合成反应器中温度与入口温度串级控制系统

解　在它的控制通道中包含两个换热器和一个合成反应器,具有明显的非线性,使整个过程特性随着负荷的变化而变化。为此,可在换热器的出口设置一温度检测点,并以它为副被控参数,同时选取反应器温度为主参数,构成一换热器的出口温度为副参数的串级控制系统。这样处理后,就把随负荷变化的那一部分非线性过程特性包含在副回路里,由于串级系统对于负荷变化具有一定的自适应能力,从而提高了控制质量。实践证明,系统的衰减率基本保持不变,它对主回路的影响也很小,保持了主参数的稳定,达到了工艺要求。

【例 6-5】　设某热电厂的过热汽温度串级控制系统如图 6-12 所示,其中主、副对象的传递函数分别为

$$W_{o1}(s) = \frac{1.27}{(40s+1)^4}, \quad W_{o2}(s) = \frac{-1}{(1+15s)^2}$$

主、副调节器的传递函数分别为

$$W_1(s) = \frac{1}{\delta_1}\left(1 + \frac{1}{T_{i1}s}\right), \quad W_2(s) = \frac{1}{\delta_2}$$

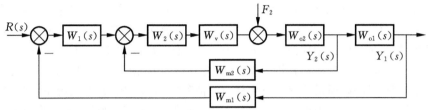

图 6-12　过热汽温串级控制系统的方框图

执行机构调节阀的传递函数为 $K_v = 10$，测量变送器的比例系数为 $k_{m1} = k_{m2} = 0.1$。仿真结果如图 6-13 所示。

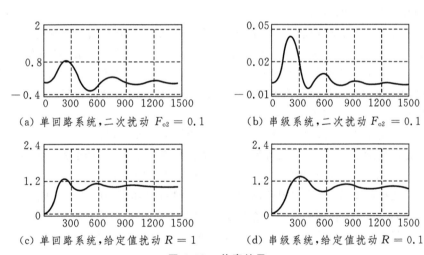

(a) 单回路系统，二次扰动 $F_{o2} = 0.1$
(b) 串级系统，二次扰动 $F_{o2} = 0.1$
(c) 单回路系统，给定值扰动 $R = 1$
(d) 串级系统，给定值扰动 $R = 0.1$

图 6-13　仿真结果

解　当采用串级系统时，主、副调节器的整定参数分别为 $\delta_1 = 0.8, T_{i1} = 143, \delta_2 = 0.08$；采用单回路控制系统时，调节器的整定参数为 $\delta_1 = 1.3, T_{i1} = 100$。系统的衰减率均为 0.75。从图中可以看出：由于采用了串级控制，扰动下的最大动态偏差由单回路控制时的 0.80 减小到 0.042，大约减小了 95%；即使在给定值扰动下，最大动态偏差也由单回路控制时的 0.403 减小到 0.264，大约减小了 35%。而且串级控制系统的过渡过程时间比单回路控制时的短得多。可见串级控制明显改善了控制效果。但是实际应用的控制系统中，由于串级系统的副调节器增益往往很大，调节阀的动作幅度也相应增大，有时可能处于饱和状态，因此串级控制系统的实际效果要比图 6-13 中的仿真结果差一些。

6.2 前馈控制

到目前为止,所讨论的控制系统(包括单回路控制系统和串级控制系统)都是具有反馈作用的闭环控制系统,其特点是根据被控变量和给定值之间的偏差进行负反馈控制,即当被控过程受到扰动后,必须等到被控参数出现偏差后,调节器才有输出动作,再加以克服扰动对被控参数的影响,最后消除(或基本消除)偏差。这种控制特点是控制落后于扰动,其结果必然会造成控制过程中存在(动态)偏差。可以设想,如果控制系统不是根据被控变量的偏差,而是直接根据扰动(造成偏差的原因)进行控制;不再是等到偏差发生后才进行控制,而是偏差一发生就及时消除扰动的影响,理想情况下,就可实现被控变量的基本不变化(或很少变化)。这种直接根据扰动进行控制的系统称为前馈控制系统(简称 FFC)。前馈控制系统又称"扰动补偿"系统。

在过程控制领域,前馈和反馈是两类并列的控制方式,是两种完全不同的控制结构。为了分析前馈控制的基本原理,可结合图 6-14、图 6-15 所示换热器出口温度控制来说明反馈控制和前馈控制的各自特点。

在图 6-14 所示的温度反馈控制系统中,当扰动(如被加热的冷物料流量、入口温度或蒸汽压力等发生变化)发生后,将引起热流体出口温度 T_1 发生变化,使其偏离给定值 T_{10},随之温度调节器按照被控量偏差值($e = T_{10} - T_1$)的大小和方向产生控制作用,通过调节阀的动作改变加热用蒸汽的流量 Q_s,从而克服扰动量对被控量 T_1 的影响。通过该例可以发现反馈控制具有如下特点:

(1) 反馈控制的本质是"基于偏差来消除偏差"。如果没有偏差,也就没有控制作用。

(2) 无论扰动发生在哪里,只有等到引起被控量发生偏差后,调节器才动作,故调节器的动作总是落后于扰动作用的发生,是一种"不及时"的控制。

(3) 反馈控制系统,因构成闭环,故而存在一个稳定性的问题。即使组成闭环系统的每一个环节都是稳定的,闭环系统是否稳定,仍然需要作进一步的分析。

(4) 引起被控量发生偏差的一切扰动,均被包含在闭环内,故反馈控制可消除多种扰动对被控量的影响。

(5) 反馈控制系统中,调节器通常是 P、PI、PD、PID 等典型规律的调节器,对被控对象的建模可以不需要很精确。

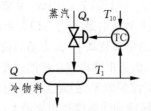
图 6-14 换热器出口温度反馈控制原理图

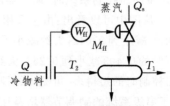
图 6-15 换热器出口温度前馈控制原理图

6.2.1 前馈控制的工作原理及特点

1. 前馈控制系统的分析

假设图 6-14 中换热器的冷物料的流量 Q 是影响物料出口温度（被控变量）的主要干扰因素。可以设想，如果能够将此主要扰动测量出来，并通过对应的补偿机制，就可实现该扰动在影响到被控变量前就被很好地克服，使它不影响到被控变量。可设计如图 6-15 所示的前馈控制系统，此时通过一个流量测量变送器测取扰动量 Q，并将此信号送到调节器 W_{ff} 中，经调节器计算后输出一控制信号改变阀门的开度，从而改变蒸汽流量。如果蒸汽流量大小的改变，能刚好补偿进料量的变化对被控参数的影响（这要求控制通道与干扰通道具有相同的动态过程），就实现了完全的补偿作用。当然完全的补偿作用是一种理想状况，但实践证明，实际应用中可以显著减小由于扰动引起的被控变量的波动。图 6-16 是换热器出口温度前馈控制方框图，补偿过程如图 6-17 所示（动态过程一致时才能实现完全的补偿作用）。

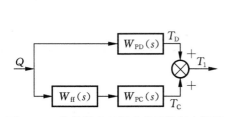

图 6-16　换热器出口温度前馈控制方框图

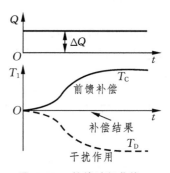

图 6-17　补偿过程曲线

根据前馈控制理论基础中学过的完全补偿原理或不变性原理，可得

$$\frac{T(s)}{Q(s)} = W_{PD}(s) + W_{ff}(s)W_{PC}(s) = 0 \tag{6-18}$$

式中：扰动作用 $Q(s) \neq 0$；期望值 $T(s) \equiv 0$；$W_{PD}(s)$、$W_{PC}(s)$ 分别为对象干扰通道与控制通道的传递函数。

由式(6-18)可得前馈调节器的传递函数

$$W_{ff}(s) = -\frac{W_{PD}(s)}{W_{PC}(s)} \tag{6-19}$$

从式(6-19)可以看出，前馈调节器的控制规律为对象的干扰通道与控制通道的特性之比，式中的"—"号表示控制作用与干扰作用的方向相反。

通过对前馈控制系统的分析，可以总结出前馈控制系统的以下特点。

(1) 前馈控制系统是直接根据扰动进行控制的，因此可及时消除扰动对被控变量的影响，对抑制被控变量由扰动引起的动、静态偏差比较有效。

(2) 根据系统控制方框图,前馈控制为一开环控制系统,不存在系统的稳定性问题。但是,由于系统中不存在被控变量的反馈信号,因而控制过程结束后不易得到静态偏差值,无法验证控制的结果是否达到预期的控制要求。

(3) 前馈控制系统只能用来克服生产过程中主要的、可测不可控的扰动,而不能克服不可测的扰动。因为实际工业生产中使被控变量发生变化的原因(扰动)是很多的,如果对每一种扰动都需要一个独立的前馈控制,那么就会使控制系统变得非常复杂;而且有的扰动往往是难以测量的,对于这些扰动就无法实现前馈控制。

(4) 前馈控制系统一般只能实现局部补偿而不能保证被控变量的完全不变。由于被控对象常含有非线性特性,在不同的运行工况下其动态特性参数将产生明显的变化,原有前馈模型此时可能不适应了,因此无法实现动态上的完全补偿。但前馈控制是减小被控参数动态偏差的一种最有效的方法。

(5) 前馈调节器的控制规律,取决于被控对象的特性,是一个专用调节器,对被控对象的建模精度要求也相对较高。而且往往其控制规律比较复杂,有时工程上难以实现(必须采用计算机)。

2. 前馈与反馈的比较

通过对比前馈与反馈控制的特点,可以看出两种控制系统间存在如表 6-2 所示的不同之处。

表 6-2 前馈控制与反馈控制的比较

序号	比较内容	反馈控制	前馈控制
1	控制的依据	被控变量的偏差	干扰量的波动
2	检测的信号	被控变量	干扰量
3	控制作用发生的时间	偏差出现后	偏差出现前,扰动发生时
4	系统结构	闭环控制	开环控制
5	控制质量	动态有差控制	无差控制(理想状态)
6	控制器	常规 PID 控制器	专用控制器
7	经济性	一种系统可克服多种干扰	每一种都要有一个控制系统

6.2.2 前馈控制系统的结构

1. 静态前馈控制

静态前馈控制是最简单的前馈控制结构。所谓静态前馈,就是只保证扰动引起的偏差在稳态下有较好的补偿作用,而不保证其动态偏差也得到补偿的一种前馈控制,即调节器的输出仅仅是输入量的函数,而与时间因子 t 无关,即静态前馈调节器具有比例调节规律,如

$$W_{ff}(0) = -\frac{W_{PD}(0)}{W_{PC}(0)} = -K_{ff}$$

一般不需专用调节器,而用常比例调节器即可,十分方便。因而,当扰动变化不大或对补偿(控制)要求不高以及干扰通道与控制通道的动态响应相近的过程均可采用静态前馈控制结构形式。特别对于一些较简单的对象,如有条件列写有关参数的静态方程时,则可按照方程求得静态前馈控制方案。

【例 6-6】 如图 6-18 所示的换热器温度控制系统中,冷物料流量 Q 与进料量温度 T_2 为主要干扰,忽略热损失,要求实现静态前馈。

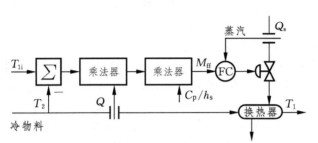

图 6-18 换热器温度静态前馈控制流程原理图

解 可按热量平衡关系列写下式

$$Q \cdot C_p (T_{1i} - T_2) = Q_s \cdot h_s \tag{6-20}$$

式中:C_p 为物料的比热容;h_s 为蒸汽的汽化潜热;T_{1i}、T_2 分别为热物料设定温度、冷物料入口温度;Q、Q_s 分别为冷物料流量、蒸汽流量。

由式(6-20)可求得静态前馈控制方程式为

$$Q_s = Q \frac{C_p}{h_s}(T_{1i} - T_2) \tag{6-21}$$

根据式(6-21)可画出如图 6-18 所示的换热器温度静态前馈控制流程原理图。

2. 动态前馈控制

静态前馈系统虽然结构简单、易于实现、在一定程度上可改善过程质量,但在扰动作用下控制过程的动态偏差依然存在。对于扰动变化频繁和动态精度要求比较高的生产过程,此种静态前馈控制往往不能满足工艺上的要求,这时应采用动态前馈方案。假设图 6-16 中有

$$W_{PD}(s) = \frac{K_{PD}}{T_{PD}s + 1}e^{-\tau_{PD}s}, \quad W_{PC}(s) = \frac{K_{PC}}{T_{PC}s + 1}e^{-\tau_{PC}s}$$

$$W_{ff}(s) = -\frac{W_{PD}(s)}{W_{PC}(s)} = -K_{ff} \cdot \frac{T_{PC}s + 1}{T_{PD}s + 1}e^{-\tau s} \tag{6-22}$$

$$K_{ff} = \frac{K_{PD}}{K_{PC}}, \quad \tau = \tau_{PD} - \tau_{PC}$$

静态前馈,$K_{ff} = \dfrac{K_{PD}}{K_{PC}}$;动态前馈,$\dfrac{T_{PC}s + 1}{T_{PD}s + 1}e^{-\tau s}$。

如果延迟时间忽略不计,则动态前馈可用图 6-19 加以说明。

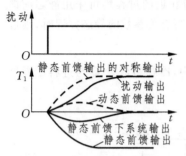

图 6-19　动态前馈输出示意图

由于静态前馈是动态前馈的一种特殊情况,从图 6-19 中可见仅采用静态前馈时,扰动输出曲线与静态前馈输出曲线间存在一定的偏差(静态前馈输出的对称输出曲线和扰动输出曲线间的面积),故系统的实际输出如图中的静态前馈下系统输出曲线所示,是存在动态偏差的。如果增加动态前馈部分,且图中的动态前馈输出曲线则可实现完全补偿,而不存在动态偏差。

采用动态前馈控制后,由于它时刻都在补偿扰动对被控变量的影响,故能极大地提高控制过程的动态质量,是改善控制系统质量的有效手段。

动态前馈控制方案虽能显著地提高系统的控制质量,但是动态前馈调节器的结构比较复杂,如式(6-22),需要专门的控制装置,甚至使用计算机才能实现,且系统运行、参数整定比较复杂。因此,只有当工艺上对控制精度要求极高、其他控制方案难以满足时,才考虑使用动态前馈方案。

3. 前馈-反馈控制

由于被控对象的非线性,一个固定的前馈模型通常难以获得良好的控制质量。为了克服单纯前馈控制系统的局限性以获取良好的控制质量,实际应用中,通常是结合前馈与反馈构成前馈-反馈控制系统(FFC-FBC),即在反馈控制系统的基础上附加一个或几个主要扰动的前馈控制,又称为复合控制系统。这样,既充分发挥了前馈可及时克服主要扰动对被控变量影响的优点,又保持了反馈能克服多个扰动影响的特点,同时也降低系统对前馈补偿器的要求,使其在使用中更易于实现。

在例 6-6 中,由于冷物料的进料流量 Q 经常发生变化,因而对此主要扰动进行前馈控制。前馈调节器(FFC)将在 Q 变化时,及时通过改变蒸汽流量 Q_s 来产生控制作用,从而大大降低进料流量 Q 的波动对物料出口温度 T_1 的影响。同时,反馈控制温度调节器(TC)在获得温度 T_1 变化的信息后,将按照一定的 PID 控制规律对蒸汽流量 Q_s 产生控制作用。这两个控制通道作用叠加,使 T_1 能尽快地回到给定值。在系统出现其他扰动时,如进料的温度、蒸汽压力等变化的信息未被引入前馈补偿器,故只能依靠反馈调节器产生的控制作用克服它们对被控温度的影响。图 6-20 和图 6-21 是该换热器温度控制系统采用前馈-反馈控制的流程原理图和方框图。

由图 6-21 可知,在扰动 $F(s)$ 作用下,系统

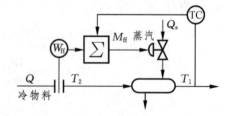

图 6-20　换热器温度前馈-反馈控制流程原理图

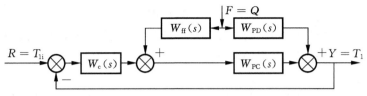

图 6-21　换热器温度前馈-反馈控制方框图

输出为

$$Y(s) = W_{PD}(s)F(s) + W_{ff}(s)W_{PC}(s)F(s) - W_c(s)W_{PC}(s)Y(s) \quad (6-23)$$

上式右边第一项是扰动量 $F(s)$ 对被控量 $Y(s)$ 的影响；第二项是前馈控制作用；第三项是反馈控制作用。输出对扰动 $F(s)$ 的传递函数为

$$\frac{Y(s)}{F(s)} = \frac{W_{PD}(s) + W_{ff}(s)W_{PC}(s)}{1 + W_c(s)W_{PC}(s)} \quad (6-24)$$

注意到在单纯前馈控制下，扰动对被控量的影响为

$$\frac{Y(s)}{F(s)} = W_{PD}(s) + W_{ff}(s)W_{PC}(s) \quad (6-25)$$

可见，采用了前馈-反馈控制后，扰动对被控量的影响为原来的 $1/[W_c(s)W_{PC}(s)]$。这就证明，由于反馈回路的存在，不仅可以降低对前馈补偿器精度的要求，同时对于工况变动时所引起对象非线性特性参数的变化也具有一定的自适应能力。

在前馈-反馈复合控制系统中，实现前馈作用的完全补偿条件不变，即式(6-21) 中有

$$\frac{Y(s)}{F(s)} = \frac{W_{PD}(s) + W_{ff}(s)W_{PC}(s)}{1 + W_c(s)W_{PC}(s)} = 0, \quad F(s) \neq 0, \quad Y(s) \equiv 0$$

有

$$W_{ff}(s) = -\frac{W_{PD}(s)}{W_{PC}(s)} \quad (6-26)$$

很明显，前馈-反馈控制系统对扰动完全补偿的条件与单纯的前馈控制时完全相同，前馈调节器的控制规律也相同。

还要注意的是，若复合控制系统原理如图 6-22 所示，前馈控制信号不是送到反馈调节器 $W_c(s)$ 的输出端，而是送到反馈调节器的输入端。并依据完全补偿理论，有

$$\frac{Y(s)}{F(s)} = \frac{W_{PD}(s) + W_c(s)W_{PC}(s)W_{ff}(s)}{1 + W_c(s)W_{PC}(s)} \quad (6-27)$$

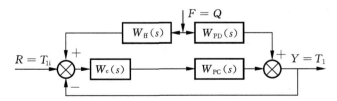

图 6-22　前馈-反馈控制原理方框图

$$W_{ff}(s) = -\frac{W_{PD}(s)}{W_c(s)W_{PC}(s)} \tag{6-28}$$

在前馈-反馈控制系统中,前馈装置的控制规律不仅与对象控制通道和干扰通道的传递函数有关,还与前馈调节器的输出进入反馈控制系统的位置有关。

综上所述,前馈-反馈控制系统有如下优点。

(1) 由于增加了反馈回路,大大简化了原有前馈控制系统,只需对主要的干扰进行前馈补偿,其他干扰可由反馈控制予以校正。

(2) 反馈回路的存在,降低了前馈控制模型的精度要求,为工程上实现比较简单的通用模型创造了条件。

(3) 负荷变化时,模型特性也要变化,可由反馈控制加以补偿,因此具有一定自适应能力。

4. 前馈-串级控制

由图6-21可知,前馈调节器的输出与反馈调节器的输出是相叠加后送至控制阀的,为了保证前馈补偿的精度,就要求控制阀尽可能灵敏、线性性及滞环区较小;此外还必须要求控制阀前后压差尽可能稳定,否则无法实现精确的校正。而如果在例6-6中,不但冷物料的进料流量Q经常发生变化,而且蒸汽的压力也经常发生较大的变化,显然,采用前馈-反馈仍然不能很好地满足控制要求。

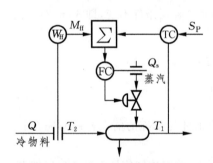

图6-23 换热器温度前馈-串级控制流程原理图

另一方面,由前馈和串级系统的特性可知,前馈控制对进入系统的主要扰动有很好的补偿能力;串级系统对进入副回路的扰动影响有较强的抑制能力。能否综合利用这两种控制系统的特长呢?答案显然是可以的。图6-23、图6-24分别是换热器温度控制采用的前馈-串级控制原理图和方框图。组成前馈-串级控制后,前馈调节器的输出不直接加在调节阀门上,而是作为副调节器的给定值,因而降低对调节阀门特性的要求。实践证明,这种复合控制系统的动、静态质量指标均较高。

如果图6-24中虚线框内部分记为

$$W'_{p2}(s) = \frac{W_{c2}(s)W_{p2}(s)}{1+W_{c2}(s)W_{p2}(s)} \tag{6-29}$$

则有前馈-串级控制的传递函数

$$\frac{Y(s)}{F(s)} = \frac{W_{PD}(s) + W_{ff}(s)W'_{p2}(s)W_{PC}(s)}{1+W_{c1}(s)W'_{p2}(s)W_{PC}(s)} \tag{6-30}$$

串级控制系统中副回路是一个很好的随动系统,其调节时间比主回路快得多,故可把副

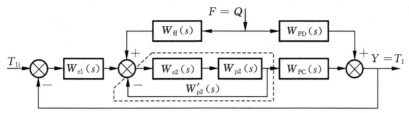

图 6-24　换热器温度前馈-串级控制原理方框图

回路近似处理为 $W'_{p2}(s) \approx 1$。同样，应用不变性原理，可推导出前馈调节器的传递函数为

$$W_{ff}(s) = -\frac{W_{PD}(s)}{W'_{p2}(s)W_{PC}(s)} \approx -\frac{W_{PD}(s)}{W_{PC}(s)} \tag{6-31}$$

前馈补偿器的数学模型主要由系统扰动通道及主过程特性之比决定。

可见，无论哪种形式的前馈控制系统，只要前馈信号不是在反馈调节器的输入端引入，其前馈调节器的传递函数均可表示为对象的干扰通道与控制通道的特性之比，并在前面加"—"号。

6.2.3　前馈控制系统的实施与整定

1. 前馈控制的选用

实现前馈控制时，首要问题是系统的稳定性问题。因为单纯的前馈控制属于开环控制，而实际的生产过程往往存在无自平衡特性。如在化学反应过程中常伴有放热反应，致使过程的温度不断升高，这类具有温度正反馈性质的化学反应过程就是一类非自平衡系统，通常不能单独使用前馈控制方案。因此，在设计前馈控制系统时，对于开环不稳定的过程，则相应采用前馈-反馈或前馈-串级控制方案，并通过合理整定调节器的参数使系统稳定。所以，在设计前馈控制时，对系统中每一环节的稳定性都应该予以重视。当生产过程的控制要求较高，而反馈控制又不能满足所要求的质量时，可以考虑采用前馈-反馈控制，其选用的原则如下。

(1) 若控制系统中控制通道的惯性和延迟较大，反馈控制达不到良好的控制效果时，可引入前馈控制。

(2) 当系统中存在着经常变动、可测而不可控的扰动时，反馈控制难以克服扰动对被控变量的影响，这时可引入前馈控制加以改善。例如，在锅炉汽包液位控制系统中，引入了蒸汽流量前馈信号，蒸汽流量对被控液位来说就是一个可测而不可控的扰动信号。

(3) 当工艺上要求实现变量间的某种特殊的关系，需要通过建立数学模型来实现控制时，可以引入前馈控制。

(4) 经济实用原则。在决定选用前馈控制方案后，当静态前馈能满足工艺要求时，就不必选用动态前馈。

扰动量的可测而不可控性是实现前馈控制的必要条件。可测是指扰动量可以通过测量变送器检测并将其转换为前补偿器所能接受的信号。有些参数,如某些物料的化学成分、物理性质等,至今尚无仪表能对其进行在线测量,对这类扰动无法实现前馈控制;扰动量"不可控"这个概念常被混淆,实际指的是扰动量与控制量(操纵变量)之间的相互独立性,即控制通道与扰动通道之间无关联,从而控制量(操纵变量)无法改变扰动量的大小,即扰动量的不可控。

2. 前馈控制规律的实施

由前面的分析可知,前馈调节器的控制规律一般可用对象的干扰通道与控制通道的特性来表示。但实际的工业过程的特性通常是较为复杂的,这就使得前馈控制规律的形式繁多,没有直接的常规仪表可利用,多采用计算机控制。实践证明,利用常规仪表也可以实现前馈控制,其原因是大多数的工业过程都是一些慢过程,具有非周期性与过阻尼的特性,因此过程特性可用一个一阶或二阶容量滞后(还可能有纯滞后)系统进行近似,并由式(6-22)可知前馈调节器具有"超前-滞后"特性的控制规律。

$$W_{ff}(s) = -K_{ff}\frac{T_1 s+1}{T_2 s+1}e^{-\tau s} \tag{6-32}$$

静态前馈系数
$$K_{ff} = \frac{K_{PD}}{K_{PC}} \tag{6-33}$$

纯滞后时间
$$\tau = \tau_{PD} - \tau_{PC} \tag{6-34}$$

1) K_{ff} 的实现

由于 K_{ff} 的大小等于对象的干扰通道与控制通道的静态放大系数之比,实施起来比较容易,采用比例调节器即可实现。

2) $(T_1 s+1)/(T_2 s+1)$ 的实现

这种"超前-滞后"前馈补偿模型,已成为目前广泛应用的一种动态前馈补偿模式,在定型的 DDZ-Ⅲ 型仪表、组装仪表及微机控制机中都有相应的硬件模块,在 DCS 中,也有相应的控制算法。在没有定型的仪表中,也可以采用比例环节和一阶惯性环节组合实现,如图 6-25 所示。对应的前馈调节器输出响应曲线如图 6-26 所示。

$$\begin{aligned}
\frac{T_1 s+1}{T_2 s+1} &= \frac{1}{T_2 s+1} + \frac{T_1}{T_2}\left(\frac{T_2 s+1}{T_2 s+1} - \frac{1}{T_2 s+1}\right) \\
&= \frac{1}{T_2 s+1} + (K+1) - (K+1)\frac{1}{T_2 s+1} \\
&= K+1 - \frac{K}{T_2 s+1}
\end{aligned} \tag{6-35}$$

式中, $K = T_1/T_2 - 1$。

如果 $T_2 > T_1$, $\frac{T_1 s+1}{T_2 s+1}$ 具有滞后特性;如果 $T_2 < T_1$, $\frac{T_1 s+1}{T_2 s+1}$ 具有超前特性。

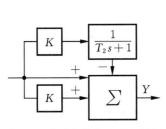

图 6-25　动态前馈实现方框图

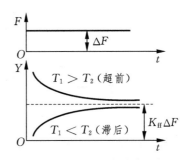

图 6-26　动态前馈输出响应曲线

3) $e^{-\tau s}$ 的实现

由于 $e^{-\tau s}$ 可用下面的泰勒级数展开,并利用多项式进行近似,如四阶近似为

$$e^{-\tau s} = 1 - \tau s + \frac{\tau^2}{2}s^2 + \cdots \approx \frac{1 - \tau s/2 + \tau^2 s^2/12}{1 + \tau s/2 + \tau^2 s^2/12} \tag{6-36}$$

二阶近似

$$e^{-\tau s} \approx \frac{1 - \tau s/2 + \tau^2 s^2/8}{1 + \tau s/2 + \tau^2 s^2/8} \tag{6-37}$$

一阶近似

$$e^{-\tau s} \approx \frac{1 - \tau s/2}{1 + \tau s/2} = \frac{2}{1 + \tau s/2} - 1 \tag{6-38}$$

可见,纯滞后环节也用一阶惯性环节的常规仪表与加法器即可实现。

3. 前馈控制的整定

前馈控制模型的参数决定于对象的特性,并在建模时已经确定了。但由于控制通道与扰动通道都是近似结果,而且实际工况与测试工况存在差异,使得实际前馈控制效果并不像理想状况那么好。因此,必须对前馈模型进行在线整定。以常用的前馈模型 $K_{ff}(T_1 s + 1)/(T_2 s + 1)$ 为例,讨论静态参数和动态参数的整定方法。

1) 静态参数 K_{ff} 的整定

以图 6-20 所示的系统为例,在选择了 K_{ff} 的情况下,也就决定了补偿作用的阀位。如果 K_{ff} 过大,即超过了应该补偿的扰动量,相当于前馈对反馈控制路施加了干扰,这种错误的静态前馈输出,将由反馈再进行克服,使得控制效果受到影响。在实际中整定 K_{ff} 一般有开环整定法及闭环整定法。

(1) 开环整定法。开环整定是在反馈回路断开,使系统处于单纯静态前馈状态下施加干扰,K_{ff} 由小逐步增大,直到被控变量回到给定值,此时 K_{ff} 即为最佳值。为了使 K_{ff} 的整定结果尽可能准确,应力求工况稳定,减少其他干扰对被控变量的影响。

(2) 闭环整定法。对于图 6-27 所示的待整定的前馈-反馈控制系统,可以在前馈-反馈工作状态下整定 K_{ff} 值,也可以在只有反馈工作的情况下整定。

① 前馈-反馈系统整定方法:首先打开开关 S,使系统只有反馈控制,整定反馈调节器的参数;再闭合开关 S,使系统处于前馈-反馈状态,施加相同的干扰作用量,由小而大

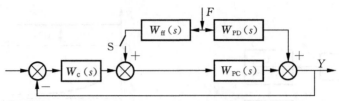

图 6-27　K_{ff} 闭环整定法系统方框图

逐渐改变 K_{ff} 值,直至得到满意的补偿效果为止。如 6-28 所示的前馈-反馈整定过程中:图 6-28(a) 所示的是仅有反馈时曲线;图 6-28(b) 所示的是 K_{ff} 在较小时,产生欠补偿时的情况;图 6-28(c) 所示的是 K_{ff} 最合适,产生的补偿最佳;图 6-28(d) 所示的是 K_{ff} 较大时,产生过补偿时的情况。由于系统中含有反馈回路,在整定过程中很少影响生产过程的正常进行,所以是一种较好的整定方法。

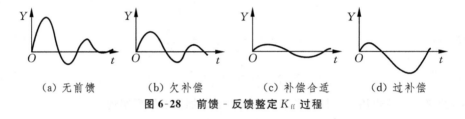

(a) 无前馈　　　(b) 欠补偿　　　(c) 补偿合适　　　(d) 过补偿

图 6-28　前馈-反馈整定 K_{ff} 过程

② 反馈系统整定方法:开关 S 打开,使系统仅工作在反馈系统运行状态,待系统稳定在定值控制水平后,记下干扰变送器的输出电流 I_{D0} 和反馈调节器的输出稳定值 I_{C0}。然后,人为对干扰 F 施加一增量 ΔF,当反馈系统在 ΔF 的作用下被控变量重新回到给定值时,记下干扰变送器的输出电流 I_D 和反馈调节器的输出稳定值 I_C,则前馈调节器的静态放大系数为

$$K_{ff} = \frac{I_C - I_{C0}}{I_D - I_{D0}} = \frac{\Delta I_C}{\Delta I_D} \tag{6-39}$$

当干扰为 ΔF 时,即干扰变送器产生 ΔI_D 的变化,因此反馈调节器产生的校正作用也应改变 ΔI_C 才能使被控变量回到给定值。再将计算结果设置到前馈调节器中,并闭合开关 S,观察系统的响应过程。如果输出曲线不够理想,再适当进行调整,直至符合要求为止。

使用这种整定法需要注意:反馈调节器必须具有积分作用,否则在干扰作用下无法消除被控变量的余差;要求工况稳定,以免其他干扰的影响。

2) 动态参数 T_1、T_2 的整定

前馈调节器动态参数的整定较静态参数的复杂得多,在事先未经动态测定干扰通道和控制通道时间常数时,目前还没有完整的工程整定方法和计算公式。在实际的工程使用中,主要还是凭经验或定性地分析输出响应曲线,通过曲线进行判断与调整动态参数 T_1、T_2。总之,动态前馈的参数整定比静态参数的整定过程复杂、困难。

由图 6-26 所示的动态前馈输出响应曲线可知以下过程。

(1) T_2 较大，T_1 较小，动态环节 $(T_1 s+1)/(T_2 s+1)$ 具有滞后特性；实际控制中将产生欠补偿现象，类似图 6-28(b) 所示情况，而未能发挥前馈的补偿作用。

(2) T_2 较小，T_1 较大，动态环节 $(T_1 s+1)/(T_2 s+1)$ 具有超前特性；实际控制中将产生过补偿现象，类似图 6-28(d) 所示的情况，所得过程控制质量可能比单纯的反馈还要差。

(3) 如果 T_2 与 T_1 趋近或等于对象干扰通道和控制通道的时间常数，此时补偿最合适，类似图 6-28(c) 所示情况。需要特别说明的是：由于过补偿往往是前馈控制系统危险之源，它会破坏控制过程甚至达到不能允许的地步；相反，欠补偿却是寻求合理的前馈动态参数的途径。因此，动态参数的整定应从欠补偿开始逐渐强化前馈作用，即逐渐增大 T_1 或减小 T_2，直至出现过补偿的趋势，再略减前馈作用，便可获满意的控制过程。

6.2.4 前馈控制系统的工程应用实例

锅炉是现代工业生产中的重要动力设备。在锅炉的正常运行中，汽包液位是锅炉运行的重要监控参数，它间接反映了锅炉蒸汽负荷与给水量之间的平衡关系，维持汽包液位正常是保证锅炉和汽轮机安全运行的必要条件。汽包液位过高，会影响汽包内汽水分离装置的正常工作，造成出口蒸汽水分过多而使过热器管壁结垢，容易烧坏过热器。汽包出口蒸汽中水分过多，也会使过热汽温产生急剧变化，直接影响机组运行的安全性和经济性。汽包液位过低，则可能破坏锅炉水循环，造成水冷壁管烧坏而破裂。

随着锅炉容量和参数的提高，汽包的容积相对减小，锅炉蒸发受热面的热负荷显著提高，因此加快了负荷变化时液位的变化速度。人工控制给水量来维持汽包液位不仅操作繁重，而且是非常困难的。所以，锅炉运行中迫切要求对给水实现自动控制。汽包锅炉给水自动控制的任务是使锅炉的给水量适应锅炉的蒸发量，维持汽包液位在规定的范围内。

1. 锅炉单级三冲量给水控制系统

图 6-29 为常用的锅炉单级三冲量给水控制系统图。给水调节器受汽包液位 L、蒸汽流量 Q_D 和给水流量 Q 三个信号（所以称三冲量控制系统）控制，输出信号用于控制给水流量，其中汽包液位是被控变量，所以液位信号为主信号。为了改善控制质量，系统引入了蒸汽流量的前馈控制和给水流量的反馈控制，这样组成的三冲量给水控制系统是一个前馈-反馈控制系统。当 Q_D 增加时，调节器立即动作，相应地增加 Q，能有效地克服或减小虚假液位（因负荷突然增大，汽包内压力瞬时下降，水的沸腾加剧，加速汽化，汽泡量增加；由于汽泡体积比水体积大得多，结果形成汽包内液位升高的假象）所引起的调节器误动作。因为调节器输出的控制信号与 Q_D 的变化方向相同，所以调节器入口处，Q_D 为正极性的。当 Q 发生自发性扰动时（例如给水压力波动引起 Q 的波动），调节器也能立即动作，控制 Q 使之迅速恢复到原来的数值，从而使 L 基本不变。可见 Q 作为反馈信号，其主要作用是快速消除来自给水系统的内部扰动，因此在调节器入口处，Q 为负极性的。当 L 增加时，为了维持液位，调节器的正确操作应使 Q 减小，反之亦然，即调节器操作 Q 的方

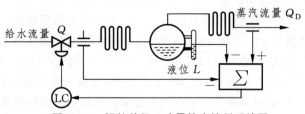

图 6-29　锅炉单级三冲量给水控制系统图

向与 L 的变化方向相反,因此调节器入口处 L 应定义为负极性,如图 6-29 中所示。

由图中还可以看出,在单极三冲量给水控制系统中,液位、蒸汽流量和给水流量的信号 L、Q_D、Q 都送到液位调节器(控制规律 PI),静态时,这三个输入信号与代表液位给定值的信号相平衡。如果在静态时使送入调节器的 Q_D 与 Q 相等,则 L 等于给定值信号,即汽包中的液位稳定在某一给定值。如果在静态时 $Q_D \neq Q$,则汽包中的液位稳定值将不等于给定值。一般情况下选择静态时 $Q_D = Q$,因而使控制过程结束后汽包液位保持在给定值。

2. 锅炉串级三冲量给水控制系统

对于给水控制通道滞后和惯性较大的锅炉,则应采用串级控制系统,才具有较好的控制质量,调试整定也比较方便,因此,在大型汽包锅炉上可采用串级三冲量给水控制系统。

锅炉串级三冲量给水控制系统如图 6-30 所示。与单级三冲量给水控制系统相比,其给水控制的任务由两个调节器来完成,主调节器 LC 采用比例积分控制规律,以保证液位无静态偏差。主调节器的输出信号和给水流量、蒸汽流量信号都作用到副调节器 FC 上。一般串级控制系统的副调节器可采用比例调节器,以保证副回路的快速性。

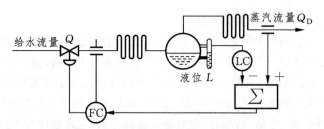

图 6-30　锅炉串级三冲量给水控制系统图

串级系统主、副调节器的任务不同,副调节器的任务是用以消除给水压力波动等因素引起的 Q 的扰动,以及当蒸汽负荷改变时迅速调节 Q,以保证 Q 和 Q_D 平衡;主调节器的任务是校正水位偏差。这样,当负荷变化时,水位稳定值是靠主调节器 LC 来维持的,并不要求进入副调节器的 Q_D 的作用强度按所谓"静态配比"来整定,恰恰相反,在这里可以根据对象在外扰下虚假水位的严重程度来适当加强 Q_D 的作用强度,从而改变负荷扰动下的水位控制质量。可见,串级三冲量系统比单级三冲量系统的工作更合理,控制质量要好一些。

6.3 均匀控制系统

6.3.1 均匀控制系统的工作原理及特点

1. 均匀控制系统工作原理

对于连续生产过程,往往前一设备的出料是后一设备的进料,而且随着生产的进一步强化,前后生产过程的联系更加紧密。针对这种设备间存在的相互联系、相互影响的生产过程,自动控制系统的设计将不能只针对其中某一设备进行,而应从过程的全局考虑,统筹兼顾。

例如,在石油裂解气深冷分离乙烯装置中,为满足该连续生产过程的需要,前后需要串联多个分馏塔,前一塔的出料是后一塔的进料。下面就其中两个串联的分馏塔进行分析。

如图 6-31 所示,为了保证分馏过程的正常进行,要求初馏塔的液位稳定在一定范围内,故设计了一个液位控制系统,通过调节初馏塔的出料量维持液位的稳定;而后一精馏塔则要求其进料量相对稳定,故设计一流量控制系统,通过调节精馏塔的进料量来实现流量的稳定。在对设备进行独立考虑的情况下,这两套系统都可以达到控制目的;但是不难发现,初馏塔的出料就是精馏塔的进料,两套控制系统都要通过调节同一变量来实

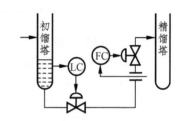

图 6-31 两个串联的蒸馏塔

现自己被控变量的稳定。显然,这两套系统对调节量的调节作用方向相反时(一个要开大阀门增加流量,另一个则要关小阀门减小流量),系统间存在矛盾,就不能正常协调工作。

为了解决前后两个塔供求之间的矛盾,最简单的办法就是在两个塔间增加中间容器,但这样不仅增加投资,还要增加流体输送装置来克服过程的能量消耗;更重要的是,在有些生产过程连续性很强,往往不允许中间存储过长的时间,否则会使物料发生物理或化学变化而不能满足工艺要求,造成经济损失。因此,必须从控制系统的设计上寻求对应的解决方法,以满足前后装置或设备间在物料供求关系上的要求。通常把能实现这种控制要求的控制系统称为均匀控制系统。

均匀控制系统将液位和流量统一在一个控制系统中,保持在一个允许的变化范围内,相对平稳,从系统内部解决工艺参数间存在的问题。根据工艺要求,将图 6-31 所示系统中的流量控制系统删去,只保留液位控制系统,让初馏塔的液位在允许的限度内波动,同时让流量作平稳缓慢的变化。使前塔的液位和后塔的进料量变化不超过规定的上、下限,通过整定调节器参数,可以得到三种不同的控制结果,如图 6-32 所示。图 6-32(a) 为调节初馏塔的流量来保证液位稳定的曲线图,但是流量波动太大,不能满足精馏塔进料平稳的要求,这是液位定值控制;图 6-32(c) 为精馏塔的进料流量定值控制曲线,但是初馏塔的液位波动太大,同样属于流量定值控制;而图 6-32(b) 所示中液位与流量都均匀缓慢变化,是典型的均匀控制系统过渡过程曲线。

因此,均匀控制系统是指控制参数和被控参数在控制上相互矛盾时,维持两个参数相

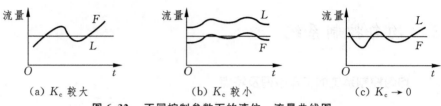

(a) K_c 较大　　　　(b) K_c 较小　　　　(c) $K_c \to 0$

图 6-32　不同控制参数下的液位 - 流量曲线图

互协调,使之都在一定范围内均匀缓慢地变化的系统。从结构上看,它与简单控制系统和串级控制系统没有区别,其控制思想体现在调节器的参数整定上。整定参数使控制变量与被控变量都均匀缓慢地在一定范围内变化、相互协调;而在定值控制系统中,需要控制变量可以大幅度地变化,才能满足被控变量的恒值要求。在均匀控制系统中,控制变量与被控变量往往是同等重要,控制的目标不再是仅维持一个变量的恒定,而是希望在扰动作用下,两个变量均在一定范围内都有一个缓慢而均匀的变化过程,都能满足控制要求。

2. 均匀控制系统的特点

由以上分析可以看出,均匀控制系统具有如下特点。

(1) 结构上无特殊性;

(2) 表征前后供求矛盾的两个变量都应该是变化的,且变化是缓慢的;

(3) 前后互相联系又互相矛盾的两个变量应保持在允许的范围内变化;

(4) 均匀并不意味平均,有时根据实际情况以一个参数为主,一个波动小一些,另一个波动大一些。

6.3.2　均匀控制方案

1. 简单均匀控制

图 6-33 所示为液位 - 流量简单均匀控制系统的实例。简单均匀控制系统与单回路液位定值控制系统的结构、所使用的仪表完全一样,但由于控制目的的不同,整定调节器参数实现均匀控制系统目的,一般是将调节器参数整定得弱一些,即加大比例度和积分时间,使系统过渡过程缓慢而无振荡地变化。在均匀控制系统中,调节器一般采用比例规律的调节器。但在少数情况下,为防止连续出现同向扰动作用而使被控参数超出工艺规定的上、下限,也可考虑适当引入积分作用。

简单均匀控制系统的优点是结构简单、投运方便、成本低廉;但也存在不足之处,如图 6-33 所示系统中,当流量出现剧烈干扰时无法实现均匀控制,因此它只适用于控制要求不高的场合。

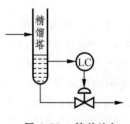

图 6-33　简单均匀控制系统

2. 串级均匀控制

在简单均匀控制系统中,前后设备的压力变化较大时,尽管控制阀的开度不变,输出量也会发生较大变化,此时流量对系统内的压力变化(干扰)较敏感。为克服控制阀前后压力波动及设备自平衡作用对流量的影响,需要引入流量副回路,采用图 6-34 所示的初馏塔液位与精馏塔入口流量的串级均匀控制系统,可以获得良好的控制效果。从结构上看,它与一般的液位和流量串级控制系统是一样的,但这里采用串级控制并不是为了提高主被控参数液位的控制质量,而是为了克服扰动引起的流量变化影响。

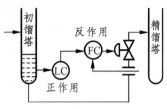

图 6-34　串级均匀控制系统

液位调节器 LC 的输出作为流量调节器 FC 的给定值,如果扰动(初馏塔的入料量增加)使初馏塔的液位升高,液位调节器 LC(正作用的弱控制)的输出信号增大(比定值控制情况下的输出小得多),通过反作用流量调节器使阀门缓慢地开大,反映在液位上的变化是缓慢地升高,而不是快速的下降。同时,精馏塔由于阀门的开大而使流量缓慢地增大。这样液位与流量均表现为缓慢地协调变化,从而实现了均匀控制目的。如果精馏塔由于本身塔压的升高,在阀门开度一定的情况下流量将变小(此时主调节器的给定基本维持不变),首先通过副回路进行控制,同时会使初馏塔的液位受到影响,此时再通过液位调节器进行进一步调节控制,缓慢改变调节阀的开度,使液位与流量在规定的变化范围内均匀缓慢地变化,从而达到均匀控制的目的。

串级均匀控制系统在结构上、控制动作过程上同串级系统一致,具有串级特点。串级均匀控制中的主调节器即液位调节器,与简单均匀控制中的处理相同,以达到均匀控制为目的;而流量副回路的引入主要是用以克服控制阀压力波动及自衡作用对流量的影响,而不是通过副回路来提高系统的控制精度。串级均匀控制方案能克服较大的干扰,适用于系统前后压力波动较大的场合,但与简单均匀控制相比,使用仪表较多,投运较复杂,因此在方案选定时要根据系统的特点、干扰情况及控制要求来确定。

3. 双冲量均匀控制

"冲量"原本多用于锅炉控制行业,指短暂作用的信号或参数,这里引申为连续的信号和参数。双冲量均匀控制系统如图 6-35 所示,是把液位和流量的两个测量信号通过加法(或减法)运算后作为调节器的测量值的均匀控制系统。为分析方便,画出控制系统方框图(见图 6-36),双冲量均匀控制系统就是串级均匀控制系统的变形,只不过是用一加法器代替串级均匀控制系统的主调节器。

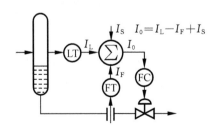

图 6-35　双冲量均匀控制系统

如果采用 DDZ 仪表构成系统,则加法器在稳态下的输出 $I_0 = I_L - I_F + I_S$,其中 I_L 为流量变送器输出,I_F 为流量变送器输出,I_S 为设定值。稳态时,I_L 与 I_F 相等,设定值 I_S 对应阀门稳态时开度,通常此时的阀门开度应处于

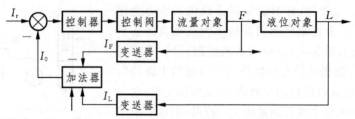

图 6-36 双冲量均匀控制系统方框图

适当位置,并保留一定的上下调整范围。其调节过程如下:当流量正常时,I_F 不变,而液位受到扰动作用上升,I_L 将增大,由于 $I_0 = I_L - I_F + I_S$,I_0 也将增大,从而阀门开度开大使流量增大;随着流量的增大,I_F 增大,I_0 增大的趋势将逐渐减小,以使液位恢复正常,在新的平衡态下阀门处于稳定,但此时的总流量却增加。当液位正常,而流量受到扰动而增加时,I_0 减小,流量调节器的输出将减小,从而使流量慢慢减小,并稳定在新的平衡态下。

可见,双冲量均匀控制系统相当于以两个信号的综合值(相加或相减)为被控变量的单回路系统,参数整定可以按照简单均匀控制系统来考虑;同时通过加法器又综合了液位和流量两信号的变化情况,故又有串级均匀控制的特点。总之,双冲量均匀控制系统既有简单控制系统参数整定方便的特点,又有串级均匀的优点。

6.3.3 均匀控制系统的参数整定

1. 控制规律的选择

1)简单均匀控制系统

调节器一般采用纯比例控制;有时,为了防止连续出现的同方向扰动使被控参数超出工艺规定的上、下限范围,也可采用比例积分控制。

2)串级均匀控制系统

串级均匀控制系统中,主、副调节器控制规律的选择十分重要,要根据系统规定的控制要求及被控过程的具体特性来确定。主调节器一般采用均匀控制系统的整定方法进行;副调节器一般采用纯比例作用,若为了满足副参数的较高控制要求,副调节器的控制规律也可适当选用比例积分控制规律。

3)双冲量均匀控制系统

双冲量均匀控制系统一般采用比例积分控制规律。由于均匀控制系统的目的在于使被控变量和操纵变量缓慢、协调变化,在动态中寻求均匀控制,故所有的均匀控制系统中调节器都不需要也不应加微分控制作用。

2. 均匀控制系统中引入积分作用存在的问题

1)有利方面

(1)可以避免由于长时间单方向干扰引起的液位越限;

(2)由于加入积分作用,可使比例度适当增加,有利于存在高频噪声场合的液位控制。

2) 不利方面

(1) 液位偏离给定值的时间较长而幅值又较大时,积分作用会使控制阀全开或全关,造成流量较大的波动;

(2) 积分作用的引入会使系统的稳定性变差;

(3) 积分作用的加入,会由于积分饱和产生洪峰现象。

3. 整定原则

(1) 保证液位不超出允许的波动范围,先设置好调节器参数;

(2) 修正调节器参数,充分利用容器的缓冲作用,使液位在最大允许范围内波动,输出流量尽量平稳;

(3) 根据工艺对流量和液位两个参数的要求,适当调整调节器参数。

4. 方法步骤

1) 纯比例控制

(1) 先将比例度设置在估计液位不会越限的范围内,如 $\delta = 100\%$;

(2) 观察记录曲线,若液位最大波动小于允许范围,则可增加比例度,从而使液位控制质量降低而流量过程曲线变好;

(3) 如果发现液位将超出允许的波动范围,则应减小比例度;

(4) 如上反复调整直到满足均匀控制的要求为止。

2) 比例积分控制

(1) 按纯比例进行整定,得到合适的比例度;

(2) 适当加大比例度后(放大 20%),引入积分作用,逐渐减小积分时间,直至流量出现缓慢的周期性衰减振荡过程为止,而液位有回复到给定值的趋势。

(3) 根据工艺,调整参数,直到液位、流量符合要求为止。

6.3.4 气体压力与流量的均匀控制

对于气相物料,前后设备间物料的均匀控制不是液位和流量之间的均匀控制,而是气体压力与流量的均匀控制。它和液体的液位和流量之间的均匀控制相似,但需注意的是压力对象比液位对象的自平衡作用要强得多,故采用简单均匀控制方案不易满足要求,而往往采用串级均匀控制。脱乙烷塔塔顶分离器压力是稳定精馏塔塔顶压力的,而从分离器出来的气体是加氢反应器的进料,因此为尽量使生产平稳,设计如图 6-37 所示压力流量串级均匀控制系统。

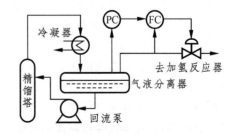

图 6-37 压力流量串级均匀控制系统

6.4 比值控制

6.4.1 比值控制系统的种类

1. 概述

比值控制系统是用于实现两个或两个以上参数按一定比例关系进行关联控制的系统。比值控制是过程控制中广泛采用的一种控制方式,在化工、制药等需要按照原料配比进行控制的工业生产过程中得到大量的应用。如果配比发生了不希望看到的变动,往往会导致产品质量下降、能量和物料的浪费、环境污染等问题,甚至会导致设备或人身安全事故的发生。

例如,在煤气锅炉燃烧的生产过程中,若空气输入量不足,煤气将得不到充分燃烧,一方面降低了燃烧效率,造成能源的浪费和环境的污染;另一方面,不充分燃烧的煤气还会出现析碳现象,对锅炉的寿命和使用安全都有重要影响;还有可能由于不充分燃烧,环境中煤气大量积存造成事故隐患。若空气输入量过多,过剩的空气又将大量的热量以废气的方式排放掉,造成热能的大量浪费。此时就需要对煤气与空气按一定比例进行配比(最佳配比为 1∶1.05)后输送到燃烧室。

比值控制系统大多是进行物料的配比控制。通常,把保持两种或几种物料的流量为一定比例关系的系统称为流量比值控制系统。在需要保持比值关系的两种物料流量中,必有一种物料处于主导地位,这种物料称为主物料。表征主物料的参数称为主动量或主流量,通常用 Q_1 表示;另一种按主物料进行配比的物料,在控制过程中随主物料的参数变化而变化,称为从动量或副流量,通常用 Q_2 表示。比值控制系统就是要实现从动量(副流量)Q_2 与主动量(主流量)Q_1 成一定的比值关系,如

$$K = Q_2/Q_1 \tag{6-40}$$

2. 比值控制系统的类型

比值控制系统生产过程中,由于工艺允许的负荷、所受到的干扰、要求的产品质量等不同,实际应用的比值控制方案有多种,按系统结构分类有开环比值控制系统、单闭环比值控制系统、双闭环比值控制系统、变比值控制系统等。

1)开环比值控制系统

开环比值控制系统的工艺流程如图 6-38 所示,其控制系统如图 6-39 所示。开环比值控制系统是最简单的比值控制系统,同时也是一个开环控制系统,开环比值控制系统是比值控制系统工作原理的基础。主动量 Q_1 受到的干扰作用而发生变化时,系统通过比值器及设定值按比例改变控制阀的开度,调节从动量 Q_2,使之与主动量仍保持原有的比例关系。在系统处于稳定的工作状态时,满足 $Q_2 = KQ_1$ 的比值关系。

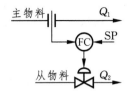 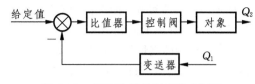

图 6-38　开环比值控制工艺流程图　　　图 6-39　开环比值控制系统方框图

比值控制系统的特点：由于系统是开环的，从动量 Q_2 变化时，没有调节从动量自身波动的环节，也没有调节主动量的环节，两种物料的比值关系很难保证不变。因此，开环比值控制系统对副流量的波动无法克服，比值精度较低，在实际生产上很少采用。

比值控制系统的适用场合：适用于副流量较平稳且比值关系要求不高的场合。

2) 单闭环比值控制系统

单闭环比值控制系统是为了克服开环比值系统存在的不足，在开环比值控制系统的基础上增加一个从动量闭环控制回路的系统，以实现副流量跟随主流量变化而变化，并保持主、从流量的比值不变；同时又可克服副流量本身干扰对比值的影响。单闭环比值控制系统工艺流程图如图 6-40 所示；其控制系统（见图 6-41）很像串级控制系统。两者的主要区别在于：单闭环比值控制系统的主动量 Q_1 相当于串级控制系统的主参数，但主动量 Q_1 没有构成闭环系统；从动量 Q_2 的变化也不影响主动量 Q_1。

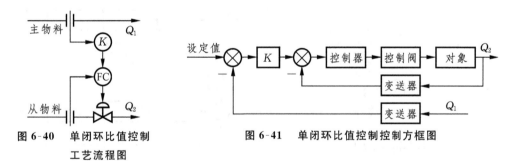

图 6-40　单闭环比值控制　　　图 6-41　单闭环比值控制控制方框图
　　　　　　工艺流程图

在主动量 Q_1 保持不变、从动量 Q_2 受到干扰作用发生变化时，系统通过从动量的闭合回路调节从动量 Q_2，使之恢复到设定值（比值器的输出不变，从动量回路此时为定值控制回路），以保持与主动量维持原有的比值关系。

在从动量 Q_2 保持不变、主动量 Q_1 受到干扰作用发生变化时，系统按照预先设置的比值使比值器的输出跟随这种变化，即改变从动量回路的设定值；从动量的闭合回路根据给定值的变化，发出控制命令，以改变控制阀的开度，将调节从动量 Q_2，使之跟随主动量的变化而变化，从而保持原有的比值关系不变。

当主、从动量受到干扰作用均发生变化时，调节器在调整从动量流量维持原有设定值的同时，系统又根据主动量的变化产生新的给定值，改变调节阀的开度，使主、从动量在新的流量基础上稳定,但仍保持两者原有的比值关系不变。

从上面的分析可知,单闭环比值控制系统能较好地保持主、从动量物料的比值关系不变。该系统存在以下问题。

(1) 主动量的流量不受控制,从动量的流量随其变化发生变化,所以系统处理的总物料量不固定,对生产过程的生产能力无法进行控制,故不适合负荷变化幅度大的场合。

(2) 由于主动量是一个不定值,在主动量的流量出现大幅度波动时,从动量相对于调节器的给定值将会出现较大的偏差,在调节从动量随主动量变化期内,实际比值可能发生较大的变化。当主动量频繁变化时尤其明显,故动态比值难以很好地得到控制。

单闭环比值控制系统的适用场合:工艺上允许外部干扰引起的主动量变化,只有一种物料可控,其他物料不可控;对生产负荷的总量要求没有限制;对动态比值精度要求不是很高的定比值控制系统。单闭环比值控制系统实施也较方便,仅需要一个比值调节器或比例调节器即可实现。

3) 双闭环比值控制系统

为了克服单闭环比值控制系统中主动量不受控制而产生生产能力失控的问题,在单闭环比值控制的基础上又提出了双闭环比值控制系统,即在单闭环比值控制上设置一个主动量的闭合回路,既对从动量进行闭环控制,又对主动量进行闭环控制。其工艺流程如图 6-42 所示,控制系统如图 6-43 所示。

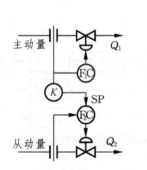

图 6-42 双闭环比值控制工艺流程图　　图 6-43 双闭环比值控制系统方框图

在双闭环比值控制系统中,若主动量受到干扰发生波动,主动量构成的闭合回路立即发生调节作用对其进行定值控制,使主动量始终稳定在给定值水平上;在主动量进行调节的过程中从动量也会随着主动量调节。

当从动量受到干扰发生波动时,从动量构成的闭合回路将进行自动调节,并始终稳定在比值器给定值水平上,而主动量并不受从动量的波动影响。因此,因扰动而发生的主动量和从动量的波动,各自依靠自身的闭合回路进行调节,并分别实现各自的实际流量值与给定值一致,从而保证主、从动量的流量比值恒定。

当主动量给定值因生产的需要而发生改变时,主动量的闭合回路实现了实际值与给定值的一致;同时,由于主动量流量的改变,通过比值器使得从动量的给定值也发生改变,通过从动量的闭合回路调节,使得从动量的实际流量与此时对应的给定值一致,从而实现主、从动量的比值保持不变。可见,主动量闭合回路是一定值控制系统,而从动量的闭合回路则是一随动控制系统。

双闭环比值控制系统和单闭环比值控制系统相比,有如下特点。

(1) 双闭环比值控制系统克服了单闭环比值控制系统主动量不受控、生产负荷在较大范围内波动的不足,在单闭环比值控制系统的基础上增设了主动量控制回路,克服了主动量干扰的影响,保证了主动量的相对平稳;

(2) 由于主动量控制回路的存在,主动量相对平稳,从而实现较精确的动态流量比值关系(动态下,相对单闭环比值时主动量的变化已被大大削弱),并确保了两物料总量基本不变;

(3) 由于从动量回路具有随主动量的变化而变化的特点,因此只需缓慢改变主动量调节器的给定,就可以改变主动量,从动量将随之改变,并保持比值不变,从而比较方便的改变负荷;

(4) 由于双闭环比值控制系统中,存在两个相互联系的控制回路,参数整定过程中,两回路工作频率比较接近时,有可能引起共振,使系统失控,无法正常运行。此时,应设法使整定后的系统的主动量输出尽可能为非周期变化,有效防止共振的产生。

双闭环比值控制系统的适用场合:双闭环比值控制系统特点,使其适用于工艺上主动量干扰频繁而工艺上又不允许负荷波动较大的场合,以及工艺上需要提升负荷的场合,还适于对动态情况下比值关系要求较高的定比值控制场合。

对控制要求较高的系统,不仅要求静态比值恒定,还要求动态比值一定。在扰动作用下,要求主、副流量接近同步变化,即要求静态与动态时物料量保持一定比值。前面介绍的几种比值控制系统都不能实现动态比值要求,为了使主、副流量在时间上和相位上同步变化,必须引入动态补偿环节 $W(s)$,如图 6-44 和图 6-45 所示。

由于副流量滞后于主流量,则动态补偿环节应具有超前特性。从原理上分析,只要 $Q_2(s)/Q_1(s) = K$,就可以实现动态比值一定。

$$\frac{Q_2(s)}{Q_1(s)} = \frac{W_{m1}W_kW_cW_vW_p}{1 + W_cW_vW_pW_{m2} + W_{c1}W_{v1}W_{p1}W_{m1} + W_{c1}W_{v1}W_{p1}W_{m1}W_cW_vW_pW_{m2}}$$

(6-41)

如果采用线性测量环节,要求副流量跟随主流量变化,无相位差,实现动态比值 $Q_2(s)/Q_1(s) = K$,同时 $W_k = KQ_{1max}/Q_{2max}$,动态补偿环节为

$$W = \frac{(1 + W_cW_vW_pW_{m2} + W_{c1}W_{v1}W_{p1}W_{m1} + W_{c1}W_{v1}W_{p1}W_{m1}W_cW_vW_pW_{m2})}{W_{m1}W_cW_vW_p} \frac{Q_{2max}}{Q_{1max}}$$

(6-42)

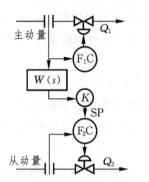 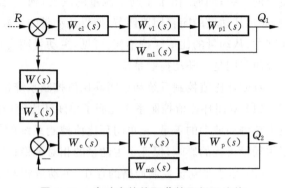

图 6-44　含动态补偿环节的双闭环比值控制工艺流程图
图 6-45　含动态补偿环节的双闭环比值控制系统方框图

4）变比值控制系统

前面提及的单、双闭环比值控制系统有一共同特点：通过控制系统维持主、从动量的流量比值恒定，从而保证生产过程的正常进行。而实际工业生产过程中，维持主、从动量的物料按比例输入，往往并非最终目的，而是保证生产过程顺利进行的一种手段，真正的目的则是要实现生产过程的结果。如自来水氯气消毒控制系统，保持水与氯气的流量比例关系并非目的，目的是要输出满足日常生活、生产质量要求的自来水。要输出符合质量要求的自来水，就不能保持水与氯气的流量比例关系一成不变，而应依据水的质量来调节水与氯气两者的比例关系。可见，实际的生产过程往往需要参考除主、从量以外的第三方参数来决定主、从动量的比值关系。当第三方参数随输入的主、从动量的物料配比关系的不同而发生变化时，对第三方参数的控制问题就变成了调节物料配比问题，这就是变比值控制。其工艺流程如图 6-46 所示，控制系统如图 6-47 所示。

按照一定的工艺指标自行修正比值关系的控制系统即称为变比值控制系统。其结构为串级系统，外环控制第三方参数（系统控制的目的）的变化，内环控制从动量 Q_2 的变化，从而实现主、从物料配比的比例关系控制，这种系统称为串级比值控制系统。根据串级控制系统具有一定的自适应控制能力的特点，这种变比值控制系统具有当系统中存在的温度、压力、成分、触媒活性等随机干扰时，能自动调整比值，保证质量指标在规定范围内的自动调整，所以这类变比值控制系统也被称为自整定配比控制系统。

系统处于稳定工作状态时，主动量流量、从动量流量、主被控变量（第三方参数）、主调节器的输出、比值调节器的输出、控制阀开度均处于稳定水平，调节器的比值恒定。

当主被控变量（第三方参数）为定值控制、主动量 Q_1 受干扰发生变化时，除法器输出发生变化，从动量 Q_2 调节

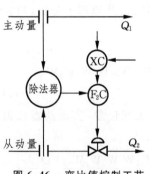

图 6-46　变比值控制工艺流程图

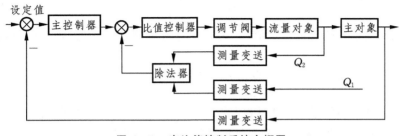

图 6-47 变比值控制系统方框图

控制回路将自动调节从动量的流量变化,保证主、从动量的流量比值恒定;当从动量 Q_2 受干扰发生变化时,和单、双闭环控制比值系统克服从动量波动一样,自动调节从动量的流量,保证主、从动量的流量比值恒定。

当主被控变量受干扰发生变化时,主调节器的输出将发生变化,改变了比值调节器的设定值,即改变了主、从动量的比值关系。

变比值控制系统的适用场合:两种物料的比值与第三方参数有内在关系,需要根据主动量的测量值和第三方参数的给定值来调整主、从物料流量,实现对第三方参数的控制的场合。

6.4.2 比值控制系统的设计与参数整定

1. 比值系数的计算

比值控制是控制物料之间的比例关系,工艺上规定的比值 K 是指两物料的流量体积或质量比。目前通常采用统一标准信号制的仪表进行比值控制,如 DDZ-Ⅲ 型仪表、气动仪表等,这就需要将工艺规定的比例关系转化为统一信号制的信号比值关系,通常将这种信号比值关系称为比值系数 K'。在整定比值控制系统时,主要的问题是信号的静态配合问题。一个物理量的检测通常有多种检测方式(线性和非线性),使用不同的检测方式和不同信号制得到的比值系数 K' 也不同。正确计算比值系数并设置在相应的仪表上,这是保证比值控制系统正常运行的前题。下面讨论比值系数 K' 在不同情况下的计算。

1) 流量与测量信号成线性关系时的比值系数计算

当使用转子流量计、涡轮流量计、椭圆齿轮流量计或带开方器的差压变送器测量流量时,流量信号均与测量信号成线性关系,需要将工艺比值 K 折算成仪表比值系数 K'。对于 DDZ-Ⅲ 型仪表,当流量在 $0 \sim Q_{max}$ 变化时,流量变送器的输出信号为 $4 \sim 20$ mA。流量的任一中间值 Q 所对应的仪表的输出电流 I 为

$$I = \frac{Q}{Q_{max}} \times 16 + 4 \tag{6-43}$$

式中:Q 为测量的实际流量值;Q_{max} 为测量仪表的测量范围上限。比值系数为

$$K' = \frac{I_2 - 4}{I_1 - 4} \tag{6-44}$$

式中:I_1 为从动量流量测量信号值;I_2 为主动量流量测量信号值。将式(6-43)代入式(6-44),得

$$K' = \frac{I_2 - 4}{I_1 - 4} = \frac{(Q_2/Q_{2\max}) \times 16 + 4 - 4}{(Q_1/Q_{1\max}) \times 16 + 4 - 4} = \frac{Q_2}{Q_1}\frac{Q_{1\max}}{Q_{2\max}} = K\frac{Q_{1\max}}{Q_{2\max}} \tag{6-45}$$

式中:$Q_{1\max}$ 为主动量流量变送器量程上限;$Q_{2\max}$ 为从动量流量变送器量程上限。

可见,比值系数的计算只与要实现的两物料流量比和所选用的测量仪表量程有关,与实际流量无关。流量测量是比值控制的基础,各种流量计都有一定的适用范围(一般正常流量选择在满量程的 70%～80%),必须正确选择使用。变送器的零点及量程的调整都十分重要,具体选用时可参考有关设计资料手册。

同理可以证明:对于不同信号制的仪表,在线性测量情况下比值系数的计算式是一样的。

2) 流量与测量信号成非线性关系时的比值系数计算

使用节流装置测量流量而未使用开方器时,当流量在 $0 \sim Q_{\max}$ 变化时,压差即在 $0 \sim \Delta p_{\max}$ 变化,流量变送器的输出为 $4 \sim 20$ mA,则任一中间流量值 Q(及相应压差 Δp)所对应的流量变送器的输出信号与流量 Q(压差 Δp)的关系表现为非线性关系,即

$$Q = c\sqrt{\Delta p} \tag{6-46}$$

式中:c 为差压式节流装置的比例系数;Δp 为差压装置前后测量点间压差。

以信号范围为 $4 \sim 20$ mA 的 DDZ-Ⅲ 电动仪表为例,计算比值系数的方法如下。

由式(6-46)可知,DDZ-Ⅲ 型仪表输出信号 I 大小与差压 Δp 成比例,而与流量的二次方成比例,即

$$I = \frac{Q^2}{Q_{\max}^2} \times 16 + 4 \tag{6-47}$$

式中:Q 为测量的实际流量值;$Q_{\max}$ 为测量仪表的测量范围上限。

依据比值系数的一般计算公式(6-44),并代入式(6-47)有

$$K' = \frac{I_2 - 4}{I_1 - 4} = \frac{(Q_2^2/Q_{2\max}^2) \times 16 + 4 - 4}{(Q_1^2/Q_{1\max}^2) \times 16 + 4 - 4} = \frac{Q_2^2}{Q_1^2}\frac{Q_{1\max}^2}{Q_{2\max}^2} = \left(K\frac{Q_{1\max}}{Q_{2\max}}\right)^2 \tag{6-48}$$

同理可证明:对于不同信号制的仪表,在非线性测量情况下,比值系数的计算式是一样的。

通过比较以上线性和非线性测量变送器下比值系数的计算过程,可以得到如下结论。

(1) 流量比值 K 与仪表比值系数 K' 是两个不同的概念,不能混淆。

(2) 比值系数 K' 大小与流量比 K 和变送器的量程有关,与实际负荷的大小无关。

(3) 流量与测量信号之间有无线性关系对计算式有直接影响。线性时,$K'_{线} =$

$KQ_{1\max}/Q_{2\max}$；非线性时，$K'_{\text{非}} = K^2 Q_{1\max}^2 / Q_{2\max}^2$。

（4）线性测量与非线性测量情况下 K' 间的关系为 $K'_{\text{非}} = (K'_{\text{线}})^2$。

2. 比值控制系统的实施

1）比值控制系统的主、从动量选用原则

比值控制有多种控制方案，具体选用应分析各种控制方案的特点，根据不同的工艺情况、负荷变化、扰动性质、控制要求等进行合理选用。在确定好比值控制系统的控制类型后，还需进一步确定主、从动量的选取。一般主、从动量的选取应遵循如下原则。

（1）生产中主要物料或贵重的物料为主动量，其他物料为从动量；

（2）关系到生产安全时，把失控后减量易发生安全事故的物料定为主动量；

（3）如果两种物料中，一种是可控的，另一种是不可控的，不可控的为主动量，可控的为从动量；

（4）如果两种物料中一种供应不成问题，而另一种物料可能供应不足，此时可选用不足的物料为主动量；

（5）生产过程中必须按相应的工艺过程进行，主、从动量的选择也必须符合生产工艺要求。

2）比值控制系统的实施方案

在比值控制系统中，通常的实施过程有相乘和相除的两种控制方案。

（1）相乘方案。通过乘法器使主流量 Q_1 的测量值乘以某一系数，作为 Q_2 流量调节器的给定，构成比值控制系统的方案称为相乘方案，其工艺流程如图 6-48 所示，方框图如图 6-49 所示。

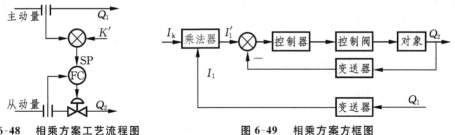

图 6-48　相乘方案工艺流程图　　　图 6-49　相乘方案方框图

对于 4～20 mA 的电动乘法器，其比值系数是通过外部恒流给定器设定的，有

$$I'_1 = \frac{(I_1 - 4)(I_k - 4)}{16} + 4 \tag{6-49}$$

根据比值控制要求，乘法器的输出电流 I'_1 应与主动量的测量输出值 I_1 满足如下关系

$$I' - 4 = K'(I_1 - 4) \tag{6-50}$$

将式 (6-50) 代入式 (6-49) 得

$$I' - 4 = \frac{(I_1 - 4)(I_k - 4)}{16} = K'(I_1 - 4) \qquad (6\text{-}51)$$

所以有
$$K' = \frac{(I_k - 4)}{16} \Rightarrow I_k = 16K' + 4 \qquad (6\text{-}52)$$

采用常规仪表实施相乘控制方案时,由于仪表统一信号范围为$(4\sim20)\mathrm{mA}$,所以K'的变化范围仅在$0\sim1$之间。应根据仪表比值系数K'的大小,确定乘法器在控制回路中的位置。因此,在确定测量仪表量程上限时,要考虑这一因素。若$K'>1$,可采用乘法器放置在从动量回路中,如图 6-50 所示,这时比值系数的计算可仍按乘法器在主动量通道上的情况计算,如式(6-45)或式(6-48)所示,并求所得到比值系数的倒数,此时的实际比值系数为

$$K'' = \frac{Q_1}{Q_2} \cdot \frac{Q_{2\max}}{Q_{1\max}} = \frac{1}{K'} \qquad (6\text{-}53)$$

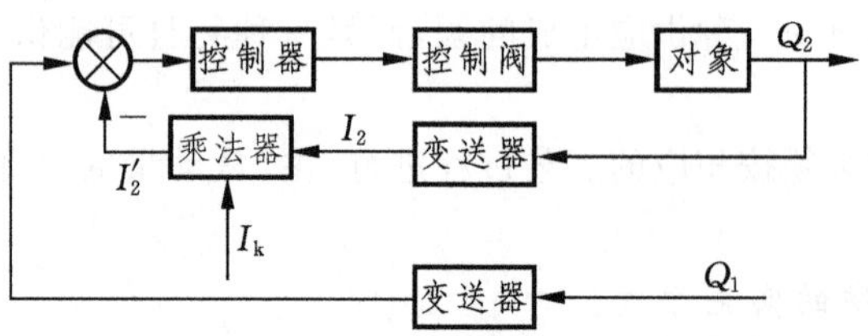

图 6-50 乘法器在从动量回路相乘方案方框图

若为变比值控制系统,此时只需将比值设定信号换成第三方参数就行了。采用 DCS 或计算机控制系统实施时,可直接根据工艺比值系数K,将比值函数环节设置在从动量控制回路外,使得调整K时不影响控制回路的稳定性。

(2)相除方案。

通过除法器将Q_2与Q_1的测量值相除,作为比值调节器的测量值构成比值控制系统,图 6-51、图 6-52 分别为其工艺流程图和方框图。

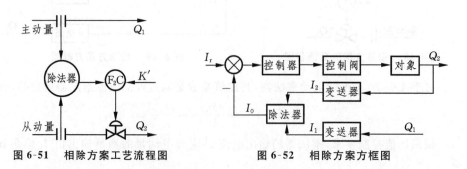

图 6-51 相除方案工艺流程图   图 6-52 相除方案方框图

这种方案直观,比值可直接由调节器设定,可直接读出比值,使用、操作方便。若比值给定信号为第三参数给定,便可实现变比值控制。

DDZ-Ⅲ 仪表（4～20mA）的除法运算式为

$$I_0 = \frac{I_2-4}{I_1-4} \times 16 + 4 \tag{6-54}$$

稳态时，有

$$I_r = I_0 = 16\frac{I_2-4}{I_1-4} + 4 = 16K' + 4 \tag{6-55}$$

注意：图 6-52 中除法器的增益，在 $Q_2/Q_1(I_2/I_1)$ 时增益为正；在 $Q_1/Q_2(I_1/I_2)$ 时增益为负。因此，在除法运算方案中，应正确处理除法器的分子、分母的输入信号，必须将除法器包含在从动量回路中，而且它的存在影响到系统的负反馈。此外，由于除法器的非线性特性对控制质量的影响，相除方案的比值控制系统已较少使用，只是在为了便于显示主、从动量实际流量的比值控制场合采用。

3. 比值控制方案中非线性环节的影响

1) 测量环节的非线性

产生原因：流量测量采用节流装置配差压变送器，不使用开方器时，若用 DDZ-Ⅲ 型变送器，则测量信号与流量之间的关系为

$$I = \left(\frac{Q}{Q_{\max}}\right)^2 \times 16 + 4 \tag{6-56}$$

整个测量变送环节的静态放大系数为

$$K = \left.\frac{\partial I}{\partial Q}\right|_{Q=Q_0} = \frac{16}{Q_{\max}^2} \times 2Q_0 \tag{6-57}$$

式中：K 为静态放大系数；Q_0 为 Q 的静态工作点；$K \propto Q_0$，随着负荷的增加而增大。

解决方法：可以选取不同流量特性的控制阀来补偿；最根本的方法是在差压变送器的输出端加上开方器，使最终信号与流量之间成线性关系。

需要注意的是，对于节流法测量流量的比值系统，两流量要么具有相似的非线性，要么经开方都成为线性系统。

2) 除法器的非线性

由于除法器在闭环回路中，对于 DDZ-Ⅲ 型仪表，$K' = (I_2-4)/(I_1-4)$，其放大倍数为

$$K = \frac{dK'}{dI_2} = \frac{1}{I_1-4} = K'\frac{1}{I_2-4} \tag{6-58}$$

式中：I_1 是 Q_1 的测量信号；K 随着 $I_1(I_2)$ 的增大而减小。由此可见，除法器的放大系数是随着生产负荷的增大而减小的。这与采用差压法测量流量而不经开方运算时的情况正好相反，在小负荷时，系统可能由于除法器的影响作用使系统的放大倍数过大，而使系统不稳定。

在某些放大倍数随着生产负荷的增大而增大的非线性过程中，如果采用除法器组成比值系统，除法器的非线性不仅对系统的控制质量无害，反而可能对过程非线性起到补偿作用。

4. 比值控制方案中的信号匹配问题

(1) 比值系数 K' 的计算是比值控制系统信号匹配的主要内容。K' 的大小除了与工艺规定的流量比有关外,还与仪表的量程上限有关。因此,要使比值控制系统具有较高的灵敏度和精度,仪表量程上限的确定极为关键。仪表量程越大,仪表灵敏度越低。

(2) 对于相乘方案,比值系数 $K' \to 1$ 时最为灵敏,精度最高。因为当 $K' = 1$ 时,$KQ_{1\max} = Q_{2\max}$,即在保持工艺要求的比值 K 不变情况下,主副流量都在全量程变化,系统的灵敏度及精度都很高。

(3) 对于相除方案,K' 值应取为 $0.5 \sim 0.8$,这样调节器的测量值处于整个量程的中间数值,既能保证精确度,又有一定的调整余地,而不能使 $K' \to 1$。因为 $K' \to 1$ 时,除法器的输出也接近于饱和输出,一旦实际流量 Q_2 增大或 Q_1 减小,势必使除法器的输出很快进入饱和状态,而造成控制精度难以保证。

5. 比值控制系统的投运和整定

比值控制系统在设计、安装好后,即可进行系统的投运。系统投运方法与单回路控制系统投运方法相同,同时,还涉及比值系数 K' 的如下设置问题。

(1) 在工艺规定的流量比 K 下,根据实际组成的控制方案计算比值系数 K'。比值系数的计算为系统设计、仪表量程的选择和现场比值系数的设置提供重要的指导原则。

(2) 在工程应用中,刚开始投运时,比值系数 K' 不一定要精确设置,可在投运中逐渐校正,直至工艺认为合格为止。

比值控制系统的参数整定,关键是要明确整定后系统的要求。

对于单闭环比值控制系统,本质上是一个随动控制系统。随动控制系统要求有快速跟踪能力,即从动量能够快速、准确地跟随主动量的变化而变化,且最好不应有超调。因此,对于单闭环比值控制系统,多采用 PI 的比例积分控制规律,而不采用微分环节。为实现最好的跟踪能力和不超调特性,就应该将该随动控制系统整定到振荡与不振荡的临界状态。

对于双闭环比值控制系统,主动量是一个定值控制系统,可按常规的单回路定值控制系统进行整定,故采用 PI 的比例积分控制规律。从动量的整定过程与单闭环比值控制系统的整定相同,为保证从动量能很好地跟踪主动量,应将从动量回路整定得比主动量回路稍快些。主、从动量回路的过渡过程都应整定为非周期临界状态。

对于变比值控制系统,因其结构上是串级控制系统,其主调节器的整定可按串级控制系统进行整定,控制规律可选 PI 或 PID;其比值调节器为串级控制系统的副环,也希望有快速调节特性,可按照单闭环比值控制系统的整定方法进行。

6. 比值控制系统的整定步骤

按随动控制系统特性,单闭环比值控制、双闭环比值控制中的从动量回路、变比值控制中的比值控制回路整定方法一般遵循如下步骤。

(1) 进行比值系数的计算及现场整定。

(2) 将积分时间 T_I 设置到最大(无积分作用), 再进行比例度 δ 的由大到小调节, 直到找到临界过程为止, 其临界振荡状态如图 6-53 中曲线 b 所示。

(3) 适当放宽比例度(一般放大 20%), 再加入积分作用, 将积分时间 T_I 慢慢减小, 直到再次找到临界过程(如图 6-53 中曲线 b) 为止或微振荡的过程(如图 6-53 中曲线 c) 为止。图 6-53 中曲线 a 代表 T_I 最大、δ 较大时的过渡过程, 显然它的调节过程太慢。

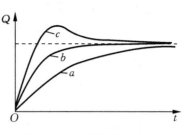

图 6-53　临界振荡状态

6.4.3　比值控制系统的设计实例

【例 6-7】 在合成氨生产的一氧化碳变换炉中, 采用除法器组成变换炉温度对"蒸汽+煤气"比值进行校正的变比值控制系统, 系统结构如图 6-54 所示。

解 进料的蒸汽和煤气要保持一定的比值关系, 以维持正常的生产变换过程。而变换过程为一个放热过程, 为保护变换炉触媒, 需要测量实际炉温对实际的比值进行调节。

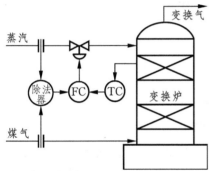

图 6-54　合成氨生产变比值控制系统结构图

【例 6-8】 合成氨某段转化反应中, 为保证转化率, 必须保持天然气、水蒸气和空气之间成一定的比值(1:3:1.4)。流量测量都采用节流装置和差压变送器, 未使用开方器。工艺生产中最大负荷为: 天然气流量的最大值 $Q_{nmax} = 11\,000$ m³/h; 水蒸气流量的最大值 $Q_{smax} = 31\,100$ m³/h; 空气流量的最大值 $Q_{amax} = 14\,000$ m³/h。采用 DDZ-Ⅲ 型仪表的相乘方案实施, 确定各差压变送器的量程, 仪表比值系数 K_1'、K_2', 以及乘法器的输入设定电流, 并画出系统工艺图。

解 从仪表精确度考虑, 流量仪表测量范围分为 10 挡: 1、1.25、1.6、2、2.5、3.2、4、5、6.3、8 ($\times 10^n$, n 为整数)。根据题意, 各差压变送器的量程应选为: $Q_{nmax} = 12\,500$ m³/h, $Q_{smax} = 32\,000$ m³/h, $Q_{amax} = 16\,000$ m³/h。

已知:

物料	Q_{max} (m³/h)	流量比
水蒸气	32 000	3
天然气	12 500	1
空气	16 000	1.4

从工艺角度出发, 应采用水蒸气作为主动量, 天然气和空气为从动量, 则天然气对水蒸气的比值系数为

$$K_1' = K_1^2 \left(\frac{Q_{smax}}{Q_{nmax}}\right)^2 = \left(\frac{1}{3}\right)^2 \times \left(\frac{32\,000}{12\,500}\right)^2 = 0.728$$

空气对水蒸气的比值系数为

$$K_2' = K_2^2 \left(\frac{Q_{a\max}}{Q_{n\max}}\right)^2 = \left(\frac{1.4}{3}\right)^2 \times \left(\frac{32\,000}{16\,000}\right)^2 = 0.871$$

乘法器输入电流为

$$I_{01} = 16K_1' + 4 = 15.65 \text{ mA}$$
$$I_{02} = 16K_2' + 4 = 17.94 \text{ mA}$$

由于比值系数均小于1,系统构成的控制工艺流程如图6-55所示。

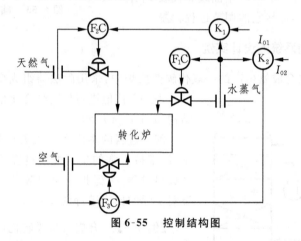

图6-55 控制结构图

【例6-9】 在生产过程中,有时工艺上不但要求物料量成一定的比例关系,还要求在负荷变化时,它们的主、从动量的提、降量也需要有一定的先后次序,通常把这种主、从动量在提、降负荷时具有逻辑上先后关系的比值控制系统称为逻辑提量。如在锅炉燃烧系统中,希望燃料量与助燃空气量成一定比例关系,而且燃料量取决于蒸汽用量(生产负荷)的需要。当蒸汽用量要求增加时(提量)时,为保证燃烧充分,需先增大空气量再增大燃料量。反之,则过程相反。现根据工艺特点设计一个如图6-56所示的具有逻辑提量的控制系统。

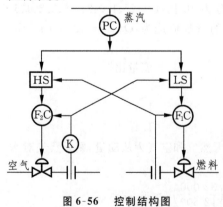

图6-56 控制结构图

解 依据工艺要求,两个控制阀均选为气开阀。依据负反馈原理,燃料和空气流量控制回路的调节器均为反作用调节器。

当系统处于稳态下的正常工况时,系统此时主要特点是实现比值控制,燃料量是主动量。同时,燃料量又取决于蒸汽的用量(生产负荷),构成的控制系统如图6-56所示(因稳态时HS和LS的所有输入端信号大小均相等,可理解为相当于图6-57中虚线不存在)所示,即"蒸汽压力+燃料流量"串级控制系统和"燃料流量+空气流量"比值控制系统组合而成的复合系统。低选器 LS 以 PC 的输出作为输出信号,高选器 HS 以燃料量 F_1T 的信号作为输出,这样空气与燃料就有一定的比值关系。依据串级控制系统的特点,为构成负反馈控制,作为主控器的压力调节器也应该为反作用调节器(因为燃料量的增大将导致蒸汽压力也增大,故主对象的增益为正)。

当蒸汽用量增大,即生产负荷提量时,蒸汽压力 PT↓ → PC↑,高选器 HS 选 PC 的输出,低选器 LS 的输出选空气量 F_2T 的信号(此时的 F_2T 还未来得及变化);F_2C 的给定↑,空气量 F_2T↑,燃料量 F_1C 的设定值也随之上升,实现了先提空气量后提燃料量的原则,如图 6-58 所示。

当蒸汽流量的减小,即生产负荷减量时,蒸汽压力 PT↑ → PC↓,低选器 LS 选 PC 的输出,高选器 HS 的输出选燃料量 F_1T 的信号(此时的 F_1T 还未来得及变化);F_1C 的给定↓,燃料量 F_1T↓,空气量 F_2C 的设定值也随之下降,实现了先降燃料量后降空气量的原则。

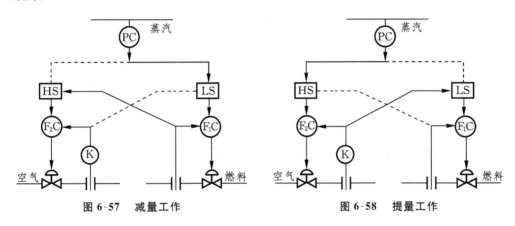

图 6-57　减量工作　　　　　　　　图 6-58　提量工作

6.5　分程控制

6.5.1　分程控制系统的工作原理及类型

在一般的反馈控制系统中,通常是一台调节器的输出只控制一个调节阀。但在某些工业生产中,根据工艺要求,需将调节器的输出信号分段,用于分别控制两个或两个以上的调节阀,以便使每个调节阀在调节器输出的某段信号范围内作全行程动作,这种控制系统通常称为分程控制系统。

例如,图 6-59 所示的间歇式化学反应器,每次加料完毕后,为引发化学反应,必须先进行加热。待反应开始后,会产生大量的反应热,必须用冷却水冷却,以保证反应在规定的温度下进行。为此,设计了如图所示的以反应器内温度为被控参数、以蒸汽量和冷却水流量为调节参数的分程控制系统。为保证安全,蒸汽阀采用气开式,冷水阀采用气关式,温度调节器为反作用,蒸汽阀和冷水阀的分程关系如图 6-60 所示。

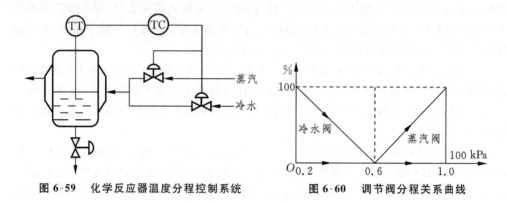

图 6-59　化学反应器温度分程控制系统　　　　图 6-60　调节阀分程关系曲线

当投料完毕后,控制系统投入运行。此时反应物温度低于给定值,调节器输出大于 0.06 MPa,蒸汽阀处于"开"的位置,反应物料温度上升。待化学反应开始以后,反应物料温度高于给定值,调节器输出下降,关闭蒸汽阀,打开冷水阀,带走反应热,使反应物料温度下降,并保持在给定值附近。

根据调节阀的气开、气关形式和分程信号区段不同,分程控制系统可分为调节阀同向动作和异向动作两类。

1. 调节阀同向动作的分程控制系统

图 6-61 为调节阀同向分程动作的示意图。图 6-61(a)所示曲线表示两个调节阀均为气开型。当调气器输出信号从 0.02 MPa 开始增大时阀 A 打开,当信号增大到 0.06 MPa 时阀 A 全开,同时阀 B 开始打开;当信号达到 0.1 MPa 时阀 B 全开。图 6-61(b)所示曲线表示两个调节阀均为气关型。当调节器输出信号从 0.02 MPa 增大时,阀 A 由全开状态开始关闭;当信号达到 0.06 MPa 时阀 A 全关,而阀 B 则由全开状态开始关闭;当信号达到 0.1 MPa 时,阀 B 也全关。

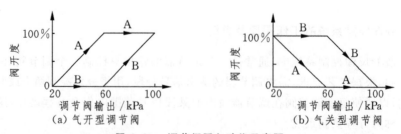

图 6-61　调节阀同向动作示意图

2. 调节阀异向动作的分程控制系统

图 6-62 为调节阀异向分程动作的示意图。图 6-62(a)所示曲线表示调节阀 A 为气开型、调节阀 B 为气关型。当调节器输出信号大于 0.06 MPa 时,阀 A 全开,同时阀 B 启动;

当信号达到 0.1 MPa 时,阀 B 全关。图 6-62(b)所示曲线表示为调节阀 A 选用气关型、调节阀 B 选用气开型的情况,其调节阀动作与图 6-62(a)所示的相反。

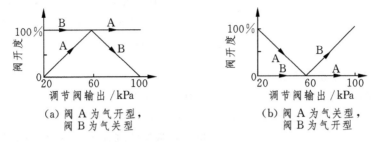

(a) 阀 A 为气开型,阀 B 为气关型　　(b) 阀 A 为气关型,阀 B 为气开型

图 6-62　调节阀异向动作示意图

6.5.2　分程控制系统的设计及工业应用

分程控制系统本质上属于单回路控制系统,它与单回路控制系统的主要区别是调节器输出信号需要分程且有多个调节阀,在系统设计上有一些不同之处。

1. 控制信号的分段

在分程控制中,调节器输出信号需要分成几个区段,哪一区段信号控制哪一个调节阀工作,完全取决于工艺要求。例如图 6-60 所示的化学反应器温度分程控制中,在化学反应初期,由于是吸热反应,釜温低于给定值,此时调节器输出信号控制蒸汽阀 B(为安全起见,阀 B 选用气开型)打开,加入适量蒸汽,以满足吸热反应的温度要求;在化学反应中后期,由于是放热反应,釜温高于给定值,此时调节器输出信号控制冷却水阀 A(阀 A 为气关型)打开,加入适量的冷却水,以达到降低釜温的目的。

2. 调节阀特性的选择与应注意的问题

(1) 根据工艺要求选择同向工作或异向工作的调节阀。

(2) 流量特性的平滑衔接。在有些分程控制系统中,把两个调节阀作为一个调节阀使用,要求从一个调节阀向另一个过渡时,其流量变化要平滑。由于两个调节阀的增益不同,存在着流量特性的突变,对此必须采用相应的措施。对于线性流量特性的调节阀,只有当两个阀的流通能力很接近时,两阀衔接成直线才能用于分程控制系统。对于对数流量特性的调节阀,需通过两个调节阀分程信号部分重叠的办法,使调节阀流量特性衔接线性化,达到平滑过渡。

(3) 调节阀的泄漏量。在分程控制系统中,必须保证在调节阀全关时,不泄漏或泄漏量极小。若大阀门的泄漏量接近或大于小阀门的正常调节量,则小阀门就不能发挥其应有的控制作用,甚至不起控制作用。

3. 分程控制的实现

分程控制是通过调节阀的附件,即阀门定位器或其他仪表来实现的。它根据调节器输出的不同区段信号,通过改变阀门定位器的输出零点和量程,相应控制调节阀作全行程动作。例如,一个阀门定位器的输入信号为 0.02～0.064 MPa 时,通过改变调节弹簧,使其输出为 0.02～0.1 MPa,从而使一个调节阀从全开到全关、或从全关到全开作全行程动作;另一个阀门定位器的输入信号为 0.06～0.1 MPa 时,采取同样的方法使其输出信号为 0.02～0.1 MPa,从而使另一个调节阀作全行程动作。

4. 分程控制系统的工业应用

分程控制系统的工业应用很广泛,通常用在以下几个方面。

(1) 节能控制,即通过分程控制减少能量消耗,提高经济效益。

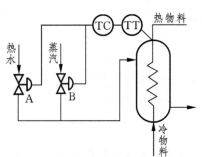

图 6-63 温度分程控制系统

例如在某生产过程中,冷物料通过热交换器用热水(工业废水)对其进行加热,当用热水加热不能满足出口温度的要求时,再同时使用蒸汽加热。可设计图 6-63 所示的温度分程控制系统。

在系统中,蒸汽阀和热水阀都选气开式,调节器为反作用。在正常情况下,热水阀全开仍不能满足出口温度要求时,调节器输出信号同时使蒸汽阀打开。可见,采用分程控制,可节省能源,降低能耗。

(2) 扩大调节阀的可调范围,改善调节阀的工作特性。

在有些工业生产过程中,要求调节阀工作时,其可调范围比较大,而目前统一设计的调节阀的可调范围一般在 30 左右,因此,能满足小流量就不能满足大流量;反之亦然。解决的办法是采用分程控制,将两个调节阀当一个调节阀使用,扩大其可调范围,改善其特性,以满足其工艺要求。

例如,某分程控制中使用的大小两只调节阀,其最大流通能力分别为 $C_{1\max} = 4.2$,$C_{2\max} = 105$,可调范围为:$R_1 = R_2 = 30$,则调节阀的最小流通能力分别为

$$C_{1\min} = C_{1\max}/R_1 = 4.2/30 = 0.14$$

$$C_{2\min} = C_{2\max}/R_2 = 105/30 = 3.5$$

分程控制把两个调节阀当一个调节阀使用,其最小流通能力 0.14,其最大流通能力 109.2,可调范围为

$$R_1 = (C_{1\max} + C_{2\max})/C_{1\min} = 109.2/0.14 = 780$$

可见分程后调节阀的可调范围为单个调节阀的 26 倍,这样既能满足生产上的要求,又能改善调节阀的工作特性,提高控制质量。

在实际工业生产中,开车、停车和正常生产时的工艺要求是不同的,能满足正常生产时的流量要求,在开车、停车状态下则无法控制。若采用分程控制,把两个调节阀当一个调节阀使用,由于扩大了调节阀的可调范围,可以满足不同生产负荷下的各种要求。

例如,某工厂的天然气压力分程控制系统如图 6-64 所示。开车时,燃烧喷嘴数逐个

打开,天然气用量逐渐增加,因而开始时天然气用量不能很大,否则将产生脱火现象。在生产中短暂停车时,为了保持炉温,也需要加入少量的天然气。当正常生产时,则需开大调节阀,以满足大负荷的生产要求。图 6-64 所示分程控制系统中,调节阀 A 的口径为调节阀 B 的 10 倍,在开车、停车时用调节阀 B 来控制;在正常生产时,用阀 A 来调节,从而保证了燃烧的稳定与生产的安全。

(3) 用于同一被控参数两种不同控制介质的生产过程。

例如,在工业废液处理过程的控制系统中,由于废液有时呈酸性、有时呈碱性,因此需要根据废液的酸碱度决定加酸还是加碱。通常废液的酸碱度用 pH 值的大小表示,工艺要求排放废液的酸碱度要维持在 7 附近。

采用图 6-65 所示的废液中和过程的分程控制系统。图中,pH 计是废液氢离子浓度测量仪。pH 值愈小,其输出电流愈大。设 pH = 7 时,其输出电流为 I_H^*,当 pH 计的输出电流 $I_H > I_H^*$ 时,废液呈酸性,此时分程控制系统中的 pH 调节器的输出信号使调节阀 B 打开,加入适量的碱,使废液中和,此时调节阀 A 是关闭的。反之,当 $I_H < I_H^*$ 时,废液呈碱性,调节器控制调节阀 A 工作,加入适量的酸,使废液呈中性,此时调节阀 B 是关闭的。

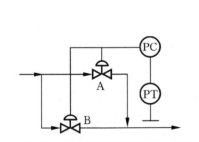

图 6-64 天然气压力分程控制系统

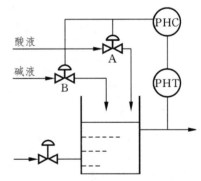

图 6-65 废液中和过程分程控制系统

6.6 选择性控制系统

6.6.1 选择性控制系统的类型

通常的自动控制系统是在正常情况下,为保证工艺过程的物料平衡、能量平衡或产品质量而设计的。但是,在实际生产中还应该考虑事故状态下的安全生产问题,即当操作条件到达安全极限时,控制系统有保护性措施。如化学反应器的安全操作及锅炉燃烧系统防脱火问题等。

保护性措施大致可分成硬保护和软保护两类。采用自动报警、人工进行处理,或采用自动连锁停机的方法称为硬保护。但由于生产的复杂性和快速性,操作人员处理事故的速度往往满足不了需要，或处理过程容易出错；而自动连锁停机的办法往往造成频繁的设备停机，严重时甚至无法开车。所以，一些高度集中控制的大型工厂中，硬保护措施满足不了生产的需要。另一种保护措施称为软保护，如选择性控制系统即属于软保护系统。选择性控制是把工艺生产过程的限制条件所构成的逻辑关系叠加到正常自动控制系统上的一种控制方法。当生产操作趋于极限条件时，通过选择器，一个用于控制不安全情况的备用控制系统自动取代正常工况下的控制系统，待工况脱离极限条件回到正常工况后，备用的控制系统又通过选择器自动脱离，正常工况下的控制系统又自动投入运行。

自动选择性控制系统按选择器在系统中的位置大致可分为如下两类。

（1）选择器位于调节器之后，对调节器输出信号进行选择的系统。这类系统的控制系统如图 6-66 所示。

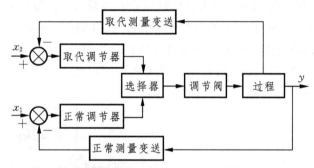

图 6-66　对调节器输出信号进行选择的系统方框图

系统含有取代调节器和正常调节器，两者的输出信号都送至选择器。在生产正常状况下，选择器选出能适应安全生产的控制信号送给调节阀，实现对正常生产过程的自动控制；当生产出现异常时，选择器也能选出适应安全生产状况的控制信号，由取代调节器代替正常调节器工作，实现对非正常生产过程下的自动控制。一旦生产状况恢复正常，选择器则进行自动切换，使正常调节器控制生产的正常进行。这类系统结构简单，应用广泛。下面以锅炉的选择性控制系统为例说明其具体应用。

锅炉运行中，蒸汽负荷随用户需要而经常波动。正常情况下，一般用控制燃料量的方法来维持蒸汽压力的稳定。当蒸汽用量增加时，蒸汽总管压力将下降，此时正常调节器输出信号使调节阀开大，以增加燃料量。同时，天然气压力也随燃料量的增加而升高。当天然气压力超过某一安全极限时，会产生脱火现象，造成生产事故。为此，设计如图 6-67 所示的蒸汽压力的选择性控制系统。

在正常情况下，蒸汽压力调节器输出信号 a 小于天然气压力调节器输出信号 b，低值选择器 LS 选中 a 去控制调节阀。而当蒸汽压力大幅度降低，调节阀开得过大，阀后压力接近脱火压力时，b 被 LS 选中取代蒸汽压力调节器关小阀的开度，避免脱火现象的发生，起到自动保护作用。当蒸汽压力恢复正常时，$a<b$，经自动切换，蒸汽压力调节器重新恢复运行。

(2) 选择器位于调节器之前,是对变送器输出信号进行选择的系统。

该系统至少有两个以上的变送器,其输出信号均送入选择器,选择器选择符合工艺要求的信号送至调节器,图 6-68 所示的为化学过程反应器峰值温度选择性控制系统。

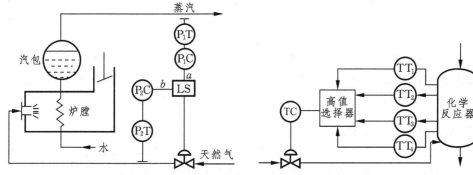

图 6-67　锅炉燃烧过程压力自动选择控制　　图 6-68　反应器峰值温度自动选择控制系统

反应器内装有固定触酶层,为防止反应温度过高而烧坏触酶,在触酶层的不同位置安装温度检测点,其测温信号一起送到高值选择器,选出最高的温度信号进行控制,以保证触酶层的安全。图 6-69 所示的为该选择性系统的方框图。

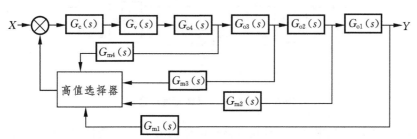

图 6-69　反应器峰值温度自动选择系统方框图

6.6.2　选择性控制系统的设计原则

1. 选择性控制系统的设计要求

选择性控制系统的设计包括调节阀气开、气关形式的选择,调节器控制规律及其正、反作用方式的确定,选择器的选型及系统参数整定等内容。

调节阀气开、气关形式的选择原则与前述过程控制系统设计中调节阀的选用原则相同,即根据生产工艺安全原则来选择。

在选择性控制系统中,若采用两个调节器,其中必有一个为正常调节器,另一个为取代调节器。对于正常调节器,一般有较高的控制精度要求,因此应选用 PI 或 PID 调节规律;对于取代调节器,由于在正常生产中开环备用,在生产将要出现问题时,能迅速及时采取措施,以防事故发生,故一般选用 P 控制规律。

在进行调节器参数整定时,因两个调节器是分别工作的,故可按单回路控制系统的参数整定方法处理。为使系统正常工作,对两个调节器,应要求处于开环状态的调节器防止积分饱和。

在选择性控制系统的两个调节器中,总有一个处于开环状态。不论哪一个调节器处于开环状态,只要有积分作用都有可能使调节器输出超出有效信号范围达到极限值,这一现象称为积分饱和。因此产生积分饱和的原因是由于具有积分作用的调节器,因偏差长时间存在,调节器的输出达到最大或最小的极限值。积分饱和现象使调节器不能及时反向动作而暂时丧失控制功能,而且必须经过一段时间后才能恢复控制功能,这将给安全生产带来严重影响。

2. 防止积分饱和的方法

一般而言,积分饱和产生的条件是调节器具有积分控制规律,二是调节器输入偏差长期得不到校正。针对上述情况,通常采用下列方法防止积分饱和现象发生。

(1) 积分外反馈法,指调节器在开环状态下不选用调节器自身的输出作积分项的反馈,而是用当前工作的调节器的偏差信号作为待机状态调节器的积分反馈,以限制其积分作用的方法。图 6-70 为积分外反馈原理示意图。

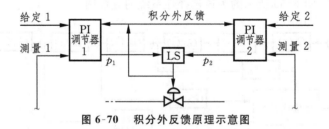

图 6-70　积分外反馈原理示意图

在选择性控制系统中,两台 PI 调节器输出分别为 p_1、p_2。选择器选中之一送至调节阀,同时又引回到两个调节器的积分环节,以实现积分外反馈。

当选择器为低选时,设 $p_1 < p_2$,调节器 1 被选中工作,其输出为

$$p_1 = K_{c1}\left(e_1 + \frac{1}{\tau_{i1}}\int e_1 \mathrm{d}t\right) \tag{6-59}$$

由图 6-70 可见,积分外反馈信号就是其本身的输出 p_1。因此,调节器 1 仍保持 PI 控制规律。调节器 2 处于备用待选状态,其输出为

$$p_2 = K_{c2}\left(e_2 + \frac{1}{\tau_{i2}}\int e_1 \mathrm{d}t\right) \tag{6-60}$$

式中,积分项的偏差是 e_1,并非其本身的偏差 e_2,因此不存在对 e_2 的积累而带来的积分饱和问题。当系统处于稳定时,积分项为一常数,调节器仅具有比例作用。所以,取代调节器在备用开环状态,不会产生积分饱和。一旦生产过程出现异常,而该调节器的输出又被选中时,其输出引入积分环节,立即恢复 PI 控制规律,投入系统运行。

(2) 积分切除法，是指具有 PI-P 调节规律调节器，被选中时具有 PI 调节规律；一旦处于开环状态，立即切除积分功能，只有比例功能的方法。PI、P 调节规律调节器是一种特殊设计的调节器。若用计算机控制，只要利用其逻辑判断功能，编写相应的程序即可。

(3) 限幅法，是指利用高值或低值限幅器使调节器的输出信号不超过工作信号的最高值或最低值的方法。至于用高限器还是用低限器，要根据具体工艺来决定。如调节器处于开环待命状态时，调节器由于积分作用会使输出逐渐增大，则要用高限器；反之，则用低限器。

6.7 大纯滞后控制系统

6.7.1 概述

在工业生产过程中，被控过程除了具有容积滞后外，往往还存在程度不同的纯滞后（亦称纯延时）。例如，在热交换器中，被控量是被加热物料的出口温度，而控制量是载热介质，当改变载热介质的流量后，对物料出口温度的影响必然要滞后一个时间，即介质经管道所需的时间。此外，如化学反应器、管道混合、带传送、轧辊传输、多容量多个设备串联以及用分析仪表测量流体的成分等过程，都存在较大的纯滞后。在这些过程中，由于纯滞后的存在，被控量不能及时反映系统所受的扰动，即使测量信号到达调节器，调节器接受调节信号后立即动作，也需要经过纯滞后时间 τ 以后，才影响到被控量使之受到控制。因此，这样的过程必然会产生较明显的超调量和较长的调节时间。所以，具有纯滞后的过程被认为是较难控制的过程，其难以控制程度将随着纯滞后时间 τ 占整个过程动态的分额的增加而增加。一般说来，在过程的动态特性中，大多既包含纯滞后时间 τ，又包含惯性时间常数 T，通常用 τ/T 的比值来衡量过程纯滞后的大小。若 $\tau/T < 0.3$，则称为一般纯滞后过程；若 $\tau/T > 0.3$，则称为大纯滞后过程。大纯滞后过程的控制难度更高，其主要原因如下。

(1) 控制作用所根据的测量信号提供不及时，在输出（即被控量）发生变化后一段时间，调节器才发出校正作用。

(2) 干扰作用不能及时被发现。

(3) 由控制理论可知，纯滞后的增加会引起开环相频特性中相角滞后的增大，其开环频率特性包围点 $(-1, j0)$ 的可能性也增大，从而降低了闭环系统的稳定裕度。为了保证一定的稳定裕度，就不得不减小调节器的放大系数，这又可能造成调节质量的下降。

为了克服上述不利影响，保证控制质量，在工业生产过程中，最简单的方法是利用常规调节器适应性强、调整方便的特点，对个别的参数仔细整定，在控制要求不太苛刻的情况下，满足生产过程的要求。但这样操作后还不能达到控制要求时，可以在常规控制的基础上稍加改动。图 6-71 所示的是微分先行控制方案，它将微分作用移到反馈回路，以加强微分作用，达到减小超调量的效果。图 6-72 所示的是中间反馈控制方案，即适当配置零极点以改善控制质量。

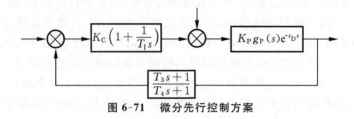

图 6-71 微分先行控制方案

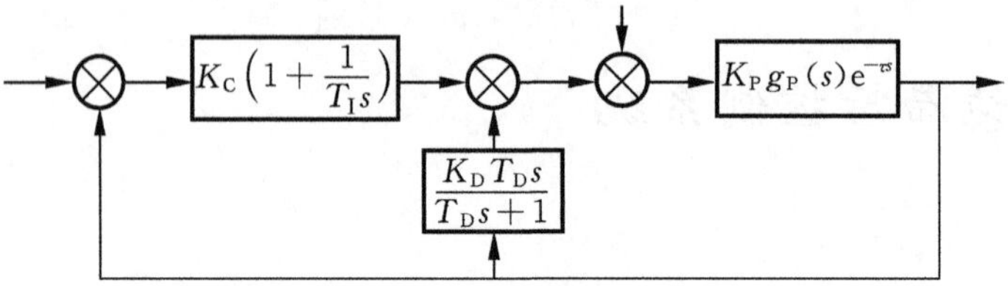

图 6-72 中间反馈控制方案

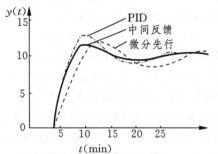

图 6-73 PID、微分先行、中间反馈三种控制方案过渡过程比较

为进一步讨论,对于 $K_P = 2, T_P = 4, \tau_D = 4$ 的一阶带纯滞后对象,分别用 PID、微分先行和中间反馈三种控制方案进行数字仿真,其结果如表 6-3 和图 6-73 所示。

从表 6-3 可以看出,微分先行和中间反馈控制都能有效地克服超调现象,缩短调节时间,而且无需特殊设备,因此有一定使用价值。

由图 6-73 所示的曲线中还可以看到,不论上述哪种方案,被调量都存在较大超调,且响应速度很慢,如果在控制精度要求很高的场合,还需要采取其他控制手段,例如补偿控制、采样控制等。

表 6-3 PID、微分先行和中间反馈控制方案的比较

方 案	整定参数	超调量	调节时间
PID	$K_C = 0.6, T_1 = 6, T_D = 1$	0.289	25 min
微分先行	$K_C = 0.55, T_1 = 7, T_3 = 1.4, T_4 = 1$	0.162	28 min
中间反馈	$K_C = 0.55, T_1 = 7, K_D = 1, T_D = 0.65$	0.133	21 min

6.7.2 史密斯预估控制系统

史密斯(Smith)预估控制的特点是预先估计出过程在干扰作用下的动态特性,然后由预估器进行补偿,力图使被滞后了 τ 时间的被控变量超前反映到调节器的输入端,使调节器提前动作,从而明显地减小超调量和加速调节过程,其控制系统如图 6-74 所示。

图中，$G_0(s)$ 是被控过程除去纯滞后环节 $e^{-\tau s}$ 后的传递函数。$G_B(s)$ 是史密斯预估器的传递函数。假如无此预估器，则由调节器输出 $U(s)$ 到被控量 $Y(s)$ 之间的传递函数为

$$\frac{Y(s)}{U(s)} = G_0(s)e^{-\tau s} \tag{6-61}$$

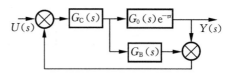

图 6-74　史密斯预估控制系统方框图

式(6-61)表明，受到调节作用之后的被控量要经过纯滞后时间 τ 之后才能返回到调节器。若系统采用预估补偿器，则调节量 $u(s)$ 与反馈到调节器的信号 $Y'(s)$ 之间的传递函数是两个并联通道之和，即

$$\frac{Y'(s)}{u(s)} = G_0(s)e^{-\tau s} + G_B(s) \tag{6-62}$$

从式(6-62)可得到预估补偿器 $G_B(s)$ 的传递函数为

$$G_B(s) = G_0(s)(1 - e^{-\tau s}) \tag{6-63}$$

一般称式(6-63)表示的预估器为史密斯预估器，图 6-75 为史密斯预估控制实施方框图。由图 6-75 可推导出系统的闭环传递函数为

$$\begin{aligned}\frac{Y(s)}{X(s)} &= \frac{G_C(s)G_0(s)e^{-\tau s}/[1 + G_C(s)G_0(s)(1 - e^{-\tau s})]}{1 + G_C(s)G_0(s)e^{-\tau s}/[1 + G_C(s)G_0(s)(1 - e^{-\tau s})]} \\ &= \frac{G_C(s)G_0(s)e^{-\tau s}}{1 + G_C(s)G_0(s)}\end{aligned} \tag{6-64}$$

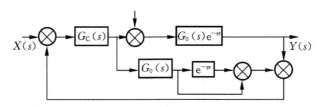

图 6-75　史密斯预估控制实施方框图

显然，在闭环系统的特征方程中，已不包含 $e^{-\tau s}$ 项，即该系统已经消除了纯滞后对系统控制质量的影响，只是被控变量 $y(t)$ 的响应比设定值滞后了 τ 时间。

6.7.3　改进型史密斯预估控制系统

由史密斯预估补偿原理可知，预估器模型与过程特性的精度密切相关。因此，无论是模型的精度或者运行条件的变化都将影响控制效果。为了克服这一缺点，在史密斯预估控制的基础上，提出了增益自适应补偿控制方案，称为改进型史密斯预估控制系统，如图 6-76 所示。

与史密斯预估结构相似，增益自适应预估结构仅是系统的输出减去预估模型输出的运算被系统的输出除以模型的输出运算所取代，而对预估器输出作修正的加法运算改成

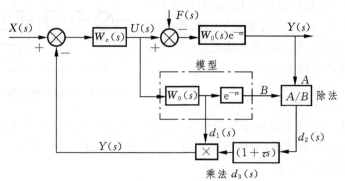

图 6-76　增益自适应预估控制系统

了乘法运算。除法器的输出还串一个超前环节,其超前时间常数即为过程的纯滞后 τ,用来使滞后了的输出比值有一个超前作用。这些运算的结果使预估器的增益可根据预估模型和系统输出的比值有相应的校正值。

系统仿真表明,增益自适应补偿的过程响应一般都比史密斯预估器的要好,尤其是对于模型不准确的情况。

6.7.4　大纯滞后过程的采样控制

所谓采样控制,是一种定周期的断续控制方式,即控制器以一定的时间间隔 T 采样一次被控参数,与设定值进行比较后,经控制运算输出控制信号,然后保持该控制信号不变。采样时间 T 必须大于纯滞后时间 τ_0。经过 T 时间后,采样并计算一次偏差信号,再一次输出控制信号,并保持新控制信号不变。重复这样动作,一步一步地校正被控参数的偏差值,直至系统达到稳定状态。这种"调一调,等一等"方案的核心思想就是避免控制器进行过操作,宁愿让控制作用慢一点。以上方案可用采样调节器来实现。由于采样控制方案是应用比较早的大滞后过程控制方案,在模拟仪表中已开发出了采样调节器,并在大滞后过程控制系统中得到应用。

典型的大滞后过程的采样控制系统如图 6-77 所示。图中,采样控制器每隔采样周期 T 动作一次。S_1、S_2 表示采样器,它们同时接通或同时断开。当 S_1、S_2 接通时,采样控制器闭环工作。此时偏差 $e(t)$ 被采样,由 S_1 送入采样控制器;经控制运算处理后,通过 S_2 输出控制信号 $u^*(t)$,再经保持器输出信号 $u(t)$ 去控制生产过程。当 S_1、S_2 断开时,采样控制器停止工作,此时 $u^*(t)$ 等于零。但是 $u^*(t)$ 通过保持器持续输出 $u(t)$ 至执行器。保持器的输入信号 $u^*(t)$ 在时间上是离散信号,其输出 $u(t)$ 是连续信号。正是由于保持器的作用,保证了两次采样间隔期内执行器的位置保持不变。这种方法是一种比较粗糙的控制,如果在采样间隔内出现较大干扰,必须等到下一次采样后才能作出反应。

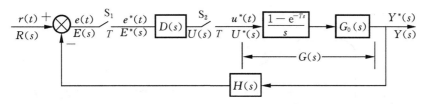

图 6-77　大滞后过程的采样控制系统方框图

6.8　解耦控制系统

前面讨论的都是一个控制变量控制一个被控参数的单变量控制系统。但有些生产过程中,被控参数和控制变量往往不止一对,需要设置若干个控制回路,才能对生产过程中的多个被控参数进行准确、稳定地控制。在这种情况下,多个控制回路之间就有可能存在某种程度的相互关联和相互影响,这样的相互耦合可能妨碍各被控参数和控制变量之间的独立控制,严重时甚至会破坏各系统的正常工作。

为了消除或减小控制回路之间的影响,可在各调节器之间建立附加的外部联系,通过对这些联系进行整定,使每个控制变量仅对与其配对的一个被控制参数发生影响,对其他的被控参数不发生影响,或者影响很小,使各被控参数和控制变量的相互耦合消除或大为减小,把具有相互关联的多参数控制过程转化为几个彼此独立的单输入/单输出控制过程来处理,实现一个调节器只对其对应的被控过程独立地进行调节。这样的系统称为解耦控制系统(或自治控制系统)。

6.8.1　被控过程的耦合现象及对控制过程的影响

通过下面实例来分析被控过程的耦合现象及对控制过程的影响。图 6-78 所示的是精馏塔温度控制系统。被控参数分别为塔顶温度 T_1 和塔底温度 T_2,控制变量分别为回流量和加热蒸汽流量。T_1C 为塔顶温度调节器,它的输出 u_1 控制回流调节阀,调节塔顶回流量 Q_L,来实现对塔顶温度 T_1 的控制。T_2C 为塔底温度调节器,它的输出 u_2 控制再沸器加热蒸汽调节阀,调节加热蒸汽流量 Q_s,实现对塔底温度 T_2 的控制。显然,u_1 的变化不仅影响 T_1(二者之间的关系用传递函数 $G_{11}(s)$ 表示),同时还会影响 T_2(用传递函数 $G_{21}(s)$ 表示);同样,u_2 的变化在影响 T_2(用传递函数 $G_{22}(s)$ 表示)的同时,还会影响 T_1(用传递函数 $G_{12}(s)$ 表示)。这两个控制回路之间存在耦合,耦合关系如图 6-79 所示。

下面以图 6-78 所示的精馏塔温度控制为例,分析存在耦合的两个系统的控制过程。当塔顶温度 T_1 稳定在设定值 T_{10},某种干扰使塔底温度 T_2 偏离设定值 T_{20} 降低时,调节器 T_2C(用传递函数 $G_{c2}(s)$ 表示)的输出 u_2 变化,使蒸汽调节阀开大,增加加热蒸汽流量 Q_s,期望 T_2 升高并回到 T_{20}。加热蒸汽流量增加时,通过再沸器使精馏塔内的上升蒸汽流量增大,导致 T_1 升高。当 T_1 升高而偏离其设定值 T_{10} 时,调节器 T_1C(用传递函数

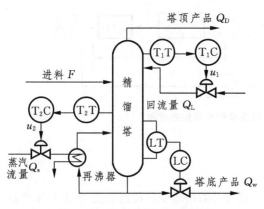
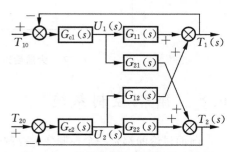

图 6-78　精馏塔温度控制系统　　　　图 6-79　精馏塔温度控制系统方框图

$G_{c1}(s)$ 表示)的输出 u_1 改变,使回流调节阀开大,增加回流量,期望 T_1 降低并回到 T_{10}。当回流量增加时,不但 T_1 降低,也会导致 T_2 降低;调节器 T_2C 的控制作用与此时 T_1C 增加加热蒸汽流量,期望 T_2 升高并回到 T_{20} 是矛盾的。如果两个被控过程之间严重耦合,常规控制系统的控制效果很差,甚至根本无法正常工作。为此,必须采用解耦措施,消除被控过程变量、参数间的耦合,使每一个控制变量的变化只对与其匹配的被控参数产生影响,而对其他控制回路的被控参数没有影响或影响很小。这样就把存在耦合的多变量控制系统分解为若干个相互独立的单变量控制系统。

6.8.2　解耦控制系统设计

解耦控制就是通过解耦环节,使存在耦合的每个控制变量的变化只影响与其配对的被控参数,而不影响其他控制回路的被控参数。把多变量耦合控制系统分解为若干个相互独立的单变量控制系统。下面讨论解耦环节几种常用的设计方法。

1. 前馈补偿解耦设计

前馈补偿解耦是最早用于多变量控制系统耦合的方法,图 6-80 为应用前馈环节实现(二变量)解耦的控制系统方框图。

图 6-80 中,$N_{21}(s)$、$N_{12}(s)$ 为前馈解耦环节。要实现 $U_1(s)$ 与 $Y_2(s)$、$U_2(s)$ 与 $Y_1(s)$ 之间解耦,根据不变性原理可得

$$U_1(s)G_{21}(s) + U_1(s)N_{21}(s)G_{22}(s) = 0 \tag{6-65}$$

$$U_2(s)G_{12}(s) + U_2(s)N_{12}(s)G_{11}(s) = 0 \tag{6-66}$$

由以上二式可求得前馈解耦环节的数学模型,即

$$N_{21}(s) = -\frac{G_{21}(s)}{G_{22}(s)} \tag{6-67}$$

$$N_{12}(s) = -\frac{G_{12}(s)}{G_{11}(s)} \tag{6-68}$$

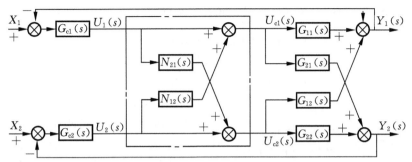

图 6-80 前馈补偿解耦控制系统方框图

前馈补偿解耦的基本思想是将 u_1 对 y_2、u_2 对 y_1 的影响当作扰动对待,并按照前馈补偿的方法消除这种影响。这种解耦环节的设计方法与前馈调节器的设计方法完全一样。

2. 对角矩阵解耦设计

对角矩阵设计法是对如图 6-81 所示的解耦控制系统设计一个解耦环节,使解耦环节的传递函数阵 $\hat{N}(s)$ 与被控过程的传递函数阵 $\hat{G}(s)$ 的乘积 $\hat{G}(s)$ 成为对角矩阵,消除多变量被控过程变量之间的相互耦合,即

$$\hat{G}_p(s) = \hat{G}(s)\hat{N}(s) = \mathrm{diag}[G_{ii}(s)] \tag{6-69}$$

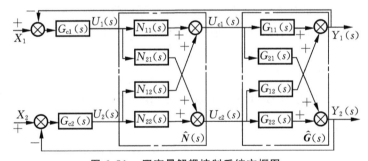

图 6-81 双变量解耦控制系统方框图

式中,$G_{ii}(s)$ 为矩阵 $\hat{G}(s)$ 的对角元素。

如果 $\hat{G}(s)$ 非奇异,从式(6-69)可求出

$$\hat{N}(s) = \hat{G}^{-1}(s)\hat{G}_p(s) = \frac{1}{|\hat{G}(s)|} \mathrm{adj}\hat{G}(s) \mathrm{diag}[\hat{G}_{ii}(s)] \tag{6-70}$$

对于二变量控制系统,设

$$\hat{G}(s) = \begin{bmatrix} G_{11}(s) & G_{12}(s) \\ G_{21}(s) & G_{22}(s) \end{bmatrix} \tag{6-71}$$

$\hat{G}(s)$ 非奇异,即 $\Delta = |\hat{G}(s)| = G_{11}(s)G_{22}(s) - G_{12}(s)G_{21}(s) \neq 0$,将式(6-71)代入式(6-70)可得

$$\hat{N}(s) = \hat{G}^{-1}(s)\hat{G}_p(s) = \frac{1}{\Delta}\mathrm{adj}\hat{G}(s)\mathrm{diag}[G_{ii}(s)]$$

$$= \frac{1}{\Delta}\begin{bmatrix} G_{22}(s) & -G_{12}(s) \\ -G_{21}(s) & G_{11}(s) \end{bmatrix}\begin{bmatrix} G_{11}(s) & 0 \\ 0 & G_{22}(s) \end{bmatrix}$$

$$= \frac{1}{\Delta}\begin{bmatrix} G_{22}(s)G_{11}(s) & -G_{12}(s)G_{22}(s) \\ -G_{21}(s)G_{11}(s) & G_{11}(s)G_{22}(s) \end{bmatrix} \quad (6\text{-}72)$$

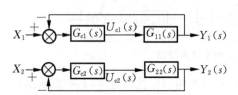

图 6-82 实现对角解耦之后的等效系统方框图

若已知二变量被控过程的传递函数阵 $\hat{G}(s)$，代入式(6-72)就可以求得实现二变量解耦环节的传递函数阵 $\hat{N}(s)$。按照 $\hat{N}(s)$ 组成的解耦环节进行解耦，则图 6-81 所示的控制系统等效为两个不存在耦合的独立控制回路，如图 6-82 所示。

对于两个变量以上的多变量系统，按照式 (6-70)，通过矩阵运算也可以求得解耦环节的数学模型，只是求得的解耦环节 $\hat{N}$ 会随着变量维数的增多越来越复杂，实现起来将更为困难。

3. 单位矩阵解耦设计

单位矩阵设计法是对图 6-81 所示的解耦控制系统设计一个解耦环节，使解耦环节的传递函数阵 $\hat{N}(s)$ 与被控过程的传递函数阵 $\hat{G}(s)$ 的乘积 $\hat{G}_p(s)$ 成为单位矩阵，即

$$\hat{G}_p(s) = \hat{G}(s)\hat{N}(s) = E \quad (6\text{-}73)$$

如果 $\hat{G}(s)$ 非奇异，从式(6-73) 可求出

$$\hat{N}(s) = \hat{G}^{-1}(s) = \frac{1}{|\hat{G}(s)|}\mathrm{adj}\hat{G}(s) = \frac{1}{\Delta}\mathrm{adj}\hat{G}(s) \quad (6\text{-}74)$$

对于二变量控制系统

$$\hat{N}(s) = \frac{1}{\Delta}\mathrm{adj}\hat{G}(s) = \frac{1}{\Delta}\begin{bmatrix} G_{22}(s) & -G_{12}(s) \\ -G_{21}(s) & G_{11}(s) \end{bmatrix} \quad (6\text{-}75)$$

式(6-74) 中的 Δ 的意义同前。用单位矩阵求出的解耦环节可使图 6-81 所示的控制系统等效为图 6-83 所示的两个独立的、(广义) 传递函数为 1 的控制系统。

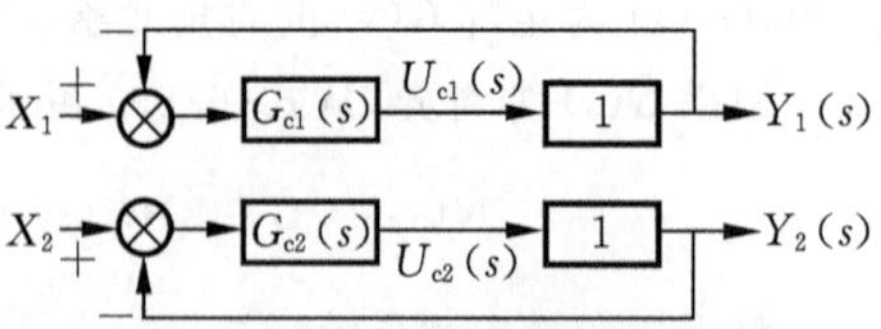

由式(6-73) 可知，单位矩阵设计法设计的解耦装置，在消除控制回路间耦合的同时，也改善了每一个控制过程的动态特性，使解耦的独立(广义)被控过程的传递函数为 1，提高了控制系统的稳定性。但是，按照式(6-74) 或式(6-75) 求得的解耦环节实现起来将更困难。在大多数情况下，由式(6-74) 表示的解耦

图 6-83 实现对角解耦之后的等效系统方框图

环节在物理上和工程实际中是无法精确实现的。

6.8.3 解耦控制的进一步讨论

解耦设计的目的是为了构成独立的单回路控制系统,获得满意的控制性能。在进行解耦设计时,必须考察控制对象的结构。

1. 控制变量与被控参数的配对

对存在耦合的被控过程进行控制系统设计之前,首先要确定每个被控参数所对应的控制变量,即解决耦合过程中被控参数与被控变量之间的配对问题。

对匹配关系比较明显的多变量控制系统,凭经验就可确定控制变量与被控参数之间的配对关系;而对关联关系比较复杂的多变量控制过程,需要进行深入的分析才能确定控制变量与被控参数之间的配对关系。由布里斯托尔提出的相对增益的概念,及用相对增益评价变量之间的耦合程度、确定被控参数与控制变量间的匹配关系和判断系统是否需要解耦的分析方法,通常称为布里斯托尔-欣斯基法,是现在多变量耦合系统选择变量配对的常用方法。

2. 部分解耦

与完全解耦不同,部分解耦是指在存在耦合的被控过程中,只对其中的某些耦合采取解耦措施,而对另一部分耦合不进行解耦。

显然,部分解耦过程的控制性能优于不解耦过程,但不及完全解耦过程。相应地,实现部分解耦的解耦环节要比完全解耦的解耦环节简单,因此部分解耦在相当多的实际过程中得到应用。

部分解耦是一种有选择的解耦,使用时必须首先确定哪些过程需要解耦,对此有以下基本原则可作为设计的依据。

(1) 被控参数的相对重要性。被控过程中各被控参数在生产中的重要性是不同的。对那些重要的被控参数,控制要求高,除了需要设计性能优越的调节器之外,最好采用解耦环节消除或减少其他控制变量对它的耦合。而对那些相对不重要的被控参数和通道,可允许由于耦合存在所引起的控制性能的降低,以降低解耦装置的复杂程度。例如图 6-78 所示的精馏过程,当对塔顶产品的纯度指标远高于对塔底产品的纯度要求,且塔底产品纯度要求不太高时,可采用前馈补偿环节消除 u_2 对 T_1 的耦合,提高塔顶温度 T_1 的控制质量,保证塔顶产品质量。对 u_1 与 T_2 的耦合不采取解耦措施。

(2) 被控参数的响应速度。各个被控参数对输入和扰动的响应速度是不一样的,例如温度、成分等参数响应较慢,压力、流量等参数响应较快。响应快的被控参数受响应慢的参数的影响小,后者对前者的耦合因素可以不考虑;而响应慢的参数受响应快的参数的影响大,因此在部分解耦设计时,往往对响应慢的参数受到的耦合要进行解耦。

3. 解耦环节的简化

从解耦设计的讨论可以看出,解耦环节的复杂程度与被控过程特性密切相关。被控过程传递函数越复杂、维数越高,解耦环节实现越困难。如果对求出的解耦环节进行适当简化,可使解耦易于实现。简化可以从以下两个方面考虑。

(1) 在高阶系统中,如果存在小时间常数,它与其他时间常数的比值接近 1/10 或更小,则可将小时间常数忽略,降低过程模型阶数。如果几个时间常数值相近,也可取同一值代替,这样可以简化解耦环节结构,便于实现。例如某被控过程的传递函数阵为

$$\hat{G}(s) = \begin{bmatrix} \dfrac{2.6}{(2.7s+1)(0.3s+1)} & \dfrac{-1.6}{(2.7s+1)(0.2s+1)} & 0 \\ \dfrac{1}{3.8s+1} & \dfrac{1}{4.5s+1} & 0 \\ \dfrac{2.74}{0.2s+1} & \dfrac{2.6}{0.18s+1} & \dfrac{-0.87}{(0.25s+1)} \end{bmatrix}$$

按照上面的原则可以简化为

$$\hat{G}(s) = \begin{bmatrix} \dfrac{2.6}{2.7s+1} & \dfrac{-1.6}{2.7s+1} & 0 \\ \dfrac{1}{3.8s+1} & \dfrac{1}{4.5s+1} & 0 \\ 2.74 & 2.6 & -0.87 \end{bmatrix}$$

再利用对角矩阵法或单位矩阵法求出的解耦环节,在实验中得到的解耦效果是令人满意的。

(2) 有时尽管作了简化,解耦环节还是十分复杂,往往需要十多个功能部件来组成,因此在实际中常常采用静态解耦法。这也是一种有效的补偿方法。例如一个 2×2 的系统,求出解耦环节传递矩阵为

$$\hat{N}(s) = \begin{bmatrix} 0.328(2.7s+1) & 0.21(s+1) \\ -0.52(2.7s+1) & 0.94(s+1) \end{bmatrix}$$

如只采用静态解耦,即

$$\hat{N}(s) \approx \begin{bmatrix} 0.328 & 0.21 \\ -0.52 & 0.94 \end{bmatrix}$$

显然,解耦环节大为简化,更容易实现。实验证明采用静态解耦也能取得满意的解耦效果。

一般情况下,通过计算得到的解耦环节都比较复杂。但在工程实际中,通常只使用超前滞后环节作为解耦环节,这主要是因为它容易实现,而且解耦效果也比较满意。过于复杂的解耦环节不是必需的,这与前馈(补偿)调节器设计的情况有一些类似。

以上简要地介绍了与过程解耦有关的主要问题,这些对解决工程实际中的耦合问题很有帮助。但实际系统往往是很复杂的,系统对解耦的要求越来越高,研究也日益深入。解耦理论和方法是目前控制理论研究中比较活跃的领域之一,一些新的解耦理论和方法还在发展。同时,解耦问题的工程实践性很强,真正掌握和熟悉解耦设计还有待工程实践知识的不断积累。

思考题与习题

6-1 与单回路相比较,串级控制系统有哪些主要特点?串级控制系统适用于哪些工业控制场合?

6-2 为什么采用串级调节可以改善对象特性?工作频率的提高取决于什么?

6-3 串级控制系统中副参数的选择至关重要,在选择时应考虑的一般原则有哪些?

6-4 简述串级控制系统两步法整定的步骤和原则。

6-5 在串级控制系统设计中,要求主、副对象的时间常数之比 T_{01}/T_{02} 为 $3\sim10$,试问如果不在此范围内,会有何情况发生?

6-6 设物料加热过程如图 6-84 所示,图中 TT 为温度变送器,FT 为流量变送器,它们的极性为正。工艺要求冷物料经加热炉加热后的出口温度稳定于给定值。试设计一个合理的单回路控制系统,说明被控参数、控制参数、阀门的气开气关以及调节器的正反作用。绘制出系统方框图和原理图。若燃料压力波动较大,导致控制系统性能不理想,请问用什么方法可以改进?

6-7 设物料加热过程如图 6-84 所示,图中 TT 为温度变送器,FT 为流量变送器,它们的极性为正。工艺要求冷物料经加热炉加热后的出口温度稳定在给定值。为设计一个合理的串级控制系统,试回答以下问题,并简要说明理由。

① 主被控变量为_____;
② 副被控变量为_____;
③ 气动调节阀开关方式为_____;
④ 主调节器的作用方式为_____;
⑤ 主调节器的调节规律为_____;
⑥ 副调节器的作用方式为_____;
⑦ 副调节器的调节规律为_____;
⑧ 画出串级控制系统流程图。

6-8 图 6-85 所示的反应釜内进行的是放热化学反应,而釜内温度过高会发生生产事故,因此采用夹套通冷却水进行冷却。由于工艺要求对反应釜内温度进行精确控制,单回路无法满足要求,需进行串级控制。

① 当冷却水压力波动很大时,应如何设计?画出工艺控制流程图和方框图。
② 当冷却水入口温度波动很大时,应如何设计?画出工艺控制结构图。
③ 并根据以上不同的控制方案确定控制阀的作用形式以及调节器的正反作用形式。

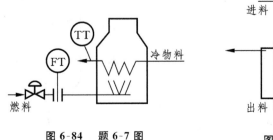

图 6-84 题 6-7 图

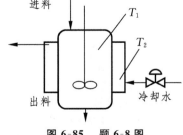

图 6-85 题 6-8 图

6-9　试比较前馈控制与反馈控制的特点。

6-10　前馈控制系统有哪些典型的结构形式？

6-11　什么是静态前馈？什么是动态前馈？

6-12　通过分析，试判断图 6-86 所示的控制系统属于何种类型，画出它的方框图，并说明其工作原理。

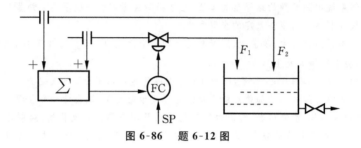

图 6-86　题 6-12 图

6-13　图 6-87 所示的为某原油加热控制系统的两种不同控制方案，试从系统结构上进行判断它们各属于什么系统，说明理由，并画出各自的控制方框图。

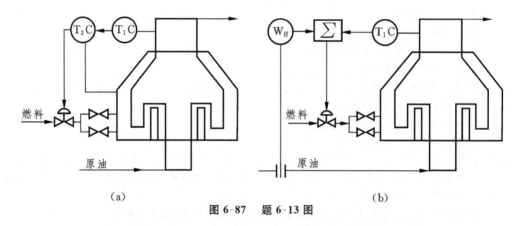

图 6-87　题 6-13 图

6-14　什么是均匀控制系统？常用的均匀控制系统有哪几种？各有什么特点？

6-15　为什么均匀控制系统的核心问题是调节器参数的整定？

6-16　简单均匀控制系统与单回路定值控制系统有什么异同？能否使用 4∶1 衰减曲线法进行参数整定？

6-17　图 6-88 所示的为一反应塔，其液位、入口流量、出口流量分别为 L、F_1、F_2；试设计一入口流量与液位双冲量均匀控制系统，画出该系统的控制原理图和方框图，并指出控制阀的开闭形式，调节器的正反作用，以及引入到加法器上的各信号所取的符号。如果要求设计的是液位、出口流量双冲量均匀控制系统，

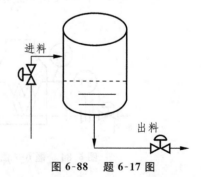

图 6-88　题 6-17 图

情况又是如何?

6-18 什么是比值控制系统?它有哪几种类型?画出它们的工艺控制原理图。

6-19 比值与比值系数的含义是什么?有什么不同?

6-20 为什么4:1衰减曲线法不适合比值控制系统的参数整定?

6-21 设有乘法器(采用DDZ-Ⅲ型调节仪)实现的单闭环比值控制系统,工艺指标规定主流量Q_1为22 000 m³/h,副流量Q_2为2 100 m³/h,Q_1的测量上限是25 000 m³/h,Q_2的测量上限是3 200 m³/h。试求:
① 工艺上的比值K;
② 采用线性流量计时,仪表的比值系数K',乘法器的设置值I_0;
③ 采用非线性流量计时,仪表的比值系数K,并画出控制工艺图。

6-22 一个双闭环比值控制系统如图6-89所示,其比值函数部件采用DDZ-Ⅲ型电动乘法器实现。已知线性测量变送器的上限分别为$Q_{1max} = 7\ 000$ kg/h,$Q_{2max} = 4\ 000$ kg/h。
① 由结构图画出方块图。
② 若已知$I_0 = 18$ mA,求该比值系统的比值系数K'和流量比K。
③ 系统平稳时,测得$I_1 = 10$ mA,求I_2。

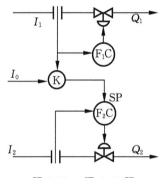

图6-89 题6-22图

6-23 简述大滞后过程史密斯预估补偿控制工作原理及其局限。

6-24 什么是分程控制?简述分程控制的特点。怎样实现分程控制?

6-25 分程控制有哪些类型?

6-26 为什么在分程点上会发生流量特性的突变?怎样实现流量特性的平滑过渡?

6-27 在某化学反应器内进行气相反应,调节阀A、B分别用来控制进料流量和反应生成物的出料流量。为了控制反应器内压力,设计图6-90所示的分程控制系统。试画出其框图,并确定调节阀的气开、气关形式和调节器的正、反作用方式。

6-28 什么是选择性控制系统?通过实例简述选择性控制的基本原理。

6-29 图6-91所示的热交换器用来冷却裂解气,冷却剂为脱甲烷塔的釜液。正常工况下要求釜液流量恒定,以保持脱甲烷塔工况稳定。但裂解气冷却后的出口温度不能低于15℃,否则裂解气中的水分会产生水合物堵塞管道。为此要设计一选择性控制系统,要求:
① 画出系统流程图和方框图;
② 确定调节阀的气开、气关形式,调节器的正、反作用及选择器类型。

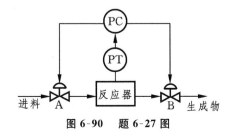

图6-90 题6-27图

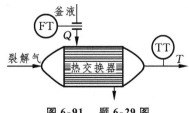

图6-91 题6-29图

6-30 图 6-92 所示为储槽加热器液位控制回路 1 与温度控制回路 2。回路 1 通过控制出料流量实现储槽液位控制，回路 2 通过调节蒸汽流量进行温度控制。试分析
① 当输入流量 q_1 变化时，
② 当流入物料温度 T_1 变化时，这两个控制回路是怎样关联的？

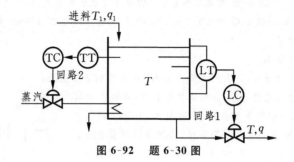

图 6-92　题 6-30 图

6-31 什么是静态解耦？什么是部分解耦？各有什么特点？

第 7 章 先进过程控制技术

实际工程中,许多问题的被控对象和过程的数学模型事先难以确定,即使在某一条件下被确定了的数学模型,在环境及条件改变后,其动态参数乃至模型的结构仍经常变化。反馈控制和最优控制的分析与设计都无法实现这类问题良好控制,因为他们都是假定被控对象和过程的数学模型是已知的。本章介绍在实际工程中被反复验证、行之有效的先进过程控制技术,包括自适应控制系统、模糊控制、预测控制、专家控制、神经网络控制等。

7.1 自适应控制

在反馈控制和最优控制的分析与设计中,都假定被控对象和过程的数学模型是已知的。但实际上在许多工程问题中,被控对象和过程的数学模型事先是难以确定的,即使在某一条件下被确定了的数学模型,在环境及条件改变后,其动态参数乃至于模型的结构仍经常变化,如飞机控制、导弹控制、过程控制、电力拖动控制等。因此,在设计控制系统时,需要考虑:由于环境、生产量或物理系数的改变而引起设备传递函数的阶次或参数值的改变,随动扰动,输入信号类型、大小和特性的变化,复杂过程的非线性特性,相当大的纯滞后等实际问题。这时,常规的调节器不可能得到好的控制质量。为此,需要设计一种特殊的控制系统,它能够自动地补偿模型阶次、参数和输入信号等方面非预知的变化,这便是自适应控制系统。

自适应控制系统需要不断地测量系统的状态、性能和参数,从而"认识"系统当前的运行指标并与期望的指标相比较,进而作出决策以改变控制器的结构、参数或根据自适应律来改变控制作用,以保证系统运行在某种意义下的最优或次最优状态。

那么,什么是自适应控制呢?自适应控制有许多不同的定义,到目前为止尚未统一,许多学者提出的定义都是同具体的自适应控制系统类型相关联的。

1962年,吉布森提出一个比较具体的自适应控制定义:一个自适应控制系统必须提供被控对象当前状态的连续信息,也就是辨识对象;它必须将单调前系统性能与期望的或最优的性能相比较,并作出使系统趋向期望或最优性能的决策;最后,它必须对控制器进行适当的修正,以驱使系统走向最优状态。这三方面的功能是自适应控制系统必须具备的功能。

1974年法国学者朗道也提出了一个针对模型参考自适应控制系统的自适应控制定义:一个自适应系统,将利用本身的可调系统的各种输入状态和输出来度量某个性能指标;将所得的性能指标与规定的性能指标相比较;然后,由自适应机构来修正可调系统的参数或者产生一个辅助的输入信号,以保持系统的性能指标接近于规定的指标。定义中提出的可调系统一般由被控对象和调节器组成,它可以通过修改本身的内部参数或输入信号来调整其性能。

综合以上定义可知,自适应控制系统应有如下功能:

(1) 在线进行系统结构和参数的辨识或系统性能指标的度量,以便得到系统当前状态的情况;

(2) 按一定的规律确定当前的控制策略;

(3) 在线修改控制器的参数或可调系统的输入信号。

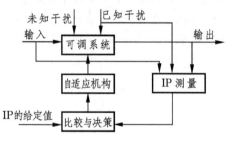

图 7-1 自适应控制系统原理

由这些功能组成的自适应控制系统如图7-1所示,它由性能指标(IP)的测量、比较与决策,自适应机构以及可调系统组成。

自适应控制系统主要有两类:一类是模型参考自适应控制系统(model reference adaptive control system,简称 MRACS);另一类是自校正控制系统(self-tuning control system,简称 STCS),这类自适应系统的一个主要特点是在线辨识对象数学模型的参数,进而修改控制器的参数。

7.1.1 模型参考自适应控制系统

从最优控制理论知,当被控对象用线性定常状态方程

$$\dot{x} = Ax + Bu \tag{7-1}$$

描述时,可以找到一个最优控制,使得二次性能指标

$$J = \int_0^t (x^T Qx + u^T Ru) d\tau \tag{7-2}$$

为极小。式中:x为被控对象的状态向量;u为控制输入向量;A和B为常矩阵。式(7-2)中:R是正定矩阵;Q至少为非负定矩阵。但是,控制系统的实际情况如下:

(1) 能够精确地用线性定常微分方程来描述动态过程的情形是很少的,只有在状态

向量的稳定值附近,才能用线性定常微分方程来逼近系统的动态特性;

(2) 二次性能指标 J 中,矩阵 Q 和 R 需要在现场整定中逐步确定;

(3) 系统的动态参数 A 和 B,往往是未知的;

(4) 状态向量 x 的某些分量,很难直接得到。

此外,随着系统维数的增高,选取 Q 和 R 将变得越来越复杂,用 Q 和 R 来确定被广泛采用的系统性能指标,如上升时间、超调量和阻尼系数等就更加困难了。但是,如果用一个称为模型参考的理想化控制系统的性能来规定这些指标,就要容易得多。模型参考自适应控制系统,就是基于上述原理发展起来的一个最优控制系统,其原理如图 7-2 所示。

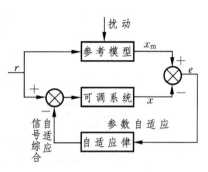

图 7-2　模型参考自适应控制系统

一个最简单的模型参考自适应控制系统,由参考模型、可调系统和自适应律三个部分组成。参考模型是一个理想化的系统模型,是按要求的性能指标预先设计好的一个样板,它的输出值 x_m 按要求的动态特性设计。可调系统是由实际被控对象、负反馈控制器组成的闭环控制系统,它的输出状态 x 反映了当时可调系统的动态特性。在自适应控制系统尚未调好时,可调系统输出状态 x 与参考模型输出状态 x_m 有差别,其大小用状态误差 $e = x_m - x$ 表示。自适应律以一定的性能指标,根据 e 的变化情况去调节可调系统,以保证

$$\lim_{t \to \infty}[x_m(t) - x(t)] = \lim_{t \to \infty} e = 0 \tag{7-3}$$

根据自适应律的输出作用到达可调系统的不同位置,自适应控制系统可分为可调参数自适应和信号综合自适应两种。当自适应律的输出用于调节可调系统控制器参数时,称为可调参数自适应控制;而当自适应律的输出作为可调系统的一个辅助输入时,则称为信号综合自适应控制。这两种情况的算法是不同的。

由于实际控制对象常常是时变的、非线性的系统,要使 $\lim_{t \to \infty} e = 0$,必须采用解决非线性系统的方法来设计模型参考自适应控制系统。在设计模型参考自适应控制系统过程中,有三种基本方法被广泛使用:局部参数最优化理论;李雅普诺夫稳定性理论和超稳定性与正实性原理等。这里,只介绍两种模型参考自适应控制系统的设计方法。

1. 被控对象全部状态能直接获取的自适应控制系统

假设自适应控制系统满足如下条件:参考模型是一个理想化了的定常线性系统;参考模型和可调系统的维数相同,并且维数是已知的;可调系统的所有参数对于自适应作用是可达的;状态误差 e 是可测量的;系统是单输入单输出的。被控对象的状态方程和观测方程为

$$\left.\begin{aligned}\dot{x}_p(t) &= A_p(t)x_p(t) + B_p(t)u(t)\\ y_p(t) &= h_p(t)x_p(t)\end{aligned}\right\} \quad (7-4)$$

式中：$A_p(t)$ 是 $n \times n$ 未知参数矩阵；$B_p(t)$ 是 $n \times 1$ 未知参数矩阵；$h_p(t)$ 是 $1 \times n$ 未知参数向量；$x_p(t)$ 是 n 维被控对象状态向量；$u(t)$ 是被控对象的输入控制作用，是标量；$y_p(t)$ 是被控对象的输出，为标量。参考模型的状态方程和观测方程为

$$\left.\begin{aligned}\dot{x}_m(t) &= A_m x_m(t) + B_m r(t)\\ y_m(t) &= h_m x_m(t)\end{aligned}\right\} \quad (7-5)$$

式中：A_m、B_m、h_m 为给定的常数矩阵或向量，其阶次分别与 $A_p(t)$、$B_p(t)$ 和 $h_p(t)$ 相同，且 A_m、B_m 是稳定矩阵（即 A_m、B_m 的特征根具有负实部），A_m、B_m 和 h_m 的选择应使参考模型的输出响应 $y_p(t)$ 实现所希望的特性；$x_m(t)$ 是参考模型的状态向量，为 n 维的；$y_m(t)$ 是参考模型的输出，为标量；$r(t)$ 是参考输入，也是标量。

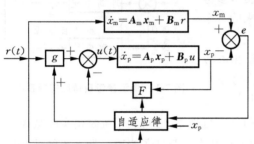

图 7-3 模型参考自适应控制系统

由参考模型和可调系统组成的控制系统如图 7-3 所示。由图 7-3 可知，如果 g 为可调系统的前馈增益，$r(t)$ 为参考输入，F 为可调系统的反馈增益向量，于是有

$$u(t) = r(t)g - Fx_p(t) \quad (7-6)$$

而

$$\begin{aligned}\dot{x}_p(t) &= A_p(t)x_p(t) + B_p(t)u(t)\\ &= A_p(t)x_p(t) + B_p(t)[r(t)g - Fx_p(t)]\\ &= [A_p(t) - B_p(t)F]x_p(t) + B_p(t)gr(t)\end{aligned}$$

和式(7-5)比较，只有使

$$\begin{cases}A_p(t) - B_p(t)F = A_m\\ B_p(t)g = B_m\end{cases} \quad (7-7)$$

才有可能使可调系统对参考输入 $r(t)$ 的动态响应与参考模型一致。

模型参考自适应控制，就是要根据得到的有关对象和参考模型的信息，如 $x_p(t)$、$x_m(t)$、$r(t)$ 和 $e(t)$ 等，设计出一个自适应律，使之自动地调节控制器的 F 和 g 的值，满足关系式(7-7)。此外，还要求参数 F 和 g 的调节过程是稳定的，即当 $t \to \infty$ 时，有

$$e(t) \to 0$$

即

$$x_p(t) \to x_m$$
$$A_p(t) - B_p(t)F \to A_m$$
$$B_p(t)g \to B_m$$

要解决上述问题，李雅普诺夫稳定性理论和波波夫超稳定性理论将是有用的工具。

2. 判别系统稳定性的李雅普诺夫方法

在这里主要讨论判别系统稳定性的李雅普诺夫第二方法(称为直接法),它可以在不求解状态方程的条件下判定系统的稳定性。

一个标量函数 $V(x,t)$ 称为李雅普诺夫函数,如果满足:当 $x=0$ 时,$V(x,t)=0$,$V(x,t)$ 对时间有连续偏导数;当 $x\neq 0$ 时,$V(x,t)>0$,即 $V(x,t)$ 是正定的;$V(x,t)$ 是 x 的单调非降函数,即 x 越接近零时,$V(x,t)$ 越小。

在经典力学中,一个机械系统相对其平衡点的运动如果是渐近稳定的,那么,该系统的总能量必随时间的增加而减小。当能量衰减到零时,该系统的运动也一定回到其平衡点。

$V(x,t)$ 也可以代表状态为 x 时系统的能量。

定理 1 设系统在零输入时的状态方程为
$$\dot{x}=f(x,t)$$
并且,在包含平衡点 $x_e=0$ 的某个域 S 中,存在一个对时间具有一阶偏导数的标量函数 $V(x,t)$。若 $V(x,t)>0$,即 $V(x,t)$ 是正定的,且 $\dot{V}(x,t)\leqslant 0$,则该系统平衡点状态是稳定的或渐近稳定的。

定理 2 设系统在零输入时的状态方程为
$$\dot{x}=f(x,t)$$
并且,在包含平衡点 $x_e=0$ 的某个域 S 中存在一个对时间具有一阶偏导数的标量函数 $V(x,t)$。若 $V(x,t)>0$,即 $V(x,t)$ 是正定的,且 $\dot{V}(x,t)\leqslant 0$,则一切由初始状态 $x(0)\neq 0$ 出发的轨线,将收敛于 $\dot{V}(x,t)\equiv 0$ 的 x 的某一不变子集 M(即状态空间中满足 $\dot{V}(x,t)\equiv 0$ 的状态 x 的集合)。

当 M 缩小成状态空间的原点时,系统相对于原点平衡状态就是渐近稳定的。

定理 3 设线性定常系统在零输入时的状态方程为
$$\dot{x}=Ax \tag{7-8}$$
式中,A 是常矩阵,$x=0$ 是其平衡点,该系统的平衡状态是渐近稳定的,当且仅当对任意给定的正定对称矩阵 Q,存在一个正定对称矩阵 P,满足李雅普诺夫矩阵方程
$$A^\mathrm{T}P+PA=-Q \tag{7-9}$$

【例 7-1】 判断下列系统的稳定性。
$$\begin{cases}\dot{x}_1=x_2-x_1(x_1^2+x_2^2)\\ \dot{x}_2=-x_1-x_2(x_1^2+x_2^2)\end{cases}$$

解 选李雅普诺夫函数为 $V(x)=x_1^2+x_2^2$,可知当 $x_1=x_2=0$ 时,$V(x)=0$;在其他情况下,$V(x)>0$ 为正定的,并且
$$\dot{V}(x)=2x_1\dot{x}_1+2x_2\dot{x}_2=2x_1[x_2-x_1(x_1^2+x_2^2)]+2x_2[-x_1-x_2(x_1^2+x_2^2)]$$
$$=-2(x_1^2+x_2^2)^2<0$$

因此,由李雅普诺夫稳定性理论可知,系统是渐近稳定的。

【例 7-2】 以简单的一阶系统为例来说明自适应控制系统的设计方法。

解 设被控对象的状态方程为

$$\dot{x}_p(t) = -a_p(t)x_p(t) + b_p(t)u(t) \tag{7-10}$$

参考模型的状态方程为

$$\dot{x}_m(t) = -a_m x_m(t) + b_m r(t) \tag{7-11}$$

式中：$a_m > 0, b_m > 0$。如令 $g(t)$ 和 $f(t)$ 分别为可调系统的前馈增益和反馈增益。由式(7-7)知，只有调整 $g(t)$ 和 $f(t)$ 使

$$\begin{cases} -a_p(t) - b_p(t)f(t) = -a_m \\ b_p(t)g(t) = b_m \end{cases} \tag{7-12}$$

才能使可调系统的动态响应与参考模型一致。

假设参数 $a_p(t)$、$b_p(t)$ 的变化比可调系统和参考模型动态响应过渡过程时间要慢，比 $g(t)$ 和 $f(t)$ 自适应调整过程慢得多，那么在调整过程中，可以认为 $a_p(t)$、$b_p(t)$ 是常数，并用 a_p 和 b_p 表示。于是有

$$\dot{x}_p(t) = -[a_p + b_p f(t)]x_p(t) + b_p g(t)r(t) \tag{7-13}$$

因此可得

$$\begin{aligned}\dot{e}(t) &= \dot{x}_m(t) - \dot{x}_p(t) = -a_m x_m + b_m r(t) + [a_p + b_p f(t)]x_p(t) - b_p g(t)r(t) \\ &= -a_m e(t) - [a_m - a_p - b_p f(t)]x_p(t) + [b_m - b_p g(t)]r(t) \end{aligned} \tag{7-14}$$

令

$$\left.\begin{aligned}\phi(t) &= a_m - a_p - b_p f(t) \\ \psi(t) &= b_m - b_p g(t)\end{aligned}\right\} \tag{7-15}$$

将式(7-15)代入式(7-14)，得

$$\dot{e}(t) = -a_m e(t) - \phi(t)x_p(t) + \psi(t)r(t) \tag{7-16}$$

令 $\boldsymbol{v}^T = (e \ \phi \ \psi)$，选择李雅普诺夫函数为

$$V(v) = \frac{1}{2}\left(b_p e^2 - \frac{1}{\lambda_1}\phi^2 + \frac{1}{\lambda_2}\psi^2\right) \tag{7-17}$$

式中：$\lambda_1 > 0, \lambda_2 > 0$。设 $b_p > 0$，则

$$V(v) > 0 \quad \forall \ v \neq 0$$

$$\dot{V}(v) = b_p e \dot{e} - \frac{1}{\lambda_1}\phi\dot{\phi} + \frac{1}{\lambda_2}\psi\dot{\psi} \tag{7-18}$$

将式(7-16)代入(7-18)，得

$$\dot{V}(v) = -b_p a_m e^2 + \phi\left(\frac{1}{\lambda_1}\dot{\phi} - b_p e x_p(t)\right) + \psi\left(\frac{1}{\lambda_2}\dot{\psi} + b_p e r(t)\right)$$

如果选择

$$\left.\begin{aligned}\dot{\phi} &= \lambda_1 b_p e x_p(t) \\ \dot{\psi} &= -\lambda_2 b_p e r(t)\end{aligned}\right\} \tag{7-19}$$

则

$$\dot{V}(v) = -b_p a_m e^2 \leqslant 0 \quad (b_p > 0, a_m > 0) \tag{7-20}$$

这时，只要按式(7-19)决定参数 $\phi(t)$ 和 $\psi(t)$，就可以保证偏差方程(7-16)是稳定的。

若要使式(7-16)渐近稳定，尚需附加一些条件。根据李雅普诺夫渐近稳定定理，一

切由初始状态 $v(0)$ 出发的轨线,都将收敛到不变集合 M(即满足 $\dot{V}(v) \equiv 0$ 的 v 集合),所以

$$M = \{v : \dot{V}(v) \equiv 0\} = \{v : e \equiv 0\} = \{v : e \equiv 0, \dot{e} \equiv 0\}$$
$$= \{v : e \equiv 0, -\phi x_p + \psi r = 0\}$$

当 M 缩小到原点时,偏差方程(7-16)才能渐近稳定。即误差空间 $\sum$ 中由 $v(0) \neq 0$ 出发的轨线,将收敛到 $\sum$ 空间原点($e = 0, \phi = 0, \psi = 0$),微分方程(7-16)达到渐近稳定。

由式(7-15)对时间求导,可得

$$\dot{\phi}(t) = -b_p \dot{f}(t)$$
$$\dot{\psi}(t) = -b_p \dot{g}(t)$$

将它代入式(7-19),得到

$$\left.\begin{array}{l}\dot{f}(t) = -\lambda_1 e(t) x_p(t) \\ \dot{g}(t) = \lambda_2 e(t) r(t)\end{array}\right\} \tag{7-21}$$

式(7-21)即为可调系统反馈增益 $f(t)$ 和前馈增益 $g(t)$ 的自适应调整律。利用这个规律调整可调系统,最后可达到当 $t \to \infty$ 时,有

$$e(t) \to 0$$
$$\phi(t) = 0, \text{即 } a_p + b_p f(t) = a_m$$
$$\psi(t) = 0, \text{即 } b_p g = b_m$$

可调系统的输出的动态响应和参考模型输出一致。

7.1.2 自校正控制

自校正控制系统主要采用的是自校正调节器、自校正控制器和极点培植原理组成的控制系统,其典型结构如图 7-4 所示。这类系统的特点是必须对过程或被控对象进行在线辨识(递推参数估计),然后用过程参数 $\theta(t)$ 估计值和事先规定的性能指标,在线地综合出调节器的控制参数 $\theta_c(t)$,并根据此控制参数产生的控制作用对被控对象进行控制。经过多次的辨识和综合调节参数,使系统的性能指标渐近地趋于最优。所以,一个自校正控制系统需要解决闭环辨识、性能指标的确定以及控制策略及其算法等问题。

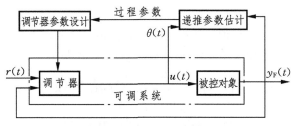

图 7-4 自校正控制系统的结构

此类自适应控制系统设计方法的理论基础为系统辨识和随机最优控制理论。

1. 闭环系统可辨识条件

被控对象模型为受控的自回归滑动平均差分方程模型(CARMA 模型),对于单输入/单输出对象,用差分方程可以表示为

$$y(t) + a_1 y(t-1) + \cdots + a_{n_a} y(t-n_a)$$
$$= b_0 u(t-k) + b_1 u(t-k-1) + \cdots$$
$$+ b_{n_b} u(t-k-n_b) + \omega(t) + c_1 \omega(t-1) + \cdots + c_{n_c} \omega(t-n_c) \tag{7-22}$$

若令
$$A(z^{-1}) = 1 + a_1 z^{-1} + \cdots + a_{n_a} z^{-n_a}$$
$$B(z^{-1}) = b_0 + b_1 z^{-1} + \cdots + b_{n_b} z^{-n_b}$$
$$C(z^{-1}) = 1 + c_1 z^{-1} + \cdots + c_{n_c} z^{-n_c}$$

则式(7-21)变成
$$A(z^{-1}) y(t) = B(z^{-1}) u(t-k) + C(z^{-1}) \omega(t) \tag{7-23}$$

式中:$A(z^{-1})$、$B(z^{-1})$、$C(z^{-1})$ 为参数多项式,其阶次分别为 n_a、n_b 和 n_c;$\{u(t)\}$,$\{y(t)\}$ 和 $\{\omega(t)\}$ 分别为输入、输出和白噪声序列;k 为对象延迟,其值是采样周期的整数倍。

由自校正调节器所组成的闭环控制系统如图 7-5 所示,其中调节器的传递函数为

$$G_c(z^{-1}) = G(z^{-1})/F(z^{-1}) \tag{7-24}$$

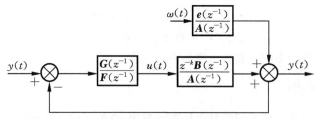

图 7-5　自校正控制系统

式中:$G(z^{-1}) = g_0 + g_1 z^{-1} + \cdots + a_{n_g} z^{-n_g}$,其阶次为 n_g;$F(z^{-1}) = 1 + f_1 z^{-1} + \cdots + f_{n_f} z^{-n_f}$,其阶次为 n_f。

为了计算方便,假设 $k=0$;$b_0=0$;$n_a = n_b = n_c \stackrel{\triangle}{=} n$,这样可得

$$A(z^{-1}) = 1 + a_1 z^{-1} + \cdots + a_n z^{-n}$$
$$B(z^{-1}) = z^{-1}(b_1 + b_2 z^{-1} + \cdots + b_n z^{-n+1})$$
$$C(z^{-1}) = 1 + c_1 z^{-1} + \cdots + c_n z^{-n}$$

$B(z^{-1})$ 多项式从 $b_1 z^{-1}$ 开始说明从控制 $u(t)$ 到输出 $y(t)$ 不能有瞬时的响应,它们之间存在着一阶惯性,这是符合实际情况的。由图 7-5 可知,控制系统的闭环传递函数为

$$\frac{y(t)}{\omega(t)} = \frac{C(z^{-1})/A(z^{-1})}{1 + (G(z^{-1})/F(z^{-1}))(B(z^{-1})/A(z^{-1}))}$$
$$= \frac{F(z^{-1}) C(z^{-1})}{A(z^{-1}) F(z^{-1}) + B(z^{-1}) G(z^{-1})} \tag{7-25}$$

令 $\dfrac{y(t)}{\omega(t)} = \dfrac{Q(z^{-1})}{P(z^{-1})}$,而 $P(z^{-1}) = 1 + p_1 z^{-1} + \cdots + p_l z^{-l}$,其阶次为 l,于是

$$\left.\begin{array}{l}Q(z^{-1}) = F(z^{-1})C(z^{-1})\\ P(z^{-1}) = A(z^{-1})F(z^{-1}) + B(z^{-1})G(z^{-1})\end{array}\right\} \quad (7\text{-}26)$$

由式(7-25)可知,多项式 $P(z^{-1})$ 的阶次 l 满足

$$l = n + \max\{n_g, n_f\}$$

闭环系统可辨识条件首先要求控制系统闭环是稳定的,只有稳定输出序列 $\{y(t)\}$ 才有可能是平稳随机过程。其次,要求方程 $P(z^{-1}) = A(z^{-1})F(z^{-1}) + B(z^{-1})G(z^{-1})$ 有唯一解。下面讨论参数具有唯一解的条件,即闭环可辨识的条件。

把多项式 $A(z^{-1}), B(z^{-1}), C(z^{-1}), G(z^{-1}), F(z^{-1}), P(z^{-1})$ 的具体方程代入 $P(z^{-1}) = A(z^{-1})F(z^{-1}) + B(z^{-1})G(z^{-1})$ 方程中,有

$$\begin{aligned}(1 + a_1 z^{-1} + \cdots + a_n z^{-n})(1 + f_1 z^{-1} + \cdots + f_{n_f} z^{-n_f}) \\ + (b_1 z^{-1} + b_2 z^{-2} + \cdots + b_n z^{-n})(b_0 + g_1 z^{-1} + \cdots + g_{n_g} z^{-n_g}) \\ = 1 + p_1 z^{-1} + \cdots + p_l z^{-l}\end{aligned}$$

当 $j < 0$ 时,且 $f_j = 0, g_j = 0, f_0 = 1$,比较上式两边同幂系数可得方程组

$$\begin{bmatrix} p_1 - f_1 \\ p_1 - f_2 \\ \vdots \\ p_{n_f} - f_{n_f} \\ p_{n_f} + 1 \\ p_{n_f} + 2 \\ \vdots \\ p_l \end{bmatrix} = \begin{bmatrix} 1 & 0 & \cdots & 0 & g_0 & 0 & \cdots & 0 \\ 1 & 1 & \cdots & 0 & g_1 & 0 & \cdots & 0 \\ \vdots & \vdots & & \vdots & \vdots & \vdots & & \vdots \\ f_{n_f-1} & f_{n_f-2} & \cdots & 1 & g_{n_g-1} & g_{n_g-2} & \cdots & g_0 \\ f_{n_f} & f_{n_f-1} & \cdots & f_1 & g_{n_g} & g_{n_g-1} & \cdots & g_1 \\ 0 & f_{n_f} & \cdots & f_2 & 0 & g_{n_g} & \cdots & g_2 \\ \vdots & \vdots & & \vdots & \vdots & \vdots & & \vdots \\ 0 & 0 & \cdots & f_{n_f} & 0 & 0 & \cdots & g_{n_g} \end{bmatrix} \begin{bmatrix} a_1 \\ a_2 \\ \vdots \\ a_n \\ b_1 \\ b_2 \\ \vdots \\ b_n \end{bmatrix}$$

或等价表示为

$$a = S\theta$$

式中,系数矩阵 S 有 $n + \max(n_f, n_g)$ 行,$2n$ 列。θ 可辨识的条件是 S 的秩为 $2n$,等价于

$$n + \max(n_f, n_g) \geqslant 2n$$

也就是说,调节器 $G(z^{-1})$ 或 $F(z^{-1})$ 的阶次大于或者等于对象的阶次,闭环系统才是可辨识的。

2. 自校正调节器的最小方差控制策略

在工业控制中,被调量通常指受随机扰动影响的过程的输出,这些过程的输出都要求对其给定值的波动尽可能小。也就是说,其控制目标是使输出的稳态方差尽可能小,所以称为最小方差控制。

被控对象单输入单输出的差分方程仍用式(7-22)表示,并改写成

$$y(t) = \frac{z^{-k}B(z^{-1})}{A(z^{-1})}u(t) + \frac{C(z^{-1})}{A(z^{-1})}w(t) \quad (7\text{-}27)$$

在推导最小方差控制策略前,对被控对象(过程)作如下假设:

(1) $\{w(t)\}$ 是均值为零,方差为 σ^2 的独立随机序列。

(2) $A(z^{-1})$ 和 $B(z^{-1})$ 多项式的所有零点都在单位圆之内,即为稳定多项式; $C(z^{-1})$ 多项式的所有零点都在单位圆之内,以保证随机扰动 $\varepsilon(t) = [C(z^{-1})/A(z^{-1})]w(t)$ 为平稳随机过程。

(3) 在自校正过程中系统参数是不变的。

输入 $u(t)$、输出 $y(t)$ 和 $w(t)$ 之间的关系,可用图 7-6 表示。

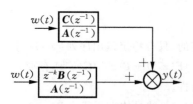

图 7-6 对象与变量之间的关系

最小方差控制的基本思想是,先假定 $u(t) \equiv 0$,并根据 t 时刻数据,即已经得到的输出信息 $Y' = (y(0), y(1), \cdots, y(t))$ 来预报 $(t+k)$ 时刻的输出 $\hat{y}(t+k \mid Y')$,以便预报随机扰动 $\varepsilon(t+k)$ 对输出的影响。由于有延迟 k,t 时刻的控制输入 $u(t)$ 要在 $t+k$ 时刻才对输出产生影响。所以,用最小方差的性能指标计算控制作用 $u(t)$,以补偿随机扰动 $\varepsilon(t+k)$ 在 $t+k$ 时刻对输出的影响,算出的 $u(t)$ 即为最小方差控制率。通过不断的采样、预报和控制,最后达到输出量的稳态值方差为最小。

下面不加证明地给出两个最小方差调节器的定理,有兴趣的读者可以参考相关书籍。

定理 4 假定被控对象方程为
$$y(t) + a_1 y(t-1) + \cdots + a_n y(t-n) = b_1 u(t-k-1) + \cdots + b_n u(t-k-n) + w(t) + c_1 w(t-1) + \cdots + c_n w(t-n)$$

预报模型为
$$y(t+k+1) + a_1 y(t) + \cdots + a_p y(t-p+1) = \beta_0 u(t) + \beta_1 u(t-1) + \cdots + \beta_l u(t-l) + w(t+k+1) \tag{7-28}$$

其中 $w(\cdot)$ 为白噪声。闭环系统最小方差控制率为
$$u(t) = \frac{1}{\beta_0}[\alpha_1 y(t) + \cdots + \alpha_p y(t-p+1) - \beta_1 u(t-1) - \cdots - \beta_l u(t-l)]$$

假定当 $t \to \infty$ 时,参数 $\alpha_i (i=1,2,\cdots,p)$ 和 $\beta_j (j=1,2,\cdots,l)$ 的估计是收敛的,闭环输出的二阶矩是遍历的,则闭环系统具有以下特性:
$$E\{y(t+\tau)y(t)\} = 0, \quad \tau = k+1, \cdots, k+p$$
$$E\{y(t+\tau)u(t)\} = 0, \quad \tau = k+2, \cdots, k+l+1$$

定理 5 如果最小方差控制率采用
$$u(t) = \frac{\alpha_1 + \alpha_2 z^{-1} + \cdots + \alpha_p z^{-p+1}}{\beta_0 + \beta_1 z^{-1} + \cdots + \beta_l z^{-l}} y(t) = \frac{A^*(z^{-1})}{B^*(z^{-1})} y(t), \quad p = n, l = n+k-1 \tag{7-29}$$

参数估计是收敛的,而且多项式 $A^*(z^{-1}), B^*(z^{-1})$ 没有公因子,那么,调节器方程 $u(t) = [A^*(z^{-1})/B^*(z^{-1})]y(t)$ 最终将收敛到对象参数为已知时的最小方差控制率。

3. 自校正调节器算法

因为最小方差控制率 $u(t) = -[\boldsymbol{E}(z^{-1})/\boldsymbol{B}(z^{-1})\boldsymbol{D}(z^{-1})]y(t)$ 时,有
$$y(t+k) = w(t+k) \tag{7-30}$$
由此可得
$$y(t+k) = \boldsymbol{B}(z^{-1})\boldsymbol{D}(z^{-1})u(t) + \boldsymbol{E}(z^{-1})y(t) + w(t+k)$$
或
$$y(t+k) = \boldsymbol{F}(z^{-1})u(t) + \boldsymbol{E}(z^{-1})y(t) + w(t+k) \tag{7-31}$$

式中:$\boldsymbol{F}(z^{-1}) = f_0 + f_1 z^{-1} + \cdots + f_{n_f} z^{-n_f}$; $\boldsymbol{E}(z^{-1}) = e_0 + e_1 z^{-1} + \cdots + e_{n_e} z^{-n_e}$。注意到 $f_0 = b_0$,式(7-31)可写为
$$y(t+k) = b_0 u(t) + \boldsymbol{\varphi}^\mathrm{T}(t)\boldsymbol{\theta} + w(t+k) \tag{7-32}$$

式中:$\boldsymbol{\theta}^\mathrm{T} = [f_1, f_2, \cdots, f_{n_f}; e_0, e_1, \cdots, e_{n_e}]$; $\boldsymbol{\varphi}^\mathrm{T}(t) = [u(t-1), u(t-2), \cdots, u(t-n_f); y(t), y(t-1), \cdots, y(t-n_e)]$。

最小方差控制率等价为
$$u(t) = -\frac{1}{b_0}\boldsymbol{\varphi}^\mathrm{T}(t)\boldsymbol{\theta}$$

于是,可得基于参数估计的最小方差自校正调节器算法为
$$\hat{\boldsymbol{\theta}}(t) = \hat{\boldsymbol{\theta}}(t-1) + \boldsymbol{L}(t)[y(t) - b_0 u(t-k) - \boldsymbol{\varphi}^\mathrm{T}(t-k)\hat{\boldsymbol{\theta}}(t-1)]$$
$$\boldsymbol{L}(t) = \boldsymbol{P}(t-1)\boldsymbol{\varphi}(t-k)[\lambda + \boldsymbol{\varphi}^\mathrm{T}(t-k)\boldsymbol{P}(t-1)\boldsymbol{\varphi}(t-k)]^{-1}$$
$$\boldsymbol{P}(t) = \frac{1}{\lambda}[\boldsymbol{I} - \boldsymbol{L}(t)\boldsymbol{\varphi}^\mathrm{T}(t-k)]\boldsymbol{P}(t-1)$$
$$u(t) = -\frac{1}{b_0}\boldsymbol{\varphi}^\mathrm{T}(t)\boldsymbol{\theta}(t)$$

式中:$\boldsymbol{\theta}(t)$ 为 $\boldsymbol{\theta}$ 在 t 时刻的估计;λ 为遗忘因子,一般取 $\lambda \in [0.95, 0.99]$。算法中假定阶次 n_f、n_e 和延迟 k 已知,b_0 是常数。当然也可以对 b_0 进行估计,这时应重新定义参数向量 $\boldsymbol{\theta}$ 和信息向量 $\boldsymbol{\varphi}(t)$ 为
$$\boldsymbol{\theta}^\mathrm{T} = [f_0, f_1, f_2, \cdots, f_{n_f}; e_0, e_1, \cdots, e_{n_e}] \stackrel{\mathrm{def}}{=} [f_0, \boldsymbol{\theta}_1^\mathrm{T}]$$
$$\boldsymbol{\varphi}^\mathrm{T}(t) = [u(t), u(t-1), u(t-2), \cdots u(t-n_f); y(t), y(t-1), y(t-2), \cdots, y(t-n_e)]$$
$$\stackrel{\mathrm{def}}{=} [u(t), \boldsymbol{\varphi}_1^\mathrm{T}(t)] \tag{7-33}$$
则有
$$y(t+k) = \boldsymbol{\varphi}^\mathrm{T}(t)\boldsymbol{\theta} + w(t+k) \tag{7-34}$$

最小方差自校正调节器算法修改为
$$\hat{\boldsymbol{\theta}} = \hat{\boldsymbol{\theta}}(t-1) + \boldsymbol{L}(t)[y(t) - \boldsymbol{\varphi}^\mathrm{T}(t-k)\hat{\boldsymbol{\theta}}(t-1)]$$
$$\boldsymbol{L}(t) = \boldsymbol{P}(t-1)\boldsymbol{\varphi}(t-k)[\lambda + \boldsymbol{\varphi}^\mathrm{T}(t-k)\boldsymbol{P}(t-1)\boldsymbol{\varphi}(t-k)]^{-1}$$
$$\boldsymbol{P}(t) = \frac{1}{\lambda}[\boldsymbol{I} - \boldsymbol{L}(t)\boldsymbol{\varphi}^\mathrm{T}(t-k)]\boldsymbol{P}(t-1)$$
$$u(t) = -\frac{1}{\hat{f}_0(t)}\boldsymbol{\varphi}_1^\mathrm{T}\boldsymbol{\theta}_1(t)$$

综上所述,最小方差自校正调节器算法的计算步骤如下。

(1) 设定参数向量和协方差矩阵的初值,即 $\hat{\boldsymbol{\theta}}(0)$ 为很小的实向量(10^{-4}), $\boldsymbol{P}(0) = $

γI，γ 很大（$\gamma = 10^4$），置 $t = 1$；

(2) 采集新的观测数据 $y(t)$ 和 $u(t-k)$，并构建观测数据信息向量 $\boldsymbol{\varphi}(t-k)$ 和 $\varphi_1(t)$；

(3) 计算协方差矩阵 $\boldsymbol{P}(t)$、增益向量 $\boldsymbol{L}(t)$ 和参数估计 $\hat{\boldsymbol{\theta}}(t)$；

(4) 计算最小方差自校正控制率 $u(t)$；

(5) 必要时，置 $t \rightarrow t+1$，重复步骤(2)～(5)。

7.2 模糊控制

模糊控制是基于"专家知识"、采用语言规则表示的一种人工智能控制策略，"如果……，则……"是规则的基本形式，语句的前半部分是条件或前提，后半部分是结果。因此，这种规则蕴涵着一种逻辑推理。完成了这个推理过程，就是实现了这种控制规律。

语言规则的条件和结果，通常都是事物或过程的模糊描述。例如"如果天很热，则要多喝水"这个规则中，"天很热"和"多喝水"都是一种模糊描述。要由计算机自动实现这条规则，必须将模糊描述与传统数学很好地结合起来，即要借助模糊数学的基础知识。

本节的讨论从模糊数学的基础知识开始，然后介绍基本模糊控制器的工作原理和设计方法，最后提出集中改善模糊控制性能的方案。

7.2.1 模糊数学的基础知识

1. 由经典集合到模糊集合

设 U 为论域或全集，它是具有某种特定性质或用途的元素的全体。回顾论域 U 中经典（清晰）集合 A 的概念：集合 A 可定义为集合中元素的穷举（列举法），或描述为集合中元素所具有的性质（描述法）。列举法仅用于有限集，所以其使用范围有限；描述法则比较常用。在描述法中，集合 A 可以表示为

$$A = \{x \mid x \in U, x \text{ 满足某些条件}\} \tag{7-35}$$

还有第三种定义集合 A 的方法：隶属度法。该方法引入了集合 A 的 0-1 隶属度函数（也称为特征函数、差别函数或指示函数），用 $\mu_A(x)$ 表示，它满足

$$\mu_A(x) = \begin{cases} 1, x \in A \\ 0, x \notin A \end{cases}$$

集合 A 等价于其隶属度函数 $\mu_A(x)$，从这个意义上讲，知道 $\mu_A(x)$ 与知道 A 是一样的。

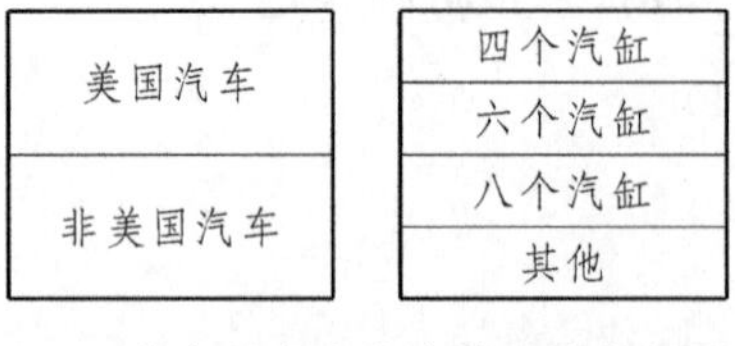

【例 7-3】 设伯克利所有汽车的集合为论域 U，根据汽车的特征来定义 U 上的不同集合。

图 7-7 给出了可用于定义 U 上的集合的两类特征：(a) 美国或非美国汽车；(b) 汽缸数量。例如，定义 U 上所有具有四缸汽车为集合 A，即

$$A = \{x \mid x \in U, x \text{ 有四个汽缸}\}$$

图 7-7 伯克利汽车集合的子集分割图

或
$$\mu_A(x) = \begin{cases} 1, x \in U \text{ 且有四个汽缸} \\ 0, x \notin U \text{ 没有四个汽缸} \end{cases}$$

如果根据汽车是否为美国汽车来定义一个 U 上的集合，将存在一定困难。一种办法是，如果汽车具有美国汽车制造商的商标，则认为该汽车是美国汽车；否则就认为该汽车是非美国汽车。不过，很多人感觉美国汽车与非美国汽车之间的差异并不是那么分明，因为美国汽车（如福特、通用和克莱斯勒）的许多零部件都不是在美国生产的。此外，有一些"非美国"汽车却是在美国制造的。那么，怎样处理这类问题呢？

从本质上看，例 7-3 中的困难说明了某些集合并不具有清晰的边界。经典集合理论中的集合要求具有一个定义准确的性质，因此，经典集合无法定义如"伯克利的所有美国汽车"这样的集合。为了克服经典集合理论的这种局限性，模糊集合的概念应运而生。它也说明了经典集合的这种局限性是本质上的，需要一种新理论——模糊集合理论，来弥补它的局限性。

定义　论域 U 上的模糊集合是用隶属度函数 $\mu_A(x)$ 来表征的，$\mu_A(x)$ 的取值范围是 $[0,1]$。

因此，模糊集合是经典集合的一种推广，它允许隶属度函数在区间 $[0,1]$ 内任意取值。换句话说，经典集合的隶属度函数只允许取两个值，即 0 或 1，而模糊集合的隶属度函数则是区间 $[0,1]$ 上的一个连续函数。由定义可以看出，模糊集合一点都不模糊，它只是一个带有连续隶属度函数的集合。

2. 模糊集合的表示与运算

U 上的模糊集合 A 可以表示为一组元素与其隶属度值的有序对的集合，即

$$A = \{(x, \mu_A(x)) \mid x \in U\} \tag{7-36}$$

当 U 连续时（如 $U = R$），A 一般可以表示为

$$A = \int_U \frac{\mu_A(x)}{x}$$

这里的积分符号并不表示积分，而是表示 U 上隶属度函数为 $\mu_A(x)$ 的所有点 x 的集合。当 U 取离散值时，A 一般可以表示为

$$A = \sum_U \frac{\mu_A(x)}{x} \tag{7-37}$$

这里的求和符号并不表示求和，而是表示 U 上隶属度函数为 $\mu_A(x)$ 的所有点 x 的集合。

再来讨论例 7-3，考虑怎样用模糊集合的概念来定义美国汽车和非美国汽车。可以根据汽车的零部件在美国制造的百分比，将集合"伯克利的美国汽车"（用 D 表示）定义为一个模糊集合。具体来说，可用如下的隶属度函数来定义

$$\mu_D(x) = p(x)$$

式中，$p(x)$ 是汽车的零部件在美国制造的百分比，它在 $0 \sim 100\%$ 之间取值。如果某汽车

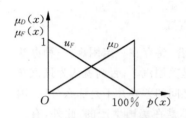

图 7-8 美国汽车的隶属度函数(μ_D)和非美国汽车的隶属度函数(μ_F)

x_0 有 60% 的零件在美国制造,则可以说汽车 x_0 属于模糊集合 D 的程度为 0.6。类似地,可以用下面的隶属度函数来定义集合"伯克利的非美国汽车"(用 F 表示)

$$\mu_F(x) = 1 - p(x) \tag{7-38}$$

那么,如果某汽车 x_0 有 60% 的零件在美国制造,则可以说汽车 x_0 属于模糊集合 F 的程度为 $1-0.6=0.4$。显然,一种元素可以以相同或不同的程度属于不同的模糊集合。

【例 7-4】 令 U 表示普通人的年龄区间 $[0,100]$,那么可以将模糊集合"年轻"和"年老"用下面隶属度函数(见图 7-9)来定义

$$年轻 = \int_0^{25} 1/x + \int_{25}^{100} \left(1 + \left(\frac{x-25}{5}\right)^2\right)^{-1} \Big/ x$$

$$年老 = \int_{50}^{100} \left(1 + \left(\frac{x-25}{5}\right)^{-2}\right)^{-1} \Big/ x$$

模糊集合的运算有如下三种方法。

(1) 并运算。论域 U 上模糊集 A 和 B 的并集也是模糊集,记为 $A \cup B$,其隶属度函数为

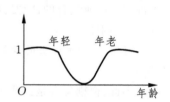

图 7-9 年轻和年老的图示

$$\mu_{A \cup B}(x) = \max\{\mu_A(x), \mu_B(x)\}$$

(2) 交运算。论域 U 上模糊集 A 和 B 的交集也是模糊集,记为 $A \cap B$,其隶属度函数为

$$\mu_{A \cap B}(x) = \min\{\mu_A(x), \mu_B(x)\}$$

(3) 补运算。论域 U 上模糊集 A 的补集为 U 上的模糊集合,记为 $\complement A$,其隶属度函数为

$$\mu_{\complement A}(x) = 1 - \mu_A(x)$$

3. 模糊关系

描述客观事物间联系的数学模型称为关系。经典集合论中的清晰关系精确地描述了元素之间是否相关,而模糊集合论中的模糊关系则描述了元素之间的相关程度。普通二元关系用序偶 (a,b) 表示,清晰关系中序偶 (a,b) 要么属于关系 R,要么不属于关系 R,其特征函数可以表示为

$$\varphi_R(a,b) = \begin{cases} 1, (a,b) \in R \\ 0, (a,b) \notin R \end{cases} \tag{7-39}$$

这里只讨论模糊关系。

定义 给定论域 U 和 V,直积 $U \times V$ 的一个模糊子集 R 被称为从 U 到 V 的模糊二元关系,R 的隶属函数为 $\mu_R:U \times V \to [0,1]$,它表示序偶对关系 R 的隶属度。

由定义可见,模糊关系是一种模糊集合,可以选用集合的任何一种表示方法,从应用

方便的角度出发,通常采用下列表示方法。

1) 扎德表示

论域 $U = \{u_1, u_2, \cdots, u_n\}$ 到 $V = \{v_1, v_2, \cdots, v_n\}$ 的模糊关系可写成

$$R = \frac{u_{11}}{(u_1, v_1)} + \frac{u_{12}}{(u_1, v_2)} + \cdots + \frac{u_{1m}}{(u_1, v_m)} + \frac{u_{21}}{(u_2, v_1)} + \cdots + \frac{u_{n1}}{(u_n, v_1)} + \cdots + \frac{u_{nm}}{(u_n, v_m)} \tag{7-40}$$

式中,分母为序偶,分子为改序偶对关系 R 的隶属度,若 $u_{ij} = 0$ 则该项可忽略。

2) 图形表示

它将集合 U 和 V 中的元用节点表示,序偶间用有向弧线连接,弧线上注明改序偶对关系的隶属度。当序偶数量多时,这种表示方法不很清楚。

3) 矩阵表示

设 $U = [u_1, u_2, \cdots, u_n]$, $V = \{v_1, v_2, \cdots, v_n\}$, U 到 V 的关系 R 可写成

$$R = [r_{ij}]_{n \times m}$$

式中,r_{ij} 是序偶 (u_1, v_j) 对关系 R 的隶属度。

矩阵表示的优点是清楚,而且便于计算机运算,因此是最便于应用的表示方法。

7.2.2 模糊控制器的工作原理

模糊控制是一种仿人控制,规则中的条件部分往往是偏差描述,因此模糊控制本质上是反馈控制。

模糊控制器的组成如图 7-10 所示,它分三部分,下面分别予以说明。

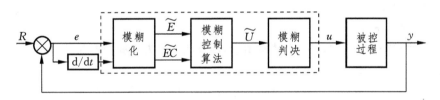

图 7-10 含模糊控制器的系统方框图

1. 模糊化

模糊化的作用是将测得的清晰数转化为模糊量,也就是以测量值对语言描述的隶属度,作为模糊推理的前提条件。目前多数模糊控制器选用查询表的工作方式,即由输入值直接从查询表中获得通用输出值。查询表的生成是离线进行的。从模糊控制的本意来说,查询表的容量不需要很大;从实现的要求来说,查询表应尽可能小。为此,查询表对每个变量(输入和输出)都指定一个标准的论域 $[-n, +n]$, n 为正整数。论域上定义若干个语言变量(模糊子集),作为规则的条件或结果。

过程参数的变化是各不相同的,为了统一到指定论域中来,模糊化的第一个任务是进行论域变换,其变换关系为

$$\bar{x} = \frac{2n}{b-a}\left(x - \frac{a+b}{2}\right) = k\left(x - \frac{a+b}{2}\right) \tag{7-41}$$

式中:$\bar{x}$ 为变换后的参数值;$[a,b]$ 为过程参数的变化范围;$k = \dfrac{2n}{b-a}$ 称为变换因子。

模糊化的第二个任务是求得输入对应于语言变量的隶属度。语言变量的隶属函数有两种表示方式,即离散方式和连续方式。

(1) 离散方式。模糊控制器的离散式实现是指将输入变量区域离散,针对每一组可能的输入值计算出相应的输出值,制成输入/输出相对应的矩阵式控制表格。该表格称为"查询表"。实际使用时对每一组实际输入值先进行量化,然后在事先计算出的查询表中查出相对应的输出值作为控制量输出。模糊化、模糊推理和去模糊化过程在计算查询表时已融合到查询表中,在实际使用时只需交表即可,不必再进行各种推理计算。查询表内只包含有限的输入点,在其间输入点的输出值可以采用内插方法获得。

(2) 连续方式。随着计算机技术的不断发展,尤其是计算芯片运算速度和存储能力的不断提高,使得模糊控制器的连续式实现受到普遍重视。在许多模糊控制技术实际应用中,常常采用以计算机为中心的测量系统,即将传感器敏感信号经 A/D 转换卡转换后送入计算机,用软件构成的模糊控制器计算出控制量的大小,再经 D 从转换卡去控制被控过程。在这种应用中,模糊控制器的实现常采用连续式,即系统的输入量不用先离散,而直接送入用软件实现的模糊控制器,按模糊理论进行模糊化、模糊推理以及去模糊化,由程序"在线"计算出控制量。该计算过程虽然需一定时间,但在大部分应用场合下对控制效果影响不大。

2. 模糊推理

1) 模糊判断句

在陈述句"x 是 a"中,若 a 是模糊概念,则称此句型为模糊判断句,它是一元模糊谓词,用 $\underset{\sim}{A}(x)$ 表示,如

$$\underset{\sim}{A}(x):\text{"}x \text{ 是中年人"}$$

由于"中年人"是模糊概念,故此例是模糊判断句。取 $x = $ 张三,则 $\underset{\sim}{A}(\text{张三}):$ "张三是中年人"就成为模糊命题,若 $\mu_{\text{中年人}}(\text{张三}) = 0.8$,则 $T(\underset{\sim}{A}(\text{张三})) = 0.8$。一般地,$\underset{\sim}{A}(x)$ 对 x 的真值记为 $T(\underset{\sim}{A}(x))$,而以模糊概念 a 所对应的模糊集 $\underset{\sim}{A}$ 作为模糊判断句 $\underset{\sim}{A}(x)$ 的集合表示。

模糊判断句的逻辑演算可定义如下。

设有模糊判断句 $\underset{\sim}{A}(x)$ 为"x 是 a",$\underset{\sim}{B}(x)$ 为"x 是 b",规定:

$\underset{\sim}{A}(x) \vee \underset{\sim}{B}(x)$ 表示"x 是 a 或 x 是 b",$\underset{\sim}{A}(x) \vee \underset{\sim}{B}(x)$ 的集合表示 $\underset{\sim}{A} \cup \underset{\sim}{B}$

$\underset{\sim}{A}(x) \wedge \underset{\sim}{B}(x)$ 表示"x 是 a 且 x 是 b",$\underset{\sim}{A}(x) \wedge \underset{\sim}{B}(x)$ 的集合表示 $\underset{\sim}{A} \cap \underset{\sim}{B}$

$\neg \underset{\sim}{A}(x)$ 表示"x 不是 a",$\neg \underset{\sim}{A}(x)$ 的集合表示 $\complement \underset{\sim}{A}$

可见,模糊判断句的逻辑演算($\vee, \wedge, \neg$)与它们集合表示的集合运算($\cup, \cap, \complement$)是完全一致的。

2) 模糊推理句

在"若 x 是 a,则 x 是 b"的陈述句中,若 a 或 b 至少有一个是模糊概念,则此句型称为模糊推理句,记为 $\underset{\sim}{A}(x) \to \underset{\sim}{B}(x)$。此句型也可简述为"若 $\underset{\sim}{A}(x)$ 则 $\underset{\sim}{B}(x)$"。显然,模糊推理句是一元模糊谓词,如

"若 x 是阴天,则 x 较冷"

由于"阴天"和"较冷"都是模糊概念,因此这是模糊推理句。对于模糊推理句,像模糊判断句一样,不存在绝对的真与假,只能说它以多大程度为真。$\underset{\sim}{A}(x) \to \underset{\sim}{B}(x)$ 对 x 的真值 $T(\underset{\sim}{A}(x) \to \underset{\sim}{B}(x)) \in [0,1]$ 可表示为

$$\underset{\sim}{R}(x) = T(\underset{\sim}{A}(x) \to \underset{\sim}{B}(x))$$
$$\underset{\sim}{R}(x) \in F(x)$$

则称 $\underset{\sim}{R}(x)$ 为 $\underset{\sim}{A}(x) \to \underset{\sim}{B}(x)$ 的集合表示。

3) 解模糊

解模糊器(defuzzifier)定义为:由 $V \subseteq R$ 上模糊集 B'(模糊推理句的输出)向清晰点 $y^* \in V$ 的一种映射。从概念上讲,解模糊器的任务是确定一个最能代表模糊集 B' 的 V 上的点,这和一个随机变量的均值是类似的。不过由于 B' 是以某种特殊方式构造的,所以在确定这一代表点上有多种选择。在选择解模糊方法中应考虑的三条准则如下。

(1) 言之有据。点 y^* 可直观地代表 B',如它可能位于 B' 的支撑集的中心附近或在 B' 中有很大的隶属度值。

(2) 计算简便。因为模糊控制器是实时运作的,所以这一准则对模糊控制尤为重要。

(3) 连续性。B' 的微小变化不会造成 y^* 的大幅度变动。

4) 解模糊器讨论

(1) 重心解模糊器。重心解模糊器(center of gravity defuzzifier)所确定的 y^* 是 B' 的隶属度函数涵盖区域的中心,即

$$y^* = \frac{\int_V y\mu_{B'}(y)\mathrm{d}y}{\int_V \mu_{B'}(y)\mathrm{d}y} \quad (7\text{-}42)$$

式中,$\int_V$ 是常规积分,这一计算过程如图 7-11 所示。

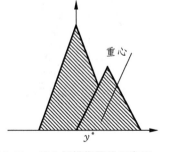

图 7-11 重心解模糊器的示意图

如果将 $\mu_{B'}(y)$ 看做一个随机变量的概率密度函数,则重心解模糊器给出的就是这个随机变量的均值。有时,应消除那些在 B' 中的隶属度值太小的 $y \in V$,这使得重心解模糊器变为

$$y^* = \frac{\int_{V_*} y\mu_{B'}(y)\mathrm{d}y}{\int_{V_*} \mu_{B'}(y)\mathrm{d}y} \tag{7-43}$$

式中，V_a（a 为常数）定义为

$$V_a = \{y \in V \mid \mu_{B'}(y) \geqslant a\} \tag{7-44}$$

重心解模糊器的优点在于其直观合理、言之有据；缺点在于其计算要求高。实际上，隶属度函数 $\mu_{B'}(y)$ 通常是不规则的，因而式(7-42)和式(7-43)中的积分很难计算。下一个解模糊器将通过一个简单的公式来逼近式(7-42)从而克服重心解模糊器的这一缺陷。

(2) 中心平均解模糊器。由于模糊集 B' 是 M 个模糊集的模糊并合成或模糊交合成，所以式(7-43)的一个好的逼近就是 M 个模糊集中心的加权平均，其权重等于相应模糊集的高度。具体地讲，令 $\bar{y}^l$ 为第 l 个模糊集的中心，w^l 为其高度，则中心平均解模糊器 (center average defuzzifier) 可由下式确定

$$y^* = \frac{\sum_{l=1}^{M} \bar{y}^l w^l}{\sum_{l=1}^{M} w^l} \tag{7-45}$$

中心平均解模糊器是在模糊系统与模糊控制中最常用的解模糊器。它计算简便、直观合理。下面用一个简单的例子来比较重心解模糊器和中心平均解模糊器。

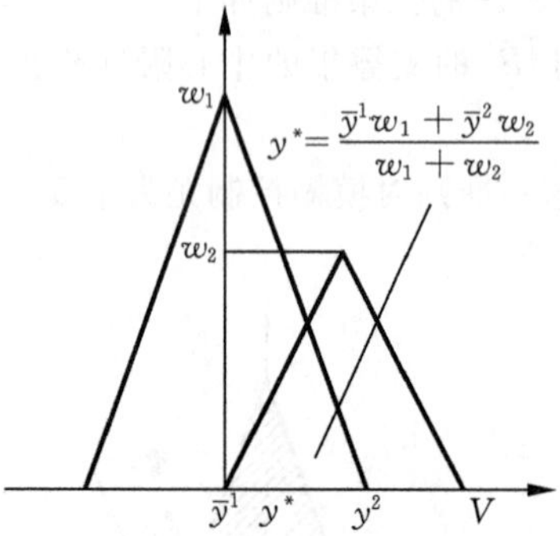

【例 7-5】 假设模糊集 B' 是图 7-12 中所示的两个模糊集的并集，图中 $\bar{y}^1 = 0, \bar{y}^2 = 1$，则中心平均解模糊器可得

$$y^* = \frac{w_2}{w_1 + w_2} \tag{7-46}$$

图 7-12 中心解模糊器的示意图

计算出重心解模糊器得到的结果。首先注意到，这两个模糊集在 $y = \dfrac{w_2}{w_1 + w_2}$ 处相交，因此可得

$$\int_V \mu_{B'}(y)\mathrm{d}y = 第一个模糊集区域 + 第二个模糊集区域 - 它们的交集区域$$

$$= w_1 + w_2 - \frac{1}{2}\frac{w_1 w_2}{w_1 + w_2} \tag{7-47}$$

由图可得
$$\int_V \mu_{B'}(y)\mathrm{d}y = \int_{-1}^{0} y w_1(1+y)\mathrm{d}y + \int_{0}^{\frac{w_2}{w_1+w_2}} y w_1(1-y)\mathrm{d}y$$

$$= -\frac{1}{6}w_1 + w + \frac{1}{6}\frac{w_1^3}{(w_1 + w_2)^2} \tag{7-48}$$

用式(7-48)除以式(7-47),就得到重心解模糊器的输出 y^*。表7-1给出了特定的 w_1、w_2 值下,采用这两种解模糊器所得到的 y^* 的值。可以看出,重心解模糊器的运算比中心平均解模糊器的运算要复杂得多。

表 7-1 重心解模糊器和中心解模糊器的比较

w_1	w_2	y^*(重心)	y^*(中心平均)	相对误差
0.9	0.7	0.4258	0.4375	0.0275
0.9	0.5	0.5475	0.5385	0.0133
0.9	0.2	0.7313	0.7000	0.0428
0.6	0.7	0.3324	0.3571	0.0743
0.6	0.5	0.4460	0.4545	0.0192
0.6	0.2	0.6471	0.6250	0.0342
0.3	0.7	0.1477	0.1818	0.2308
0.3	0.5	0.2155	0.2500	0.1600
0.3	0.2	0.3818	0.4000	0.0476

(3) 最大值解模糊器。从概念上讲,最大值解模糊器(maximum defizzifier)把 y^* 确定为 v 上 $\mu_{B'}(y)$ 取得其最大值的点。定义集合

$$\text{hgt}(B') = \{y \in V \mid \mu_{B'}(y) = \sup_{y \in V} \mu_{B'}(y)\} \tag{7-49}$$

即,$\text{hgt}(B')$ 是 V 上所有 $\mu_{B'}(y)$ 取得其最大值的点的集合,最大值解模糊器定义 y^* 为

$$y^* = \text{hgt}(B') \text{ 中的任意一点} \tag{7-50}$$

如果 $\text{hgt}(B')$ 仅包含一个点,则 y^* 唯一确定。如果 $\text{hgt}(B')$ 包含一个以上的点,则仍可采用式(7-49),或者大中取小,或者大中取大,或者大中取均值,选择其中一个构造解模糊器。具体来说,大中取小的解模糊器为

$$y^* = \inf\{y \in \text{hgt}(B')\} \tag{7-51}$$

大中取大的解模糊器为

$$y^* = \sup\{y \in \text{hgt}(B')\} \tag{7-52}$$

大中取均值的解模糊器为

$$y^* = \frac{\int_{\text{hgt}(B')} y \text{d}(y)}{\int_{\text{hgt}(B')} \text{d}(y)} \tag{7-53}$$

其中,$\int_{\text{hgt}(B')}$ 可以是 $\text{hgt}(B')$ 连续部分的常规积分,也可以是 $\text{hgt}(B')$ 离散部分的求和。不过,还可能会发现,大中取均值的解模糊器得出的结果直观上与最大隶属度有矛盾,如由大中取均值使得解模糊器产生的 y^* 可能在 B' 上有非常小的隶属度值(见图7-13)。这一问题是由隶属度函数 $\mu_{B'}(y)$ 的非凸性引起的。

最大值解模糊器运算简便且直观合理,但 B' 的微小变化可能会造成 y^* 的很大变化(见图 7-14)。如果图 7-14 中的情况不发生,则最大值解模糊器也是一个不错的选择。

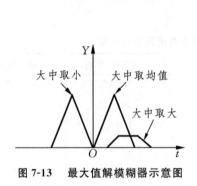

图 7-13　最大值解模糊器示意图　　　图 7-14　最大值解模糊器例子

7.3　预测控制

预测就是借助于对已知、过去和现在的分析得到对未知、未来的了解。以状态空间法为基础的现代控制理论是 20 世纪 60 年代初期发展起来的,它对自动控制技术的发展起到了积极的推动作用,但存在理论与实际应用不协调现象。人们试图寻找模型要求低、在线计算方便、控制综合效果好的算法,于是,预测控制算法应运而生。

7.3.1　预测控制算法及应用

由于预测控制是一类基于模型的计算机控制算法,因此它是基于离散控制系统的。预测控制不但利用当前的和过去的偏差值,而且用预测模型来预估过程未来的偏差值,以滚动确定当前的最优输入策略,其结构如图 7-15 所示。

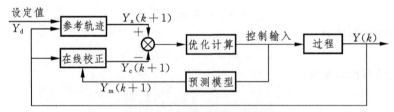

图 7-15　预测控制结构示意图

从预测控制的基本原理来看,这类方法具有下列明显的优点。

(1) 建模方便。过程的描述可以通过简单的试验获得,不需要深入了解过程的内部机理。

(2) 采用了非最小化描述的离散卷积和模型,信息冗余量大,有利于提高系统的鲁棒性。

(3) 采用了滚动优化策略,即在线反复进行优化计算,滚动实施,使模型因失配、畸变、干扰等引起的不确定性变化及时得到弥补,从而得到较好的动态控制性能。

(4) 可在不增加任何理论困难的情况下,将这类算法推广到有约束条件、大延迟、非最小相位以及非线性等过程,并获得较好的控制效果。

7.3.2 模型控制算法

模型控制算法(model algorithmic control,简称 MAC)采用基于脉冲响应的非参考模型作为内部模型,用过去和未来的输入/输出信息,预测系统未来的输出状态,经过用模型输出误差进行反馈校正后,再与参考输入轨迹进行比较,应用二次型性能指标滚动优化,再计算当前时刻加于系统的控制量,完成整个循环。该算法控制分为单步、多步、增量型、单值等多种模型算法控制。目前已在电厂锅炉、化工精馏塔等许多工业过程中获得成功应用,其原理如图 7-16 所示。

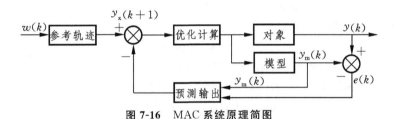

图 7-16 MAC 系统原理简图

假设对象实际脉冲响应为 $\boldsymbol{h} = [h_1, h_2, \cdots, h_N]^T$,预测模型脉冲响应为 $\hat{\boldsymbol{h}} = [\hat{h}_1, \hat{h}_2, \cdots, \hat{h}_N]^T$。已知开环预测模型为

$$y_m(k+i) = \sum_{j=1}^{N} \hat{h}_j u(k-j+i) \tag{7-54}$$

为使问题简化,这里假设预测步长 $P=1$,控制步长 $L=1$,这就是单步预测,单步控制问题。实现最优时,应有 $y_r(k+1) = y_m(k+1)$,将开环预测模型式(7-54)代入,则有

$$y_r(k+1) = y_m(k+1) = \sum_{j=2}^{N} \hat{h}_j u(k+1-j) + \hat{h}_1 u(k) \tag{7-55}$$

由式(7-55)可得

$$u(k) = \frac{1}{\hat{h}_1}[y_r(k+1) - \sum_{j=2}^{N} \hat{h}_j u(k+1-j)] \tag{7-56}$$

假设

$$y_r(k+1) = \alpha y(k) + (1-\alpha) y_{sp}$$

其中

$$\boldsymbol{u}(k-1) = [u(k-1), u(k-2), \cdots, u(k+1-N)]^T$$

$$\boldsymbol{\phi} = [e_2, e_3, \cdots, e_{N-1}, 0]^T$$

$$\boldsymbol{e}_i = [0, 0, \cdots, 1, 0, \cdots, 0]^T$$
$$\qquad\qquad\qquad\underset{\text{第 } i \text{ 项}}{\uparrow}$$

则单步控制 $u(k)$ 为

$$u(k) = \frac{1}{\hat{h}_1}\{(1-\alpha) y_{sp} + (\alpha \boldsymbol{h}^T - \hat{\boldsymbol{h}}^T \boldsymbol{\phi}) \boldsymbol{u}(k-1)\} \tag{7-57}$$

若考虑闭环预测控制，只要用闭环预测模型代替公式(7-57)，就可以得到闭环下的单步控制 $u(k)$ 为

$$u(k) = \frac{1}{\hat{h}_1}\{y_r(k+1) - [y(k) - y_m(k)] - \sum_{j=2}^{N}\hat{h}_j u(k+1-j)\} \qquad (7-58)$$

在作同样的假设后，有

$$u(k) = \frac{1}{\hat{h}_1}\{(1-\alpha)y_{sp} + [\boldsymbol{h}^T(\boldsymbol{I}-\boldsymbol{\phi}) - \boldsymbol{h}^T(1-\alpha)]\boldsymbol{u}(k-1)\} \qquad (7-59)$$

上面讨论的是单步预测单步控制下的 MAC 算法。至于更一般情况下的 MAC 控制率可推导如下。

已知对象预测模型和闭环校正预测模型分别为

$$y_m(k+1) = \hat{a}_s u(k) + \boldsymbol{A}_1 \Delta \boldsymbol{u}_1(k) + \boldsymbol{A}_2 \Delta \boldsymbol{u}_2(k+1)$$

$$y_p(k+1) = y_m(k+1) + h_0[y(k) - y_m(k)]$$

输出参考轨迹为 $y_r(k+1)$，设系统误差方程为

$$e(k+1) = y_r(k+1) - y_p(k+1) \qquad (7-60)$$

若选取目标函数 J 为

$$J = \boldsymbol{e}^T \boldsymbol{Q} \boldsymbol{e} + \Delta \boldsymbol{u}_2^T \boldsymbol{R} \Delta \boldsymbol{u}_2 \qquad (7-61)$$

式中：$\boldsymbol{Q}$ 为非负定矩阵；$\boldsymbol{R}$ 为正定控制加权对称矩阵。

使上述目标函数最小，可求得最优控制量 Δu_2 为

$$\Delta \boldsymbol{u}_2 = [\boldsymbol{A}_2^T \boldsymbol{Q} \boldsymbol{A}_2 + \boldsymbol{R}]^{-1} \boldsymbol{A}_2^T \boldsymbol{Q} \boldsymbol{e}' \qquad (7-62)$$

式中，e' 是指参考轨迹与在零输入响应下闭环预测输出之差，记为

$$e'(k+1) = y_r(k+1) - \{\hat{a}_s u(k) + \boldsymbol{A}_1 \Delta \boldsymbol{u}_1(k) + h_0[y(k) - y_m(k)]\} \qquad (7-63)$$

7.3.3 动态矩阵控制

动态矩阵控制(dynamic matrix control，简称 DMC)与模型算法控制不同之处是，它采用在工程上易于测取的对象阶跃响应做模型，计算量减少，鲁棒性较强。现已在石油、石油化工、化工等领域的过程控制中成功应用，已有商品化软件出售。动态矩阵控制也适用于渐近稳定的线性过程。

设 DMC 算法中的离散卷积模型为

$$y_p = \boldsymbol{A} \Delta \boldsymbol{u} + h_0 y(k) + P \qquad (7-64)$$

通常，预测步长 P 不同于控制步长 L，取 $L < P$，$\boldsymbol{A} \Delta \boldsymbol{u}$ 应表述为

$$\Delta \boldsymbol{u} = [\Delta u(k), \Delta u(k+1), \cdots, \Delta u(k+L-1)]^T \qquad (7-65)$$

$$\boldsymbol{A} = \begin{bmatrix} \hat{a}_1 & & & \\ \hat{a}_2 & \hat{a}_1 & & \\ \vdots & \vdots & \ddots & \\ \hat{a}_L & \hat{a}_{L-1} & \cdots & \hat{a}_1 \\ \vdots & \vdots & & \vdots \\ \hat{a}_P & \hat{a}_{P-1} & \cdots & \hat{a}_{P-L+1} \end{bmatrix}_{P \times L}$$

系统的误差方程为参考轨迹与预测模型之差。参考轨迹采用从现在时刻实际输出值出发的一阶指数形式。它在未来 P 个时刻的值为

$$\begin{cases} y_r(k+i) = \alpha^i y(k) + (1-\alpha^i)y_{sp} & (i = 1,2,\cdots,P) \\ y_r(k) = y(k) & (\alpha = \exp(-T/\tau)) \end{cases} \quad (7\text{-}66)$$

式中：T 为采样周期；τ 为参考轨迹的时间常数。如果采用式(7-66)的参考轨迹，则有

$$e = \boldsymbol{u}_r - \boldsymbol{y}_p = \begin{bmatrix} 1-\alpha \\ 1-\alpha^2 \\ \vdots \\ 1-\alpha^P \end{bmatrix}[y_{sp} - y(k)] - \boldsymbol{A}\Delta\boldsymbol{u} - \boldsymbol{P} \quad (7\text{-}67)$$

令

$$\boldsymbol{e}' = \begin{bmatrix} (1-\alpha)e_k - P_1 \\ (1-\alpha^2)e_k - P_2 \\ \vdots \\ (1-\alpha^P)e_k - P_p \end{bmatrix}$$

其中，$e_k = y_{sp} - y(k)$，则上式可改写为

$$\boldsymbol{e} = -\boldsymbol{A}\Delta\boldsymbol{u} + \boldsymbol{e}' \quad (7\text{-}68)$$

式中：e 表示参考轨迹与闭环预测值之差；e' 表示参考轨迹与零输入下闭环预测值之差；e_k 则是 k 时刻设定值与系统实际输出的差值。

取优化目标函数为

$$J = \boldsymbol{e}^T\boldsymbol{e} \quad (7\text{-}69)$$

将式(7-68)代入式(7-69)，可以得到无约束条件下目标函数最小时的最优控制量 $\Delta\boldsymbol{u}$ 为

$$\Delta\boldsymbol{u} = (\boldsymbol{A}^T\boldsymbol{A})^{-1}\boldsymbol{A}^T\boldsymbol{e}' \quad (7\text{-}70)$$

如果预测步长 P 与控制步长 L 相等，则可求得控制向量的精确解为

$$\Delta\boldsymbol{u} = \boldsymbol{A}^{-1}\boldsymbol{e}' \quad (7\text{-}71)$$

这里需要说明，通常情况下，虽然计算出最优控制量 Δu 序列，但往往只是把第一项 $\Delta u(k)$ 输出到实际系统，到下一采样时刻再重新计算 Δu 序列，并输出该序列中的第一个 Δu 值，周而复始。有时，为了减少计算量，也可以实施前面几个控制值。此时需要注意，如果模型不正确，将会使系统的动态性能变差。

7.3.4 广义预测控制和内部模型控制

1. 广义预测控制

广义预测控制(generalized predictive control，简称 GPC)是在自适应控制的研究中发展起来的预测控制算法。它的预测模型采用 CARIMA(离散受控自回归积分滑动平均模型) 或 CARMA(离散受控自回归滑动平均模型)，克服了脉冲响应模型、阶跃响应模型不能描述不稳定过程和难以在线辨识的缺点。广义预测控制保持最小方差自校正控制器的模型预测，在优化中引入了多步预测的思想，抗负载扰动随机噪声、延时变化等能力显

著提高,具有许多可以改变各种控制性能的调整参数。它不仅能用于开环稳定的最小相位系统,还可用于非最小相位系统、不稳定系统和变纯滞后、变结构系统。它在模型失配情况下仍能获得良好的控制性能。

2. 极点配置广义预测控制

预测控制系统的闭环稳定性尚未完全解决,这是由于闭环特征多项式的零点位置与系统中的多个可调参数有关,不易导出稳定性与各参数间的显示联系,使设计者不能将闭环极点配置在所期望的位置上。若能在多步预测控制系统中引入极点配置技术,将极点配置与多步预测结合起来组成广义预测极点配置控制,则将进一步提高预测控制系统的闭环稳定性和鲁棒性。

3. 内部模型控制

基于参数模型和非参数模型的两类预测控制算法,均采用了多步输出预测和在线滚动优化的控制策略,使分析预测控制系统的动态性能,计算闭环系统的输入/输出特性变得困难而复杂,于是出现了内部模型控制(简称内模控制)。应用内模控制结构来分析预测控制系统,有利于从结构设计的角度来理解预测控制的运行机理,可进一步利用它来分析预测控制系统的闭环动、静态特性、稳定性和鲁棒性。内模控制结构为预测控制的深入研究提供了一种新方法,推动了预测控制研究的进一步发展。

图 7-17 所示的反馈控制系统可等效变换为图 7-18 所示的内模控制系统,$\hat{G}(z)$ 是 $G(z)$ 的内部模型。在内模控制中,由于引入了内部模型,反馈量由原来的输出反馈变为扰动估计量的反馈,而且控制器的设计也十分容易。当 $\hat{G}(z)$ 不能精确描述对象时,$\hat{G}(z)$ 将包含模型失配的某些信息,从而有利于系统鲁棒性的设计。

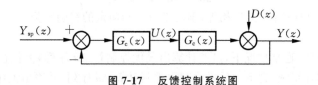

图 7-17 反馈控制系统图

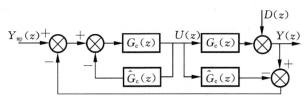

图 7-18　内模控制系统图

7.4　专家控制

专家系统是一种基于知识的系统,主要处理各种非结构化的问题,尤其是处理定性、启发式或不确定的知识信息,通过各种推理过程实现特定目标。专家系统技术的特点为解决传统控制理论的局限性提供了重要的启示,二者的结合产生了一种新的控制方法——专家控制(expert control,也称专家智能控制)。专家控制将专家系统理论同控制理论与技术相结合,在未知环境下,仿效专家的智能,实现对系统的控制。

根据专家系统在控制系统中应用的复杂程度,专家控制可分为专家控制系统和专家式控制器。专家控制系统具有全面的专家系统结构、完善的知识处理功能,同时还具有实时控制的可靠性能,其知识库庞大、推理机复杂,包括知识获取子系统和学习子系统,人-机接口要求较高;专家式控制器是专家控制系统的简化,二者在功能上没有本质的区别。专家式控制器针对具体的控制对象或过程,专注于启发式控制知识的开发,设计较小的知识库,简单的推理机制,省去了复杂的人-机对话接口环节。

专家控制能够运用控制工作者成熟的控制思想、策略和方法、直觉经验以及手动控制技能进行控制,因此,专家控制系统不仅可以提高常规控制系统的控制质量,拓宽控制系统应用范围,增强系统功能,而且可以对传统控制方法难以奏效的复杂生产过程实现高质量控制。

1. 专家控制系统的类型

专家控制系统在不长时间便得到了迅速发展,已有多种专家控制系统在控制工程中得到广泛应用。根据用途和功能,专家控制系统可分为直接型专家控制系统(器)和间接型专家控制系统(器);根据知识表达技术分类,可分为产生式专家控制系统和框架式专家控制系统等。

(1) 直接型专家控制系统(器)。直接型专家控制系统(器)具有模拟(或延伸、扩展)操作工作智能的功能,能够取代常规 PID 控制,实现在线实时控制。它的知识表达和知识库均较简单,由几十条产生式规则构成,便于修改,其推理和控制策略简单,推理效率较高。

(2) 间接型专家控制系统(器)。间接型专家控制系统(器)和常规 PID 控制器相结合,对生产过程实现间接智能控制,具有模拟(或延伸、扩展)控制工程师智能的功能,可实现优化、适应、协调、组织等高层决策。按其高层决策功能,可分为优化型、适应型、协调型和组织型。这类专家控制系统功能复杂,智能水平较高,相应的知识表达需采用综合技术,既要用产生式规则,又要用框架和语义网络以及知识模型和数学模型相结合的综合模型化方法,知识库结构复杂,推理机一般要用到启发推理、算法推理、正向推理、反向推理及组合推理、非精确、不确定和非单调推理等。系统功能可在线实时实现,也可通过人机交互或离线实现。

2. 专家控制系统基本组成

不同类型专家控制系统的结构可能有很大差别,但都包含算法库、知识基系统、人-机接口、通信系统等基本组成部分,如图 7-19 所示。

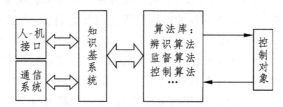

图 7-19　专家控制系统典型结构框图

算法库主要用于控制算法、辨识算法和监控算法进行数值计算。

控制算法根据知识基系统的控制配置命令和对象的测量信号,按选定的控制策略或最小方差等算法计算控制信号。

辨识算法和监控算法是从数值信号流中抽取特征信息,只有当系统运行状况发生某种变化时,才将运算结果送入知识基系统,增加或更新知识。

知识基系统储存控制系统的知识信息,包括数据库和规则库。在稳态运行期间,知识基系统是闲置的,整个系统按传统控制方式运行。知识基系统具有定性的启发式知识,进行符号推理,按专家系统的设计规范编码,通过算法库与对象相连。

人-机接口作为人-机界面,把用户输入的信息转换成系统内规范化的表示形式,然后交给相应模块去处理;把系统输出的信息转换成用户易于理解的外部表示形式给用户,实现与知识基系统的直接交互联系,与算法库间接联系。

由于生产过程的复杂性和先验知识的局限性,难以对它进行完善的建模,这时就要根据过去获得的经验信息,通过估计来学习,逐渐逼近未知信息的真实情况,使控制性能逐步改善。具有学习功能的系统才是完善的专家控制系统。

7.5　神经网络控制

人工神经网络(artificial neural network,简称 ANN)以独特的结构和处理信息的方法,在许多领域得到应用并取得了显著的成效,在自动控制领域取得了突出的理论与应用成果。基于神经网络的控制(ANN-based control)是一种基本上不依赖于模型的控制方法,适用于难以建模或具有高度非线性的被控过程。

7.5.1 神经元模型

1. 生物神经元模型

人的大脑是由大量的神经细胞组合而成的,它们之间互相连接,每个脑神经细胞(也称神经元)具有如图 7-20 所示的结构。

脑神经元由细胞体、树突和轴突构成。细胞体是神经元的中心,它又由细胞核、细胞膜等组成。树突是神经元的主要接受器,用来接受信息。轴突的作用是传导信息,从轴突起点传到轴突末梢,轴突末梢与另一个神经元的权空或细胞体构成一种突触的机构,通过突触实现神经元之间的信息传递。

2. 人工神经元模型

人工神经元网络是利用物理器件来模拟生物神经网络的某些结构和功能,人工神经元模型如图 7-21 所示。神经元模型的输入/输出关系为

$$I_j = \sum_{i=1}^{n} w_{ji} x_i - \theta_j \tag{7-72}$$

$$y_i = f(I_j) \tag{7-73}$$

图 7-20 生物神经元模型

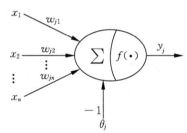

图 7-21 人工神经元模型

式中:θ_j 为阈值;w_{ji} 为连接权值;$f(x)$ 为激发函数或变换函数。常见的激发函数如图 7-22 所示,各自对应的解析表达式如下。

(1) 如图 7-22(a)所示,阶跃函数的表达式为

$$f(x) = \begin{cases} 1 & (x \geqslant 0) \\ 0 & (x < 0) \end{cases} \tag{7-74}$$

(2) 如图 7-22(b)所示,符号函数的表达式为

$$f(x) = \begin{cases} 1 & (x \geqslant 0) \\ -1 & (x < 0) \end{cases} \tag{7-75}$$

(3) 如图 7-22(c) 所示，饱和型函数的表达式为

$$f(x) = \begin{cases} 1 & \left(x \geqslant \dfrac{1}{k}\right) \\ kx & \left(|x| < \dfrac{1}{k} \quad k > 0\right) \\ -1 & \left(x \leqslant -\dfrac{1}{k}\right) \end{cases} \tag{7-76}$$

(4) 如图 7-22(d) 所示，双曲函数的表达式为

$$f(x) = \frac{1 - e^{-\alpha x}}{1 + e^{-\alpha x}} (\alpha > 0) \tag{7-77}$$

(5) 如图 7-22(e) 所示，S 型函数的表达式为

$$f(x) = \frac{1}{1 + e^{-\alpha x}} (\alpha > 0) \tag{7-78}$$

(6) 如图 7-22(f) 所示，高斯函数的表达式为

$$f(x) = e^{-x^2/\sigma^2} (\sigma > 0) \tag{7-79}$$

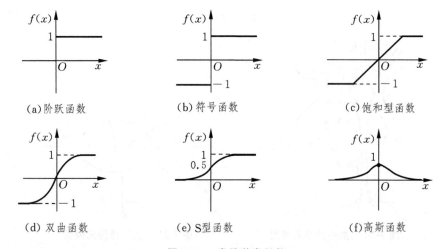

(a) 阶跃函数 (b) 符号函数 (c) 饱和型函数

(d) 双曲函数 (e) S 型函数 (f) 高斯函数

图 7-22　常见激发函数

7.5.2　人工神经网络模型

将多个人工神经元模型按一定方式连接而成的网络结构，称为人工神经网络，人工神经网络是以技术手段来模拟人脑神经元网络特征的系统，如学习、识别和控制等功能等，是生物神经网络的模拟和近似。人工神经网络有多种结构模型，图 7-23(a) 所示的为前向神经网络结构，图 7-23(b) 所示的为反馈型神经网络结构。

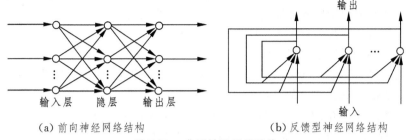

(a) 前向神经网络结构　　　　(b) 反馈型神经网络结构

图 7-23　典型神经网络结构

神经网络中每个节点(一个人工神经元模型)都有一个输出状态变量 x_j；节点 i 到节点 j 之间有一个连接权系数 w_{ji}；每个节点都有一个阈值 θ_j 和一个非线性激发函数 $f\left(\sum w_{ji}x_i - \theta_j\right)$。

神经网络具有并行性、冗余性、容错性、本质非线性及自组织、自学习、自适应能力，已经成功地应用到许多不同的领域。

下面介绍在自动控制中常用的误差反向传播神经网络。

误差反向传播网络简称 BP(back propagation) 网络，如图 7-23(a) 所示，是一种单向传播的多层前向网络，在模式识别、图像处理、系统辨识、最优预测、自适应控制等领域得到广泛应用。BP 网络由输入层、隐含量(可以有多个隐含层)和输出层构成，可以实现从输入到输出的任意非线性映射。连接权系数 w_{ji} 的调整采用误差修正反向传播的学习算法，也称监督学习。BP 算法首先需要一批正确的输入、输出数据(称训练样本)。将一组输入数据样本加载到网络输入端后，得到一组网络实际响应的输出数据；将输出数据与正确的输出数据样本相比较，得到误差值；然后根据误差的情况修改各连接权系数 w_{ji}，使网络的输出响应能够朝着输出数据样本的方向不断改进，直到实际的输出响应与已知的输出数据样本之差在允许范围之内。

BP 算法属于全局逼近方法，有较好的泛化能力。当参数适当时，能收敛到较小的均方误差，是当前应用最广泛的一种网络；缺点是训练时间长，易陷入局部极小，隐含层数和隐含节点数使系统控制难以确定的状况。

BP 网络在建模和控制中应用较多。在实际应用中，需选择网络层数、每层的节点数、初始权值、阈值、学习算法、权值修改步长等。一般是先选择一个隐含层，用较少隐节点对网络进行训练，并测试网络的逼近误差，逐渐增加隐节点数，直至测试误差不再有明显下降为止；最后再用一组检验样本测试，如误差太大，还需要重新训练。

7.5.3　神经网络在控制中的应用

神经网络控制是指在控制系统中采用神经网络，对难以精确描述的复杂非线性对象进行建模、特征识别，或作为优化计算、处理的有效工具。神经网络与其他控制方法结合，构成神经网络控制器或神经网络控制系统等,其在控制领域的应用可简单归纳为以下几个方面。

(1) 基于精确模型的各种控制结构中作为对象的模型。

(2) 反馈控制系统中直接承担控制器的作用。

(3) 传统控制系统中实现优化计算。

(4) 与其他智能控制方法,如模糊控制、专家控制等相融合,为其提供非参数化对象模型、优化参数、推理模型和故障诊断等。

基于传统控制理论的神经网络控制有很多种,如神经逆动态控制、神经自适应控制、神经自校正控制、神经内模控制、神经预测控制、神经最优决策控制等。

基于神经网络的智能控制有神经网络直接反馈控制,神经网络专家系统控制,神经网络模糊逻辑控制和神经网络滑模控制等。

第 8 章 计算机在过程控制系统中的应用

计算机在过程控制系统中得到了愈来愈广泛的应用。本章介绍计算机控制系统的硬件体系结构,包括 DDC 控制、总线控制;讨论网络控制技术和嵌入式技术;详细介绍过程控制的软件应用技术。尤其对过程控制领域广泛应用的组态软件做了深入的分析,介绍其发展、应用和常用的组态软件。通过本章学习,要求掌握一种组态软件的使用。

8.1 概述

计算机在过程控制系统中得到了愈来愈广泛的应用,这种应用包括控制和管理两个层面。

计算机控制系统由硬件系统和软件系统两大基本系统组成。硬件系统包括主机、操作控制台、外部设备、自动化仪表、输入/输出通道;软件系统包括计算机系统软件和适用于各种控制过程的应用软件。计算机在过程控制系统中的应用主要有以下四个发展方向。

1. 最优控制

最优控制是现代控制理论的一个重要组成部分。在实际应用中,最优控制适用于航天、航空和军事等领域,例如空间飞行器的登月、火箭的飞行控制和防御导弹的导弹封锁。工业系统中也有一些最优控制的应用,例如生物工程系统中细菌数量的控制等。然而,绝大多数过程控制问题都和流量、压力、温度和液位的控制有关,用传统的最优控制技术来控制它们并不合适。

2. 自适应、自学习和自组织系统

一个系统和包围该系统的环境之间通常都有物质、能量和信息的交换，外界环境的变化会引起系统特性的改变，相应地引起系统内各部分相互关系和功能的变化。为了保持和恢复系统原有特性，系统必须具有对环境的适应能力。国外在 20 世纪 80 年代掀起了神经网络（neural network）计算机的研究和应用热潮，我国在 20 世纪 90 年代也开始了这方面的研究。由于神经网络的特点（大规模的并行处理和分布式的信息存储，良好的自适应性、自组织性和很强的学习功能、联想功能及容错功能），使它的应用越来越广泛，其中一个重要的方面是智能控制，包含机器人控制。

3. 系统辨识

根据系统的输入/输出时间函数来确定、描述系统行为的数学模型，是现代控制理论的一个分支。通过辨识建立数学模型的目的是估计、表征系统行为的重要参数，建立一个能模仿真实系统行为的模型，用当前可测量的系统的输入和输出预测系统输出的未来演变，以及设计控制器。对系统进行分析的主要问题是根据输入时间函数和系统的特性来确定输出信号。对系统进行控制的主要问题是根据系统的特性设计控制输入，使输出满足预先规定的要求。

4. 分级控制（集散型控制）

分级控制是大系统的一种结构，也是智能控制的一种形式。就解决生产过程中控制系统和管理系统的联系，通过计算机由上至下、由点到面、从局部到全局来协调彼此之间的关系，达到分级控制生产过程的目的。

过去由于计算机价格高，复杂的生产过程控制系统往往采取集中控制方式，以便充分利用计算机。这种控制方式由于任务过于集中，一旦计算机出现故障，将会影响全局。价廉而功能完善的微机的出现，可以实现由若干台微处理器或微机分别承担部分任务，这种分级（或分布式）计算机系统代替集中控制。该系统的特点是将控制功能分散，用多台计算机分别执行不同的控制功能，既能进行控制又能实现管理。由于计算机控制和管理范围的缩小，使其应用灵活方便，可靠性提高。

20 世纪 70 年代中期以来，集中分散式的控制系统（简称集散系统）得到广泛应用。它采用分散局部控制的计算机控制系统。以微型计算机为核心，把微型机、工业控制计算机、数据通信系统、显示操作装置、输入/输出通道、模拟仪表等有机地结合起来，采用组合组装式结构组成系统，为实现工程大系统的综合自动化创造了条件。

下面从计算机在过程控制系统中应用的关键问题，即硬件体系结构和软件开发方法，详细介绍有关技术。

8.2 计算机控制系统硬件体系结构

8.2.1 直接数字控制

过程计算机控制系统是由被控对象、测量变送器、计算机和执行器组成的闭环控制系统,如图 8-1 所示。这里的控制器由计算机代替。

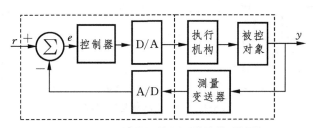

图 8-1 过程计算机控制系统的典型结构

直接数字控制(direct digital control,简称 DDC)定义为:"从传感器来的电信号被 DDC 接收,将电信号转变成数字信号,并在计算机中对这些数字信号进行数学运算。计算机的输出采用数字方式,并且能转换成一种电压或气动的信号去控制执行器。这种数字控制系统必须进行数字取样,因为除读该数据外,计算机必须要有时间去进行其他运行。如果直接数字控制的取样间歇选择正确,在完成控制时,将不会因为数字的取样而产生比较重大的性能降低。"从此定义可以看出:DDC 采用微机控制技术,将系统中的各种信号(如温度、湿度、压力、状态等),通过输入装置输入微机,按照预先编制的程序进行运算处理,而后用处理后的信号通过输出装置再去控制执行器,如图 8-2 所示。

图 8-2 DDC 控制原理简图

1. DDC 的基本组成

虽然 DDC 控制器品种繁多,但其基本组成相同,如图 8-3 所示,一般包括以下主要部件。

(1) 时钟。微处理器的时钟可以是内置时钟或外设时钟。时钟用来对输入数据的读入、各种逻辑运算及各种输出数据的时间调整进行控制。

(2) 程序存储器(ROM)。它是 DDC 控制器中的比较重要的基本单元,用来存储各种

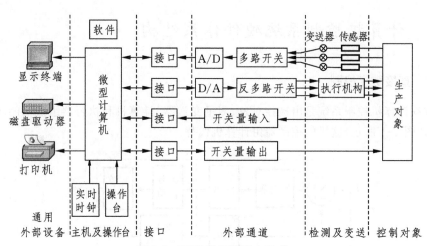

图 8-3 DDC 控制器基本组成

应用程序。用户为控制各种系统所编制的控制程序均存于其中。

(3) 数据存储器(RAM)。用来进行读/写、随机存取和临时储存数据。

(4) 输入/输出通道。它可在一定时间内将输入/输出信号通过多路开关送入 A/D 或输出 D/A 转换器中,将 AI 转换成数字量,输入到微处理器中进行运算,将运算结果通过 D/A 送给执行器。

在设计中应根据被控对象的性质及所编程序的难易程度,合理的选择以上几种基本单元的配置。目前的 DDC 控制器,其微处理器有 8 位、16 位、32 位,存储器的容量也各不相同。输入/输出接口可以不同的组合,原则是朝着通用、灵活、便于修改的方向发展。

2. DDC 控制系统的组成及分类

DDC 控制系统的结构一般可分为如下几种。

(1) BUS 总线结构。在这种结构中 DDC 控制器和中央控制计算机均挂于总线上。所有 DDC 控制器均处于同一等级,无主次之分。这是目前最常见的系统形式,其构成如图 8-4 所示。

在图 8-4 所示结构的基础上又派生出如图 8-5 所示的改进型 BUS 总线结构。这种结构中有二级网络结构,其通信速度可达 250 万 bit/s,并且 NCU 自身也具备控制功能。

(2) 环流网络结构。采用两根总线形成环流,如图 8-6 所示,通过一些控制模块组成多个环流网络,每个环流网络中可挂近百个 DDC。

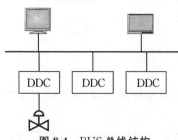

图 8-4 BUS 总线结构

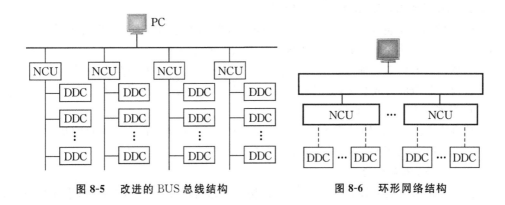

图 8-5　改进的 BUS 总线结构　　　　图 8-6　环形网络结构

8.2.2　总线控制

1. 分布式控制系统

分布控制系统(distributed control system,简称 DCS)又称为集散控制系统。它是一个由过程控制级和过程监控级组成的以通信网络为纽带的多级计算机系统,综合了计算机(computer)、通信(communication)、显示(CRT)和控制(control)等4C技术,其基本思想是分散控制、集中操作、分级管理、配置灵活、组态方便。

1) DCS 的特点

(1) 高可靠性。

(2) 开放性。

(3) 灵活性。

(4) 易于维护。

(5) 协调性。

(6) 控制功能齐全。

2) DCS 的发展、选用概述

从不同方向发展起来的 DCS 在结构上、软件方面有些区别。仪表公司开发的 DCS 的控制器的软件符合仪表工程人员应用的习惯,特别是组态方式比较方便。传动公司设计的 DCS 软件适合于 PLC 应用。计算机公司设计的 DCS 的人机界面比较友好。

在硬件结构、软件应用和网络协议方面,随着计算机技术的发展,大约有三次比较大的变革,表现在操作站、DCS 网络、现场总线的出现三个方面。

总的来看,DCS 本身的 I/O 板变化主要体现在 I/O 板 A/D 的转换位数;操作站的变化体现在软、硬件的改变,通信网络结构、协议的改进。控制器相对来看变化较少。功能块的算法和组态方式变化不大。操作站变化主要体现在由专用机变化到通用机,监控软件由专用逐渐变化到通用。专用操作站的硬件在 20 世纪 90 年代初就被淘汰。后来专用操作系统也被淘汰。目前,许多 DCS 系统的操作系统采用 UNIX 或其变种,也有中、小系统采用 NT。相比较来看,UNIX 的稳定性较好。

DCS 的另一个重要发展是,现场总线作为控制器的输入/输出。把现场总线作为 DCS 的输入/输出板,目的是解决远程信号的数据传输问题。

现场总线的提出也有将近十年的历史,为节省从变送器到控制器的连接电缆,其目的是去掉控制器而自成系统,即只有 I/O 板和人-机界面。这种方案也在发展。相对于 DCS 的发展来看,显得要缓慢一些。

从理论上讲,一个 DCS 系统可以应用于各种行业。但由于各行业有它的特殊性,所以 DCS 也就出现了型号与应用行业是否匹配的问题。

3) DCS 的体系结构

虽然集散系统的品种繁多,但系统的结构基本相同,可以用图 8-7 表示。集散控制系统一般由以下五大部分组成。

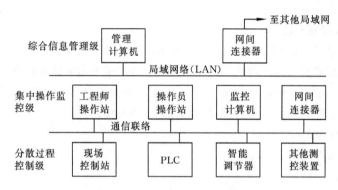

图 8-7 集散控制系统的基本结构

(1) 工程师站。工程师站是 DCS 中的一个特殊功能站,其主要作用是对 DCS 进行应用组态。应用组态是 DCS 应用过当中必不可少的一个环节,因为 DCS 是一个通用的控制系统,在其之上可以实现各种各样的应用,关键是如何定义一个具体的系统完成怎样的控制,控制的输入、输出量是什么,控制回路的算法如何,在控制计算中选取什么样的参数,在系统中设置哪些人-机界面来实现人对系统的管理与监控,还有诸如报警、报表及历史数据记录等各个方面功能的定义等,都是组态所要完成的工作,只有完成了正确的组态,一个通用的 DCS 才能成为一个针对具体控制应用的可运行系统。

组态工作可离线进行,也可在线进行。一旦组态完成,系统就具备了运行能力。当系统在线运行时,工程师站可起到一个对 DCS 本身的运行状态进行监视的作用,以及及时发现系统出现的异常,并进行处置。

在一个标准配置的 DCS 中,一般都配有一台专用的工程师站,也有些小型系统不配置专门的工程师站,而将其功能合并到某台操作员站中。在这种情况下,系统只在离线状态具有工程师站,而在在线状态下就没有工程师站的功能。当然也可以将这种具有操作员站和工程师站双重功能的站设置成可随时切换的方式,根据需要使用该站完成不同的功能。

(2) 操作员站。操作员站主要完成人-机界面功能，一般采用桌面通用计算机系统，如图形工作站或个人计算机，但一般都要求配备高分辨率、大屏幕的彩色显示器(CRT或液晶)，有的系统还要求每台操作员站使用多屏幕，以拓宽操作员的观察范围，为了提高图形显示效果，一般都在操作员站配备较大的内存，同时为了保存历史数据以便日后分析，大多配备大容量的硬盘。

(3) 现场控制站。现场控制站是集散系统的核心部分，主要完成连续控制功能、顺序控制功能、算术运算功能、报警检查功能、过程 I/O 功能、数据处理功能和通信功能等。

现场控制站硬件一般都采用工业控制计算机，其中除了计算机系统所必须的 CPU、存储器等，还包括了现场测量单元、执行单元的输入/输出设备。

(4) 服务器及其他功能站。在现代的 DCS 结构中，除了现场控制站和操作员站以外，还可以有许多执行特定功能的计算机，如专门记录历史数据的历史站、进行高级控制运算功能的高级计算站、进行生产管理的管理站等。这些站也都通过网络实现与其他各站的连接，形成一个功能完备的控制系统。

随着 DCS 的功能不断向高层扩展，系统已不再局限于直接控制，而是越来越多的加入了监督控制乃至生产管理等高级功能，因此当今大多数 DCS 都配有服务器。

在一个控制系统中，监督控制功能是必不可少的，虽然控制系统的控制功能主要由系统的直接控制部分完成，但是这部分正常工作的条件是生产工况平稳、控制系统各部分工作在正常状态下，一旦出现异常情况，就必须实行人工干预，使系统回到正常状态，这就是 SCADA 功能最主要的作用。

(5) 系统网络。DCS 的另外一个重要组成部分是系统网络，它是连接系统各站的桥梁。由于 DCS 是由各种不同功能的站组成的，这些站之间必须实现有效的数据传输，以实现系统总体的功能，因此系统网络的实时性、可靠性和数据通信能力关系到整个系统的性能，特别是系统的通信规约，关系到网络通信的效率和系统功能的实现，因此都是由各个 DCS 厂家专门精心设计的。随着网络技术的发展，很多标准的网络产品陆续推出，特别是以太网逐步成为实际上的工业标准，越来越多的 DCS 厂家直接采用以太网作为系统网络。

在以太网的发展初期，是为满足事务处理应用需求而设计的，其网络介质访问的特点比较适宜传输信息的请求随机发生，每次传输的数据量较大而传输的次数不频繁，因网络访问碰撞而出现的延时对系统影响不大的应用系统。而在工业控制系统中，数据传输的特点是需要周期性的传输，每次传输的数据量不大而传输的次数比较频繁，而且要求在确定的时间内完成传输，这些应用需求的特点并不适宜使用以太网，特别是以太网传输的时间不确定性，更是其在工业控制系统中的最大障碍。

但是由于以太网应用的广泛性和成熟性，特别是它的开放性，使得大多数 DCS 厂家都先后转向了以太网。近年来，以太网的传输速度有了极大的提高。

2. 现场总线技术

现场总线是 20 世纪 80 年代末、90 年代初国际上发展形成的，用于过程自动化、制造自动化、楼宇自动化等领域的现场智能设备互连通信网络。它作为工厂数字通信网络的基础，沟通了生产过程现场及控制设备之间及其与更高控制管理层次之间的联系。它不仅是一个基层网络，而且还是一种开放式、新型全分布控制系统。

1) 现场总线的技术特点

(1) 系统的开放性。开放系统是指通信协议公开，各不同厂家的设备之间可进行互连并实现信息交换，现场总线开发者就是要致力于建立统一的工厂底层网络的开放系统。这里的开放是指对相关标准的一致、公开性，强调对标准的共识与遵从。

(2) 互可操作性与互用性。可实现互连设备间、系统间的信息传送与沟通，可实行点对点，一点对多点的数字通信；不同生产厂家的性能类似的设备可进行互换。

(3) 现场设备的智能化与功能自治性。它将传感测量、补偿计算、工程量处理与控制等功能分散到现场设备中完成，仅靠现场设备即可完成自动控制的基本功能，并可随时诊断设备的运行状态。

(4) 系统结构的高度分散性。由于现场设备本身已可完成自动控制的基本功能，使得现场总线已构成一种新的全分布式控制系统的体系结构。从根本上改变了现有 DCS 集中与分散相结合的集散控制系统体系，简化了系统结构，提高了可靠性。

(5) 对现场环境的适应性。工作在现场设备前端，作为工厂网络底层的现场总线，是专为在现场环境工作而设计的，它可支持双绞线、同轴电缆、光缆、射频、红外线、电力线等，具有较强的抗干扰能力，能采用两线制实现送电与通信，并可满足本质安全防爆要求等。

2) 现场总线的优点

由于现场总线的以上特点，特别是现场总线系统结构的简化，使控制系统的设计、安装、投运到正常生产运行及其检修维护，都体现出优越性。

(1) 节省硬件数量与投资。

(2) 节省安装费用。

(3) 节省维护费用。

(4) 用户具有高度的系统集成主动权。

(5) 提高了系统的准确性与可靠性。

3) 典型现场总线简介

(1) 基金会现场总线。

基金会现场总线技术，是在过程自动化领域得到广泛支持和具有良好发展前景的技术。它以 ISO/OSI 开放系统互连模型为基础，取其物理层、数据链路层、应用层为基金会现场总线通信模型的相应层次，并在应用层上增加了用户层。

基金会现场总线分低速 H1 和高速 H2 两种通信速率。H1 的传输速率为 3125kb/s、通信距离达 1900m（可加中继器延长）、可支持总线供电，支持本质安全防爆环境。H2 的传输速率为 1Mb/s 和 2.5Mb/s 两种，其通信距离为 750m 和 500m。

(2) LonWorks 现场总线。

LonWorks 是又一具有强劲实力的现场总线技术，它采用了 ISO/OSI 模型的全部七层通信协议，采用了面向对象的设计方法，通过网络变量把网络通信设计简化为参数设置，其通信速率从 300b/s 至 15Mb/s 不等，直接通信距离可达到 2700m(78kb/s)，双绞线），支持双绞线、同轴电缆、光纤、射频、红外线、电源线等多种通信介质，并开发相应的本安防爆产品，被誉为通用控制网络。

(3) Profibus 现场总线。

Profibus 是作为德国国家标准 DIN 19245 和欧洲标准 prEN50170 的现场总线。ISO/OSI 模型也是它的参考模型。

Porfibus 支持主-从系统、纯主站系统、多主多从混合系统等几种传输方式。

Profibus 的传输速率为 96～12kb/s。最大传输距离在 12kb/s 时为 1000m，在 15Mb/s 时为 400m，可用中继器延长至 10km。其传输介质可以是双绞线，也可以是光缆，最多可挂接 127 个站点。

(4) CAN 现场总线。

CAN 是控制网络 control area network 的简称，最早由德国 BOSCH 公司推出，用于汽车内部测量与执行部件之间的数据通信。其总线规范现已被 ISO 国际标准组织制定为国际标准，得到了 Motorola、Intel、Philips、Siemens、NEC 等公司的支持，已广泛应用在离散控制领域。

CAN 协议也是建立在国际标准组织的开放系统互连模型基础上的。不过，其模型结构只有三层，只取 OSI 底层的物理层、数据链路层和顶上层的应用层。其信号传输介质为双绞线，通信速率最高可达 1Mb/s/40m，直接传输距离最远可达 10km/kb/s，可挂接设备最多可达 110 个。

CAN 支持多主方式工作，网络上任何节点均在任意时刻主动向其他节点发送信息，支持点对点、一点对多点和全局广播方式接收/发送数据。

4) 现场总线技术展望与发展趋势

发展现场总线技术已成为工业自动化领域广为关注的焦点，国际上现场总线的研究、开发，使测控系统冲破了长期封闭系统的禁锢，走上开放发展的征程，这对我国现场总线控制系统的发展是个极好的机会，也是一次严峻的挑战。现场总线技术是控制、计算机、通信技术的交叉与集成，涉及的内容十分广泛，应不失时机地抓好我国现场总线技术与产品的研究与开发。自动化系统的网络化是发展的大趋势，现场总线技术受计算机网络技术的影响是十分深刻的。现在网络技术日新月异，发展十分迅猛，一些具有重大影响的网络新技术必将进一步融合到现场总线技术之中，这些具有发展前景的现场总线技术有：智能仪表与网络设备开发的软硬件技术组态抗术，包括网络拓扑结构、网络设备、网段互连等；网络管理技术，包括网络管理软件、网络数据操作与传输；人－机接口、软件技术；现场总线系统集成技术。

现场总线属于尚在发展之中的技术，我国在这一技术领域还刚刚起步，了解国际上该项技术的现状与发展动向，对我国相关行业的发展，对自动化技术、设备的更新，无疑具有重要的作用。总体来说，自动化系统与设备将朝着现场总线体系结构的方向前进，这一发展趋势是肯定的。既然是总线，就要向着趋于开放统一的方向发展，成为大家都遵守的标准规范，但由于这一技术所涉及的应用领域十分广泛，几乎覆盖了所有连续、离散工业领域，如过程自动化、制造加工自动化、楼宇自动化、家庭自动化等等。大千世界，众多领域，需求各异，一个现场总线体系下可能不止容纳单一的标准。

另外，从以上介绍也可以看出，几大技术均具有自己的特点，已在不同应用领域形成了自己的优势。加上商业利益的驱使，它们都各自正在十分激烈的市场竞争中求得发展。有理由认为，在从现在起的未来 10 年内，可能出现几大总线标准共存，甚至在一个现场总线系统内，几种总线标准的设备通过路由网关互连实现信息共享的局面。

现场总线技术的兴起，开辟了工厂底层网络的新天地。它将促进企业网络的快速发展，为企业带来新的效益，因而会得到广泛的应用，并推动自动化相关行业的发展。

3. 工业以太网

1）工业以太网技术发展现状

所谓工业以太网(industry ethernet)是指技术上与商用以太网(即 IEEE802.3 标准)兼容，但在产品设计时，在材质的选用、产品的强度、适用性以及实时性、可互操作性、可靠性、抗干扰性和本质安全防爆等方面能满足工业现场的需要。

随着互联网技术的发展、普及和推广，工业以太网技术得到了迅速的发展，工业以太网传输速率的提高和工业以太网交换技术的发展，给解决工业以太网通信的非确定性问题带来了希望，并使工业以太网全面应用于工业控制领域成为可能。目前工业以太网技术的发展体现在以下几个方面。

(1) 通信确定性与实时性。

工业控制网络不同于普通数据网络的最大特点在于它必须满足控制作用对实时性的要求，即信号传输要足够的快和满足信号的确定性。实时控制往往要求对某些变量的数据定时刷新。由于工业以太网采用 CSMA/CD 碰撞检测方式，网络负荷较大时，网络传输的不确定性不能满足工业控制的实时要求，因此传统以太网技术难以满足控制系统要求准确定时通信的实时性要求，一直被视为非确定性的网络。

然而，快速以太网与交换式以太网技术的发展，使工业以太网通信确定性和实时性大大提高。

(2) 稳定性与可靠性。

工业以太网进入工业控制领域的另一个主要问题是，它所用的接插件、集线器、交换机和电缆等均是为商用领域设计的，而未针对较恶劣的工业现场环境来设计(如冗余直流电源输入、高温、低温、防尘等),故商用网络产品不能应用在有较高可靠性要求的恶劣工业现场环境中。

随着网络技术的发展,上述问题正在迅速得到解决。

最近刚刚发布的 IEEE802.3af 标准中,对工业以太网的总线供电规范也进行了定义。此外,在实际应用中,主干网可采用光纤传输,现场设备的连接则可采用屏蔽双绞线,对于重要的网段还可采用冗余网络技术,以此提高网络的抗干扰能力和可靠性。

(3) 工业以太网协议。

由于工业自动化网络控制系统不单单是一个完成数据传输的通信系统,而且还是一个借助网络完成控制功能的自控系统。它除了完成数据传输之外,往往还需要依靠所传输的数据和指令,执行某些控制计算与操作功能,由多个网络节点协调完成自控任务。因此,它需要在应用、用户等高层协议与规范上满足开放系统的要求,满足互操作条件。

对应于 ISO/OSI 七层通信模型,以太网技术规范只映射为其中的物理层和数据链路层;而在其之上的网络层和传输层协议,目前以 TCP/IP 协议为主(已成为以太网之上传输层和网络层"事实上的"标准)。而对较高的层次如会话层、表示层、应用层等没有作技术规定。目前商用计算机设备之间是通过 FTP(文件传送协议)、Telnet(远程登录协议)、SMTP(简单邮件传送协议)、HTTP(WWW 协议)、SNMP(简单网络管理协议)等应用层协议进行信息透明访问的,它们如今在互联网上发挥了非常重要的作用。但这些协议所定义的数据结构等特性不适合应用于工业过程控制领域现场设备之间的实时通信。

为满足工业现场控制系统的应用要求,必须在 Ethernet+TCP/IP 协议之上,建立完整的、有效的通信服务模型,制定有效的实时通信服务机制,协调好工业现场控制系统中实时和非实时信息的传输服务,形成为广大工控生产厂商和用户所接收的应用层、用户层协议,进而形成开放的标准。为此,各现场总线组织纷纷将以太网引入其现场总线体系中的高速部分,利用以太网和 TCP/IP 技术,以及原有的低速现场总线应用层协议,从而构成了所谓的工业以太网协议,如 HSE、PROFInet、Ethernet/IP 等。

2) 工业以太网分类

(1) 高速以太网。

高速以太网(high speed ethernet,HSE)是现场总线基金会在摒弃了原有高速总线 H2 之后的新作。FF 现场总线基金会明确将 HSE 定位成实现控制网络与互联网 Internet 的集成。由 HSE 链接设备将 H1 网段信息传送到以太网的主干上并进一步送到企业的 ERP 和管理系统。操作员在主控室可以直接使用网络浏览器查看现场运行情况。现场设备同样也可以从网络获得控制信息。

(2) PROFInet。

Profibus 国际组织针对工业控制要求和 Profibus 技术特点,提出了基于以太网的

PROFInet，它主要包含三方面的技术：① 基于通用对象模型（COM）的分布式自动化系统；② 规定了 Profibus 和标准以太网之间的开放、透明通信；③ 提供了一个包括设备层和系统层、独立于制造商的系统模型。

（3）以太网工业协议。

以太网工业协议（Ethernet/IP）是主推 ControlNet 现场总线的 Rockwell Automation 公司对以太网进入自动化领域做出的积极响应。Ethernet/IP 网络采用商业以太网通信芯片、物理介质和星形拓扑结构，采用以太网交换机实现各设备间的点对点连接，能同时支持 10Mb/s 和 100Mb/s 以太网商用产品，Ethernet/IP 的协议由 IEEE 802.3 物理层和数据链路层标准、TCP/IP 协议组和控制与信息协议 CIP(control information protocol) 等组成，如图 8-8 所示。

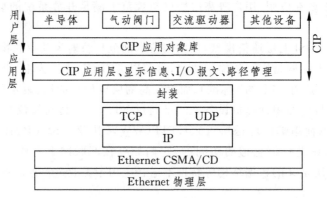

图 8-8　Ethernet/IP 的结构

3）工业以太网技术的发展趋势与前景

由于以太网具有应用广泛、价格低廉、通信速率高、软硬件产品丰富、应用支持技术成熟等优点，目前它已经在工业企业综合自动化系统的资源管理层、执行制造层得到了广泛应用，并呈现向下延伸直接应用于工业控制现场的趋势。从目前国际、国内工业以太网技术的发展来看，目前工业以太网在制造执行层方面已得到广泛应用，并成为事实上的标准。未来，工业以太网将在工业企业综合自动化系统现场设备之间的互连和信息集成中发挥越来越重要的作用。总的来说，工业以太网技术的发展趋势将体现在以下几个方面。

（1）工业以太网与现场总线相结合，具体表现在：物理介质采用标准以太网连线，如双绞线、光纤等；使用标准以太网连接设备（如交换机等），在工业现场使用工业以太网交换机；采用 IEEE 802.3 物理层和数据链路层标准、TCP/IP 协议组；应用层（甚至是用户层）采用现场总线的应用层、用户层协议；兼容现有成熟的传统控制系统，如 DCS、PLC 等。

（2）工业以太网技术直接应用于工业现场设备间的通信。

(3) 开发基于以太网的现场总线控制设备及相关软件原型样机,并在化工生产装置上成功应用。

(4) 发展前景。由于以太网有"一网到底"的美誉,即它可以一直延伸到企业现场设备控制层,所以被人们普遍认为是未来控制网络的最佳解决方案,工业以太网已成为现场总线中的主流技术。

8.2.3 网络控制

1. 网络化控制系统概述

控制论的创始人维纳在其著名的《控制论》一书所列的副标题为"关于在动物和机器中控制与通信的科学",意味着作者认为控制与通信、人与机器的交互是控制论的主题。历经半个多世纪,控制科学、通信科学以及计算机科学都有了很大的发展,而且是在这些学科与数学等学科的交叉、渗透中发展。因此,控制与网络的交叉历来是学科发展的一个焦点,随着目前网络技术与计算机技术的飞速发展,它又面临着一个新的生长期。

网络化控制系统(networked control system, NCS)中,控制器与传感器通过串行通信线路形成闭环,如图 8-9 所示。其基本特点是反馈控制系统中的控制回路是通过网络连接而形成系统闭环,如图 8-10 所示。

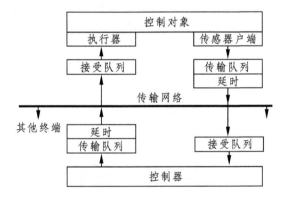

图 8-9 典型的网络控制系统结构图

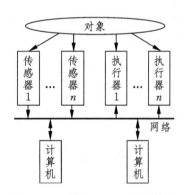

图 8-10 网络化控制系统示意图

除了控制系统本身的结构和特性外,NCS 之间最大的区别在于系统中的网络类型、结构以及所提供服务类型的不同。

从技术角度上来看,网络化控制兼具有网络技术和自动控制技术的特点。

(1) 要求有高实时性及快响应的数据传输。

(2) 传送的信息既有控制型的短帧信息也有监控或决策信息,且信息交换频繁。

(3) 网络协议简单实用,工作效率高。

(4) 网络结构具有高度分散性,易于实现与信息网络的集成,安全性好。

(5) 具有控制设备的智能化和控制功能的自治性特点。

2. 网络控制系统现状

信息系统与传统工业系统的结合将随着计算机网络的发展而持续发展,网络化控制系统作为网络与自动控制的学科交叉是一个令人瞩目的热点。它也是计算机控制系统的延拓和发展。

网络化控制系统中的通信网络与自动控制是一种相互依赖、相互促进、相互渗透的关系。网络化控制系统首先是一种控制系统,一般控制系统的研究内容,如稳定性、可控性、可观性、控制算法的收敛性等仍然属于网络化控制系统的研究范畴,但由于处于网络环境之下,控制系统的设计呈现新的特性。从直观上来看,对网络化控制系统的研究工作可以从如下两个方面展开。

1) 从控制理论与控制算法的角度出发

在数字技术得到广泛应用的时代背景下,基于离散时间的控制理论和控制算法是被用来解决网络化控制系统设计和应用等问题的首选。但由于数据在网络中传输具有不确定性,加之网络本身的一些约束条件等原因,上述的离散时间系统控制理论和算法在实际的研究工作中遇到了挑战,有的需要改进,有的则需要开发新的算法。

2) 从网络技术开发的角度出发

在网络化控制系统中,网络对控制系统最大的影响在于对控制系统信息传送的实时性、可靠性和确定性上。因此,研究高效、可靠、快速的网络数据传输技术是研究网络化控制系统的一个重要领域。从目前的相关研究工作来看,有关网络化控制系统的研究内容大致集中在如下的几个问题上。

(1) 网络化控制系统中的信息调度。

(2) 网络化控制系统中的信息传送时延。

(3) 网络化控制系统中通信资源分配的优化。

(4) 网络化控制系统的故障检测。

3. 网络控制系统的展望

无论是从控制策略的设计还是从网络资源的调度来看,NCS 的研究还远远不够。目前,下列问题需要开始或进一步地研究。

(1) 事件驱动的多率采样理论。

为了处理网络带宽的限制以及消除冗余信号对系统性能的负面影响,常常采用事件驱动的采样方式。目前,事件驱动的多率采样理论的研究才刚刚起步,在这方面要做的研究还很多。

(2) 通过 HMM 建模和估计。

基于 HMM 的估计理论是处理混杂系统情况下辨识问题的有力工具,将 HMM 理论应用于 NCS 是研究和设计 NCS 的一个重要方向。

(3) 闭环调度。

开环调度算法在负载能精确建模的动态或静态系统中可以取得很好的效果,可是在不可测的动态系统中,算法的有效性要极大地降低。所以,实时调度理论尚不能满足实际需求,很有必要对闭环调度理论进行研究。

8.2.4 基于嵌入式架构的过程控制系统开发

嵌入式微处理器、嵌入式 DSP、嵌入式片上系统 SOC 的飞速发展,使网络控制、IP 视频监控、无线应用等技术日益向过程控制领域渗透。因此,基于嵌入式的过程控制应用技术已成为目前的热门技术,下面简要介绍相关技术。

1. 嵌入式技术

嵌入式系统是指用于执行独立功能的专用计算机系统。它由微电子芯片(包括微处理器、定时器、序列发生器、控制器、储存器、传感器等一系列微电子芯片与器件)和嵌入在 ROM、RAM 和 FLASH 储存器中的微型操作系统、控制与应用软件开发来实现各种自动化处理任务的电子设备或装置组成。嵌入式系统的主要作用是实时控制、监视、管理、移动计算机数据处理等等,或辅助其他设备运转,完成各种自动化处理的任务。嵌入式系统的特点是:面向特定应用,为特定用户设计;以半导体技术、控制技术、计算机技术和通信技术为基础;强调硬件、软件的协同性和整合性,软件与硬件必须高效率设计,以满足系统对功能、成本、体积和功耗的要求。目前,嵌入式处理器的品种很多,它们可以分为如下几类。

1) 嵌入式微处理器

嵌入式微处理器(embedded microprocessor unit,简称 EMPU)采用增强型通用微处理器。通常工作于比较恶劣的环境,因此在工作温度、电磁兼容、可靠性方面要求较通用的标准微处理器高,具有体积小、重量轻、成本低、可靠性高等特点。

2) 嵌入式微控制器

嵌入式微控制器(micro controller unit,简称 MCU)又称单片机,它将整个计算机系统集成到一块芯片中。一般它以某种微处理器内核为核心,根据典型应用,在芯片内集成了 ROM/EPROM、RAM、总线、看门狗、定时/计数器、串行口、A/D、D/A、Flash RAM、EEPROM 等必要的功能部件和外设。使单片机最大限度的和应用需求相匹配,降低整个系统的成本。

3) 嵌入式 DSP 处理器

由于 DSP 处理器对系统结构和指令进行了特殊设计,使其特别适合数字信号处理。在数字旅伴、FFT、谱分析方面,DSP 算法正大量进入嵌入式领域,DSP 应用正从在通用单片机中以普通指令实现 DSP 功能过渡到采用嵌入式 DSP 处理器(embedded digital signal processor,简称 EDSP)。

4) 嵌入式片上系统

随着 EDI 的推广和 VLSI 设计的普及,以及半导体工艺的迅速发展,可以在一块硅片上实现一个更为复杂的系统,这就产生了嵌入式片上系统技术(system on chip,简称

SOC)。各种通用处理器内核将作为 SOC 设计公司的标准库,和其他许多嵌入式系统外设一样,成为 VLSI 设计中一种标准的器件,用标准的 VHDL、Verlog 等硬件语言描述,存储在器件库中。用户只需定义出整个应用系统,仿真通过后就可以将设计图交付制作。这样,除了某些无法集成的器件外,整个嵌入式系统大部分可以集成到一块或者几块芯片中,对于减少整个应用系统体积和功耗,提高可靠性非常有利。

嵌入式操作系统是一种支持嵌入式系统应用的操作系统软件,它是嵌入式系统的重要组成部分,通常包括与硬件相关的底层驱动软件、系统内核、设备驱动接口、通信协议、图形界面、标准化浏览器等。与通用操作系统相比,嵌入式操作系统在系统实时高效性、硬件的相关依赖性、软件固态化以及应用的专用性方面有很突出的特点。一般情况下,嵌入式操作系统可以分为实时操作系统和非实时操作系统,前者主要面向控制、通信等领域的用户,后者主要面向消费电子产品的用户。

2. 嵌入式结构

一般嵌入式控制器结构如图 8-11 所示,主要包括以太网控制器、串行接口、USB 等主要部分。

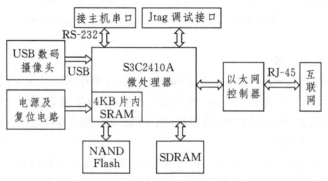

图 8-11 嵌入式系统硬件总体结构

8.3 过程控制的软件应用技术

8.3.1 组态软件

1. 组态软件产生的背景

"组态"的概念是伴随着集散型控制系统(distributed control system,简称 DCS)的出现才开始被广大的生产过程自动化技术人员所熟知的。在工业控制技术的不断发展和应用过程中,PC 技术相比以前的专用系统优势日趋明显,主要体现在:PC 技术保持了较快的发展速度,各种相关技术已臻成熟;由 PC 构建的工业控制系统成本较低;PC 的软、硬件资源丰富,软件之间的互操作性强;基于PC的控制系统易于学习和使用,容易得到技术支持。在PC技术向工业控制领域的渗透中,组态软件占据着非常特殊而且重要的地位。

组态软件是指数据采集与过程控制的专用软件,它们是在自动控制系统监控层一级的软件平台和开发环境,是使用灵活的组态方式,为用户提供快速构建工业自动控制系统监控功能的、通用层次的软件工具。组态软件通常能支持各种工控设备和常见的通信协议,并且提供分布式数据管理和网络功能。对应于原有的人-机接口软件(human machine interface,简称HMI)的概念,组态软件是一个使用户能快速建立自己的HMI的软件工具或开发环境。在组态软件出现之前,工控领域的用户通过手工或委托第三方编写HMI应用,开发时间长,效率低,可靠性差;或者购买专用的工控系统,通常是封闭的系统,选择余地小,往往不能满足需求,很难与外界进行数据交互,升级和增加功能都受到严格的限制。组态软件的出现,把用户从这些困境中解脱出来,可以利用组态软件的功能,构建一套最适合自己的应用系统。随着它的快速发展,实时数据库、实时控制、SCADA、通信及联网、开放数据接口、对I/O设备的广泛支持,已经成为其主要内容。随着技术的发展,监控组态软件将不断被赋予新的内容。

2. 组态软件在我国的发展

组态软件产品于20世纪80年代初出现,并在80年代末进入我国。但在90年代中期之前,组态软件在我国的应用并不普及。究其原因,大致有以下几点。

(1) 国内用户缺乏对组态软件的认识,项目中没有组态软件的预算;

(2) 国内用户的软件意识不强,很少有用户愿意去购买价格不菲的正版软件;

(3) 国内的工业自动化和信息技术应用的水平不高,组态软件提供了对大规模应用、大量数据进行采集、监控、处理并可以将处理的结果生成管理所需的数据,这些需求并未完全形成。

3. 国内外主要产品介绍

随着工业控制系统应用的深入,面对规模更大、控制更复杂的控制系统,人们逐渐意识到原有的开发方式费时费力、得不偿失,同时,管理信息系统(management information system,简称MIS)和计算机集成制造系统(computer integrated manufacturing system,简称CIMS)的大量应用,要求工业现场为企业的生产、经营、决策提供更详细和深入的数据,以便优化企业生产经营中的各个环节。因此,从1995年开始,组态软件在国内的应用逐渐得到了普及。下面就对几种组态软件分别进行介绍。

(1) InTouch:Wonderware 的 InTouch 软件是最早进入我国的组态软件。在20世纪80年代末、90年代初,基于 Windows 3.1 的 InTouch 软件曾让我们耳目一新,并且 InTouch 提供了丰富的图库。但是,早期的 InTouch 软件采用 DDE 方式与驱动程序通信,性能较差,最新的 InTouch 7.0 版已经完全基于32位的 Windows 平台,并且提供了 OPC 支持。

(2) Fix：Intellution 公司以 Fix 组态软件起家，1995 年被爱默生收购，现在是爱默生集团的全资子公司。Fix 6.x 软件提供工控人员熟悉的概念和操作界面，并提供完备的驱动程序（需单独购买）。Intellution 将产品系列命名为 iFiX，在 iFiX 中，Intellution 提供了强大的组态功能，但新版本与以往的 6.x 版本并不完全兼容。原有的 Script 语言改为 VBA(Visual Basic For Application)，并且在内部集成了微软的 VBA 开发环境。遗憾的是，Intellution 并没有提供 6.1 版脚本语言到 VBA 的转换工具。在 iFiX 中，Intellution 的产品与 Microsoft 的操作系统、网络进行了紧密的集成。Intellution 也是 OPC(OLE for Process Control)组织的发起成员之一。iFiX 的 OPC 组件和驱动程序同样需要单独购买。

(3) Citech：CiT 公司的 Citech 也是较早进入中国市场的产品。Citech 具有简洁的操作方式，但其操作方式更多的是面向程序员，而不是工控用户。Citech 提供了类似 C 语言的脚本语言进行二次开发，但与 iFix 不同的是，Citech 的脚本语言并非是面向对象的，而是类似于 C 语言，这无疑为用户进行二次开发增加了难度。

(4) WinCC：Simens 的 WinCC 也是一套完备的组态开发环境，Simens 提供类 C 语言的脚本，包括一个调试环境。WinCC 内嵌 OPC 支持，并可对分布式系统进行组态。但 WinCC 的结构较复杂，用户最好经过 Simens 的培训以掌握 WinCC 的应用。

(5) 组态王：组态王是国内第一家较有影响的组态软件开发公司（更早的品牌多数已经湮灭）。组态王提供了资源管理器式的操作主界面，并且提供了以汉字作为关键字的脚本语言支持。组态王也提供多种硬件驱动程序。

(6) Controx（开物）：华富计算机公司的 Controx 2000 是全 32 位的组态开发平台，为工控用户提供了强大的实时曲线、历史曲线、报警、数据报表及报告功能。作为国内最早加入 OPC 组织的软件开发商，Controx 内建 OPC 支持，并提供数十种高性能驱动程序。提供面向对象的脚本语言编译器，支持 ActiveX 组件和插件的即插即用，并支持通过 ODBC 连接外部数据库。Controx 同时提供网络支持和 WevServer 功能。

(7) ForceControl（力控）：大庆三维公司的 ForceControl（力控）在 1993 年推出了第一个基于 DOS 和 VMS 的组态软件，随后又开发出了 Windows 下 1.0 版和 2.0 版的，在体系结构上已经具备了较为明显的先进性，其最大的特征就是基于真正意义的分布式实时数据库的三层结构，而且实时数据库结构为可组态的活结构。

其他常见的组态软件还有 GE 的 Cimplicity，Rockwell 的 RsView，NI 的 LookOut，PCSoft 的 Wizcon 以及国内一些组态软件，也都各有特色。

4. 组态软件的功能特点及发展方向

目前看到的所有组态软件都能完成类似的功能，但是从技术上说，各种组态软件提供实现这些功能的方法却各不相同。从这些不同之处，以及 PC 技术发展的趋势，可以看出组态软件未来发展的方向。

1) 数据采集的方式

大多数组态软件提供多种数据采集程序,用户可以进行配置。然而,在这种情况下,驱动程序只能由组态软件开发商提供,或者由用户按照某种组态软件的接口规范编写,这为用户提出了过高的要求。由 OPC 基金组织提出的 OPC 规范基于微软的 OLE/DCOM 技术,提供了在分布式系统下,软件组件交互和共享数据的完整的解决方案。在支持 OPC 的系统中,数据的提供者作为服务器(Server),数据请求者作为客户(Client),服务器和客户之间通过 DCOM 接口进行通信,而无需知道对方内部实现的细节。由于 COM 技术是在二进制代码级实现的,所以服务器和客户可以由不同的厂商提供。在实际应用中,作为服务器的数据采集程序往往由硬件设备制造商随硬件提供,可以发挥硬件的全部效能;而作为客户的组态软件可以通过 OPC 与各厂家的驱动程序无缝连接,故从根本上解决了以前采用专用格式驱动程序总是滞后于硬件更新的问题。同时,组态软件同样可以作为服务器为其他的应用系统(如 MIS 等)提供数据。OPC 现在已经得到了包括 Interllution、Simens、GE、ABB 等国外知名厂商的支持。随着支持 OPC 的组态软件和硬件设备的普及,使用 OPC 进行数据采集必将成为组态中更合理的选择。

2) 脚本的功能

脚本语言是扩充组态系统功能的重要手段,因此大多数组态软件提供了脚本语言的支持。具体的实现方式可分为三种:一是内置的类 C/Basic 语言,二是采用微软的 VBA 的编程语言,三是采用面向对象的脚本语言。类 C/Basic 语言要求用户使用类似高级语言的语句书写脚本,使用系统提供的函数调用组合完成各种系统功能。微软的 VBA 是一种相对完备的开发环境,采用 VBA 的组态软件通常使用微软的 VBA 环境和组件技术,把组态系统中的对象以组件方式实现,使用 VBA 的程序对这些对象进行访问。而面向对象的脚本语言提供了对象访问机制,对系统中的对象可以通过其属性和方法进行访问,比较容易学习、掌握和扩展,但实现比较复杂。

3) 组态环境的可扩展性

可扩展性为用户提供了在不改变原有系统的情况下,向系统内增加新功能的能力,这种增加的功能可能来自于组态软件开发商、第三方软件提供商或用户自身。

4) 组态软件的开放性

随着管理信息系统和计算机集成制造系统的普及,生产现场数据的应用已经不仅仅局限于数据采集和监控。在生产制造过程中,需要现场的大量数据进行流程分析和过程控制,以实现对生产流程的调整和优化。现有的组态软件对大部分这些方面需求还只能以报表的形式提供,或者通过 ODBC 将数据导出到外部数据库,以供其他的业务系统调用,在绝大多数情况下,仍然需要进行再开发才能实现。随着生产决策活动对信息需求的增加,可以预见,组态软件与管理信息系统或领导信息系统的集成必将更加紧密,并很可能以实现数据分析与决策功能的模块形式在组态软件中出现。

5) 对 Internet 的支持程度

现代企业的生产已经趋向国际化、分布式的生产方式,Internet 将是实现分布式生产的基础。组态软件能否从原有的局域网运行方式跨越到支持 Internet,是摆在所有组态软件开发商面前的一个重要课题。

6) 组态软件的控制功能

随着以工业 PC 为核心的自动控制集成系统技术的日趋完善和工程技术人员的使用组态软件水平的不断提高,用户对组态软件的要求已不像过去那样主要侧重于画面,而是要考虑一些实质性的应用功能,如软件 PLC、先进过程控制策略等。

软件 PLC 产品是基于 PC 机开放结构的控制装置,它具有硬件 PLC 在功能、可靠性、速度、故障查找等方面的特点,利用软件技术可将标准的工业 PC 转换成全功能的 PLC 过程控制器。软件 PLC 综合了计算机和 PLC 的开关量控制、模拟量控制、数学运算、数值处理、通信网络等功能,通过一个多任务控制内核,提供了强大的指令集、快速而准确的扫描周期、可靠的操作和可连接各种 I/O 系统及网络的开放式结构。可以这样说,软件 PLC 提供了与硬件 PLC 同样的功能,而同时具备了 PC 环境的各种优点。

随着企业提出的高柔性、高效益的要求,以经典控制理论为基础的控制方案已经不能适应,以多变量预测控制为代表的先进控制策略的提出和成功应用之后,先进过程控制受到了过程工业界的普遍关注。先进过程控制(advanced process control,简称 APC)是指一类在动态环境中,基于模型、充分借助计算机能力,为工厂获得最大利润而实施的运行和控制策略。先进控制策略主要有双重控制及阀位控制、纯滞后补偿控制、解耦控制、自适应控制、差拍控制、状态反馈控制、多变量预测控制、推理控制及软测量技术、智能控制(专家控制、模糊控制和神经网络控制)等,尤其智能控制已成为开发和应用的热点。

用户的需求促使技术不断进步,在组态软件上这种趋势体现得尤为明显。

5. 组态软件在监控系统中的地位

在一个自动监控系统中,投入运行的监控组态软件是系统的数据收集中心、远程监控中心和数据转发中心,处于运行状态的监控组态软件与各种控制、检测设备(如 PLC、智能仪表、DCS 等)共同构成快速响应/控制中心。控制方案和算法一般在设备组上组态并运行,也可以在 PC 上组态,然后下载到设备中运行,根据设备的具体要求而定,如图 8-12 所示。

监控组态软件投入运行后,操作人员可以在它的支持下完成以下任务:

(1) 查看生产现场的实时数据库及流程画面;
(2) 自动打印各种实时/历史数据报表;
(3) 自由浏览各个实时/历史趋势画面;
(4) 及时得到并处理各种过程报警和系统报警;
(5) 在需要时,人为干预生产过程,修改生产过程参数和状态;
(6) 与管理部门的计算机连接,为管理部门提供生产的实时数据。

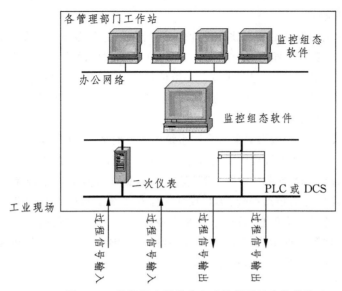

图 8-12　监控组态软件在自动控制系统中的地位

6. 监控组态软件的总体框架

在多任务环境下,由于操作系统直接支持多任务,组态软件的性能得到了全面加强,如图 8-13 所示。因此,组态软件一般都由若干组件构成,而且组件的数量在不断增长,功能不断加强。各组态软件普遍使用了"面向对象"的编程和设计方法,使软件更加易于学习和掌握,功能也更强大。

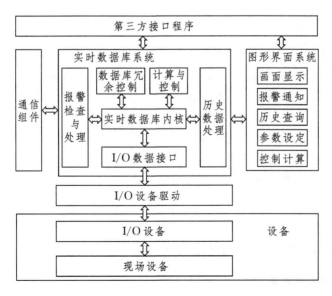

图 8-13　组态软件的结构图

7. 实时数据库模块

实时数据库系统的设计是组态软件设计的关键部分,也是较难设计的部分。实时数据库设计的优劣直接影响到组态软件设计的成败。在组态软件设计中定义的数据不同于传统意义的数据或变量,它不只包含了变量的数值特征,还将与数据相关的其他属性(如数据的状态、报警限值等)以及对数据的操作方法(如存盘处理、报警处理等)封装在一起,作为一个整体,以对象的形式提供服务。这种把数值、属性和方法定义成一体的数据称为数据对象。在设计中,用数据对象来表述系统中的实时数据,用对象变量代替传统意义的值变量,把用数据库技术管理的所有数据对象的集合称为实时数据库。

实时数据库系统是 DCS 系统的核心之一,实时数据库及其调度系统是工控组态软件的关键部分,也是设计的难点部分。实时数据库保存系统运行时产生的动态数据和系统正常运行所需的各种内部信息。调度系统是事务调度中心,完成数据采集、图形显示、存盘、报警、事故处理等各种功能。实时数据库系统(RTDBS)就是其事务和数据都可以有定时特性或显式的定时限制的数据库系统。

8. 通信及第三方接口组件

通信及第三方程序接口组件是开发系统的标志,是组态软件与第三方程序交互及实现远程数据访问的重要手段之一。它的主要作用如下。

(1) 用于双机冗余系统中,主机与从机间的通信;

(2) 用于构建分布式 HMI/SCADA 应用时多机间的通信;

(3) 在基于 Internet 或 Browser/Server(B/S) 应用中实现通信功能。

通信组件中有的功能是一个独立的程序,可以单独使用;有的被"绑定"在其程序当中,不被"显式"地使用。

9. 设备驱动程序

设备驱动程序是实时数据库与现场设备的中间层,它为系统提供设备的信息,实时访问设备的基本方法(实际应该是对设备访问协议的封装)。为了实现监控组态软件对设备的有效管理,有必要把设备抽象出来,成为包含设备的信息与对设备的操作方法的相对独立的系统单元,提高其可配置性,降低抽象设备与整个系统的耦合度,使其作为监控组态软件系统可装卸的部分,为系统提供数据服务。从监控组态软件端看来,I/O 层应该是透明的,只需要设定数据采集点与设备的配置信息,而无需涉及设备数据采集的细节以及设备的操作步骤。在监控组态软件中,必须实现设备的管理模块,可以实现逻辑设备的挂载和管理。

8.3.2 过程控制应用软件开发的关键技术概述

1. 面向对象设计思想

面向对象技术被认为是程序设计的一场革命,与传统的结构化程序设计相比有许多优点。面向对象技术力求更客观地描述现实世界，使分析、设计和实现的方法同认识客观世界的过程尽可能一致，它是一种从组织结构上模拟客观世界的方法。从组成客观世界的对象着眼，通过抽象，将对象映射到计算机系统中，又通过模拟对象间的相互作用、相互联系来模拟现实客观世界，描述客观世界的运动规律。面向对象技术以基本对象模型为单位，将对象内部处理细节封装在模型内部，重视对象模块间的接口联系和对象与外部环境间的联系，能层次清晰地表示系统全局对象模型。其主要特征可概括为抽象性、继承性、封装性和多态性。

对象的本质是一种特殊的数据结构，对象的抽取过程大致为：将要由程序实现的若干事件按照性质的特征分类，由一组具有共同性质的对象组成类。面向对象程序设计着重解决类的问题，即解决同类对象的共同问题，概括这一组对象共同性质的数据和函数，封装成一个类型的对象。通过定义基本的类，使得物质世界的对象被有机地分解，然后遵循一定的原则，用程序将这些模块组合、装配、扩充，这就按照用户的要求将现实世界的对象以软件形式实现。

面向对象的系统分析与实现的主要步骤如下。

（1）面向对象的系统分割、识别对象。一般以分级的方法进行，先按系统较大的方面分割成若干领域，再将领域分割成若干主题，对每个主题又分割成若干数据子类。相关性大的分割到一起，相关性小的则向其他方向分割。域、主题、数据子类的分割都遵循相关性的原则。

（2）对象的抽象和定义。以主题为核心抽象得到的对象，不可能完全规范，由于不同主题之间的交叉和关联很多，必须对原始主题进行分析、归纳、抽象得出逻辑上相互独立的数据体系和专门的数据流，对应专用处理流程。

（3）面向对象建模。对每一对象分别建立静态模型、动态模型和功能模型。静态模型用对象及其数据子类的数据字典表示，动态模型用对象内部数据处理图形界面表示，功能模型反映对象内部各数据子类间的数学关系。

（4）对象模块设计及对象接口联系设计。

（5）系统总体设计。

2. 图形组态系统的框架

设计模式是软件设计过程中经常出现的问题，一个好的模式能使所生成的系统体系结构精巧简洁和易于理解。所有结构良好的面向对象的软件体系结构中都包含了许多经典模式。在面向对象的编程中，软件编程人员更加注重以前的代码的重用性和可维护性。而软件设计模式选择和应用的是否恰当，是评判一个面向对象的软件系统质量好坏的重要标准。

1) 工厂模式

在实际软件项目中，工厂模式是应用最广泛的设计模式。工厂模式定义一个用于创建对象的接口，让子类决定实例化哪一个类。类工厂是一个生产不同对象的类，并将不同的类对象作为接口返回,即工厂模式可以根据不同的条件产生不同的实例。当然,这些不同的实例通常属于相同的类型,有共同的父类,工厂模式把创建这些实例的具体过程封装起来,简化了客户端应用,使得将来做最小的改动就可以加入新的待创建的类。工厂模式真正的目的在于可以灵活的、有弹性的创建不确定的对象。

2) 图形组态的设计思想

用户希望集散控制系统不但能按给定的生产工艺进行控制,还能在不影响生产的情况下调整现有的工艺流程和操作界面。目前比较先进的 DCS 都有专门的图形界面生成工具,允许用户根据特定的生产工艺来生成图形操作界面。

目前图形设计的方法大致可分为两大类:基于像素(点阵光栅)的方法与基于图元(矢量)的方法。基于像素的图形界面设计,以像素为单位进行图形界面的显示和动态刷新,在 Windows 环境中,大部分作图软件的作图格式是基于像素的,大部分图形的存储格式也是基于像素的,如 BMP,JPG,PCX 等,合理地利用这些通用文件格式,并通过采用一定的算法,就能满足组态软件实时刷新的要求。

基于图元的图形界面设计,以一个图元为单位,通过记录用户的作图顺序,然后在需要显示时加以播放,并根据要求动态刷新其中某部分。一般来讲,基于图元的图形界面显示速度和刷新速度比基于像素的要快,Windows 支持面向对象的作图格式的图元文件。这两种图形界面设计方法,基本上可满足组态软件图形界面设计,但随着计算机图形图像技术的飞速发展,用户对图形界面的设计要求也越来越高,例如要求画面越来越精细,动画更形象直观,这样如果仍采用上述两种设计方法,势必增加程序设计的难度与维护的工作量,给日后升级带来难度,而采用面向对象编程(OOP)的思想进行图形界面的设计,则能较好地解决上述问题。

在组态软件中,把组态软件图形组态系统划分成动画连接组态模块、界面生成模块和数据文件管理模块三部分,各模块之间的关系如图 8-14 所示。

在考虑图形组态系统工具功能的同时,还必须考虑到如下问题。

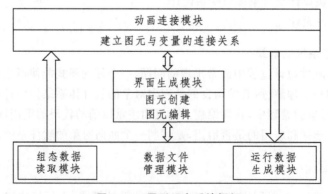

图 8-14 图形组态系统框架

(1) 工业现场设备都有一定的共性,所以组态工具必须直接支持一些基本的工业设备造型。

(2) 一般 DCS 系统的工艺图形界面都非常庞大、复杂,所以组态方案必须解决复杂图形显示所引起的内存紧张问题。

(3) 图形界面要想真实地再现工业现场的运行情况,就必须动态刷新画面,如果处理不当,就会产生屏幕的闪烁。为了解决这一问题,在软件的设计中采用了变化的图元进行刷新,而没有变化则不刷新的解决方案,并且还采用了双缓冲机制对变化的图元进行重绘。

3) 动画连接概述

动画连接组态模块完成图形的动画属性,与实时数据库中定义的变量建立相关性的连接关系,作为动画图形的驱动源。动态属性与设备的 I/O 变量等相关,它反映图形大小、颜色、位置、可见与否。

8.3.3 组态软件应用

目前组态软件虽然很多,但使用方法大同小异,"组态王"作为国内第一家较有影响的组态软件,已经拥有众多用户,因此下面以最新版本组态王 6.5 为例介绍组态软件的具体应用方法。

"组态王 6.5"是运行于 Win2000/WinNT4.0(补丁 6)/Win XP 中文平台的全中文界面的组态软件,界面直观,操作简单;采用了多线程、COM 组件等新技术,实现了实时多任务。"组态王 6.5" 软件包由下列四个部分组成。

(1) 工程管理器,是计算机内所有应用工程的统一管理环境,用于新建工程、工程管理,并能对已有的工程进行搜索、备份及有效恢复,实现数据词典的导入和导出。

(2) 工程浏览器,组态王单个工程管理程序的快捷方式,内嵌组态王画面开发系统,即组态王开发系统。

(3) 开发系统,是组态王 6.5 的开发环境,内嵌于工程浏览器,用于完成画面设计、动画连接、程序编写等工作。开发系统具有先进、完善的图形生成功能;数据词典库提供多种数据类型,能合理地提取控制对象的特性;对变量报警、趋势曲线、过程记录、安全防范等重要功能都有简单的操作办法。

(4) 运行系统,是组态王 6.5 的实时运行环境,它从工业控制对象中采集数据,并记录在实时数据库中。它还负责把数据的变化以动画的方式形象地表现出来,同时可以完成变量报警、操作记录、趋势曲线等监控功能,并生成历史数据文件。

组态王作为一个开放型的通用工业监控系统,支持工控行业大部分国内常见的测量控制设备,并遵循工控行业的标准采用开放接口,提供第三方软件的连接(DDE/OPC/ACTIVEX)等,用户无须关心复杂的通信协议原代码、无须编写大量的图形生成、数据统计处理程序代码,就可以方便快捷地进行画面开发、简单程序的编写、函数调用、设备连接,完成一个监控系统的设计。

参 考 文 献

[1] 邵裕森,戴先中. 过程控制工程(第2版)[M]. 北京:机械工业出版社,2000.
[2] 王再英,刘淮霞,陈毅静. 过程控制系统与仪表[M]. 北京:机械工业出版社,2006.
[3] 侯志林. 过程控制与自动化仪表[M]. 北京:机械工业出版社,1998.
[4] 林锦国. 过程控制(第2版)[M]. 南京:东南大学出版社,2006.
[5] 金以慧. 过程控制[M]. 北京:清华大学出版社,1993.
[6] 何离庆. 过程控制系统与装置[M]. 重庆:重庆大学出版社,2003.
[7] 曹润生. 过程控制仪表[M]. 杭州:浙江大学出版社,1987.
[8] 方崇智,萧德云. 过程辨识[M]. 北京:清华大学出版社,1988.
[9] 王树青等编著.《工业过程控制工程》[M]. 北京:化学工业出版社,2003.
[10] 何衍庆,俞金寿主编.《工业过程控制》[M]. 北京:化学工业出版社,2003.
[11] Gibson J E. Nonlinear automatic control. McGraw-Hill,1962.
[12] Landau I D. A survey of model reference adaptive techniques (theory and applications). Automatica,1974,10(4):353-379.
[13] Popov V. M. The solution of a new stability problem for control system. Auto. Remote control, Vol. 24, pp. 1~23, 1964.

图书在版编目(CIP)数据

过程控制/杨三青,王仁明,曾庆山主编. —武汉:华中科技大学出版社,2008年2月(2025.7重印)

ISBN 978-7-5609-4389-3

Ⅰ.过… Ⅱ.①杨… ②王… ③曾… Ⅲ.过程控制-高等学校-教材 Ⅳ.TP273

中国版本图书馆 CIP 数据核字(2008)第 013459 号

过程控制	杨三青	王仁明	曾庆山	主编

策划编辑:王红梅
责任编辑:王红梅　　　　　　　　　　　　　　封面设计:秦　茹
责任校对:代晓莺　　　　　　　　　　　　　　责任监印:周治超

出版发行:华中科技大学出版社(中国·武汉)　　电话:(027)81321913
　　　　　武汉市东湖新技术开发区华工科技园　　邮编:430223

录　排:武汉众心图文激光照排中心
印　刷:武汉邮科印务有限公司

开本:787mm×960mm　1/16　　印张:20.75　　插页:2　　字数:420 000
版次:2008年2月第1版　　印次:2025年7月第6次印刷　　定价:56.80元
ISBN 978-7-5609-4389-3/TP・645

(本书若有印装质量问题,请向出版社发行部调换)